Saggi

George Smoot
e Keay Davidson

NELLE PIEGHE DEL TEMPO

La scoperta dell'universo neonato

A cura
di Patrizia Plazzi e Nazzareno Mandolesi

Arnoldo Mondadori Editore

ISBN 88-04-36584-6

Titolo dell'opera originale: Wrinkles in Time
I edizione giugno 1994

Indice

Prefazione

La scoperta di pieghe nel tessuto dello spazio-tempo compiuta dal satellite COBE nel 1992 ha risvegliato nell'opinione pubblica un enorme interesse per l'origine e l'evoluzione dell'universo. Molti si sono rivolti a me personalmente con innumerevoli quesiti, altri mi hanno contattato sia telefonicamente sia per lettera. Sebbene avessi preferito rispondere individualmente, l'argomento era talmente vasto da rendere ciò impossibile. Fu allora che Keay Davidson mi propose di scrivere un libro e insieme con il suo agente John Brockman cominciò a discuterne con alcuni possibili editori. Keay iniziò a raccogliere materiale. Ampliai il tema in modo che il volume potesse rispondere a molti di quei quesiti e offrisse un quadro che non sarebbe stato possibile ottenere con una breve esposizione.

All'inizio ero preoccupato per la difficoltà di scrivere un libro; soprattutto, temevo che il materiale a mia disposizione non sarebbe stato sufficiente. Non appena iniziai la stesura mi resi conto del contrario. Vi erano persino troppe storie, avventure ed episodi da raccontare. Gli argomenti interessanti e i concetti da presentare erano innumerevoli. Ben presto il manoscritto raggiunse le seicento pagine e non era ancora finito.

Il coautore e i redattori mi convinsero che una trattazione più concisa sarebbe stata alla portata di un pubblico più vasto e avrebbe comunque contenuto le informazioni principali e il significato essenziale; una più voluminosa avrebbe invece contenuto più informazioni ma sarebbe stata letta da meno persone. Così iniziò l'opera dolorosa dei grandi tagli e delle rielaborazioni; in tal modo Roger Lewin e Maria Guarnaschelli, con la collaborazione di Alan Sampson, Louis Audibert e altri redattori, trasformarono una prima bozza in un vero libro. Sei voli di pallone sono stati condensati in un volo e mezzo, e non solo è stato eliminato il mio passaggio da dottorando a collaboratore e poi a capogruppo, ma non si accenna neanche di sfuggita al contributo dei miei colleghi né a tutto il nostro lavoro iniziale.

Ho dovuto convenire che in tal modo il racconto si prestava a una lettura meno impegnativa e che il lettore poteva ugualmente avere un'idea soddisfacente di cosa sia un esperimento a bordo di un pallone. Pochi giorni prima di scrivere queste righe abbiamo lanciato il quarto pallone di MAX (Esperimento di Anisotropia Millimetrica[1]) da Palestine, in Texas. Dopo un atterraggio quasi da manuale abbiamo recuperato il carico scientifico, ma molti dei problemi descritti sono ancora aperti.

Grazie al contributo e all'incoraggiamento di coloro che mi hanno aiutato, il volume è risultato relativamente breve e di facile lettura; offre una buona idea della cosmologia e di cosa significhi fare delle osservazioni. Per raggiungere questo scopo abbiamo sacrificato alcuni argomenti quali, per esempio, la «catena umana della scienza»: insegnanti e assistenti preparano lo studente che poi, da borsista, si specializza e diventa collaboratore, capogruppo, professore ed esperto. Anche i grandi sforzi e i minuziosi, eppur importantissimi, dettagli sono stati stralciati. Un simile racconto sminuisce inevitabilmente il lavoro dei collaboratori e dei componenti del gruppo scientifico, per esempio i voli di pallone e vent'anni di lavoro di centinaia di persone che si sono dedicate al progetto COBE, e naturalmente di tutti gli altri scienziati che operano in questo campo. La scienza rimane per la sua stessa natura un'attività culturale e sociale che nella società moderna coinvolge di solito gruppi di persone che si scambiano idee, risultati sperimentali e concetti. Questa eccessiva semplificazione è stata concepita con la speranza di rendere la cosmologia più interessante e accessibile.

Ai lettori: questo volume vuole essere di facile lettura, tuttavia contiene le idee e i concetti essenziali della cosmologia moderna: alcuni concetti sono nuovi e quindi possono richiedere una modifica del vostro modo di pensare. Se qualcosa vi sembra particolarmente impegnativo, non scoraggiatevi, proseguite e avrete un'idea di massima che vi permetterà di passare al capitolo successivo. Il testo è concepito in modo che una seconda lettura possa rivelarne un livello più profondo. Al termine del libro i principali concetti della cosmologia moderna vi saranno familiari. *Bon voyage* dunque per questa avventura attraverso la storia emozionante dell'origine e dell'evoluzione dell'universo, e del modo in cui si è giunti alla sua attuale concezione.

George Smoot

Berkeley, California
Giugno 1993

Nelle pieghe del tempo

I
Al principio

> Ero un tesoro nascosto e desideravo essere noto:
> quindi creai la creazione allo scopo di essere manifesto.
> *Mito della creazione sufita*

C'è qualcosa nell'osservazione del cielo stellato che stupisce chi lo guarda. Da bambino ebbi la fortuna di vivere in luoghi in cui era facile vedere il cielo di notte. Conservo ancora viva la memoria dei viaggi sul sedile posteriore dell'auto di mio padre al ritorno dalla visita ai cugini. Dal finestrino posteriore osservavo la Luna che ci seguiva. Sembrava venirci appresso nello stesso modo in cui il mio cane mi gironzolava attorno quando esploravo il nostro grande giardino e i campi e i boschi che si estendevano al di là della nostra casa. Come scompariva dietro una collina o un albero, così, improvvisamente, riappariva alla vista. Un giorno chiesi ai miei genitori se ci trovassimo per caso in un luogo particolare, nel quale la Luna continuava a seguirci. Seguiva noi o la direzione in cui stavamo andando? Come poteva la Luna comportarsi allo stesso modo, nel medesimo tempo, con tutte le persone al mondo? Era per caso come Babbo Natale? I miei genitori mi spiegarono che la Luna è molto grande e molto distante, e che le montagne e gli alberi, al suo confronto, sono piccoli; è come mettere le dita di fronte agli occhi e poi spostare leggermente il capo: si potrà nuovamente vedere al di là. Poi mi parlarono della Terra e della Luna, e anche delle maree e delle fasi lunari. Quella notte il mio mondo cambiò. Il giardino, il bosco vicino, la mia città e le due lunghe ore di viaggio verso la casa dei miei cugini erano diventati una piccola parte di un mondo assai più grande. Inoltre vi erano un senso e un ordine magnificamente spiegati da concetti accuratamente collegati. Non solo potevo scoprire cose nuove, come stagni e girini, ma potevo anche capire ciò che le aveva prodotte, come fosse successo e come tutte le cose potessero coesistere. Era come se avessi camminato sino ad allora in un museo buio e improvvisamente si fosse accesa la luce. Vi erano incredibili tesori da scoprire.

Ora, quarant'anni dopo, seduto nel mio laboratorio, mi accorgo di aver trascorso molto tempo in quel museo alla ricerca di quei tesori. Alcuni sono stati portati alla luce da altri ricercatori e studiosi. Alcuni li ho intravisti proprio con il debolissimo fascio luminoso della mia torcia. Quella che vi sto per raccontare è la storia della lunga ricerca e infine della scoperta di uno di quei tesori, un tesoro che qualcuno ha definito il «Sacro Graal della cosmologia». La storia comincia con le prime riflessioni che l'uomo ha fatto sulle stelle e sulle nostre origini e continua attraverso secoli di osservazioni, speculazioni ed esperimenti. Vengono studiati allo stesso modo elementi molto grandi e altri molto piccoli quali superammassi galattici e particelle subatomiche. Questa storia mi ha portato sino alle foreste pluviali del Brasile e alle brulle pianure ghiacciate dell'Antartide, al fascino e alle frustrazioni dei palloni stratosferici, al mistero degli aerei spia U-2 e infine all'avventura nello spazio. È la mia storia personale ma è anche quella di molti altri uomini di ieri e di oggi che hanno tentato di rispondere al mistero più antico e fondamentale: come e perché si è formato l'universo e che posto occupiamo in esso?

La cosmologia viene definita la «scienza dell'universo». In questi anni che precedono la fine del millennio sta godendo di un periodo fecondo di creatività, un'età d'oro in cui nuove osservazioni e nuove teorie ampliano in maniera sorprendente la nostra conoscenza ed esaltano il nostro riverente timore nei confronti dell'universo. Ma quest'epoca d'oro può essere meglio compresa alla luce degli avvenimenti precedenti. La conoscenza scientifica è sempre provvisoria. La storia della scienza mostra una serie progressiva di teorie accettate per un periodo di tempo, per poi essere rovesciate o modificate una volta contraddette da nuove osservazioni.

La cosmologia occidentale comincia con i greci, che duemila e cinquecento anni fa iniziarono le osservazioni sistematiche del cosmo. Alla fine prevalse la teoria del cosmo di Aristotele, teoria che avrebbe dominato, a parte qualche minima modifica, dal Medio Evo sino al Rinascimento. Si trattava di una visione estetica dell'universo che venne formalizzata a fini teologici. Secondo Aristotele, al momento della creazione la Causa prima (versione aristotelica del Creatore) impartì ai cieli un movimento eterno e perfetto; il Sole, la Luna, i pianeti e le stelle erano invece fissi all'interno di otto sfere cristalline che ruotavano intorno alla Terra. Non vi era il concetto di vuoto poiché ogni cosa era ricolma della presenza divina. Tutta la materia era composta da quattro elementi: terra, acqua, aria e fuoco. Le sfere erano altresì costituite da una sostanza perfetta che non poteva essere né mutata né distrutta: questa quintessenza era chiamata etere. I cieli erano perfetti e immutabili mentre la Terra era soggetta a decadimento.

Nella cosmologia aristotelica il movimento dei cieli era circolare – altro indice di perfezione – mentre sulla Terra le cose che si muovevano lo facevano lungo percorsi lineari. Allo stato naturale la materia era comunque immobile.

Vi erano anomalie nella cosmologia aristotelica, come poteva comprendere chi osservava i cieli e la Terra. Per esempio, sembrava che a volte i pianeti cambiassero direzione: di tanto in tanto Marte si fermava e tornava indietro. Con le modifiche apportate dall'astronomo alessandrino Claudio Tolomeo per tener conto di determinate anomalie, la cosmologia aristotelica continuò a imperare per duemila anni, sebbene adottata e adattata nel corso di quest'epoca dalla teologia cristiana.

Nel 1514 il papa chiese al matematico polacco Niccolò Copernico di elaborare una riforma del calendario. Copernico accettò, aggiungendo che occorreva definire il rapporto dei corpi celesti e dei loro movimenti. Così fece e nel 1543, l'anno in cui morì, pubblicò l'opera *Sulla rivoluzione delle sfere celesti*, documento che sovvertì i fondamenti della cosmologia aristotelica e, quindi, della teologia cristiana che l'aveva incorporata. Il lavoro di Copernico era il prodotto del pensiero rinascimentale emergente, che attribuiva grande valore alla logica, alla matematica e alle osservazioni. La Terra non era il centro dell'universo, disse Copernico; lo era invece il Sole, e la Terra orbitava attorno al Sole come fanno gli altri pianeti. Questa nuova cosmologia rimosse gli esseri umani dalla posizione centrale in cui erano sottoposti alla costante vigilanza divina e, ponendo la Terra nei cieli, mischiò il perfetto con l'imperfetto. Era l'inizio della fine del cosmo di Aristotele.

Durante gli ultimi quattro secoli questa visione geocentrica del cosmo venne gradualmente soppiantata, grazie alle osservazioni astronomiche e agli esperimenti condotti qui sulla Terra. Come vedremo più avanti, l'universo di Aristotele fu sostituito da quello di Copernico, quello di Copernico da quello di Newton e quello di Newton da quello di Einstein. Attualmente viviamo nell'universo di Einstein, ma anche tale visione del mondo potrebbe un giorno diventare inadeguata. Uno dei temi fondamentali di questo libro e della storia della scienza è che nessuna teoria è sacrosanta. Man ma-

L'universo tolemaico

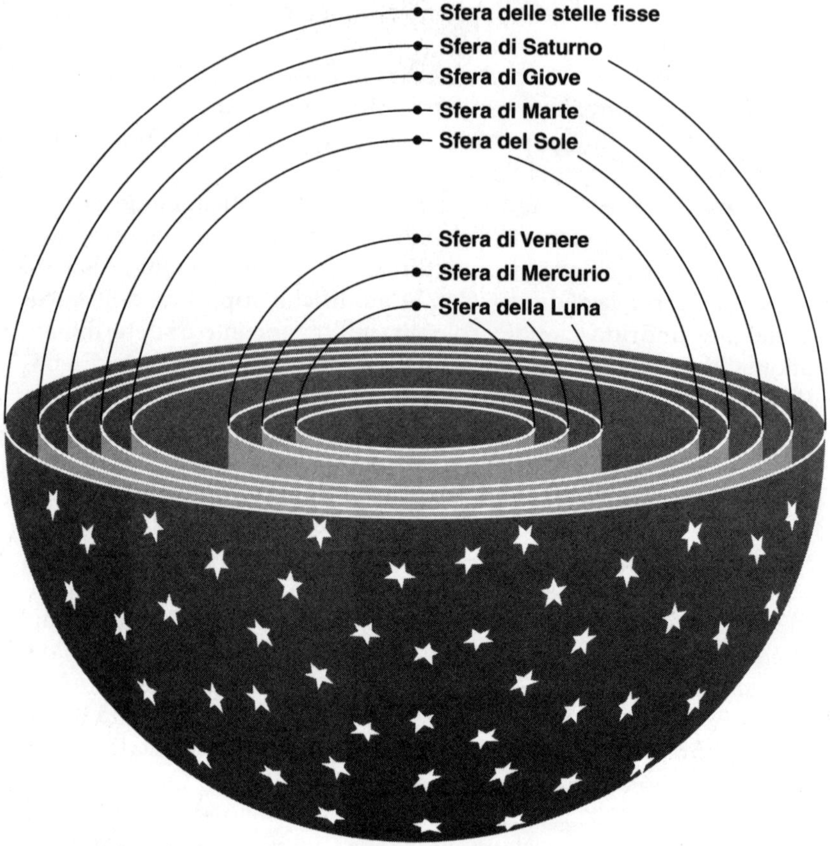

Già duemila e cinquecento anni fa gli antichi greci organizzarono le loro osservazioni del mondo su modelli cosmologici. Uno in particolare regnava supremo per la sua bellezza. L'astronomo egizio Tolomeo (II secolo a.C.) lo corresse per tener conto delle osservazioni celesti ed esso divenne così il modello cosmologico standard per i successivi mille e quattrocento anni. *Christopher Slye*

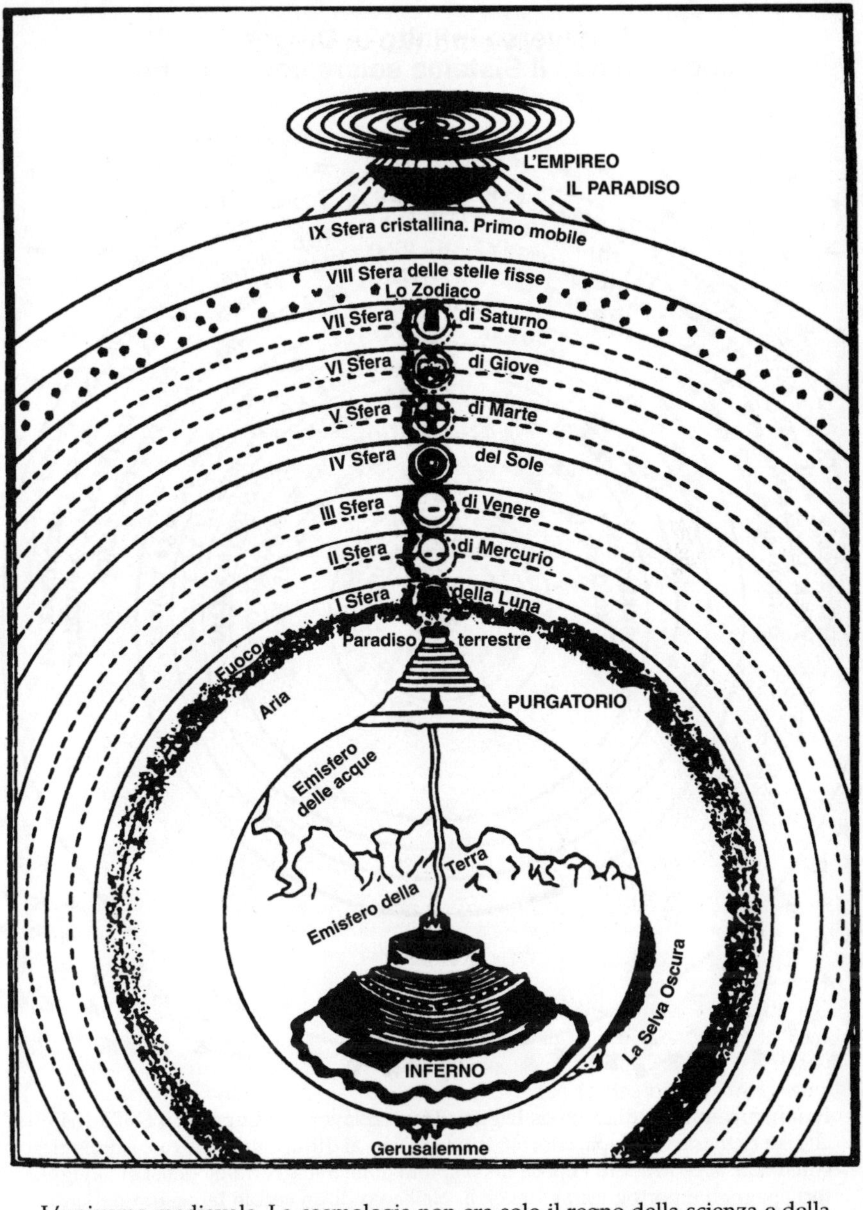

L'universo medievale. La cosmologia non era solo il regno della scienza e della filosofia, ma includeva anche l'uomo e il suo pantheon. Questa illustrazione, tratta dalla *Divina Commedia* di Dante, mostra il concetto medievale di universo e permette di capire in che modo la teologia della Chiesa cattolica si riconnetteva alla cosmologia greca (tolemaica).

L'universo infinito di Digges che circonda il Sistema solare copernicano

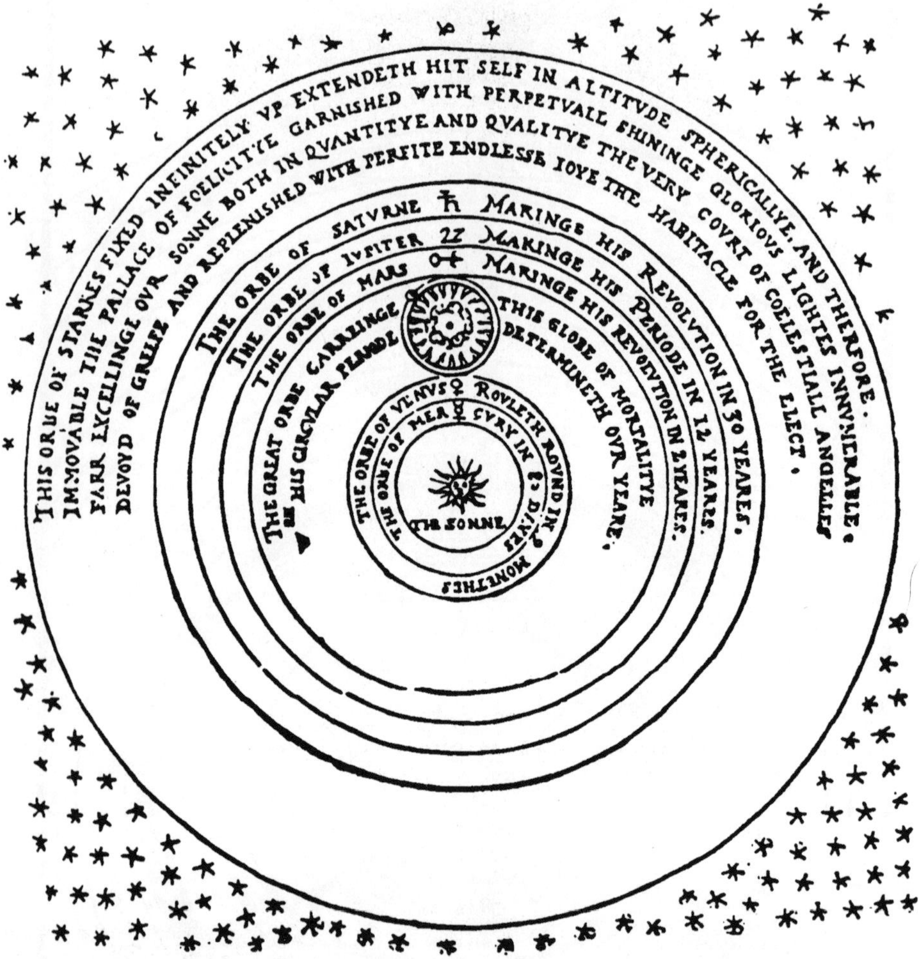

L'universo infinito di Thomas Digges. Dopo il lavoro di Copernico (1473-1543) che, su richiesta del Papa, riformò il calendario, si diffuse una nuova cosmologia con il Sole al centro. Era l'epoca dell'esplorazione della Terra (si pensi ai navigatori spagnoli e portoghesi) e dei cieli. Nell'arco di un secolo la misura delle dimensioni del Sistema solare era aumentata di 10.000 volte. Nel 1576 l'idea di un universo piccolo e confortevole lasciò il posto a un sistema molto più esteso, quando Thomas Digges (1543-95) pubblicò questo disegno del sistema copernicano, combinato con un'orbita esterna di stelle che si estendono all'infinito.

Big Bang:
espansione ed evoluzione dell'Universo

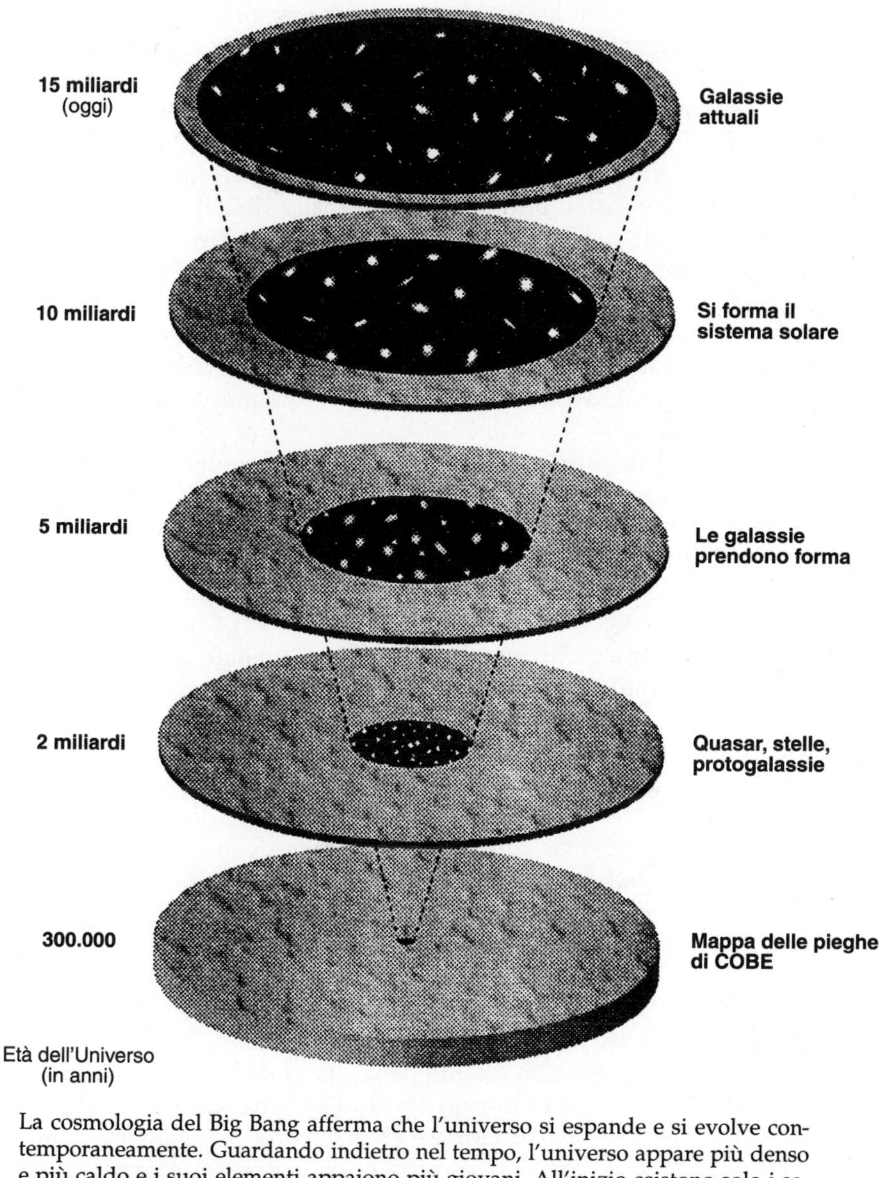

La cosmologia del Big Bang afferma che l'universo si espande e si evolve contemporaneamente. Guardando indietro nel tempo, l'universo appare più denso e più caldo e i suoi elementi appaiono più giovani. All'inizio esistono solo i semi. *Christopher Slye*

no che attraverso la tecnologia e l'abilità sperimentale affiniamo le nostre capacità d'osservazione, siamo costretti a modificare le nostre teorie per adeguarle a ciò che di nuovo scopriamo.

Quando nel 1970 ho cominciato a occuparmi di cosmologia, in questa scienza si stava verificando un importante cambiamento. In precedenza l'astronomia e la fisica delle particelle si erano occupate delle questioni fondamentali l'una indipendentemente dall'altra. Verso il 1970 era iniziato un avvicinamento di queste due discipline. L'unione dello studio di ciò che è incomprensibilmente grande (astronomia) e incredibilmente piccolo (fisica delle particelle) ha in sé il potenziale per far sì che la curiosità umana trovi risposte alle domande fondamentali. In realtà tale sinergia sta già dando i suoi frutti, poiché gli esperimenti e la teoria ci consentono di guardare indietro al più piccolo lasso di tempo immaginabile, circa 10^{-42} secondi (cioè un milionesimo di un trilionesimo di un trilionesimo di un trilionesimo di un secondo) dopo ciò che stimiamo essere l'origine dell'universo.

Il raggio d'azione della cosmologia inizia in quel momento e racchiude la successiva evoluzione del nostro cosmo nel suo sviluppo dalla frazione più piccola, della grandezza di un protone (una delle particelle fondamentali da cui deriva tutta la materia), sino a una espansione essenzialmente illimitata. Questa teoria del cosmo in espansione è meglio nota come il «Big Bang». Per i cosmologi il Big Bang è una teoria molto importante che ha dominato la scienza negli ultimi trent'anni. Così come suggeriscono i termini, essa sostiene che l'universo ha avuto inizio con una immensa esplosione. Tuttavia, contrariamente alle esplosioni convenzionali, il Big Bang non si è mosso all'interno di uno spazio esistente, bensì ha creato spazio man mano che si espandeva (e continua a farlo). Il Big Bang rappresenta la creazione cataclismica della materia e dello spazio. Per comprendere le condizioni che resero possibile il Big Bang dobbiamo abbandonare la nozione comune che abbiamo di materia ed energia, di tempo e spazio come entità separate. Al momento della creazione, l'universo esisteva in condizioni diverse e probabilmente operava secondo leggi diverse da quelle che lo regolano oggi. Nella cosmologia la realtà spesso sfugge alla nostra comprensione.

Sebbene la cosmologia del Big Bang derivi da un'idea sviluppata fra il 1927 e il 1933 da Georges-Henry Lemaître, un prete belga, è stato solo nel 1964 che la teoria è emersa come spiegazione dominante dell'origine dell'universo che noi conosciamo. In quell'anno due radioastronomi americani scoprirono ciò che sembrava essere il debole riverbero dell'antico evento cataclismico. Quel riverbero, un ronzio di radiazione diffusa con una temperatura di poco superiore a 3 gradi Kelvin (tre gradi sopra lo zero assoluto), è noto come radiazione di fondo cosmico e ci fornisce un'istantanea sbiadita dell'universo così come appariva trecentomila anni dopo l'esplosione. È all'interno della radiazione di fondo che i miei colleghi e io speriamo di scoprire le increspature nel tempo, il Sacro Graal della cosmologia.

Una delle grandi sfide per la teoria del Big Bang è stata quella di spiegare come si è venuta a distribuire la materia nello spazio cosmico in continua espansione. È possibile immaginare che tutta la materia sia stata equamente disseminata nello spazio rendendo l'universo una nube omogenea di gas con una densità media di circa un atomo di idrogeno ogni dieci metri cubi. (Per esempio, l'aria che respiriamo contiene 3×10^{25} atomi per metro cubo, principalmente atomi di azoto, ossigeno e carbonio, tutti atomi di volume maggiore dell'idrogeno.) Circa 15 miliardi di anni dopo la sua formazione, se l'universo di oggi fosse stato una nube di gas virtualmente illimitata, il cielo di notte sarebbe inesorabilmente nero e noi non saremmo qui a osservarlo. Tuttavia proprio la nostra esistenza ci insegna che qualcosa nell'evoluzione dell'universo ha fatto sì che la materia si condensasse per dar forma a stelle e pianeti e, infine, alla vita (non solo alla vita sulla Terra ma, con una probabilità che si avvicina al 100%, su milioni di altri pianeti, di cui alcuni nella nostra galassia).

Inoltre, è possibile immaginare che stelle come il nostro Sole con i suoi pianeti orbitanti siano state uniformemente distribuite nell'universo: una nube omogenea di innumerevoli punti di luce nel cielo notturno. Ma anche in questo caso sappiamo per esperienza diretta che non è vero. Il nostro Sole non è che una delle centinaia di milioni di stelle simili in un'enorme galassia a spirale rotante a forma di disco, la Via Lattea, che appare come una striscia ovattata nel cielo di notte. Di fatto tutte le stelle sono parte di galassie come questa. La materia è quindi raccolta non solo sotto forma di singole stelle ma anche come insiemi di stelle o galassie.

Si potrebbe pensare, poi, che tutte le galassie, una volta formatesi per la condensazione della materia in una famiglia di stelle, siano state uniformemente distribuite nell'universo, in pratica una nube uniforme di spirali sfocate nel cielo notturno. Un'importante scoperta della cosmologia recente ha confutato questa ipotesi. Le galassie appaiono spesso raggruppate non solo come ammassi di migliaia di galassie ma anche come entità più grandi chiamate superammassi e strutture ancora più grandi a una distanza di alcuni milioni di anni luce. In altre parole, nell'universo la materia è raggruppata in strutture. L'universo può essere immaginato come una schiuma composta da bolle di sapone, le cui pareti rappresentano concentrazioni di galassie e il loro interno ampie aree di spazio vuoto.

Tuttavia per il moderno cosmologo la struttura e la formazione della materia visibile costituiscono solo una parte del mistero. Provate a uscire questa notte e se avete la fortuna di trovare un cielo sereno, con poca luce artificiale, osservatelo attentamente. Usando un binocolo o un telescopio vedrete un cielo notturno «abbagliante», così come lo vide Galileo quattro secoli fa, un cielo che racchiude migliaia di stelle e galassie, l'essenza della creazione. È proprio ciò a cui pensiamo parlando dell'universo. Tuttavia, per i teorici, quel che non vediamo risulta di sempre maggiore importanza. Se quanto sostiene la cosmologia moderna è corretto, le stelle luminose nel cielo oscuro rappresentano meno dell'1% di tutto ciò che è stato creato. Gran parte della materia creata durante il Big Bang ci è forse totalmente estranea: invisibile ai nostri occhi e ben al di là della nostra esperienza fisica.

Negli ultimi trent'anni questo gigantesco, nuovo rompicapo cosmologico ha rappresentato il nodo della ricerca astrofisica. Nel 1964 la scoperta della radiazione di fondo cosmico sembrava aver confermato la teoria del Big Bang, lasciando ciononostante irrisolto un problema fondamentale: come è giunto il Big Bang alla formazione di stelle, di galassie, di ammassi di galassie e così via, condensando il materiale della creazione? Se vi è stato il Big Bang, il filo d'Arianna della formazione delle strutture che vediamo oggi nell'universo dovrebbe trovarsi nei resti primordiali di quella violenta creazione. Gli indizi dovrebbero essere chiari nella radiazione di fondo cosmico.

Ai suoi scopritori la radiazione di fondo cosmico apparì uniforme in tutte le regioni dell'universo, dando l'immagine di un tessuto omogeneo di spazio ed energia. Ma affinché le strutture si condensino dai prodotti del Big Bang, il tessuto omogeneo deve presentare delle minuscole increspature, delle fluttuazioni di temperatura causate da zone di alta densità. Secondo la teoria del Big Bang, la materia (conosciuta e non) può essersi condensata e aver formato successivamente, in tali zone, strutture galattiche per mezzo della gravità. Queste increspature – che possiamo anche chiamare semi cosmici, dai quali si sono formate le galassie – devono essere apparse in qual-

La struttura della materia

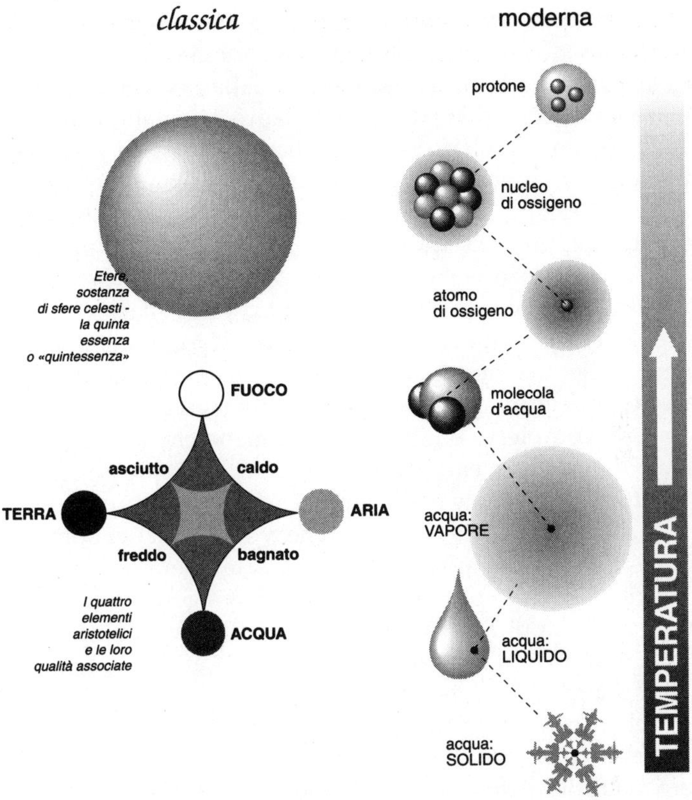

La nostra visione attuale della struttura della materia non fa distinzione fra materia celeste e materia terrestre, al contrario di quella degli antichi greci. L'etere perfetto, cristallino, delle sfere celesti è sostituito dalla nozione di materia e da leggi fisiche identiche ovunque. Il nostro concetto corrente è che la materia è costituita da semplici mattoni combinati insieme per costruire strutture sempre più complesse. A ogni livello di complessità superiore, l'aggregazione è via via più tenue. L'aumento dell'energia delle interazioni (per esempio la temperatura) disgrega la materia in mattoni più basilari. Questa è la direzione del progresso secondo la fisica. L'universo, al contrario, è costruito dal semplice al complesso. *Christopher Slye*

che luogo, altrimenti la cosmologia moderna, e soprattutto la teoria del Big Bang, avrebbe seri problemi.

Quando ero matricola al MIT (Massachusetts Institute of Technology), avevo innumerevoli interessi. Desideravo diventare medico, professione che mi avrebbe dato soddisfazione sia aiutando il prossimo sia lavorando alla ricerca scientifica. Alla fine i miei studi mi allontanarono dai corsi di medicina e mi laureai in matematica e fisica. Attraverso i corsi e gli esperimenti di laboratorio, la trama della fisica diventava un vero e proprio tessuto e io ero sempre più avvinto dalla sua bellezza e dai suoi concetti. Come laureando mi avvicinai alla fisica nucleare, disciplina molto diffusa al MIT, un mutamento radicale di tendenza verso una fisica più semplice ed estetica di quanto avessi studiato sino a quel momento.

La scienza era passata dai quattro elementi fondamentali degli antichi greci alla visione moderna del mondo composto da atomi. Alle basse temperature questi atomi si combinano per dare forma a strutture assai complesse e intricate. Man mano che le temperature aumentano la maggiore energia termica casuale divide gli atomi legati in strutture più piccole e più simmetriche. Per esempio, un fiocco di neve solido si scioglie in acqua che a sua volta evapora in un gas composto di singole molecole di H_2O. A temperature più elevate le molecole si dividono in singoli atomi di ossigeno e idrogeno. A temperature ancora più elevate gli elettroni si staccano dagli atomi. Gli scienziati avevano scoperto che gli atomi erano in realtà più semplici di quanto apparivano: erano costituiti da elettroni raccolti in una nube attorno a un piccolo nucleo denso e quel nucleo era semplicemente composto di protoni e neutroni. In una nube atomica il numero dei protoni determinava il numero degli elettroni e quindi le proprietà chimiche dell'atomo. Gli elettroni che si trovavano nella parte esterna della nube atomica erano le maniglie grazie alle quali gli atomi potevano unirsi fra loro e dar luogo alla materia. Gli elettroni erano chiaramente semplici: particelle puntiformi, molto leggere, tutte identiche e con una singola carica unitaria.

Quanto descritto dava luogo a un'immagine meravigliosamente nitida: l'intera materia esistente è costituita da varie combinazioni di tre particelle semplici: l'elettrone, il protone e il neutrone. Questi insiemi compositi si combinano a loro volta in strutture ancora più complesse. Sfortunatamente, però, i fisici nucleari scoprirono che i neutroni e i protoni non sono semplici come gli elettroni. Nelle collisioni ad alta energia vennero inoltre scoperte, in piccolo numero, nuove particelle. La forza che trattiene neutroni e protoni dentro al nucleo (la forza nucleare forte) non era neppure lontanamente semplice e ben definita come la forza elettrica che lega gli elettroni agli atomi o la forza di gravità che ci tiene agganciati alla terra. Alle alte energie, la fisica sembrava poi essere alquanto disordinata. La forza nucleare forte era molto complessa. Era proprio l'opposto di quel modello che aveva fatto apparire la fisica così affascinante e fondamentale. Idealmente la fisica dovrebbe ridurre il numero di cose che sono separate e che devono essere ricordate e spiegate. Al contrario le interazioni erano ora più complesse, con tutta una pletora di particelle apparentemente prive di utilità.

Anche questo mi aveva reso piuttosto scettico circa la teoria del Big Bang. Se i nuclei elementari erano così difficili da comprendere, come poteva chicchessia sperare di capire l'atomo primordiale di George-Henry Lemaître con il suo nucleo grande come il Sistema solare? Alla densità nucleare, l'universo sarebbe stato molto complicato. Come potevamo scoprire l'origine dell'universo?

Fortunatamente a quell'epoca il professor David Frisch mi offrì di lavorare con il suo gruppo per la mia tesi di laurea. Avevano installato un rivelatore presso il grande acceleratore del Brookhaven National Laboratory a Long Island. Vi erano pagine e pagine di dati sui frammenti risultanti dalle collisioni dei protoni ad alta energia dell'acceleratore con i nuclei di deuterio nel rivelatore. (Un nucleo di deuterio contiene un singolo protone e un neutrone e costituisce l'idrogeno pesante.) Nei frammenti si notavano tracce di numerose particelle. Gran parte di queste particelle erano così effimere che, viaggiando quasi alla velocità della luce, potevano muoversi solo un attimo prima, o meno ancora, che la loro vita terminasse, per poi decadere in altre particelle. Il professore mi chiese di analizzare alcuni dati e così scoprii che una volta su tre una particella misteriosa, l'eta-zero, decadeva in tre particelle più leggere, le pi-zero, che immediatamente decadevano ognuna in due raggi gamma (quanti di luce ad alta energia). Il compito era arduo, poiché dovevo identificare i raggi gamma in tutti i frammenti e determinare se provenivano dalla cascata del decadimento. Tuttavia valeva la pena di analizzare le immagini, misurare le tracce, calcolare proprietà e probabilità e infine imparare qualcosa di queste cose strane e inafferrabili.

Frisch fu soddisfatto dei miei risultati e mi invitò a lavorare con uno studente appena laureato, Don Fox, e ideare un esperimento per scoprire particelle di vita media ancora più breve che potevano decadere in particelle K-zero. Queste ultime si comportavano in modo strano poiché avevano una vita misteriosamente lunga e viaggiavano per distanze macroscopiche prima di decadere. Ben presto iniziammo il nuovo lavoro. Dopo un paio di anni mi trovai impegnato, per una tesi di dottorato, in un altro esperimento per verificare se il decadimento di quelle strane particelle seguisse qualche regola, in particolare per determinare se un cambiamento nel comportamento di una particella fosse sempre seguito da un corrispondente cambiamento della carica elettrica.

La comunità dei fisici delle particelle elementari lo considerarono un esperimento fondamentale e in breve tempo Dave Frisch, Orrin Fackler, Jim Martin, Lauren Sompayrac e io ci trovammo in competizione con altri quattro gruppi. Lavoravamo al «frantumatore» di atomi di Brookhaven con magneti giganti, contatori di particelle e rivelatori di tracce e poi nei nostri laboratori e uffici con i calcolatori per analizzare i dati. Mentre eravamo ancora molto impegnati in questo esperimento, desiderosi di ottenere i migliori risultati possibili, il gruppo di Jerome Friedman ed Henry Kendall, negli uffici in fondo al corridoio, portava avanti un esperimento per misurare la grandezza e la forma del protone. Utilizzavano l'acceleratore di elettroni di Stanford perché gli elettroni sono semplici sonde puntiformi dei più complessi protoni. Secondo il teorico Bjorken il loro esperimento dimostrava che il protone non era fondamentale ma era di fatto costituito da parti più piccole che definirono «partoni». Avevano inoltre scoperto che protoni e neutroni erano composti da particelle puntiformi più semplici, denominate «quark». Le interazioni fra questi quark diventano più deboli e più semplici man mano che essi si avvicinano e aumentano la loro energia. Tutte le altre particelle che i fisici hanno scoperto erano semplicemente combinazioni instabili di quark che rapidamente si dividevano in combinazioni più stabili.

Questo era meraviglioso. La fisica era rientrata in carreggiata. A energie più elevate le cose diventano meno complesse e più simmetriche. Il Big Bang era divenuto assai più trattabile. Man mano che ci si avvicinava all'origine dell'universo la fisica diveniva più semplice e comprensibile. Mi era quindi facile immaginare tutto quanto è nell'universo compresso in una regione più piccola di un protone. Una volta raggiunto il nucleo primordiale di Lemaître, bisognava dunque andare oltre. I protoni e i neutroni si dissolvono in un brodo di quark. Se i quark sono davvero puntiformi, o perlomeno molto piccoli, non è difficile racchiuderli in una regione delle dimensioni di un protone. Tre quark uniti in un protone presentano una maggiore coesione di moltissimi quark insieme. Tale compressione richiede tuttavia una temperatura inconcepibilmente elevata.

Simili consapevolezze e il constatare che già numerosi scienziati studiavano la fisica sperimentale delle particelle (lasciando quindi scarse probabilità a un individuo di dare un contributo fondamentale), mi spinsero a occuparmi di cosmologia, nel 1970. Quando mi avvicinai a tale disciplina, la teoria del Big Bang era già affermata, ma il processo del Big Bang – il suo evento cataclismico, la creazione della materia e la formazione delle galassie – mi appariva quasi mistico. Ricordo di aver osservato in più di un'occasione il cielo di notte e aver riflettuto che il Big Bang era tanto difficile da accettare quanto l'immagine di Atlante che porta il mondo sulle spalle, provocando terremoti ogni volta che cambia posizione per ottenere un sollievo momentaneo; o, forse, era ancora più complesso! Vent'anni dopo mi appare ancora misterioso, non perché non sia scientifico, ma perché rappresenta qualcosa di veramente importante per la mente umana.

Questa sensazione è certamente diffusa come dimostrano le frequenti apparizioni sui giornali di articoli riguardanti la teoria. A volte una nuova prova la rafforza o la minaccia, a volte l'assenza di prove la lascia priva di sostegno. In generale, un simile interesse da parte del pubblico per una teoria scientifica dimostra la sua forza misteriosa. La gente sa che si tratta di scienza ma vorrebbe che fosse qualcosa di più. Per esempio, all'incontro annuale dell'American Association for the Advancement of Science svoltosi a Boston nel 1993, in una sessione dedicata al «Significato teologico della cosmologia del Big Bang», scienziati e teologi hanno cercato punti di contatto fra i concetti scientifici fondamentali del Big Bang, descritti dalla teoria attuale, e la storia cristiana della creazione. Non vi è dubbio che esista un parallelo fra il Big Bang come evento e la nozione cristiana di creazione dal nulla. (La creazione dal nulla non appare nella Bibbia, ma è stata formulata successivamente per contrapporsi all'insegnamento gnostico secondo il quale la materia è male, il prodotto di un essere inferiore e non opera divina.) Non è di scarsa rilevanza il fatto che nel 1951 papa Pio XII abbia citato la teoria del Big Bang e le prove rilevate che la sostengono: «Gli scienziati stanno cominciando a trovare le mani di Dio nella creazione dell'universo».

L'uomo è sempre stato tormentato dalla ricerca delle sue origini. I miti della creazione sono onnipresenti e nel mondo antico le immagini del cosmo interessavano tutte le sfere della vita – religiosa, politica e militare. Non ci sorprende, quindi, se in questo mondo moderno legato alle cose terrene il Big Bang spesso assume le dimensioni del mito.

Scientificamente il Big Bang rappresenta una potente teoria per spiegare l'origine e l'evoluzione dell'universo. Ma il nostro desiderio di capire l'universo va ben oltre la storia della scienza e i suoi metodi razionali. Come ha detto Joseph Campbell, il maggiore esperto mondiale di mitologia: «Noi esseri umani cerchiamo in una storia della creazione un modo per avere un'esperienza del mondo che ci conduca verso il trascendente, che ci informi e, allo stesso tempo, ci dia corpo al suo interno. Questo è ciò che vuole la gente, e a cui anela la nostra anima». La società è assetata di scienza e di mitologia e nella teoria del Big Bang le due sono intimamente connesse.

Nelle pagine che seguiranno parlerò del cammino di altri nel tentativo di capire l'universo così come appare e dei grandi sforzi che hanno portato a sviluppare quella storia della creazione che chiamiamo teoria del Big Bang. E racconterò la mia avventura e quella dei miei colleghi, la ricerca delle pieghe del tempo e quegli echi remoti della formazione primordiale delle galassie.

II
Il cielo notturno

Nell'inverno del 1984 trascorsi una settimana a Roma per partecipare a un seminario scientifico sull'universo primordiale e a un incontro con R. Mandolesi, G. Sironi, L. Danese e G. De Zotti delle Università di Bologna, Milano e Padova. Per quattro anni avevamo collaborato alla misura dell'intensità della radiazione di fondo cosmico, progetto che divenne parte principale nella mia storia di cosmologo. In precedenza avevo visitato un paio di volte l'Italia ma non avevo mai visto la torre di Pisa. Quella volta mi ero solennemente ripromesso di andare a vederla.

Ero desideroso che terminasse il seminario per noleggiare un'automobile e avviarmi lungo i trecento chilometri a nord di Roma verso Pisa, antica città un tempo sulla costa della Toscana. Era venerdì pomeriggio e, nonostante che guidassi alla massima velocità consentita sulle strade italiane, arrivai al tramonto con il timore che fosse troppo tardi per accedere alla torre. A una stazione di rifornimento sul lato meridionale della città fortificata chiesi con il mio italiano maccheronico indicazioni per la «torre di Pisa». «Ah, Piazza dei Miracoli!» mi rispose il benzinaio con grande rispetto. Supponendo che stessimo parlando della stessa cosa, seguii le sue istruzioni e girai attorno alla città lungo la parte esterna delle mura ed entrai dalla porta di nord-ovest.

Mi affrettai a parcheggiare anche se sapevo che avrei potuto solo vedere la torre, ma non entrare. Ecco, la piazza era lì, la cattedrale era proprio di fronte a me, la torre pendente si intravedeva dietro la cattedrale e, in mezzo ad esse, apparve la Luna piena con la luce riflessa sul marmo bianco della torre. Era una di quelle rare occasioni in cui la realtà supera ogni aspettativa. L'architettura, l'erba verde scuro e il marmo bianco che splendeva alla luce della Luna, davano vita a una scena mozzafiato che non potrò mai dimenticare. Allora compresi perché era chiamata «Piazza dei Miracoli».

Chi visita Pisa lo fa per la sua splendida e insolita architettura. Per me esisteva un'altra ragione: la storia dice che Galileo Galilei (1564-1642) avesse eseguito sulla torre un esperimento che costituisce praticamente la base della fisica e della cosmologia moderna. Si narra che avesse lasciato cadere dalla vetta della torre due oggetti di massa diversa per vedere se arrivavano a terra contemporaneamente. E così fu, dimostrando quindi che tutti gli oggetti che cadono accelerano esattamente alla stessa velocità, indipendentemente dalla loro massa.[1] Oltre a essere il primo fisico sperimentale che trasformò lo studio del movimento da filosofia astratta in scienza concreta, Galileo fu anche il primo astronomo a puntare un telescopio verso il cielo. La presenza della Luna nascente al mio arrivo sulla piazza era quindi doppiamente appropriata: noi comprendiamo il suo movimento grazie alla fisica di Newton che si è evoluta dagli esperimenti di Galileo; e comprendiamo la sua sfera d'azione grazie alle sue prime osservazioni con il telescopio.

Da bambino avevo letto dell'esperimento di Galileo dalla torre ed ero rimasto colpito per la sua semplicità e per ciò che significava. Galileo era diventato per me una figura mitica, un vero eroe nel lungo viaggio della scienza verso la comprensione dell'universo. Alcuni storici ritengono che questo racconto sia apocrifo, ma io ci credo. Galileo sapeva già che un tale esperimento sarebbe riuscito, in quanto aveva testato il suo principio scientifico facendo rotolare sfere di massa diversa lungo un piano inclinato. Queste scendevano lungo il piano inclinato più lentamente delle sfere fatte cadere da una torre, quindi il loro movimento poteva essere più facilmente cronometrato. Non è difficile immaginare l'abilità scientifica di Galileo nel dimostrare ciò che già sapeva essere vero, lasciando cadere delle sfere dalla famosa torre di fronte a un pubblico attonito. Sarebbe stata una potente argomentazione visiva per una legge scientifica fondamentale e un colpo inferto ai suoi colleghi aristotelici che insegnavano all'università. Non molto tempo dopo Galileo dovette lasciare l'Università di Pisa, molto conservatrice, per la più aperta Università di Padova.

La mattina successiva salii sulla torre e, trovandomi nel luogo in cui era sicuramente stato Galileo, compresi come un tale esperimento sarebbe stato di sicuro successo. Dalla torre mi diressi verso il Duomo e lì un guardiano mi si avvicinò e mi condusse nella navata e, puntando il dito in alto, disse: «La lanterna di Galileo». La lampada che nel 1580 Galileo aveva osservato mentre assisteva alle funzioni nella cattedrale pendeva dal soffitto alto oltre tre piani. Si dice che Galileo avesse la responsabilità di accertarsi che la lampada non si spegnesse e quindi la guardava con diligenza. Ma non si limitò a controllare la fiamma. A quell'epoca era studente di medicina e utilizzò il battito regolare del suo polso per cronometrare le oscillazioni della lanterna mossa dalle correnti d'aria. Le oscillazioni maggiori avrebbero dovuto durare più a lungo. Ma Galileo osservò che tutte le oscillazioni, indipendentemente dall'ampiezza, duravano lo stesso tempo: Galileo aveva scoperto il principio del pendolo. Ben presto avrebbe fatto altri esperimenti e appreso nuove cose sul movimento e sull'inerzia.

Fin verso la fine del Cinquecento la filosofia aveva sviluppato concetti astratti e idealizzati della natura ben lontani dalla realtà fisica. Per Galileo questi concetti erano insufficienti, egli voleva capire le leggi della natura attraverso esperimenti e osservazioni. A tal scopo realizzò un telescopio con cui osservò le fasi di Venere (fornendo così la prova diretta della teoria copernicana secondo la quale i pianeti ruotano attorno al Sole); vide satelliti che descrivevano un'orbita intorno a Giove (un'altra dimostrazione, seppur meno diretta, della teoria di Copernico, secondo il quale tutti i corpi celesti orbitavano intorno alla Terra, al centro dell'universo, mentre il sistema di Giove assomigliava di per sé a un piccolo Sistema solare); individuò un numero infinito di stelle nella Via Lattea (prova che l'universo era assai più vasto di quanto si ritenesse allora); e scoprì sulla Luna una serie di crateri e montagne oltre a vaste aree pianeggianti che pensò corrispondere (erroneamente) a superfici marine. Queste caratteristiche terrestri nei corpi celesti – oltre alle macchie rilevate sul Sole – dimostrarono che i cieli non erano così «perfetti» come sosteneva la teologia del tempo. Forse «l'etere» celeste era un mito; forse la Terra e il cielo erano costituiti della stessa sostanza: materia che ubbidiva alle stesse leggi del movimento. (In seguito queste intuizioni consentirono a Newton di giungere al nesso esistente fra una mela che cade e la Luna in orbita.) Così crollarono le barriere medievali fra il cielo e la terra, fra etere e materia. In un certo senso, grazie al genio di Galileo, la fisica e l'astronomia divennero un unico argomento, dando origine al più grande «matrimonio» di due scienze fisiche sino alla fine del ventesimo secolo, quando la cosmologia e la fisica delle particelle quantiche hanno iniziato a fondersi.

Dapprima le autorità ecclesiastiche tollerarono gli scritti di Galileo anche se sfidavano i dogmi stabiliti sull'origine dell'universo.

Ma quando egli cominciò a diffondere le sue idee e le sue osservazioni attraverso libri (come il *Sidereus Nuncius*) scritti in italiano (non più nel latino accademico) per un pubblico di massa, i cardinali iniziarono a irritarsi. Nel 1633 l'Inquisizione lo costrinse in ginocchio a ritrattare quanto detto. E mentre si alzava per andarsene si dice abbia mormorato: «Eppur si muove». Seguirono gli arresti domiciliari, la cecità e quindi la morte nel 1642.[2] Tuttavia, alla fine fu sepolto nella chiesa di Santa Croce a Firenze accanto ad altri personaggi insigni tra i quali Machiavelli e Michelangelo. Santa Croce, ricchissima di opere d'arte, è una delle mie mete preferite di pellegrinaggio.

Gli esperimenti di Galileo, unitamente alle osservazioni dell'astronomo danese Tycho Brahe (1546-1601) e al lavoro teorico dell'astronomo tedesco Giovanni Keplero (1571-1630), aprirono la strada alla fisica di Newton. È qui che inizia gran parte della scienza descritta in questo libro. Le equazioni di Newton vengono utilizzate in innumerevoli modi, per creare, ad esempio, un modello che descrive la formazione dei superammassi galattici sino a tracciare le orbite dei satelliti. Se Einstein è ritenuto il padre della cosmologia moderna e Newton il nonno, allora Galileo è certamente il bisnonno! Ognuno di questi geni diede inizio a sua volta alla rivoluzione intellettuale del proprio tempo, modificando in maniera radicale la visione corrente dell'universo. L'universo, così come era concepito all'epoca di Galileo, risultava limitato e statico. Con le leggi del movimento e della gravità di Newton e con le teorie della relatività speciale e generale di Einstein, esso appariva invece infinito e dinamico.

> ...che cosa impedisce alle stelle fisse di cadere l'una sull'altra?
> ISAAC NEWTON, *L'Ottica*, 1704

L'idea di un cosmo infinito era scioccante per l'ortodossia dominante che si basava solidamente sulla teologia. Il vecchio cosmo cristiano era piccolo e confortevole; gli esseri umani si trovavano al centro della creazione, protetti da Dio e dagli angeli. Verso la fine del Seicento, gli ambienti intellettuali avevano cominciato a intravedere la possibilità di un universo infinito. La cosmologia di Copernico aveva fornito una buona base scientifica per supporre che il cosmo fosse assai più grande di quanto si potesse immaginare, se non addirittura infinito.

La possibilità di un universo vasto, forse infinito, fu trattata dall'inglese Thomas Digges. Egli descrisse «l'orbe delle stelle fisse infinitamente elevato... splendente in perpetuo di luce gloriosa di gran lunga eccedente il nostro sole sia per quantità che per qualità». Più noto è certamente il coraggioso e provocatorio monaco italiano Giordano Bruno il quale sosteneva che «esisteva un numero infinito di soli e un numero infinito di stelle orbitanti attorno a questi soli». Egli espresse anche opinioni politiche radicali, azione poco avveduta a quei tempi di Riforma e Controriforma; azione che nel 1600 lo portò alla condanna al rogo.

Se Giordano Bruno aveva ragione, la Terra non era che un pianeta orbitante attorno a una stella fra innumerevoli stelle. Abbiamo tutti sentito parlare delle leggende degli abitanti delle isole del Pacifico che si disorientarono nell'apprendere che esistevano altre terre al di là dei loro arcipelaghi. Molti europei provarono la stessa cosa verso la fine del Seicento quando osservarono la Via Lattea, quell'immensità di soli appena scoperta, e immaginarono i mondi infiniti che vi ruotavano attorno. Il matematico francese Blaise Pascal espresse il sentimento di molti quando scrisse: «Il silenzio eterno di quegli spazi infiniti mi giunge con terrore».

La pubblicazione dei *Principia* di Newton rappresentò il punto culminante della rivoluzione copernicana e con essa la definitiva accettazione di un universo infinito. Isaac Newton (1642-1727), nato l'anno in cui morì Galileo, è stato lo scienziato più autorevole dopo Copernico, uguagliato solo da Einstein. Le leggi di Newton sul movimento e sulla gravitazione universale hanno avuto un peso determinante sulle scienze e si possono annoverare fra le generalizzazioni di più vasta portata formulate dalla mente umana. Nei suoi *Principia*, Newton dimostrò come la nuova cosmologia avesse un significato fisico in termini di leggi del movimento. Aveva ricavato tre leggi del movimento dai dati sperimentali di Galileo e dal lavoro teorico di Keplero sui movimenti planetari.

Queste sono le leggi del moto di Newton: 1. un corpo in movimento continua a muoversi con un moto uniforme sino a quando qualcosa lo fa deviare (questo è il principio d'inerzia); 2. ogni variazione di moto di un oggetto in movimento dipende dalla forza applicata all'oggetto divisa per la sua massa; 3. per ogni azione esiste una reazione uguale e contraria. La legge di gravitazione di Newton è la seguente: la forza di gravità fra due corpi è proporzionale al prodotto delle loro masse e diminuisce con l'inverso del quadrato della distanza fra loro. Per esempio l'attrazione gravitazionale fra due masse diventa un quarto quando raddoppia la distanza fra loro, un nono quando la loro distanza triplica e così via.

Queste leggi si applicano sia ai corpi celesti sia a quelli sulla terra; spiegano perché la Luna orbitante sia letteralmente come una mela che cade, in quanto la Luna cade «attorno» alla Terra. Con queste leggi Newton riuscì a dare la prima spiegazione corretta delle orbite planetarie. In linea di principio le sue leggi consentono di predire con vari secoli di anticipo le posizioni dei pianeti. In seguito gli astronomi dimostrarono che le leggi di Newton erano valide per l'intero universo. Comete, come la cometa di Halley,[3] viaggiano attorno al Sole in orbite ellittiche che possono essere previste utilizzando le equazioni di Newton; stelle binarie orbitano l'una attorno all'altra secondo le leggi di Newton; e si possono scoprire nuovi pianeti (come avvenne per Urano) utilizzando le medesime leggi per individuare la loro attrazione gravitazionale su pianeti conosciuti.

Ma la teoria di Newton poneva un paradosso. La natura del paradosso fu evidenziata nel 1692 in una lettera indirizzatagli dal reverendo Richard Bentley, brillante e turbolento studioso dell'Università di Cambridge. Nella corrispondenza che intercorse fra loro, i due studiosi si occuparono degli effetti della gravità su un universo infinito e questo rappresentò l'inizio di ciò che possiamo definire cosmologia dinamica: ovvero lo studio dell'universo come entità in evoluzione. I loro scambi di opinioni costituirono altresì i primi passi incerti sulla strada verso la teoria del Big Bang. Se il cosmo è infinito, scriveva Bentley, e se, come sosteneva la teoria di Newton, la gravità è presente in tutto il cosmo (diminuendo come l'inverso del quadrato della distanza ma senza mai scomparire completamente); allora il semplice calcolo implica che ogni parte dell'universo dovrebbe essere soggetta a un'attrazione gravitazionale infinita. Quindi, tutte le stelle dovrebbero collassare in un'enorme palla di fuoco.

Nella prima lettera di risposta a Bentley, datata 10 dicembre 1692, Newton riconosceva la possibilità che «se la materia del nostro Sole e pianeti e la materia dell'universo fossero sparse uniformemente nei cieli, e ogni particella fosse caratterizzata da una gravità innata verso tutto il resto e l'intero spazio attraverso il quale questa materia è sparsa fosse finito: la materia al di fuori di questo spazio per la sua forza di gravità tenderebbe verso la materia al suo interno e di conseguenza cadrebbe verso il centro dell'intero spazio e lì darebbe forma a una grande massa sferica».

L'universo poteva essere salvato, aggiunse Newton, se le stelle fossero state distribuite in modo uniforme attraverso lo spazio infinito. Egli ipotizzava che ogni stella fosse separata dalle altre esattamente dalla stessa distanza, come i quadrati di una scacchiera infinita. In tal modo, ogni stella sarebbe stata caratterizzata dalla stessa attrazione gravitazionale verso le altre, uguale in tutte le direzioni sino all'infinito. Qualsiasi spinta a cadere in una direzione sarebbe stata bilanciata da una spinta equivalente a cadere nella direzione opposta. Di conseguenza non vi sarebbe stato alcun movimento di stelle e alcun collasso cosmico.

Ma ben presto Newton stesso si rese conto che questa «soluzione» era estremamente fragile. Un mese dopo scrisse nuovamente a Bentley, accennando che anche il più piccolo movimento di una sola stella avrebbe provocato perturbazioni gravitazionali in tutto il sistema. Quindi l'intero sistema sarebbe collassato in un solo cumulo per via della gravità o, alternativamente, diverse parti del sistema si sarebbero ammassate in un numero infinito di cumuli. Inoltre, aggiunse Newton, lo schema avrebbe potuto funzionare con l'intervento di un «potere divino» per assicurare che le stelle «rimanessero per sempre nella medesima posizione (a uguale distanza)». Newton era ovviamente disperato. Già a quei tempi non era più di moda invocare la potenza divina per tappare i buchi delle teorie scientifiche.

Sia Newton che Bentley avevano immaginato un universo statico; non avevano mai ipotizzato che le stelle potessero variare di posizione nell'arco del tempo. Se avessero ipotizzato un universo dinamico, allora avrebbero potuto constatare che il moto delle stelle poteva contrapporsi al collasso stellare. Ma il loro atteggiamento era comprensibile. A quell'epoca nessuno aveva ancora individuato tale movimento. Grazie alle intuizioni di Newton e di altri, il concetto di un universo finito era stato abbandonato a favore di un universo infinito. La concezione di un cosmo statico avrebbe tuttavia resistito sino all'inizio del ventesimo secolo.

Il concetto di un universo infinito non spiega l'unica cosa che appare ovvia a tutti: il cielo di notte è scuro. Questa può apparire un'osservazione banale, ma di fatto non lo è. L'astronomo del Seicento, Keplero, fu uno dei primi a riconoscere il mistero del buio della notte. Se le stelle fossero infinite in numero e uniformemente distribuite, allora coprirebbero tutto il cielo notturno, senza lasciare spazi vuoti fra loro. In questo caso i cieli splenderebbero come una palla di fuoco e la Terra brucerebbe. La vita sarebbe impossibile. Di conseguenza, argomentò Keplero, l'universo è finito e non infinito.

Attorno al 1820 l'oscurità della notte disorientò anche il fisico-astronomo tedesco Heinrich W. M. Olbers. Di giorno egli esercitava la professione di medico combattendo le epidemie, mentre di notte, dall'ultimo piano della sua casa di Brema, osservava gli asteroidi e le comete. Contrariamente a Keplero, Olbers pensava che il cosmo fosse infinito e propose una teoria che conciliava il suo pensiero con il cielo scuro della notte: lo spazio è cosparso di nubi di materia interstellare che intercettano gran parte della luce delle stelle, attenuandola, così come un ombrello ripara dal sole. Questa sua interessante intuizione fu divulgata prima della conferma dell'esistenza delle nubi interstellari. Tuttavia, tali nubi non possono essere utilizzate per spiegare il paradosso; in un cosmo infinito, la luce stellare potrebbe eventualmente riscaldare le nubi sino a farle brillare, facendo splendere il cielo notturno così come aveva ipotizzato Keplero. Comunque sia, il mistero del cielo notturno è da allora noto come il «paradosso di Olbers» (trascurando in qualche modo ingiustamente Keplero e i suoi predecessori).

Una vera spiegazione fu avanzata più di un secolo fa da un poeta e non da uno scienziato, Edgar Allan Poe (1809-49). Molti conoscono i suoi racconti dell'orrore, le «belles lettres» del terrore gotico, la sua vita sregolata e sanno che fu distrutto dall'alcol a soli quarant'anni. Ma pochi sono a conoscenza del suo profondo interesse per la scienza, soprattutto l'astronomia, e del fascino che esercitava su di lui l'ipotesi nebulare dell'astronomo francese Pierre-Simon de Laplace. Secondo Laplace il Sistema solare si era evoluto da una nube primordiale di polvere e gas. L'ipotesi «è troppo bella per *non* possedere Verità come sua essenzialità» scrisse Poe. Gli ispirò anche un saggio di cosmologia, *Eureka: A Prose Poem*.

Secondo Poe il paradosso di Olbers era risolto, in quanto «La distanza del fondo invisibile è così grande che nessun raggio proveniente da essa ci ha ancora raggiunto». Poe si rese conto del fatto che l'universo non era infinitamente vecchio, ma che aveva avuto un inizio (ciò che oggi consideriamo il Big Bang). Di fatto, l'universo è così giovane che la luce proveniente dalle stelle più distanti sta ancora viaggiando verso di noi, ma non ci ha ancora raggiunto. Quando di notte osserviamo il cielo oscuro, guardiamo indietro nel tempo a un'epoca primordiale, precedente la formazione delle prime stelle.

Eureka suscitò pareri contrastanti. «Stupidaggini iperboliche» commentò un giornale con una nota di scherno. Tuttavia Poe era sempre più convinto dell'importanza delle sue intuizioni e mostrò il manoscritto di *Eureka* all'editore di New York, George Putnam. Putman più tardi avrebbe ricordato «il tremito di eccitazione... (Egli sosteneva che *Eureka*) era un testo di enorme interesse. La scoperta della gravitazione di Newton era un episodio di poco conto se paragonato alle scoperte contenute in questo libro. Avrebbe provocato immediatamente una tale attenzione universale che l'editore avrebbe potuto abbandonare qualsiasi altra iniziativa e fare di questo solo libro l'affare della sua vita. Per iniziare potevano essere sufficienti cinquantamila copie...» Putnam fu «veramente colpito, ma non conquistato» e così stampò solo cinquecento copie. Sei mesi dopo Poe morì.

La prima guerra mondiale (1914-18), ha scritto la storica Barbara Tuchman, rappresentò il baratro che separò per sempre il vecchio mondo dal nuovo. Durante quel conflitto gran parte dei sistemi esistenti subì una profonda trasformazione; era l'epoca edoardiana degli imperi e delle colonie, delle monarchie e delle aristocrazie. Questa fase caratterizzò anche il mondo intellettuale, il mondo dell'arte, della letteratura e della scienza. Neppure la cosmologia ne fu immune.

Fin verso la fine della prima decade del Novecento l'umanità aveva continuato a ignorare le problematiche circa l'origine del cosmo. Chiunque non prendesse la Genesi alla lettera non aveva alcun motivo per ritenere che vi fosse stato un inizio. L'origine del Sistema solare era un argomento controverso, ma l'origine dell'intero cosmo era una cosa completamente differente: al limite, veniva raramente discusso negli ambienti scientifici. Le riviste di astronomia dell'epoca trattavano ampiamente la natura delle nebulose, il ritorno della cometa di Halley nel 1910, l'evoluzione delle stelle, i «canali» di Marte, la serie di Balmer negli spettri stellari, la ricerca di un nono pianeta, ma raramente accennavano alle origini del cosmo.

Così come avvenne per tutti le principali trasformazioni intellettuali del tempo, vi erano comunque già indizi di una rivoluzione in atto. Tuttavia, la portata di queste indicazioni non veniva, in gran parte, presa in considerazione; perciò le nuove idee, una volta arrivate a convergere, provocarono un effetto scioccante.

Fra il 1905 e la metà del decennio successivo, Albert Einstein presentò le sue teorie «speciali» e «generali» sulla relatività e cambiò per sempre la visione scientifica dell'universo. La relatività speciale mostrò che spazio e tempo, massa ed energia, erano, rispettivamente, lati opposti della stessa medaglia. La relatività generale modificò la gravità di Newton mostrando un collegamento fra ciò che Einstein definiva massa-energia e spazio-tempo. Mentre Newton aveva pensato alla gravità come a una forza che agisce fra due oggetti, Einstein la considerò come l'effetto della massa sulla geometria dello spazio.

La differenza fra le due teorie appare ovvia. Considerate un veicolo spaziale in volo da un pianeta. La fisica di Newton afferma che la traiettoria del veicolo è deviata rispetto a una linea retta dalla forza gravitazionale del pianeta. Secondo Einstein, invece, il veicolo spaziale non è soggetto ad alcuna forza e procede secondo ciò che «ritiene» una linea retta; ma poiché lo spazio è deformato dalla massa del pianeta, la traiettoria ci appare curva. Einstein asserì che il veicolo non avverte alcuna forza; segue la sua rotta con un moto uniforme ubbidendo al primo principio d'inerzia di Newton, ma in uno spazio-tempo curvo. Potete confrontare tutto ciò con la vostra esperienza personale. Pensate di guidare lungo un'autostrada a una velocità di crociera controllata automaticamente e che la vostra auto giunga a una curva. Se l'autostrada è inclinata adeguatamente, l'auto seguirà automaticamente la curva senza necessità di toccare il volante e senza cambiare velocità. L'auto proseguirà con il suo moto uniforme. Molti giochi per bambini e parchi di divertimento sono basati sullo stesso principio. Attrazioni moderne, come gli ottovolanti, fanno percorrere a grande velocità un itinerario ricco di curve attraverso lo spazio-tempo. Queste attrazioni possono essere progettate in modo da concentrare la forza sul sedile del passeggero a un g per tutto il tempo, senza alcun pericolo di cadere o rovesciare la Coca-Cola. A volte i percorsi presentano improvvise cadute, asperità, tratti serpeggianti allo scopo di spaventare il pubblico.

L'attrazione gravitazionale, disse Einstein, è conseguenza della curvatura dello spazio e non di una forza misteriosa che agisce fra gli oggetti. E, aggiunse, come una massa può essere deviata dalla curvatura dello spazio, così avviene anche per la luce. Newton non era affatto soddisfatto dei suoi principi, anche se si dimostrarono così efficaci da dominare la scena scientifica nei tre secoli successivi, e avrebbe sicuramente preferito sostituire il campo gravitazionale con la curvatura dello spazio. Scrisse in una lettera a Bentley: «Che un corpo possa agire su un altro, a distanza, attraverso il vuoto, senza alcuna mediazione di altri elementi, per mezzo e attraverso i quali la forza possa essere trasmessa da un corpo all'altro, rappresenta per me una tale assurdità che ritengo che nessun uomo, dotato di competenza di pensiero nelle materie filosofiche, possa mai accettarlo».

La fisica compì un altro enorme passo in avanti quando Einstein fuse i principi di inerzia e le leggi di gravità attraverso il concetto di spazio-tempo curvo. Questo rappresentò un primo risultato verso il concetto moderno di universo non statico. Immaginate un universo con tutte le particelle sparse uniformemente. Nel corso del tempo, in regioni in cui lo spazio-tempo è curvato positivamente, le particelle

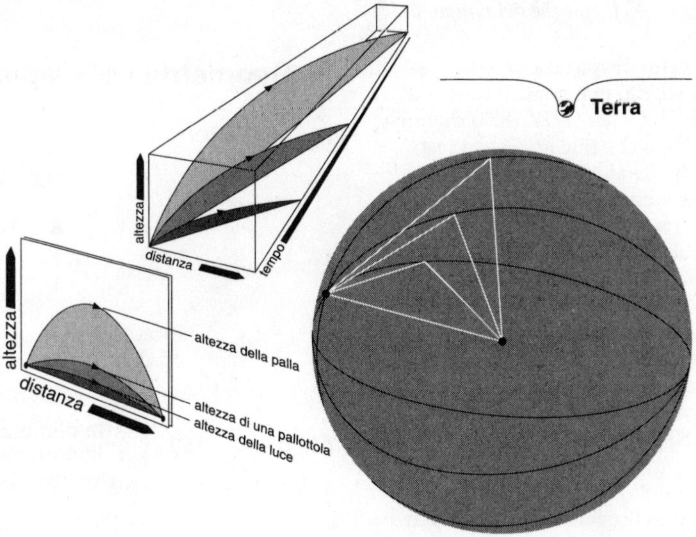

Arcobaleno della gravità. *Dall'alto a destra*: la massa della Terra deforma lo spazio-tempo analogamente al Sole. Una sfera con raggio di un anno-luce ha circa la stessa curvatura dello spazio-tempo sulla superficie della Terra. Ogni oggetto continua, indisturbato, il suo moto: principio di inerzia. Sulla superficie locale di una sfera che si adatta allo spazio-tempo i percorsi degli oggetti in moto sono sezioni di un grande cerchio. Alcune cose, come la luce o una pallottola accelerata, hanno una velocità maggiore, in quanto percorrono una distanza in tempo breve; altre, come una palla lanciata, impiegano un tempo molto più lungo a percorrere la stessa distanza. Così le loro traiettorie hanno angoli differenti nello spazio-tempo e gli archi dei loro percorsi attraverso lo spazio-tempo differiscono di conseguenza. Visti da una prospettiva spazio-temporale, i loro percorsi sono archi identici, semplici e indisturbati, di lunghezza diversa. *Christopher Slye*

tenderanno a raggrupparsi; in altre in cui lo spazio-tempo è curvato negativamente, le particelle si allontaneranno, creando dei vuoti. Solo dove lo spazio-tempo è piatto, le particelle manterranno una separazione costante.

Erano poche le persone estranee al mondo scientifico che avevano sentito parlare di Einstein prima che la sua teoria riempisse le prime pagine di tutti i giornali del mondo. Egli aveva acquistato sempre più notorietà fra i fisici, che rispettavano il suo lavoro, soprattutto per quanto riguardava l'effetto fotoelettrico, che egli spiegava in termini di teoria elementare dei quanti (e per il quale avrebbe vinto il Premio Nobel nel 1922). Gli scienziati erano anche incuriositi dalle sue teorie della relatività. All'età di quarant'anni, gli anni più fertili già trascorsi, un eccentrico trasandato ma simpatico, che non indossava calzini, poteva essere difficilmente considerato una celebrità

Il concetto di spazio-curvo fu proposto dal matematico Karl Friedrich Gauss (1777-1855) duemila anni dopo che Euclide aveva reso noti gli elementi della geometria dello spazio-piatto. Euclide sintetizzò ciò che aveva appreso dagli studiosi egizi. La chiave per comprendere la sua geometria è il quinto postulato: due linee parallele rimangono sempre alla stessa distanza ovvero, in una formulazione equivalente, la somma degli angoli interni di un triangolo è di 180 gradi. Gauss studiò un triangolo formato dalle vette delle montagne di Harz, ovvero Inselberg, Brocken e Hoher Hagen, per verificare se la somma degli angoli era di 180 gradi. La sua teoria fu confermata.
Nel 1826 Nikolaj Ivanovič Lobacevskij (1792-1856) sviluppò una geometria aperta, ovvero curva al negativo. La stessa geometria fu elaborata autonomamente da Gauss e da Janos Bolyai (1802-60), un ufficiale dell'esercito austriaco.
Il 10 giugno 1854, il grande matematico Georg Riemann (1826-66), all'età di ventott'anni, mise a disposizione del mondo gli strumenti matematici per definire e calcolare la curvatura geometrica. Scoprì anche la geometria dello spazio-curvo al positivo. Trascorse il resto della vita nel tentativo di utilizzare l'idea dello spazio-curvo per unificare gravità, elettricità e magnetismo. Non riuscì nel suo intento poiché continuò a pensare al nesso fra gravità, spazio e spazio curvo e non fra gravità, spazio-tempo e spazio-tempo curvo.

Geometria dello spazio

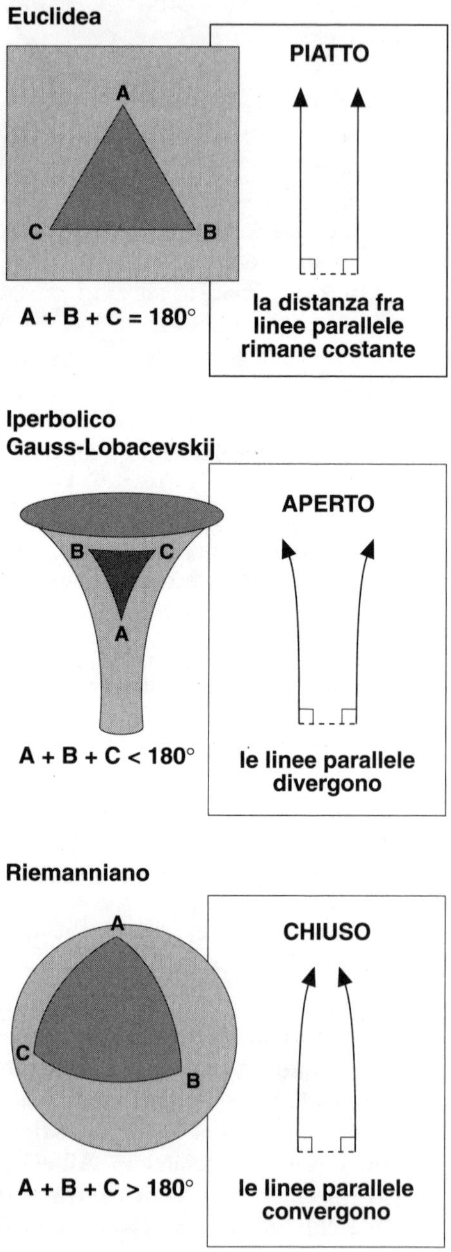

(difficilmente si sarebbe pensato che avrebbe incontrato presidenti, capi di stato o personaggi come Charlie Chaplin!). Tuttavia, nel giro di alcuni anni, avrebbe conosciuto tutte queste persone, e ciò grazie a una predizione che si avverò.

Solo pochi anni dopo che Einstein aveva pubblicato la sua teoria sulla relatività generale, la natura offrì l'occasione di verificarla. Einstein aveva evidenziato che la luce che viaggia verso di noi dalle stelle avrebbe dovuto essere deviata nel momento in cui passa vicino a una grande massa come, per esempio, il Sole. La luce viene dirottata dalla curvatura nello spazio-tempo creata dal grande corpo. Osservate, suggerì Einstein, una distesa di stelle in assenza del Sole e, poi, paragonate la stessa distesa con il Sole da una parte. Se la teoria è corretta, allora la posizione delle stelle prossime al bordo del Sole dovrebbe cambiare. Solitamente non è certo possibile osservare stelle vicine al Sole, poiché veniamo accecati dalla sua luce. Sarebbe stata necessaria un' eclissi totale, disse Einstein, che avebbe consentito un'osservazione, seppur molto breve, del campo stellare attorno al Sole. Il 29 maggio 1919, nel golfo di Guinea nell'emisfero meridionale, era prevista un'eclissi di questo tipo. L'astronomo britannico, sir Arthur Eddington, organizzò una spedizione per compiere le osservazioni necessarie. Le osservazioni di un'eclissi totale sono fra le più snervanti dell'astronomia, poiché l'oscurità è molto breve: raramente dura oltre un minuto o due. «Non ho visto l'eclissi» scrisse in seguito Eddington «poiché ero troppo impegnato a cambiare le lastre, eccetto uno sguardo per assicurarmi che fosse iniziata e un altro, a metà, per vedere quanto oscuramento vi fosse.»

Tre giorni dopo Eddington aveva sviluppato le lastre fotografiche del campo solare al momento dell'eclissi, lo aveva paragonato con il campo in assenza del Sole e aveva confermato la supposizione di Einstein. Passarono tuttavia quattro mesi prima che Einstein venisse a conoscenza del suo trionfo, quando cioè fu completata l'analisi dettagliata delle lastre fotografiche. Il 6 novembre 1919 i risultati furono annunciati con grande risonanza a una riunione congiunta della Royal Society e della Royal Astronomical Society. Il matematico-filosofo britannico Alfred North Whitehead era presente all'annuncio. Più tardi avrebbe ricordato: «Nell'allestimento scenico si respirava una certa drammaticità – la cerimonia tradizionale e, sullo sfondo, l'immagine di Newton che ci rammentava che la più grande intuizione scientifica, dopo oltre due secoli, veniva ora modificata per la prima volta... una grande avventura del pensiero era giunta dopo tanto tempo in porto». I giornali dedicarono alla scoperta titoli sensazionali: «Sovvertite le idee di Newton!», proclamò uno; «Deformato lo spazio!», dichiarò un altro. Questa nuova conquista avrebbe «abbattuto le certezze di secoli e secoli» scrisse il «Times» di Londra. «Scoperta che segna un'epoca» la definì il «New York Times». Einstein replicò con il suo abituale *aplomb*. Se la sua teoria non fosse stata suffragata dall'esperimento, egli sarebbe stato «dispiaciuto per il caro Lord, ma la teoria *è* corretta».

Innumerevoli e drammatiche sono le conseguenze della teoria della relatività di Einstein. Fra queste non certo di poco conto è la previsione dell'esistenza di lenti gravitazionali. Si tratta di enormi oggetti astronomici, per esempio galassie, così massicci (contenenti miliardi di stelle) da deviare la luce di stelle e quasar in modo assai più spettacolare di quanto avvenga nelle eclissi solari. Le lenti gravitazionali creano versioni celesti di fenomeni atmosferici come i miraggi, le immagini multiple e «le Fate Morgane». Per esempio, una lente gravitazionale ha scisso la luce di un singolo quasar in cinque immagini separate. Data la sua forma particolare, questa immagine sorprendente è nota come «croce di Einstein».

I buchi neri sono un'altra conseguenza ancora più nota della teoria di Einstein. Questi oggetti ipotetici sono stelle collassate con una tale enorme attrazione gravitazionale, cioè, deformano lo spazio in modo così vistoso, che nulla può sfuggire loro, neppure la luce. Da qui la definizione di «neri». Qualcuno ha ipotizzato che i buchi neri siano dei passaggi verso altri universi. Sebbene vi siano molti candidati, nessun buco nero è stato tuttora identificato con certezza. Per esempio, un'intensa sorgente di raggi X nella costellazione del Cigno e una sorgente di annichilazione di positroni nel nucleo della nostra galassia potrebbero svelare come e dove la materia precipita nei buchi neri.

L'implicazione di più vasta portata della relatività generale è che l'universo non sia statico, come nella visione tradizionale, bensì dinamico, cioè in contrazione o in espansione. Einstein, pur con la sua indole anticonformista e fantasiosa, si arrestò di fronte all'idea di un universo dinamico e, quindi, senza trascurare la sua rivoluzione scientifica, rimase nel profondo del cuore un tradizionalista. Copernico non abbandonò mai alcune immagini ricorrenti nel cosmo medievale: per esempio, sosteneva fermamente gli epicicli e le orbite circolari (non ellittiche). Analogamente, il pensiero di Einstein era così consolidato nelle opinioni del suo tempo che dapprima rifiutò l'idea riformatrice di un universo dinamico.

Uno dei motivi per cui Einstein respinse dapprima questa impli-

La massa curva lo spazio-tempo

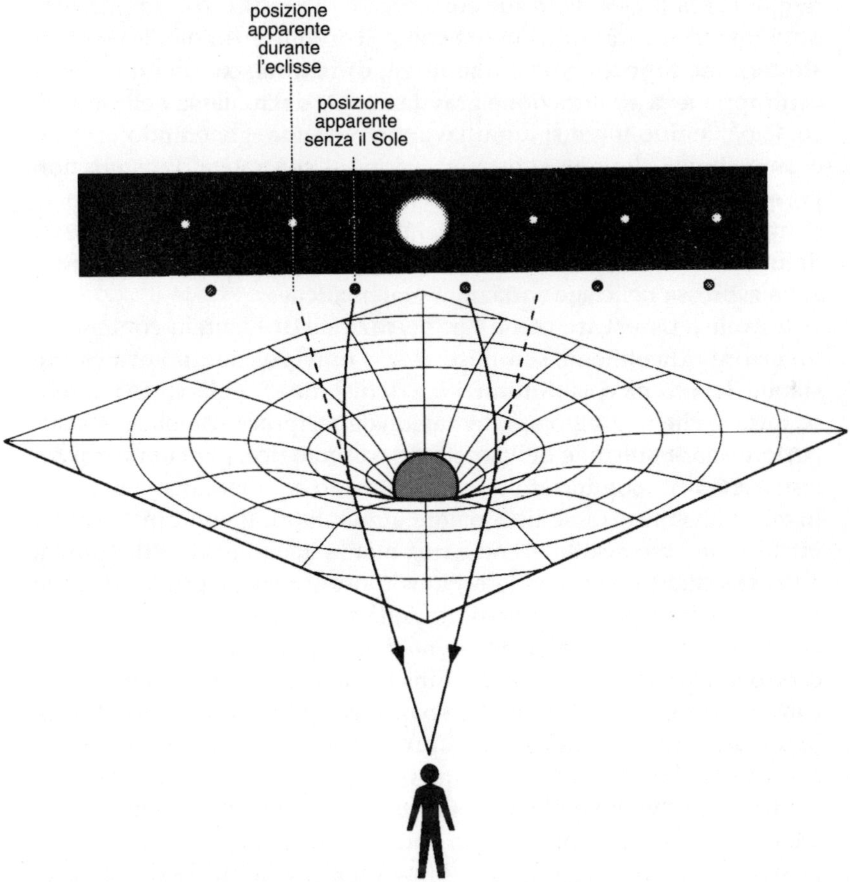

Le osservazioni di Sir Arthur Eddington hanno confermato che la curvatura dello spazio del Sole «altera» la posizione apparente di una stella, come previsto da Albert Einstein. *Christopher Slye*

cazione della sua relatività generale era che, se l'universo era in espansione in quel momento, ciò significava che molto tempo prima doveva aver avuto inizio da un singolo punto. Tutto il tempo e lo spazio sarebbero stati racchiusi in quel «punto», una «singolarità» infinitamente densa e infinitamente piccola. Sarebbe stato impossibile calcolare che cosa era accaduto «prima» di quella singolarità, poiché qualsiasi calcolo avrebbe prodotto risultati privi di senso.

Una tale singolarità avrebbe costituito l'ostacolo estremo alla conoscenza umana e per Einstein tutto questo era assurdo. Cercò quindi di eludere la logica delle sue equazioni e di modificarle aggiungendovi un termine arbitrario noto come «costante cosmologica». Questo termine rappresentava una forza, di natura sconosciuta, che si contrapponeva all'attrazione gravitazionale della massa nell'universo. Cioè, le due forze si annullavano a vicenda, generando così un cosmo statico che non si espandeva, né si contraeva. Einstein non possedeva alcuna prova dell'esistenza di una costante cosmologica; si trattava di una sorta di idea nel cappello, ciò che molti scienzati definirebbero *ad hoc*. E nel caso di Einstein rappresentava la sua filosofia espressa nelle sue equazioni matematiche.

È ironico osservare come l'impostazione di Einstein contenesse un errore ridicolmente semplice: il suo universo non poteva essere stabile. La più piccola diminuzione di distanza fra gli oggetti avrebbe fatto sì che l'attrazione gravitazionale reciproca sarebbe stata superiore alla repulsione della costante cosmologica, per cui i corpi celesti avrebbero cominciato ad avvicinarsi (o ad allontanarsi nel caso in cui la distanza fosse lievemente aumentata). Il suo universo era intrinsecamente instabile, come una matita in equilibrio sulla punta.

Vi era anche una seconda ragione filosofica che aveva fatto sì che Einstein rifiutasse le conclusioni delle sue equazioni, una ragione che lo aveva guidato alla creazione delle equazioni stesse. Nel concepire la teoria della relatività, Einstein aveva dovuto respingere il concetto di Newton di tempo e spazio assoluto. Newton era il rivoluzionario che sosteneva che le prove empiriche prevalgono sulle argomentazioni filosofiche. A quei tempi, l'avversario di Newton, Gottfried Wilhelm von Leibniz (1646-1716), sosteneva che non vi era alcuna esigenza filosofica di un concetto di spazio al di là dei rapporti fra gli oggetti materiali. Newton era alla guida del mondo scientifico, ma i filosofi continuavano a esplorare le ipotesi avanzate da Leibniz, con Immanuel Kant (1724-1804) che proponeva un universo isola e lo spazio assoluto e Leonhard Euler (1707-83) che si contrapponeva al vescovo George Berkeley (1685-1753).

Nel 1721 Berkeley pubblicò *Motion* che capovolgeva la tesi aristotelica secondo la quale lo spazio esisteva in quanto conteneva la materia. Aristotele aveva detto che lo spazio era ricoperto di una sostanza che gli conferiva realtà e allo stesso tempo controllava il movimento degli oggetti. Lo spazio in sé poteva non esistere, quindi non sussisteva il vuoto (per cui gli atomisti greci sbagliavano nell'affermare che non esiste nulla al di fuori «degli atomi e del vuoto»).

Berkeley sviluppò la tesi di Aristotele affermando che lo spazio in sé è vuoto e quindi nulla, cioè un singolo corpo in un universo che sarebbe altrimenti vuoto non presenta nessun tipo di movimento calcolabile. Due corpi possono definire il moto relativo all'asse formato dalla linea che li unisce. Quattro corpi possono definire il moto in tre dimensioni, ma occorrono più di quattro corpi per definire la rotazione. In tal modo le proprietà di ciò che i newtoniani chiamavano spazio assoluto erano il risultato del contenuto materiale dell'universo.

Il filosofo austriaco Ernst Mach (1838-1916) espresse idee analoghe a quelle del vescovo Berkeley. Ma andò oltre nel sostenere che aggiungendo pochi granellini di polvere allo spazio si potevano ottenere dei punti di riferimento per il moto, quindi riempendo l'universo di materia si sarebbe creato un sistema di riferimento più consolidato. Una distribuzione uniforme della materia dovrebbe creare uno spazio uniforme. Nel 1893 Mach formulò la seguente ipotesi: l'influenza di tutta la massa nell'universo determina ciò che è movimento naturale e quanto sia difficile cambiare. Questo non vi ricorda che il moto naturale è l'inerzia? Dovrebbe essere così.

Possiamo esaminare l'ipotesi di Mach da soli. Se osserviamo le stelle e le galassie, queste sembrano ruotare sopra di noi, una volta ogni ventiquattro ore. Tuttavia, riferita al piano del Sistema solare, la rotazione delle stelle e delle galassie osservata è inferiore a un secondo di arco per secolo. Se andiamo ai poli terrestri e appendiamo un pendolo a un lungo filo e lo lasciamo oscillare liberamente, il piano delle sue oscillazioni, relativo alle galassie distanti, rimane fisso, e non ruota con la Terra. In altre parole, il suo movimento naturale è solidale con le stelle lontane. In virtù di questa osservazione, lo spazio-tempo assoluto di Newton definisce il riferimento naturale per il moto e, mentre la Terra ruota e vi orbita dentro, le galassie rimangono immobili o l'ipotesi di Mach è esatta e la media di tutta la materia definisce il nostro sistema di riferimento inerziale.

Einstein fu molto influenzato da Mach con il quale intrattenne un rapporto di corrispondenza. Einstein etichettò l'ipotesi come «principio di Mach» e la utilizzò come guida nello sviluppo della relatività generale. Nel 1916 Karl Schwarzschild trovò la prima soluzione alle equazioni della relatività generale di Einstein; cioè una soluzione per una singola massa statica in uno spazio piatto altrimenti vuoto. Si tratta della soluzione utilizzata per il calcolo indicato schematicamente nell'illustrazione della curvatura della luce del Sole e di altri effetti nel Sistema solare. Einstein non fu particolarmente colpito e fu poco turbato dalla soluzione di Schwarzschild. Fedele al principio di Mach, pensava che una massa da sola nello spazio non avesse alcun significato. La soluzione di Schwarzschild offriva la risposta corretta per il Sistema solare, ma solamente in quanto, sosteneva Einstein, il resto della materia dell'universo forniva il riferimento a uno spazio-tempo piatto.

Gli antefatti spinsero Einstein a costruire il primo modello cosmologico relativistico nel 1917. Il suo obbiettivo: un universo statico conforme al principio di Mach. Ma le sue equazioni della relatività generale non avrebbero consentito un universo statico, per cui aggiunse la costante cosmologica. Secondo il suo modello, la geometria dello spazio era quella di una sfera tridimensionale-finita, ma senza confini. In questa sfera le galassie mantenevano una collocazione fissa nello spazio e si muovevano solo nel tempo. Einstein era convinto che la sua soluzione rappresentava l'unico modello possibile senza la spaventosa singolarità. Tuttavia, nel 1919, l'olandese Willem de Sitter, tenendo conto della costante cosmologica, propose un'altra soluzione secondo la quale un universo privo di materia *si espanderebbe.*

Einstein criticò il modello di de Sitter in quanto non conteneva materia. Come poteva aver senso uno spazio senza la materia? La materia *definiva* lo spazio. Einstein aveva pensato che la relatività generale contenesse il principio di Mach. Egli e il mondo avrebbero in seguito appreso che il principio di Mach non era costruito nell'ambito delle equazioni della relatività generale ma che, piuttosto, la sua validità richiedeva altre condizioni.

Durante tutto il decennio successivo la controversia cosmologica si concentrò sulla correttezza del modello di Einstein o di quello di de Sitter. Nel 1922 il russo Alexander Friedmann dimostrò che le equazioni di Einstein contenevano una classe di soluzioni che descrivevano una distribuzione uniforme di materia in espansione. Friedmann, che aveva intuito più chiaramente l'aspetto fondamentale dell'espansione nell'universo relativistico, morì nel 1925 prima che la sua visione fosse pienamente accettata.

Nel 1932 Einstein e de Sitter collaborarono alla ricerca di una specifica soluzione di Friedmann , soluzione in cui lo spazio è piatto (con costante cosmologica zero), ma in espansione, noto poi come spazio di Einstein-de Sitter. Questa soluzione presenta una rappresentazione molto accurata di ciò che possiamo vedere del nostro universo.

Quando, nel 1917, Einstein descrisse il suo modello cosmologico rivoluzionario di fronte a un gruppo di membri dell'Accademia delle Scienze di Berlino, chiarì il fondamento logico in base al quale aveva aggiunto alle sue equazioni la costante cosmologica: «Detto termine è necessario solo allo scopo di rendere possibile una distribuzione della materia quasi-statica, come richiesto dalle piccole velocità delle stelle».

L'espediente matematico cancellò le implicazioni di un universo in espansione dalle equazioni della relatività generale e lasciò intatto il vecchio concetto di universo statico. A quell'epoca, non vi era alcuna forte evidenza osservativa di un universo in espansione e l'ambiente filosofico appoggiava l'idea di un universo statico, per esempio non bisognava domandarsi che cosa era accaduto «al principio». Quindi Einstein, nonostante il suo genio, rimase legato all'universo statico, sebbene le sue equazioni inducessero a pensare a un universo dinamico, come avrebbero dimostrato le prove empiriche. Einstein non prestò fede alla logica delle sue equazioni, decisione che avrebbe poi definito «il più grande errore della mia vita».

III

L'universo in espansione

Edwin Powell Hubble è uno dei grandi eroi dell'odissea scientifica che condusse alla moderna teoria del Big Bang. Nato a Marshfield nel Missouri nel 1889, divenne uno studioso di Rhodes presso l'Università di Oxford e fu, tra l'altro, un grande atleta. Prese parte alla prima guerra mondiale e insegnò negli istituti superiori (fu così amato dai suoi studenti che gli dedicarono un annuario). Studiò legge e si occupò per breve tempo di questioni legali nel Kentucky, ma ben presto l'entusiasmo per questa disciplina lo abbandonò. La sua vera passione era l'astronomia. Nonostante la sua insolita preparazione accademica, riuscì ad avere accesso al più grande telescopio mondiale (di allora), l'Osservatorio di Mount Wilson nella California meridionale. Prima che la diffusione della luce elettrica su vasta scala e l'espansione disordinata delle zone periferiche della contea di Los Angeles ne compromettesse la visuale, Mount Wilson, con il suo telescopio di cento pollici,[1] poteva godere di bei cieli limpidi e scuri e costituiva un'impareggiabile finestra sull'universo.

Il suo straordinario impegno fece di Hubble uno dei più famosi astronomi dell'epoca e nel 1948 fu immortalato sulla copertina della rivista «Time», dove, sullo sfondo di un enorme dito puntato verso le stelle, il suo viso appariva estremamente pensoso.

Hubble è stato descritto come uno «scienziato straordinariamente preciso e attento e solitamente si astenne da affermazioni non confortate da prove sperimentali». Tuttavia, la scienza era per lui una vera passione: trascorse centinaia di lunghissime ore nella stanza di controllo del telescopio di Mount Wilson. Chiunque abbia trascorso del tempo nella «gabbia» conosce lo straordinario sforzo di volontà richiesto: concentrazione totale e la capacità di annullare il tremito dovuto al freddo costante, pena la vibrazione del telescopio.

Hubble accettò umilmente questi disagi, spinto dal desiderio di trasformare la scienza dell'astronomia. Nella sua tesi di laurea aveva interrogato gli astronomi affinché verificassero se le nebulose a spirale fossero ubicate dentro la nostra galassia o al di fuori, costituendo galassie autonome. L'opinione convenzionale sosteneva che le nebulose fossero oggetti che si trovavano all'interno della nostra galassia; in pratica che la galassia costituisse l'estensione virtuale dell'universo. Se, come sosteneva Hubble, le nebulose erano di origine extragalattica, sarebbero state possibili scoperte di dimensioni favolose.

Capisco ciò che aveva potuto provare Hubble. All'inizio degli anni Settanta decisi di lavorare a misure della radiazione di fondo cosmico, anche perché sapevo che qualsiasi cosa avessimo appreso sarebbe stata *basilare*. Indipendentemente dalle scoperte, le nostre osservazioni ci avrebbero parlato dell'universo primordiale.

Notte dopo notte Hubble fotografò le nebulose, dedicando se stesso al suo obbiettivo in modo così totale da essere descritto (forse a ragione) come un individuo arrogante ed elitario. Studiò attentamente le immagini sulle lastre fotografiche in cerca di stelle all'interno delle nebulose e, occasionalmente, vi riusciva secondo «ciò che avevo mangiato a colazione». Egli trasse beneficio soprattutto dall'assistenza di Milton Humason, che era stato a suo tempo un conduttore di muli per divenire poi assistente presso l'osservatorio ed elaborare molte delle immagini più importanti di nebulose.

Nel 1924 Hubble rilevò qualcosa di importante: si trattava di un tipo di stella molto particolare nella nebulosa di Andromeda, una luminosità vagamente allungata vicino alla costellazione di Cassiopea (quella a forma di W un po' storto). La nebulosa può essere vista facilmente con un binocolo. Se abitate, come me, a circa 40° di latitudine nord, allora, verso la metà di gennaio, a mezzanotte, potete vedere la nebulosa direttamente sopra la vostra testa. È di dimensioni notevoli, circa sei gradi di ampiezza, o circa dieci volte le dimensioni della Luna. La stella speciale che Hubble aveva osservato nell'Andromeda era una variabile di Cefeide; tali stelle sono insolite poiché la loro luminosità varia entro intervalli di tempo regolari. Sulla fotografia della Cefeide, egli scrisse con entusiasmo: «Var!». La presenza di tale tipo di stella avrebbe permesso a Hubble di arrivare a ciò che gli astronomi avevano cercato di fare per anni: misurare in maniera attendibile la distanza da una nebulosa. La misurazione avrebbe rivelato se le nebulose a spirale erano veramente di origine extragalattica o semplicemente migravano all'interno della nostra galassia.

La misura delle distanze astronomiche aveva deluso a lungo gli astronomi. L'unica tecnica valida riguardava il fenomeno della parallasse. Il seguente ne è un semplice esempio. Mettete un dito davanti agli occhi e chiudete un occhio, quindi apritelo e chiudete l'altro occhio. Osservate come il vostro dito sembra muoversi avanti e indietro in rapporto allo sfondo (per esempio, la parete); l'ampiezza dello spostamento del dito è la sua parallasse. Più vicino è il dito all'occhio, maggiore è lo spostamento, o parallasse; più lontano è dall'occhio, minore è la parallasse. L'osservazione del dito dalle diverse posizioni dei due occhi provoca l'effetto di parallasse. La distanza del vostro dito dagli occhi può essere calcolata con la geometria elementare del triangolo formato dai due occhi e dal dito. Allo stesso modo gli astronomi determinano la distanza dagli oggetti celesti. Un oggetto viene osservato da due luoghi diversi (due osservatori molto distanti) e così viene determinata la sua parallasse sul fondo stellare. In questo caso il triangolo è formato dai due osservatori e dal corpo celeste. Ancora una volta è la geometria che permette di calcolare la distanza.

Questo sistema è molto utile per la misurazione della distanza degli oggetti più prossimi: i pianeti all'interno del Sistema solare. Ma per le stelle lontane, la distanza fra due osservatori a terra è insufficiente per produrre una parallasse misurabile. Per le stelle vicine, gli astronomi hanno sfruttato il movimento della Terra intorno al Sole. Per esempio, hanno effettuato un'osservazione di una determinata stella a gennaio e poi una seconda osservazione sei mesi dopo, quando la Terra si era spostata lungo la sua orbita al lato opposto del Sole. La distanza fra le due osservazioni è di 187,5 milioni di miglia,[2] ovvero il diametro dell'orbita della Terra attorno al Sole. Il triangolo era ora formato dai due punti opposti dell'orbita della Terra e dalla stella – la geometria elementare funziona anche in questo caso. Purtroppo, la tecnica della parallasse richiede osservazioni estremamente precise ed è valida solo per le stelle più vicine. Per le stelle lontane, 187,5 milioni di miglia è una distanza troppo piccola e non può costituire la base del triangolo.

All'inizio della seconda decade di questo secolo, Henrietta Leavitt, una donna non udente che lavorava all'osservatorio dell'Harvard College scoprì un sistema radicalmente nuovo per misurare le distanze cosmiche. Si rese conto che la luminosità assoluta delle stelle variabili di tipo Cefeide è correlata al periodo di tempo entro cui la loro luce aumenta o diminuisce: più brillante è la stella, più lungo è il suo ciclo. (La luminosità assoluta è la luminosità vera di una stella, come apparirebbe a un astronauta che vi si trovi vicino. La luminosità apparente è come appare a noi, in dipendenza della sua distanza in anni-luce.) Utilizzando un semplice calcolo basato sul presupposto che l'intensità della luce diminuisce con il quadrato della distanza, si può calcolare quanto debba essere lontana la stella per giustificare la sua luminosità apparente.

Hubble utilizzò la tecnica di Leavitt per misurare la distanza da Andromeda, tecnica basata sui periodi e sulla luminosità apparente della sua popolazione di stelle di tipo Cefeide. La distanza, egli concluse, era di 800 mila anni-luce che è dieci volte la distanza tipica delle stelle che si trovano all'interno della nostra galassia.[3] Andromeda si trovava chiaramente al di là della Via Lattea e, quindi, doveva essere una galassia lontana e indipendente. Hubble aveva raggiunto il suo scopo: gli astronomi potevano ora essere certi che le nebulose erano galassie a parte. Ed esisteva, evidentemente, un numero infinito di galassie di questo tipo che si trovavano al di là della nostra, per cui il cosmo doveva essere assai più grande di quanto si fosse mai pensato. Con la scoperta di Hubble era iniziata una nuova fase dell'astronomia.

La scoperta di un universo vastissimo, in pratica infinito, era sufficientemente rivoluzionaria. Il concetto cosmologico di un universo accogliente, non molto più grande della nostra galassia visibile, fu bandito dai libri di storia. Ma Hubble andò oltre. Proseguì nella sua scoperta, sfruttando una tecnica sviluppata in precedenza dall'americano Vesto Melvin Slipher e attaccò l'idea secolare di un universo statico, nozione alla quale Einstein era rimasto così tenacemente fedele.

Negli anni successivi al 1910 Slipher lavorò alacremente nel deserto americano, utilizzando l'osservatorio di Lowell per osservare le nebulose. L'osservatorio era ubicato in cima alla Mars Hill[4] nella città di Flagstaff in Arizona, a breve distanza dai cowboy e dai saloon. Lì, alla vigilia della prima guerra mondiale, Slipher ebbe la prima prova evidente dell'universo in espansione, ma non la riconobbe.

Nato a Mulberry in Indiana, Slipher aveva quasi quarant'anni nel 1901, quando giunse all'osservatorio. Era stato assunto dal suo fondatore, Percival Lowell, una delle figure più controverse della storia dell'astronomia. Lowell era il discendente di una ricca famiglia di Boston di cui facevano parte famosi industriali, accademici, politici e letterati. Aveva studiato matematica a Harvard e aveva avuto un incarico come diplomatico statunitense in Estremo Oriente. Egli è noto per la sua interpretazione delle linee enigmatiche visibili sulla superficie di Marte. Lowell movimentò l'opinione pubblica della *fin de siècle* affermando che tali linee non erano altro che canali costruiti dai marziani per portare l'acqua dalle calotte polari attraverso i deserti. All'epoca, venivano costruiti i grandi canali di Suez e di Panama ed erano considerati opere di ingegneria di altissimo livello. Immaginate il valore tecnologico di una civiltà capace di costruire canali intorno a un intero pianeta!

Come l'astronomo francese del Settecento Charles Messier e l'astronomo inglese dell'Ottocento William Herschel, Lowell era interessato anche alla natura delle nebulose. Egli sospettava si trattasse di nubi di polvere e di gas che, nel corso del tempo, si erano condensate in nuovi sistemi planetari (forse abitabili). Per verificare questa sua ipotesi, nel 1909 chiese a Slipher di compiere delle osservazioni dello spettro delle nebulose.

Slipher cominciò col fotografare lo spettro della nebulosa di Andromeda, spettro che rappresentava una sorta di «impronta» della galassia. La luce bianca, nel passare attraverso un prisma, si scompone nei vari colori che la costituiscono con il classico spettro ad arcobaleno dal rosso, all'arancione, al giallo, al verde, al blu, all'indaco e al viola. Le righe nello spettro rivelano la composizione chimica di stelle o galassie. Verso la fine del 1912, dopo avere raccolto una vasta serie di fotografie con il risultato più importante raggiunto la vigilia di Natale, Slipher esaminò quattro spettrogrammi di Andromeda e si rese conto che le righe spettrali si trovavano nel luogo sbagliato: erano spostate verso la parte blu dello spettro. La causa apparente era un fenomeno noto come effetto Doppler, dal nome del fisico austriaco Christian J. Doppler (1803-53).

L'effetto Doppler è facilmente spiegabile considerando ciò che accade al fischio di un treno quando passa. Mentre il treno si avvicina, il suono è relativamente più acuto e, quando passa e si allontana, diventa più basso. Il fischio di un treno fermo produce un suono con creste d'onda che ci passano accanto a un ritmo costante. Ma quando il treno si avvicina, ogni nuova cresta d'onda si forma più vicina a noi di quando il treno è fermo. Le creste delle onde sonore vengono raggruppate dal movimento del treno nella nostra direzione, che praticamente fa incrementare la frequenza del suono (un tono più alto). Man mano che il treno si allontana lungo la rotaia, la situazione si capovolge: le creste vengono prodotte a una distanza sempre maggiore e le onde sonore raggiungono l'orecchio a un ritmo più lento, la frequenza diminuisce e scende il tono del fischio del treno.

Lo stesso effetto ha luogo con la luce di un oggetto in movimento.

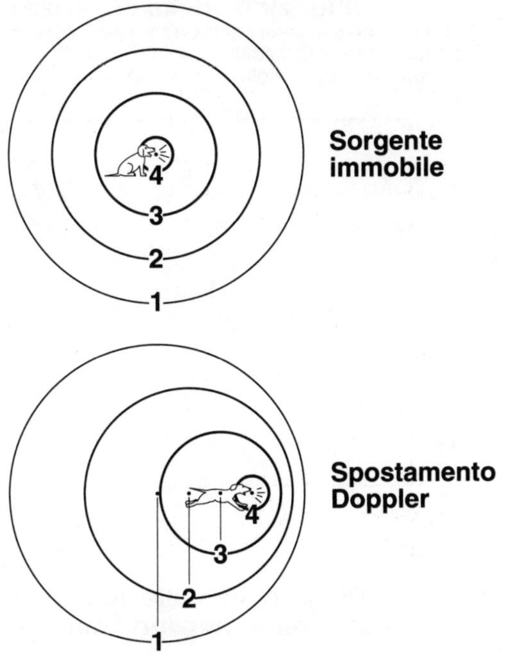

Il cane Doppler. Nell'effetto Doppler una sorgente in movimento cambia di tono rispetto a una immobile. Il cane Doppler, che abbaia a un ritmo costante, è una dimostrazione dell'effetto Doppler. Ogni qualvolta abbaia, un fronte d'onda di suono prorompe sfericamente fuori dalla sua bocca. Chi gli sta intorno sente arrivare i latrati in maniera equispaziata. Se invece il cane corre mentre abbaia, la sua bocca si muove e il centro di ogni sfera sonora in espansione si sposta. Chi ascolta nella direzione di moto del cane, sente i latrati a intervalli più ridotti fra loro, così che risultano di tono più alto. Chi ascolta nella direzione in cui il cane si allontana, sente i latrati in tono minore, poiché vi è un intervallo di tempo superiore fra un latrato e l'altro.

Il colore è l'equivalente ottico del tono: nella regione visibile dello spettro elettromagnetico, il colore rosso corrisponde a una frequenza inferiore (come il fischio a un tono basso), mentre il blu a una frequenza superiore (il fischio a un tono elevato). Quindi, una stella che si avvicina dovrebbe apparire più blu – ovvero la sua frequenza dovrebbe spostarsi verso la parte blu dello spettro – e una stella che si allontana dovrebbe spostarsi verso la parte rossa. Della prima si dice che va verso il blu, della seconda che va verso il rosso.[5] Gli astronomi dell'Ottocento iniziarono ad analizzare gli effetti Doppler negli spettri delle stelle. È così che appresero che alcune stelle si

Grafico della velocità di Hubble in funzione della distanza (1929)

I punti neri e la linea continua rappresentano la legge di Hubble adattata alle nebulose una per una. I cerchi e la linea tratteggiata rappresentano la soluzione con le nebulose raccolte in gruppi.

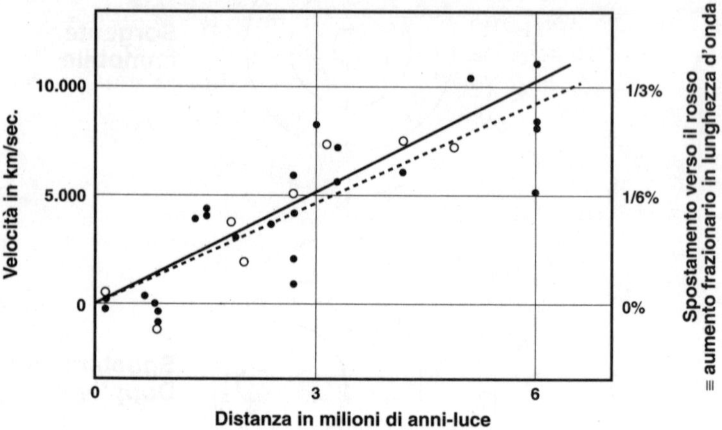

Diagramma della velocità di Hubble e Humason in funzione della distanza (1931)

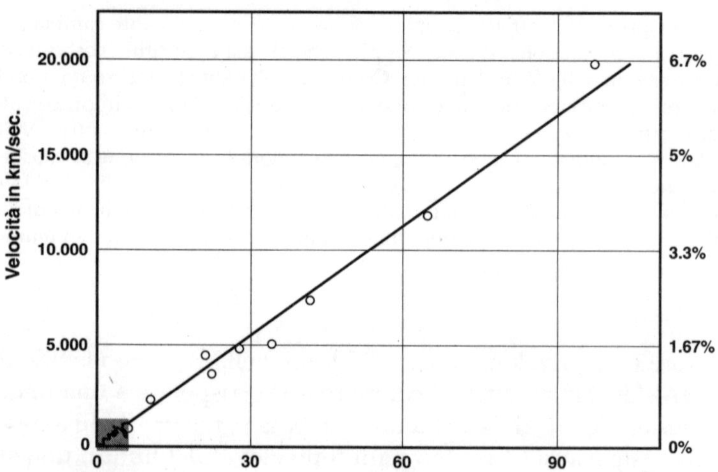

I dati della legge di Hubble. Il grafico superiore mostra i dati originali di Hubble rispetto alla distanza delle nebulose (galassie) e il loro spostamento verso il rosso (o velocità, se si usa la relazione dell'effetto Doppler). Il grafico inferiore mostra i dati originali di Hubble nella regione ombreggiata e i nuovi dati raccolti con Milton Humason. Questi forniscono un argomento a riprova dell'esistenza della relazione lineare tra distanza e spostamento verso il rosso. *Christopher Slye*

muovevano attraverso lo spazio a decine di chilometri al secondo, che all'epoca sembrava una velocità piuttosto elevata!

All'inizio del 1913, Slipher disse a Lowell che Andromeda mostrava un chiaro spostamento verso il blu: la nebulosa si spostava verso la nostra galassia a trecento chilometri al secondo. Durante i tre anni successivi, Slipher studiò altre ventidue nebulose a spirale e scoprì che molte di loro (come Andromeda) si spostavano verso il rosso, cioè le loro righe spettrali erano spostate verso lunghezze d'onda maggiori (verso frequenze inferiori). Se lo spostamento verso il rosso era dovuto all'effetto Doppler, esse si allontanavano dalla Via Lattea fino a velocità di mille chilometri al secondo.[6]

L'American Astronomical Society,[7] durante un incontro in cui Slipher parlò delle sue ricerche, gli tributò una vera e propria ovazione. Tuttavia, nessuno, compreso Slipher, era certo del significato delle sue osservazioni. Solo quando Hubble presentò le sue misure della distanza delle nebulose, dieci anni più tardi, fu possibile un'interpretazione degli spostamenti verso il rosso potenzialmente esistenti ovunque: le galassie si allontanano le une dalle altre in tutte le direzioni. In altre parole, l'universo non è un'entità statica, con corpi celesti sospesi in uno spazio fisso. Al contrario, l'universo è in espansione. Fu un momento di importanza vitale nello sviluppo della cosmologia moderna e capovolse la premessa più durevole mai espressa sull'universo: la sua staticità.

Hubble andò oltre e scoprì quella che fu definita «la prima legge veramente cosmologica»: la legge di Hubble. Questa semplice legge sostiene che esiste una correlazione diretta fra la distanza di una galassia e il suo spostamento verso il rosso: una relazione lineare. È tuttavia difficile da valutare e rimane in discussione il valore esatto della costante di proporzionalità. Tale valore è molto importante poiché indica a quale velocità si espande l'universo e, quindi, la sua età. Un'espansione lenta sta a indicare un universo molto vecchio, di circa 20 miliardi di anni; un'espansione più rapida indica che il cosmo è relativamente giovane, forse meno di 10 miliardi di anni.

Le osservazioni di Hubble e le loro interpretazioni erano così inequivocabili che ben presto convinsero anche i più accaniti sostenitori dell'idea di un universo statico. Le prove ottenute attraverso le osservazioni erano così evidenti che non si poteva ignorarle. Einstein fu tra i convertiti, e definì il suo «più grande errore» la sua precedente incapacità di rendersi conto che le sue equazioni implicavano un universo in espansione. Nel 1930, Einstein e sua moglie Elsa visitarono Mount Wilson e Hubble illustrò loro l'osservatorio. Fu spie-

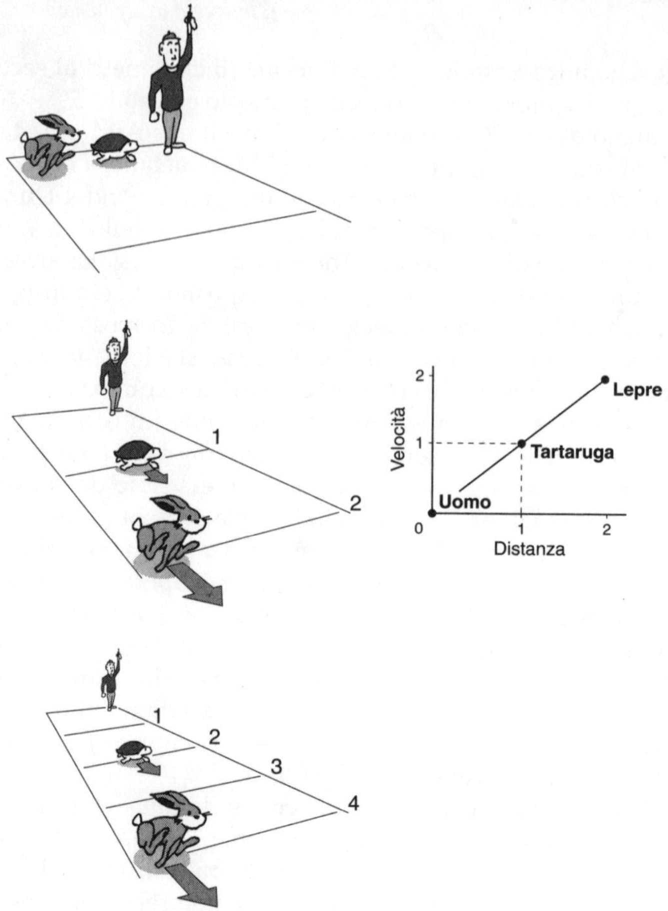

Modello della corsa/Modello dell'esplosione gigante
Il diagramma indica come la legge di Hubble della relazione lineare tra velocità e distanza possa essere applicata anche a una corsa o a un'esplosione gigante. Il corridore (o i frammenti) che si muove più rapidamente, va anche più lontano. La distanza percorsa è proprio la velocità moltiplicata per il tempo trascorso dalla partenza. Il che ci porta automaticamente alla legge di Hubble, ma è un'immagine deviante di come vediamo oggi il Big Bang. *Christopher Slye*

gato a Elsa che il telescopio di cento pollici veniva utilizzato per studiare la struttura del cosmo. «Capisco» commentò la signora Einstein «mio marito, invece, lo fa sul retro di una vecchia busta.»

In seguito, grazie alla fusione delle ricerche di questi due scienziati si giunse all'attuale nozione dell'universo. Rimaneva, comunque, la domanda cruciale: che cosa aveva *provocato* la sua espansione?

Modello di spazio in espansione

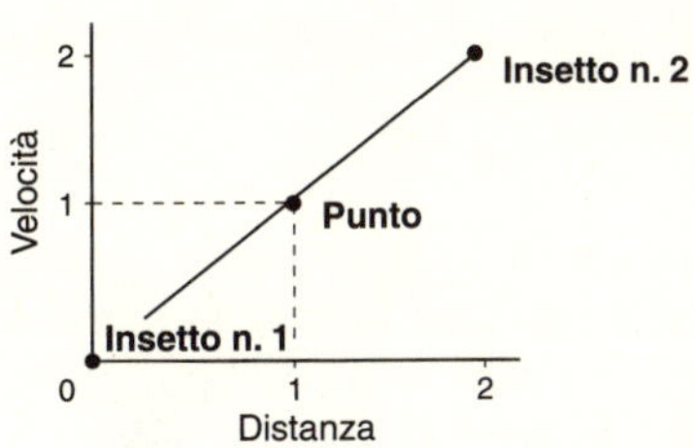

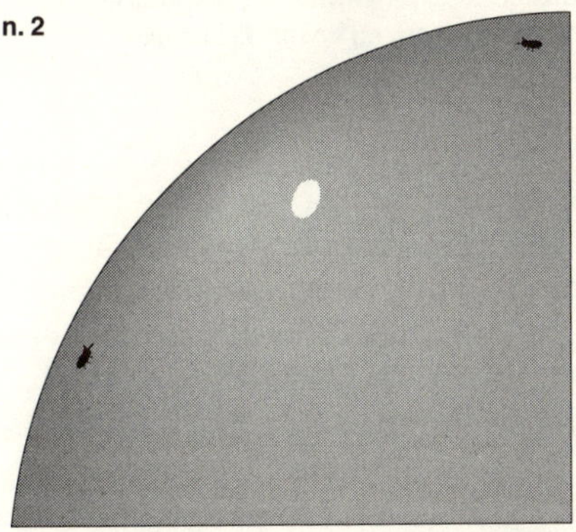

La distanza fra gli insetti e i punti si espande con il pallone, proprio come la distanza tra le galassie aumenta durante l'espansione dello spazio. Questo non implica necessariamente che le galassie si muovano attraverso lo spazio; è lo spazio in espansione che porta con sé le galassie. *Christopher Slye*

Spesso nella scienza accade che un'importante deduzione concettuale maturi per la concomitanza di alcune circostanze. Ciò avvenne anche per il prete-astronomo Georges-Henri Lemaître che, tra la seconda e la terza decade del nostro secolo, concepì l'idea che avrebbe poi portato alla teoria del Big Bang.

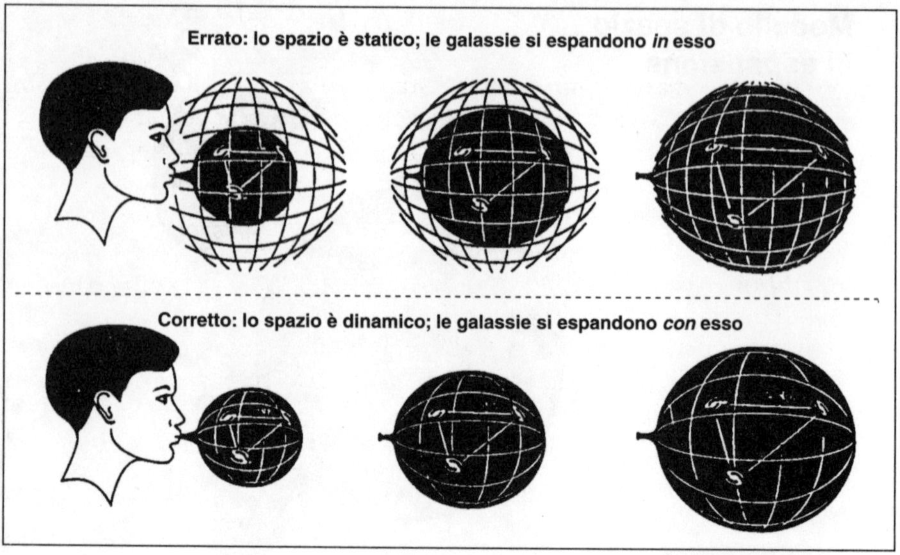

Galassie in espansione nello spazio *(in alto)* e galassie in espansione *con* lo spazio, non in esso. «*Sky and Telescope*»

Nato il 17 luglio 1894 a Charleroi in Belgio, Lemaître combatté nella prima guerra mondiale (meritandosi una medaglia al valore); fu testimone, fra i tanti orrori, anche di un attacco con i gas al cloro. Dotato di una personalità aggressiva, fu espulso dalla scuola militare per aver messo in discussione l'insegnante che aveva risposto in modo scorretto a una domanda di balistica. In un momento di calma durante i combattimenti, Lemaître lesse un libro di cosmologia scritto dal grande teorico Jules-Henri Poincaré e i difficili quesiti che poneva lo mandarono in estasi. All'inizio degli anni Venti Lemaître si iscrisse all'Università di Cambridge e poi a quella di Harvard per studiare astronomia.

Era un momento favorevole. Einstein aveva da poco divulgato la sua teoria della relatività generale e cercava di evitare l'implicazione di un universo non statico (probabilmente in espansione); Alexander Friedmann e Willem de Sitter, interpretando le equazioni di Einstein, accettarono invece l'implicazione di un universo non statico. Slipher stava accumulando dati sullo spostamento verso il rosso delle galassie; Hubble stava entrando nella storia della cosmologia con la conferma dell'esistenza delle nebulose extragalattiche e dello spostamento verso il rosso delle galassie. Se Lemaître non avesse avuto l'idea del Big Bang, certamente l'avrebbe avuta qualcun altro, e in poco tempo. Per citare il cosmologo di Princeton, James Peebles: «Weyl e Friedmann erano su quella strada prima di Lemaître e prima ancora che fosse matura l'esperienza osservativa; circa un anno dopo Lemaître anche Robertson aveva raccolto le fila, e Eddington e Tolman venivano immediatamente dopo».

Fra il 1927 e il 1933, Lemaître descrisse a grandi linee la prima versione della teoria del Big Bang. La chiamò *Hypothèse de l'atome primitif* (ipotesi dell'atomo primitivo). Sosteneva che l'universo era nato da un unico quanto primordiale di energia (o atomo, come lo definì). A quell'epoca Ernest Rutherford aveva scoperto il nucleo atomico e si era reso conto che alcuni nuclei espellevano particelle a causa del decadimento radioattivo. La stampa dava ampio spazio alla teoria dei quanti: de Broglie, Heisenberg, Schrödinger, Bohr, Dirac e altri stavano rivoluzionando la visione del micromondo e tale animazione ispirò certamente Lemaître.

Secondo la teoria di Lemaître, l'atomo primitivo aveva iniziato a dividersi e continuava a dividersi come i batteri in un piatto. Così ebbe origine tutta la materia dell'attuale universo. Con il proliferare dei nuclei, lo spazio e il tempo prendevano forma. L'autoriproduzione dei quanti ebbe luogo a un ritmo esplosivo. «L'evoluzione dell'universo può essere paragonata a uno spettacolo di fuochi d'artificio che è appena finito: qualche piccolo fascio di luce, ceneri e fumo» scrisse l'astronomo verso la fine degli anni Venti. «In piedi su un tizzone raffreddato, assistiamo alla lenta scomparsa dei soli e cerchiamo di ricordare la perduta luminosità dell'origine.»

Lemaître cercò, senza successo, di attirare l'interesse di Einstein e de Sitter al suo atomo primitivo. Alla Quinta Conferenza di Solvay a Bruxelles nel 1927, egli si rivolse a Einstein affinché sostenesse la sua causa. Einstein fu insolitamente brusco e disse seccamente: «I suoi calcoli sono corretti, ma la parte fisica è abominevole». Il vecchio insegnante di Lemaître, Arthur Eddington, respinse la sua teoria sull'origine dell'universo «Mi sembra che l'ipotesi più soddisfacente dovrebbe prevedere un inizio *non troppo inesteticamente improvviso*» disse Eddington con tono di disapprovazione (suo il corsivo).

Nel numero del 9 maggio 1931 della rivista «Nature», Lemaître presentò le sue idee in una lettera che uno studioso definì: «l'atto istitutivo della teoria del Big Bang». Lemaître iniziò rammentando che Eddington aveva disprezzato la sua ipotesi sull'origine dell'universo in quanto, filosoficamente, la nozione dell'origine dell'ordine attuale della Natura gli ripugna. Tenderei piuttosto a ritenere che lo stato attuale della teoria dei quanti fa pensare che l'universo abbia avuto inizio in modo assai diverso dal presente ordine della Natura. Dal punto di vista della teoria dei quanti i principi della termodinamica possono essere così espressi: (1) l'energia totale costante è distribuita in quanti discreti; (2) il numero di quanti distinti è in continuo aumento. Se andiamo indietro nel tempo, dobbiamo trovare un numero sempre inferiore di quanti, sino a quando tutta l'energia dell'universo sarà racchiusa in un piccolo numero di quanti o, addirittura, in uno solo.

Ora, nei processi atomici, le nozioni di spazio e tempo non sono altro che nozioni statistiche; scompaiono una volta applicate ai singoli fenomeni che riguardano solo un piccolo numero di quanti. Se il mondo è iniziato con un singolo quanto, le nozioni di spazio e tempo non hanno allo stadio iniziale alcun significato; comincerebbero ad avere un certo significato solo una volta che il quanto originale è stato diviso in un numero sufficiente di quanti. Se questa teoria è corretta, l'inizio dell'universo ha avuto luogo poco prima dell'inizio dello spazio e del tempo. Ritengo che un tale inizio dell'universo sia sufficientemente lontano dall'attuale ordine della Natura da non essere affatto ripugnante.

La lettera di Lemaître fece sì che il 19 maggio 1931 il «New York Times» esordisse con il seguente titolo: «Lemaître sostiene che un singolo, grande atomo, contenente tutta l'energia, abbia dato origine all'universo»

Mentre i cosmologi discutevano sull'origine del cosmo, il mondo viveva la «grande depressione». I mezzi di informazione cercavano di rallegrare lo spirito dei lettori con articoli entusiasmanti (a volte esagerati) su scoperte scientifiche pionieristiche, soprattutto di astronomia. Così, anche Lemaître divenne una celebrità e, pur non osannandolo come Einstein, i giornali pubblicarono fotografie che li ritraevano insieme. A quel punto Einstein si rese conto di aver respinto troppo frettolosamente l'idea del giovane sacerdote e cominciò a citarla come «l'interpretazione più piacevole, bella e soddisfacente» dei fenomeni astronomici. Il «Times» assicurò i lettori (che certamente ricordavano il «processo sommmario» di Scopes di diversi anni prima) che Lemaître non innalzava «alcun ostacolo fra scienza e religione» ed era «uno dei migliori fisici matematici esistenti... La sua teoria di un universo in espansione è ormai divenuta così diffusa che il modello statico, cilindrico di Einstein appare come una vecchia bicicletta con grandi ruote».

Eddington era stato una figura chiave per quanto concerneva l'accettazione dell'ipotesi dell'atomo primordiale. A quel tempo era il cosmologo più noto e il mentore di Lemaître, che nel 1927, gli aveva consegnato un manoscritto che descriveva a grandi linee la sua ipotesi, ma Eddington, era così poco propenso all'idea, che lo archiviò senza averlo letto attentamente. Quando, cinque anni dopo, egli ritrattò il suo giudizio, riprese in mano lo scritto e lo fece tradurre dal francese in inglese e pubblicare negli atti della Royal Astronomical Society. Tale azione rappresentò il segnale ufficiale di approvazione. La teoria del Big Bang era stata accettata (anche se non era ancora chiamata così).

Il progresso della cosmologia, come di tutte le scienze, è alimentato dalla continua interazione fra teoria e sperimentazione (o osservazione). La teoria di Lemaître divenne famosa, ma come poteva essere provata, cioè verificata, da un punto di vista scientifico? I prodotti del Big Bang ci circondano ovunque nell'attuale universo. Ma quell'universo è assai complesso; rovistandolo alla ricerca di segni di un evento primordiale circa 15 miliardi di anni dopo che ha avuto luogo, è possibile che tale ricerca si riveli infruttuosa. Se si viaggiasse nel tempo e man mano ci si avvicinasse al Big Bang, l'universo diventerebbe sempre più semplice. Ed è proprio fra queste semplici manifestazioni dell'evento che vanno ricercati gli indizi. Lemaître era consapevole di questo e pensò che i raggi cosmici ad alta energia potevano essere resti del Big Bang, come le scintille dopo un'esplosione. Egli tuttavia aveva torto poiché queste particelle sono quasi certamente generate da processi che avvengono all'interno della nostra galassia. La conferma del Big Bang doveva aspettare altri trentatre anni.

Tuttavia, all'inizio degli anni Trenta, l'idea e la teoria di uno spazio in espansione erano entrate decisamente e definitivamente nella storia della cosmologia. Sfortunatamente coloro che non appartengono al mondo scientifico continuarono – e continuano – a ritenere il Big Bang un'esplosione che ha eruttato la materia nello spazio vuoto. La denominazione di Big Bang non è di alcun aiuto. L'interpretazione di un'espansione cosmologica verso il rosso, come un effetto Doppler, insinuò nella credenza popolare l'idea che le galassie si stessero spostando verso uno spazio preesistente. Questa immagine di esplosione/movimento ha creato molti quesiti confusi e contrastanti. Einstein ha introdotto una visione più chiara, ovvero lo spazio e il tempo non sono gli assoluti della fisica di Newton ma possiedono delle proprie caratteristiche variabili. In particolare, lo spazio-tempo presenta una curvatura e, come Einstein dovette ammettere con riluttanza, cambiava scala nel tempo. Viviamo in un universo nel quale lo spazio si sta continuamente espandendo. Lo spostamento verso il rosso è dovuto all'allungamento della luce attraverso l'espansione dello spazio. La luce proveniente da galassie distanti impiega più tempo a raggiungerci e quindi si estende a lunghezze d'onda maggiori – attraverso l'espansione dello spazio – di quanto impiega la luce proveniente da galassie vicine. Quindi la legge di Hubble racchiude il concetto dello spazio in espansione. Considerate un universo idealizzato in cui le galassie non si muovono in relazione allo spazio e alla materia vicina. L'espansione dello spazio fa aumentare la distanza fra le galassie proporzionalmente alla distanza esistente fra loro. Se lo spazio si espande a un ritmo costante, questa relazione è la legge lineare di Hubble: lo spostamento verso il rosso è proporzionale alla distanza. A una distanza di separazione sufficientemente grande, due galassie, nessuna delle quali si muove in relazione all'ambiente in cui si trova, presentano una distanza di separazione che aumenta più rapidamente della luce che viaggia fra loro. Se non si comprendesse che lo spazio è in continua espansione, si tenderebbe a pensare erroneamente che le galassie si allontanino più velocemente della velocità della luce sebbene nessuna delle due sia in movimento.

L'avvento della teoria del Big Bang non solo ha offerto una nuova, emozionante prospettiva sull'origine dell'universo, ma ha anche fornito una possibile soluzione a uno dei più costanti quesiti della cosmologia: da dove provengono gli elementi? Come ha potuto la natura foggiare gli elementi della tavola di Mendeleev (idrogeno, elio, carbonio, ossigeno, ferro e così via)? Gran parte del mondo che conosciamo – le rocce, gli animali e le piante attorno a noi – è composta da elementi più pesanti dell'idrogeno e dell'elio. L'universo nel suo insieme è tuttavia dominato da due elementi: l'elio, che rappresenta quasi il 25% della materia, e l'idrogeno, prossimo al 75%. Tutti gli altri elementi rappresentano solo l'1%. Come è avvenuta questa distribuzione degli elementi? La teoria del Big Bang di Lemaître avrebbe fornito una risposta, perlomeno parziale.

Sino all'inizio del ventesimo secolo, la domanda sembrava senza risposta, se non altro perché nessuno conosceva la struttura interna dell'atomo. Nel 1896 Henri Becquerel scoprì la radioattività. Ernest Rutherford (1871-1937), un neozelandese trapiantato in Inghilterra, giunse all'Università di Cambridge nel 1897, giusto in tempo per assistere alla scoperta dell'elettrone da parte di Thomson. Rutherford iniziò a studiare la radioattività e per queste sue ricerche vinse il Premio Nobel nel 1908. Nel 1910 scoprì il nucleo dell'atomo utilizzando una fonte radioattiva per bombardare un foglio sottile di lamina d'oro e così aprì la strada alla fisica subatomica. Egli vide che l'atomo era quasi completamente costituito da spazio vuoto. Conteneva infatti un piccolo nucleo a carica positiva composto di protoni e degli elettroni ancora più piccoli, a carica negativa, che gli orbitavano attorno. (L'altro costituente del nucleo, il neutrone, fu scoperto vent'anni dopo, nel 1932, da Chadwick.)

Nel 1917 un chimico americano William Draper Harkins notò un fatto insolito. Egli scoprì che, a eccezione dell'idrogeno, gli elementi con numeri atomici pari[8] (2, 4, 6 ecc.) erano assai più numerosi di quelli con numeri atomici dispari (3, 5, 7 ecc.). Era un indizio per comprendere come si erano formati gli atomi? Harkins pensò che gli elementi si fossero formati attraverso la fusione dei loro nuclei atomici e che gli elementi con numeri pari erano più abbondanti o perché si formavano più facilmente o perché erano più stabili.

La nozione di fusione come importante processo cosmologico si rafforzò quando, nel 1925, l'astronomo di Harvard e preside di dipartimento, Cecilia Payne-Gaposchkin (1900-79), dimostrò che il Sole è costituito quasi interamente dall'elemento più leggero, l'idrogeno. I teorici dedussero che il Sole genera il suo calore non attraverso la fissione atomica, come si era pensato, bensì attraverso la fusione, ovvero l'unione di due nuclei di idrogeno (con un protone ciascuno) in un nucleo di elio (due protoni). Perché il processo di fusione abbia inizio è necessaria un'alta temperatura in quanto i due protoni, entrambi con cariche positive, si respingono a vicenda. Tuttavia una volta avviata, la fusione atomica libera una quantità enorme di energia ed è questo il motivo per cui i fisici hanno cercato per decenni di riprodurre in laboratorio il fenomeno della fusione nucleare per generare energia qui sulla Terra, sino a oggi senza alcun successo di qualche rilievo. Negli anni Trenta il fisico tedesco Hans A. Bethe descrisse la teoria della fusione nucleare come fonte del calore solare.

Le idee provenienti da discipline diverse si stavano congiungendo, come strade separate che si incontrano a un crocevia. Se la fusione nucleare poteva spiegare il calore stellare, allora poteva anche spiegare l'origine degli elementi? Poteva il calore stellare, o un'altra fonte di calore, fondere insieme i protoni in diversi gruppi, formando tutti gli elementi del cosmo? Per esempio, unendo i nuclei di elio, con due protoni ciascuno, si possono ottenere elementi più pesanti che contengono protoni in multipli di due: 4 (berillio), 6 (carbonio), 8 (ossigeno), 10 (neon) e così via. Questo può spiegare perché gli elementi a numero pari sono così comuni. «Le (particelle) che costituiscono il nucleo (dell'elio) devono essersi unite in un qualche luogo in qualche momento; e perché non nelle stelle?» Nel 1927 Eddington scrisse nel suo libro *Stars and Atoms*: «Sono consapevole che molti critici ritengono che le condizioni stellari non sono abbastanza estreme da generare il mutamento, ossia le stelle non sono abbastanza calde. In tal modo i critici si espongono a una replica ovvia; vien consigliato loro di andare a cercare *un luogo più caldo*».

Ma negli anni Trenta era disponibile «un luogo più caldo», almeno sulla carta: l'atomo primordiale di Lemaître.

Nel 1938, dopo aver tratto la conclusione che l'interno del Sole e delle altre stelle non era abbastanza caldo da fondere gli elementi leggeri in una miriade di elementi più pesanti, il ricercatore Carl Friedrich von Weizsaecker ipotizzò che poteva essere stata invece una caldissima «palla di fuoco» primitiva a causare il mutamento. Come scrisse su una rivista scientifica europea:

> Si può quindi pensare a una grande aggregazione primitiva di materia costituita forse da idrogeno puro. Poiché è collassata su se stessa sotto l'influenza della gravità e quindi giunta alla temperatura massima, si è trovata in una condizione in cui al suo interno hanno cominciato ad aver luogo le reazioni nucleari...
>
> Quanto si può immaginare grande la prima aggregazione? La teoria non pone limiti verso l'alto e la nostra fantasia ha la libertà di immaginare che in essa fosse combinata non solo la Via Lattea ma anche l'intero universo che conosciamo.

Una palla di fuoco grande come la Via Lattea, forse anche come l'intero cosmo! Una palla di fuoco così grande si sarebbe frantumata, espellendo materia che ora noi vediamo sotto forma di galassie che si allontanano. Quella materia comprenderebbe elementi pesanti «cotti» dal calore intenso, elementi che si sarebbero condensati infine in oggetti celesti come la Terra. Molte erano le analogie presenti nella «palla di fuoco» di von Weizsaecker e nell'«atomo primordiale» di Lemaître. Se il Big Bang avesse potuto risolvere, almeno teoricamente, l'enigma delle origini degli elementi, la sua validità sarebbe stata enormemente rafforzata. Come si poteva provare?

Chiunque legga il libro *Origins* di Alan Lightman e Roberta Brawer, una serie di interviste a diversi cosmologi, non può non notare che spesso gli intervistati dichiarano di essere stati ispirati, come bambini, dagli scritti popolari di George Gamow e Fred Hoyle. Da ragazzo lessi anch'io i libri di Gamow, in particolare fui colpito dalle storie di «Mr. Tompkins». Il protagonista è un membro imperturbabile della borghesia inglese che continua ad avere incontri bizzarri con manifestazioni quotidiane di fisica favolosa del macro e microcosmo: per esempio, ciclisti che pedalano così velocemente da sperimentare la dilatazione del tempo di Einstein, e autovetture che, grazie ai «tunnel quantici» possono passare attraverso le pareti. I libri di Hoyle sono naturalmente leggendari e comprendono *Frontiers of Astronomy* e *The Black Cloud*.

Il genio di Gamow spronò la cosmologia a verificare la validità del Big Bang e il suo ruolo nella formazione degli elementi. E fu proprio la risposta di Hoyle alla proposta di Gamow che alimentò una delle controversie più clamorose e famose della cosmologia.

Nato a Odessa, in Russia, nel 1904, Gamow divenne uno dei più stimati enciclopedici del ventesimo secolo. Egli compì grandi passi, con contributi importanti, in discipline che andavano dalla cosmologia e dalla fisica atomica alla genetica e al DNA. Lasciata la Russia, Gamow lavorò presso diverse università europee per poi trasferirsi negli Stati Uniti dove divenne professore alla George Washington University. «Il novanta percento delle teorie di Gamow erano errate ed era facile accorgersi che erano sbagliate» ricordava il suo collega Edward Teller. «Ma a lui non importava. Era una di quelle persone che non si vantava particolarmente per nessuna delle sue invenzioni. Egli poteva buttar là la sua ultima idea e poi trattarla come uno scherzo.»

Gamow «poneva quesiti che anticipavano i tempi» ricorda l'astronomo Vera Rubin, che fu sua studentessa; suo marito divideva l'ufficio con l'assistente di Gamow, Ralph Alpher, presso l'Applied Physics Laboratory della Johns Hopkins University. «Egli non era interessato ai dettagli; per molti versi forse non era *competente* per curare i dettagli... Era come un bambino.» Ebbe un matrimonio burrascoso, beveva troppo, fu un fervido pettegolo e un burlone leggendario. In questa smoderatezza, Gamow riuscì tuttavia a occuparsi di scienza ad alto livello. Dopo la seconda guerra mondiale, Alpher si avvicinò alla ricerca atomica presso l'Argonne National Laboratory in Illinois e il Brookhaven National Laboratory di Long Island, dove ho compiuto i miei primi esperimenti di fisica delle particelle. I dati atomici furono molto importanti per il tentativo di Alpher e di Gamow di spiegare l'origine degli elementi formati durante il Big Bang con una teoria che portarono avanti insieme con Robert Herman che lavorava come Alpher presso il Johns Hopkins Applied Physics Laboratory. Le ricerche compiute ad Argonne e a Brookhaven costiturono due importanti punti di riferimento per i teorici.

I ricercatori bombardarono bersagli di metallo con fasci di neutroni ad alta velocità, ricavando dati sulla probabilità che un determinato neutrone passasse sufficientemente vicino a un nucleo da fondersi con esso. (Questo è più facile che per i protoni, in quanto i neutroni non hanno carica elettrica e, quindi, non vengono respinti dai protoni del nucleo.) I fisici determinarono che i neutroni allo stato «libero» (non legati a un nucleo atomico) si disintegrano spontaneamente nel giro di pochi minuti in un protone, un elettrone e un neutrino per conservare la carica elettrica e altre proprietà.

La scena era pronta. Gamow disse che all'inizio l'universo doveva essere composto da una sostanza primordiale chiamata *ylem* (dal greco «materia primordiale»). Ylem era un gas di neutroni estremamente caldo (10 miliardi di gradi) e poiché i neutroni erano «liberi», cominciarono a decadere in protoni e obbligatoriamente in elettroni e neutrini. Il risultato fu un mare in ebollizione di neutroni e di protoni. Con il calore intenso, protoni e neutroni cominciarono a fondersi in elementi sempre più pesanti. Alcuni elementi con lo stesso numero di protoni presentavano un numero diverso di neutroni (sono conosciuti come isotopi). Secondo la teoria di Gamow, tutti gli elementi dell'intero universo si sono formati in questo modo durante i primi venti minuti dopo il Big Bang «in un lasso di tempo inferiore a quello necessario per cucinare l'anatra e le patate arrosto». Poiché i neutroni liberi si trasformavano continuamente in protoni, dopo un certo periodo di tempo il numero complessivo dei protoni fu superiore al quello dei neutroni; di conseguenza molti protoni non trovarono i neutroni compagni e gran parte della materia primordiale rimase sotto forma di protoni, ovvero i nuclei di idrogeno. Sebbene l'ipotesi sembrasse spiegare senza difficoltà l'origine dell'idrogeno e dell'elio, funzionava meno bene per gli elementi più pesanti. Dato che l'universo si espandeva e si raffreddava, le opportunità e le energie necessarie per costituire nuclei più pesanti diminuivano. Sebbene non ne potesse essere certo, Gamow ipotizzò che gli elementi più pesanti potevano essersi formati nella fase successiva al Big Bang.

Gran parte dei calcoli dettagliati, a supporto di tale ipotesi, furono opera di Alpher il quale li presentò nel 1948 nella sua tesi di dottorato. Egli e Gamow scrissero un articolo sull'argomento che fu pubblicato sul «Physical Review» dando a Gamow l'opportunità di intervenire con le sue battute. Chiese a Bethe di essere coautore dell'articolo, e così la pubblicazione «Alpher, Bethe, Gamow» (alfa, beta, gamma) entrò a pieno diritto nella letteratura cosmologica.

Alpher e Herman scrissero un'appendice che conteneva una previsione semplice ma completa, previsione che costituiva la base della cosmologia moderna. I protoni, per fondersi nei nuclei, devono possedere abbastanza energia da superare la repulsione elettrica dei protoni appartenenti ai nuclei bersaglio. Per permettere ciò, l'universo primitivo doveva essere molto caldo. Ma se fosse stato troppo caldo, i protoni, i neutroni e i fotoni carichi di energia avrebbero fatto esplodere i nuclei man mano che si formavano. Di conseguenza, pochi minuti dopo la creazione, la temperatura doveva trovarsi entro una fascia di valori molto ristretta. Nell'elaborare i dettagli, essi osservarono che l'universo era cominciato come un'intensa palla di fuoco e man mano che si espandeva, la radiazione – il calore – non sarebbe rimasta inalterata ma si sarebbe attenuata costantemente. Iniziando con una temperatura di vari miliardi di gradi, l'universo si sarebbe raffreddato gradualmente con il passare del tempo e con l'espansione dello spazio. Calcolarono anche che la temperatura dell'universo attuale dovrebbe essere di circa 5 gradi Kelvin (che equivale a 5 gradi centigradi sopra lo zero assoluto). Se il Big Bang aveva avuto luogo, come affermavano Gamow, Alpher e Herman, l'universo sarebbe dovuto essere immerso in una debole radiazione di fondo – come un'eco di quell'evento primordiale – con una temperatura equivalente di 5 gradi Kelvin. Se non vi fosse stato alcun Big Bang, non vi sarebbe stato neppure tale radiazione.

E lì era nell'articolo di Alpher e Herman: la radiazione di fondo cosmico, un indizio tangibile del Big Bang. Negli anni Quaranta non vi era modo di rivelare un debole bagliore residuo nello spazio, e così, per due decenni, la supposizione di Alpher e Herman rimase nell'ombra, tranne che per i suoi autori, così come è accaduto al documento storico di Mendel sulla genetica dei piselli.

Gamow fu felice di offrire le sue idee a un pubblico di massa. Riferì ai lettori di «Scientific American».

> Per molti lettori, l'affermazione secondo cui l'attuale composizione chimica dell'universo è stata decisa in mezz'ora di tempo cinque miliardi di anni fa appare priva di logica. Ma immaginate un pezzetto di terreno nel territorio per test nucleari del Nevada dove è esplosa una bomba atomica... Nell'arco di un microsecondo le reazioni nucleari generate dalla bomba hanno prodotto un gran numero di prodotti di fissione. Nel 1956, 100 milioni di milioni di microsecondi dopo, il luogo era ancora «infocato» con i prodotti di fissione rimasti. Il rapporto di un microsecondo a tre anni è il medesimo che esiste fra mezz'ora e cinque miliardi di anni! Se accettiamo un rapporto di tempo di questo ordine di grandezza in un caso, perché non possiamo accettarlo nell'altro?

Si trattava di un'argomentazione convincente, almeno per i profani. Egli scrisse anche un libro, *The Creation of the Universe*, che fu venduto molto bene; vi era contenuto un calcolo secondo cui la radiazione di fondo cosmico sarebbe stata 50 gradi Kelvin – non 5 Kelvin, il valore corretto. Come al solito, Gamow aveva fatto un semplice errore matematico.

Sull'altra sponda dell'Atlantico, in Inghilterra, Fred Hoyle sfidò la teoria di Gamow-Alpher-Herman, basata sull'universo iniziato con il Big Bang, e impostò quella che egli sperava sarebbe stata una replica devastante.

IV

Il conflitto cosmologico

> La prima sera al Beach Hotel, dopo cena, con il vecchio professore che parlava di cosmologia e sua figlia che conversava d'arte, il sig. Tompkins finalmente raggiunse la sua stanza, cadde sul letto e si coprì con la coperta fin sopra il capo. Botticelli e Bondi, Salvador Dalì e Fred Hoyle, Lemaître e La Fontaine, si confondevano nel suo cervello stanco e così cadde in un sonno profondo.
>
> GEORGE GAMOW, *Mr. Tompkins in Paperback*, 1965

> In assenza di creazione continua, l'Universo si evolverebbe in uno stato privo di vita, nel quale tutta la materia è condensata in una vastità di stelle morte.
>
> FRED HOYLE, *La natura dell'universo*, 1950

Fred Hoyle nacque nel 1915 nel villaggio di Bingley nel nord dell'Inghilterra. Era figlio di un commerciante tessile con una certa precarietà economica. Aveva tre anni quando sua madre gli insegnò la tavola pitagorica. Molti degli abitanti della sua vallata erano occupati nell'industria della lana, così ogni giorno andando a scuola udiva il rumore delle macchine proveniente dalle fabbriche. Forse era combattivo e indipendente di natura, o forse la vita dura lo aveva così forgiato: la prima guerra mondiale vedeva impegnati centinaia di migliaia di giovani a sole poche centinaia di miglia nelle trincee in Francia e gli Zeppelin bombardavano Londra. Qualunque sia stata la causa, ancora in giovane età decise che odiava la scuola ed era determinato ad apprendere le nozioni sulla natura in modo autonomo anziché sopportare le lezioni noiose di insegnanti monotoni.

A quell'epoca la scienza rappresentava una materia particolarmente entusiasmante grazie all'avvento di una nuova meraviglia, la radio: «Essa costituiva per il nostro sperduto villaggio una fonte di grande mistero e vi erano venti o trenta persone che avevano installato i loro piccoli ricevitori radio». All'età di dieci anni cominciò a fare esperimenti con prodotti chimici con un'attrezzatura casalinga. Tuttavia, la legge gli imponeva ancora di frequentare la scuola ed è lì che egli ebbe i suoi primi scontri con il mondo tradizionale. Un insegnante lo punì quando egli si sbagliò nel contare i petali di un fiore e il giovane Fred si infuriò al punto di rifiutare per un certo tempo di tornare a scuola. Scoprì i famosi scritti di Arthur Eddington che stimolarono il suo interesse per la cosmologia. Si può così immaginare come sia rimasto colpito dal commento distante e arrogante di Eddington secondo il quale «la nozione di un inizio del presente ordine della natura mi ripugna»; forse, inconsciamente quelle parole ispirarono Hoyle a dedicare la sua vita a combattere la teoria secondo cui il cosmo aveva avuto un inizio preciso nel tempo con il Big Bang. Egli preferiva la visione aristotelica del mondo affermatasi oltre duemila anni prima: l'universo è sempre esistito e sempre esisterà.

A tredici anni la sua vita ebbe una svolta quando i suoi genitori gli fecero un regalo che ha cambiato la vita di tanti adolescenti: un piccolo telescopio. Gli consentirono quindi di stare sveglio tutta la notte a osservare stelle e pianeti. Come la vita avrebbe più tardi dimostrato, Hoyle e Gamow avevano assai più in comune di quel telescopio che entrambi ricevettero in dono all'età di tredici anni. Entrambi erano combattivi, nel senso intellettuale del termine, ed entrambi concepirono assai più idee di quanto si possa immaginare. Dopo aver lavorato su un radar in Inghilterra durante la seconda guerra mondiale, Hoyle divenne professore di astronomia all'Università di Cambridge. Cominciò anche a dare interviste alla BBC e a scrivere articoli e libri famosi. Analogamente a Gamow, Hoyle stava diventando un illustre divulgatore di scienza per la gente comune.

Nel 1950, durante una delle sue trasmissioni popolari radiofoniche, Hoyle coniò il termine Big Bang per descrivere l'incompatibile (per Hoyle) teoria di Gamow. Hoyle desiderava che il termine fosse sprezzante, ma in realtà era così avvincente, così stimolante per la fantasia che fu adottato, ma senza le sue implicazioni negative. Hoyle divenne il principale sostenitore di una teoria alternativa al Big Bang, nota come teoria dello stato stazionario. La lotta per la supremazia intellettuale fra queste due teorie dominò la cosmologia per quasi due decenni.

Una sera del 1946, in compagnia di due colleghi di Cambridge, Thomas Gold e Herman Bondi, Hoyle andò a vedere il film *The Dead of Night;* una serie di storie di fantasmi con un finale insolito: l'ultima scena del film era come la prima. Era una storia ciclica, continua, senza fine. Secondo quanto si racconta, questa distorsione cinematografica ispirò Gold a pensare che anche il cosmo avesse una storia ciclica. La teoria del Big Bang implicava che man mano lo spazio si espandeva e le galassie si spostavano verso l'esterno, il cosmo si sarebbe dissipato gradualmente, come una nube. Gold respinse una tale possibilità e affermò che l'universo non si sarebbe mai dissipato poiché non solo genera continuamente nuovo spazio per l'espansione, ma genera anche nuova *materia* per sostituire le vecchie galassie! Da dove è venuta la materia? Dal nulla! Secondo Gold, l'universo produceva costantemente nuovi atomi dal vuoto. Questi nuovi atomi si raggruppavano nelle galassie che continuavano a espandersi verso l'esterno.

In breve, l'universo era in una condizione stazionaria, ovvero rimaneva essenzialmente allo stato presente. Era omogeneo non solo nello spazio (come era stato sostenuto in genere per anni), ma anche nel tempo. Dieci miliardi di anni fa aveva presentato, o in futuro avrebbe presentato, le stesse caratteristiche di oggi. Ai tre teorici questa idea piaceva molto, fra l'altro perché consentiva loro di aggirare uno dei problemi principali inerenti la teoria del Big Bang: il postulare l'inizio dello spazio e del tempo, un inizio invalicabile per la mente.

Nel 1948 essi pubblicarono articoli sull'argomento, Bondi e Gold insieme, Hoyle da solo. L'impostazione di Hoyle era più matematica, quella di Bondi e Gold più filosofica. Ma anche Hoyle dimostrava un certo compiacimento filosofico per le implicazioni rassicuranti della teoria: l'universo non sarebbe mai morto. Sino ad allora il suo destino era apparso ineluttabile. Secondo i principi della termodinamica dell'Ottocento, i sistemi chiusi gradualmente degenerano nel disordine (aumenta la loro entropia) e questa sembrava essere anche la sorte che spettava all'universo. I fisici cominciarono a pensare al cosmo come a un grande meccanismo che, come ogni macchina, alla fine deperisce. Le stelle brillanti si sarebbero estinte; i pianeti in orbita sarebbero collassati sui loro soli. Questa visione malinconica trovò espressione letteraria nelle ultime pagine del racconto fantascientifico scritto nel 1895 da H.G. Wells, *The Time Machine*. È la storia di un uomo che viaggia attraverso milioni di anni verso il futuro. In piedi accanto all'oceano, su una Terra con un futuro quasi privo di vita, egli osserva che il mondo sta diventando lentamente e gradatamente più scuro. I pianeti non ruotano più e si avvicinano sempre più al Sole che muore:

...un inalterabile crepuscolo incombeva sopra la Terra... Ogni traccia della Luna era sparita. Il volteggiare delle stelle, che diventava sempre più fiacco, era stato sostituito da punti luminosi in lento movimento... il sole, rosso e molto grande, [era] rimasto immobile all'orizzonte, un'enorme cupola incandescente con poco calore... Le rocce intorno a me erano di uno sgradevole colore rossastro, e l'unica traccia di vita che potevo vedere a un primo sguardo era la vegetazione di un verde intenso... lo stesso verde cupo che si può vedere nel muschio delle foreste o nel lichene delle caverne: piante che come queste crescono in un crepuscolo perpetuo... non riesco a comunicare quel senso di terribile desolazione di cui era pervaso tutto il mondo.

Uno scenario simile fu descritto nel 1923 dal filosofo Bertrand Russell:

Le opere di ogni epoca, tutta la devozione e l'ispirazione, la luminosità del genio umano, sono destinati a trovare la loro fine nelle tenebre del sistema solare; e l'intero tempio delle conquiste dell'Uomo verrà inevitabilmente sepolto sotto i resti di un universo in rovina...

Se la teoria dello stato stazionario era veritiera, allora le tetre visioni di Russell e quelle di altri sognatori dell'Ottocento che prevedevano la «morte del calore» non si sarebbero mai avverate. «Senza la creazione continua» scrisse Hoyle nel 1950 «l'universo deve evolversi verso una condizione di morte in cui tutta la materia è condensata in un grande numero di stelle morte... D'altra parte, con la creazione continua, il futuro dell'universo diventa infinito e tutte le sue attuali caratteristiche su vasta scala vengono conservate.» Per i «sostenitori dello stato stazionario», la creazione continua della materia garantiva un universo omogeneo, non solo nello spazio, come affermava il cosiddetto principio cosmologico, ma anche nel tempo. Quindi Hoyle e i suoi colleghi definirono la loro idea il principio cosmologico *perfetto*. Fondamentalmente un astronomo osserverebbe lo stesso tipo di universo in qualsiasi momento, miliardi di anni nel passato o miliardi di anni nel futuro.

Il fascino della teoria dello stato stazionario era dovuto anche alla sua forza intellettuale: era assai più facilmente trattabile dal punto di vista dell'analisi scientifica. Il Big Bang postulava un inizio dell'universo con condizioni assai diverse da quelle che conosciamo oggi, e quindi al di là di quello che i fisici potevano spiegare (almeno con le cognizioni degli anni Quaranta e Cinquanta). La teoria dello stato stazionario non presentava una tale lacuna. Nella loro pubblicazione del 1948, Bondi e Gold sostenevano che l'universo dello stato stazionario era «convincente in quanto solo in un tale universo le leggi della fisica sono costanti». I fisici si sentivano più a loro agio con una teoria di cui potevano calcolare le proposizioni. Questo fu il motivo per cui la teoria dello stato stazionario divenne famosa negli anni Cinquanta e Sessanta e, per credibilità, venne considerata alla stregua della teoria del Big Bang.

È pur vero che la teoria dello stato stazionario era basata su un'idea analogamente incomprensibile: la creazione continua di materia dal nulla.[1] Questa «può apparire un'idea molto strana e ne convengo» affermò Hoyle «ma in ambito scientifico non ha importanza quanto sia strana un'idea, purché funzioni, cioè purché l'idea possa essere espressa in una forma precisa e purché le sue conseguenze siano in accordo con le osservazioni.» Disse anche che la materia poteva essere creata continuamente da un ipotetico «campo creativo», simile a un campo gravitazionale o elettromagnetico. Il ritmo della creazione della materia era stabilito dal ritmo in cui si allontanavano le galassie; più velocemente si allontanavano, maggiore era la quantità di materia creata. In realtà, era stata la creazione di nuova materia a provocare l'espansione del cosmo. «L'inesorabile introduzione di nuove unità create ha fatto allontanare le altre, così come l'ingresso di nuovi invitati a una festa fa spostare gli ospiti già presenti verso l'esterno rispetto al luogo d'incontro iniziale.»

Con quale velocità veniva creata la nuova materia? Con la velocità necessaria a sostituire la materia perduta nell'allontanarsi delle galassie verso lo spazio profondo. Il valore corrisponde a un atomo di idrogeno ogni secondo in un cubo con un lato di 160 chilometri; o espresso in altro modo: a circa un quarto di un milione di atomi di idrogeno prodotti ogni secondo in un volume di spazio uguale al volume della Terra; o circa un atomo ogni secolo in un volume uguale all'Empire State Building. Per il cosmo nel suo insieme si trattava di una produzione elevatissima: in tonnellate, il valore totale prodotto ogni secondo corrispondeva almeno a uno seguito da trentadue zeri. Un tale ritmo minacciava di violare il principio di conservazione della massa e dell'energia. I teorici dello stato stazionario ammettevano l'esistenza di un mistero, ma insistevano nell'affermare che era più semplice immaginare la creazione lenta e regolare della materia dal nulla, piuttosto che la creazione istantanea di tutta la materia descritta dai teorici del Big Bang.

La teoria dello stato stazionario presentava un chiaro vantaggio rispetto a quella del Big Bang: non doveva spiegare ciò che era accaduto prima della creazione dell'universo, e questo era indubbiamente assai allettante. La precedente esigenza di Eddington di non avere un inizio cosmico «esteticamente brusco» rifletteva la sua profonda convinzione che le spiegazioni scientifiche non dovrebbero essere caratterizzate dalla «rapidità» con cui si ottiene il risultato, come un mago che estrae un coniglio dal cappello. Per i critici precedenti, la teoria del Big Bang presentava proprio un problema simile, in quanto implicava che tutte le caratteristiche del nostro cosmo – i vari tipi di forza, le costanti fisiche ecc. – erano state arbitrariamente determinate all'inizio; o, in altre parole, esistevano delle «condizioni iniziali» particolari. Se ciò era vero, la loro origine (dicevano i critici) era per sempre al di là di ogni comprensione scientifica.

Hoyle commentò questa impostazione come quella di «uomini primitivi... che nel tentativo di spiegare i singoli episodi del mondo fisico, sono obbligati, a causa della loro ignoranza delle leggi della fisica, a ricorrere a condizioni iniziali arbitrarie... postulando l'esistenza di divinità, divinità marine che determinano le condizioni iniziali arbitrarie che controllano il movimento del mare, divinità delle montagne, divinità delle foreste... L'obbiettivo della scienza non è quello di costruire una teoria talmente vincolata da condizioni protettive che nessuno può accedervi». I teorici non vogliono mai sentire parlare di cose che vanno oltre la loro capacità di comprensione. Analogamente, per Gold, la teoria del Big Bang presentava un ragionamento tortuoso in quanto affermava che «l'universo è ciò che è in quanto era ciò che era». O come disse scherzosamente un sostenitore della teoria dello stato stazionario, il Big Bang era sgraziato come una giovinetta impacciata.

Talvolta il dibattito fra i teorici del Big Bang e quelli dello stato stazionario assunse di più l'aspetto di un confronto fra diverse scuole filosofiche che fra diverse scuole di cosmologia. A volte divenne piuttosto acceso, con i sostenitori del Big Bang che rispondevano pan per focaccia alle battute pungenti di Hoyle e degli altri. Nel suo libro *Mr. Tompkins in Paperback* (1965), Gamow derise i sostenitori dello stato stazionario, la cui patria intellettuale era Cambridge in Inghilterra, sottolineando che il loro ideale di un cosmo invariabile «è in conformità con il vecchio, buon principio dell'Impero Britannico di conservare nel mondo lo status quo».

In definitiva, né le battute, né la filosofia avrebbero deciso il vincitore della battaglia fra la teoria del Big Bang e quella dello stato stazionario. Queste teorie, come tutte le teorie scientifiche, sarebbero state convalidate nella misura in cui le previsioni erano in armonia con le osservazioni. La teoria dello stato stazionario e quella del Big Bang espressero varie possibili età del cosmo, affermarono l'abbondanza di vari elementi, la distribuzione della materia nello spazio e nel tempo e l'esistenza di radiazione residua della palla di fuoco originale. Esaminiamo ora queste previsioni.

1. *L'età del cosmo*

Basandosi sulla velocità di recessione delle galassie, Gamow e i suoi colleghi calcolarono che l'età dell'universo doveva essere di 1,8 miliardi di anni. I sostenitori della teoria dello stato stazionario pensavano invece che il cosmo fosse infinitamente vecchio.

Dapprima sembrò che la teoria del Big Bang sarebbe naufragata in questo punto cruciale. I dati radioisotopici delle rocce facevano ritenere che l'età della Terra fosse di 4 o 5 miliardi di anni. Se i calcoli di Gamow erano corretti, il pianeta era ben più vecchio dell'universo e ciò era ovviamente assurdo. Per un certo periodo di tempo, questa discrepanza costituì un elemento incoraggiante per i teorici dello stato stazionario. Questa discrepanza scomparve, tuttavia, negli anni Cinquanta quando l'astronomo tedesco Walter Baade (1893-1960) dimostrò che Hubble aveva sottovalutato la distanza delle galassie, sottovalutando quindi l'età dell'universo. Il cosmo era in realtà assai più vecchio – probabilmente fra i 10 e i 20 miliardi di anni – il che lasciava alla Terra tutto il tempo necessario per la sua formazione secondo quanto stimato.

2. *L'abbondanza degli elementi*

Partendo dalla loro teoria sull'origine degli elementi, Gamow, Alpher e Herman affermavano che circa tre quarti della materia cosmica è composta da idrogeno e un quarto da elio. Tutti gli elementi più pesanti rappresentano meno dell'1%. Inoltre, aggiunsero che gli elementi devono essere distribuiti abbastanza uniformemente nell'universo in quanto il Big Bang ha avuto luogo ovunque. Al contrario, Hoyle e i suoi sostenitori affermavano che l'abbondanza di elementi variava nello spazio poiché gli elementi erano forgiati nelle fornaci celesti, le stelle, secondo quanto stabilito dalla teoria dello stato stazionario.

Come spesso accade nelle discussioni, entrambe le parti avevano parzialmente ragione. Gamow e i suoi colleghi erano convinti della capacità del Big Bang di generare l'abbondanza di idrogeno ed elio che era stata osservata; erano tuttavia meno convinti che gli stessi processi avessero potuto generare gli elementi più pesanti. Negli anni 1949-50 Enrico Fermi e Anthony Turkevich dell'Università di

Chicago dimostrarono che l'incertezza di Gamow era giustificata. Elementi più pesanti dell'idrogeno e dell'elio non potevano essere stati prodotti dal Big Bang. I loro esperimenti dimostrarono che gli isotopi con numeri di massa 5 e 8 erano instabili e non sarebbero potuti durare abbastanza a lungo da assorbire più protoni e neutroni e, quindi, aggregarsi in elementi più pesanti. I fautori del Big Bang erano perciò in grado di spiegare l'origine degli elementi leggeri (idrogeno ed elio), ma non di quelli pesanti (ogni elemento più pesante dell'elio).

I teorici dello stato stazionario avevano il problema opposto: i processi nucleari all'interno delle stelle potevano produrre gli elementi più pesanti, ma non l'idrogeno e l'elio. A metà degli anni Sessanta Hoyle ammise di essersi trovato imbarazzato quando gli fu chiesto di fornire una chiarificazione semplice all'interno della teoria dello stato stazionario per spiegare l'abbondanza di elio presente in natura. Invece, l'elevato calore e la densità dell'universo primordiale del Big Bang potevano chiaramente giustificare l'abbondanza di elio.

Hoyle offrì un importante contributo per la comprensione dell'origine degli elementi più pesanti con i calcoli che pubblicò negli anni Quaranta e Cinquanta. Egli, William A. Fowler, Geoffrey e Margaret Burbidge dimostrarono come gli elementi pesanti potevano essere stati «cotti» all'interno delle stelle, con l'idrogeno e l'elio che agivano da materie prime. Queste stelle alla fine esplosero ed espulsero i frammenti nella galassia. Milioni di anni dopo, quei frammenti si condensarono in nuove stelle e pianeti. La loro ricerca rivoluzionò le nostre conoscenze sulla ricchezza di elementi esistenti e oggi è generalmente accettata come la spiegazione dell'origine degli elementi pesanti. Gran parte del nostro corpo è costituito da atomi prodotti all'interno di una stella che è successivamente esplosa. Siamo costituiti letteralmente di polvere di stelle.

L'origine degli elementi è quindi un processo in due fasi. L'idrogeno e l'elio sono stati prodotti nei primi stadi di un evento creativo primordiale (il Big Bang); gli elementi pesanti sono stati invece prodotti successivamente durante processi nucleari all'interno di stelle. La teoria del Big Bang si concilia con questo quadro, quella dello stato stazionario no.

3. *La distribuzione della materia nello spazio e nel tempo*

I sostenitori dello stato stazionario affermavano che gli astronomi dovrebbero vedere (a) galassie di età assai diverse: galassie estremamente vecchie e galassie estremamente giovani, e (b) nessuna variazione rilevante nella densità o nel tipo di galassie nello spazio o nel tempo. Il motivo di tutto questo è da ricercare nell'eternità del cosmo e nel fatto che la materia viene creata continuamente; quindi si formano sempre nuove galassie per sostituire le vecchie che si allontanano nello spazio.

Al contrario, i teorici del Big Bang affermavano che gli astronomi avrebbero dovuto osservare un numero sempre maggiore di galassie per unità di volume man mano che le loro indagini erano più profonde nello spazio e, quindi, nel tempo (cioè, man mano che si avvicinavano al Big Bang). Ciò è dovuto al fatto, essi sostenevano, che tutta la materia è stata creata nel Big Bang; per cui la densità del cosmo dovrebbe diminuire man mano che essa si espande. E guardando più in là e più lontano nel tempo, i teorici del Big Bang affermavano che gli astronomi avrebbero dovuto vedere l'evoluzione delle galassie.

L'ultima intuizione fu la più famosa di tutte e, in ultima analisi, sanò il conflitto cosmologico.

4. *La temperatura dello spazio*

La pubblicazione del 1948 di Ralph Alpher e Robert Herman conteneva la loro dichiarazione, ora famosa ma a lungo dimenticata, sulla radiazione di fondo cosmico. L'universo del Big Bang avrebbe dovuto iniziare con calore molto intenso e via via che l'universo si espandeva la radiazione per volume unitario si sarebbe dovuta attenuare costantemente. Questo «brodo» di radiazione presente ovunque si sarebbe quindi raffreddato con il passare del tempo. Oggigiorno, secondo i calcoli dei due scienziati, questo riverbero di radiazione si sarebbe raffreddato a una temperatura di circa 5 gradi Kelvin.[2] I due incoraggiarono anche i ricercatori a cercare di rivelarla. Passarono tuttavia sedici anni dalla congettura di Alpher e Herman prima che qualcuno cercasse di scoprire la radiazione residua. Al contrario, il modello dello stato stazionario non faceva previsioni sulla temperatura dell'universo.

> È un fatto sospetto della teoria dell'esplosione [Big Bang] che non si trovino resti certi di uno stato superdenso dell'Universo...
>
> FRED HOYLE, *Frontiere dell'astronomia*, 1955

La prima vera minaccia alla teoria dello stato stazionario coinvolse la nostra terza ipotesi: la distribuzione della materia nello spazio e tempo. Ironicamente, la minaccia non giunse da Gamow e dai suoi colleghi d'oltre Oceano ma da uno dei colleghi di Hoyle a Cambridge, il radioastronomo Martin Ryle.

La radioastronomia ha trasformato l'astronomia moderna, così come Galileo aveva trasformato l'astronomia postmedievale. Mentre i telescopi tradizionali studiavano una fetta sottile dello spettro elettromagnetico – lo spazio ottico raggiungibile dai nostri occhi – la radioastronomia ha schiuso la visione al resto dello spettro, come per esempio le frequenze radio, quelle delle microonde, quelle infrarosse e (più tardi) dei raggi gamma. Come risultato, gli astronomi hanno scoperto fenomeni strani, incredibilmente energetici, compresi i quasar, le stelle di neutroni e (forse) i buchi neri. I radiotelescopi, inoltre, hanno consentito loro di osservare assai più lontano nello spazio e, quindi, più indietro nel tempo e, di conseguenza, hanno dato loro la possibilità di verificare le teorie cosmologiche, soprattutto le previsioni 3 e 4.

La radioastronomia è emersa per caso. Negli anni trenta Karl Jansky della Bell Telephone Laboratories notò delle strane emissioni radio dal centro della nostra galassia, da una regione nella direzione della costellazione del Sagittario. Costruì un sistema di antenne per creare una mappa grossolana delle emissioni radio. Subito dopo, l'astronomo dilettante americano Grote Reber costruì una sua apparecchiatura per ascoltare i segnali radio celesti. Fu tuttavia la seconda guerra mondiale che rese la radioastronomia una materia di grande interesse: lo sviluppo dei radar permise agli astronomi di accorgersi che potevano sondare lo spazio utilizzando onde elettromagnetiche delle zone non-ottiche dello spettro. Per esempio, nel 1946, un segnale radar fu ricevuto riflesso dalla Luna. Negli anni seguenti, astronomi del radiotelescopio di Jodrell Bank in Inghilterra e altri, altrove, fecero mappe di sorgenti radio nel cielo, alcune delle quali erano sorprendentemente intense. Furono chiamate «radio stelle» e «radio galassie».

A quel tempo la maggior parte dei radiotelescopi non somigliava a larghi dischi come oggi, ma piuttosto a campi coperti da reticolati e pali di ferro.

Queste strutture statiche erano troppo grandi per essere puntate su questo o quel corpo celeste. Al contrario, esse «mappavano» passivamente il cielo radio sfruttando la rotazione della Terra. Era una procedura noiosa. Saremmo giunti all'astronomia moderna se Galileo fosse stato costretto a rimanere seduto tutta la sera, guardando in una direzione attraverso il suo telescopio ottico, in attesa che la Luna gli passasse di fronte?

Ryle, dottorando in fisica all'Università di Oxford, aveva lavorato sui radar durante la guerra e si era avvicinato in seguito alla radioastronomia. Nel 1950, insieme con i suoi colleghi, aveva rilevato delle emissioni radio provenienti da quattro galassie vicine, compresa Andromeda. Alcuni anni dopo aveva mappato la distribuzione di sorgenti radio nel cielo settentrionale usando una rete di antenne a lunghezza d'onda di 3,7 metri (che assomigliavano a delle linee elettriche futuristiche) su un acro di terreno nei sobborghi di Cambridge.

I suoi risultati stupirono i sostenitori dello stato stazionario: le galassie radio non erano distribuite uniformemente nello spazio. Più erano distanti e più erano numerose. Questo significava che la densità delle galassie radio era maggiore nel passato (perché più lontano si guarda nello spazio, più indietro si vede nel tempo). Contrastava anche con la teoria dello stato stazionario secondo la quale la materia è distribuita uniformemente nello spazio e nel tempo. Vi fu polemica. Un radio osservatorio australiano riportò misure di sorgenti radio meno precise di quelle di Ryle. Ma, in linea di massima, i risultati originali di Ryle furono confermati: l'universo primordiale era più denso dell'universo attuale. Quindi il cosmo non è omogeneo nello spazio e nel tempo come sosteneva il principio cosmologico perfetto di Hoyle, Bondi e Gold.

Agli inizi degli anni Sessanta fu scoperto un esempio ancora più celebre comprovante la non uniformità della materia: i quasar. Questi «oggetti quasi-stellari» presentavano uno spostamento verso il rosso molto elevato (alcuni hanno degli spostamenti di lunghezze d'onda di un fattore di tre e quattro). Quindi, secondo la legge di Hubble, i quasar si erano formati molto tempo addietro, quasi all'epoca del Big Bang. Ancora più rilevante era il fatto che essi erano assai diversi da qualsiasi altra cosa osservata nell'universo attuale: emettevano quantità sorprendenti di radiazione da zone estremamente limitate. Oggigiorno si ritiene che i quasar siano nuclei molto attivi di galassie giovani. In breve, i quasar ritraevano un universo primordiale assai diverso da quello attuale e, quindi, assai diverso dall'universo immutabile della teoria dello stato stazionario.

Le scoperte di Ryle, con la loro sfida alla teoria dello stato stazionario, piacquero molto a Gamow. Sua moglie, Barbara Gamow, scrisse una poesia che egli pubblicò in uno dei suoi libri:

«I tuoi anni di fatica»
disse Ryle a Hoyle
«sono anni sprecati, credimi.
La teoria dello stato stazionario
è superata.
A meno che i miei occhi non mi ingannino,
il mio telescopio
ha infranto la tua speranza;
i tuoi principi vengono confutati.
Permettimi di essere chiaro:
Il nostro universo
si espande ogni giorno!»
Disse Hoyle: «Vedo
che citi Lemaître
e Gamow. Bene, dimenticali!
Quel gruppo errante
e il loro Big Bang.
Perché aiutarli e sostenerli?
Vedi, amico mio,
non ha fine
e non ebbe principio,
come Bondi, Gold
e io sosteniamo.
Fino a quando i nostri capelli
non si diraderanno!».

Con l'intensificarsi delle critiche la teoria dello stato stazionario di Hoyle cominciò a vacillare. Nel 1965, sulla rivista «Nature» egli ammise che «le misure radio indicano che l'universo era più denso nel passato di quanto non sia oggi» e i quasar suggerivano che «l'universo si è espanso da una condizione di densità maggiore... appare probabile che l'idea [dello stato stazionario] debba ora essere scartata, perlomeno nella forma in cui è divenuta famosa». Negli anni successivi, comunque, Hoyle ritornò a una versione modificata dello stato stazionario. A tutt'oggi, sostiene che un qualche tipo di teoria della creazione continua è da preferire al Big Bang. In tal senso Barbara Gamow ebbe un ruolo profetico: vi posso confidare che i capelli di Hoyle sono divenuti di un colore bianco-argento, sebbene non sembra si siano sfoltiti in maniera evidente.

Ho avuto varie opportunità di incontrare Hoyle, per esempio, nel dicembre 1991, a un convegno di «Cosmologia osservativa» a Durham in Inghilterra. Era nella stanza accanto alla mia ed ebbi spesso l'occasione di pranzare e conversare con lui. Lo trovai penetrante e combattivo. Quando uno dei partecipanti tentò di farlo passare come un precursore della teoria dell'inflazione grazie al suo famoso «campo-C», Hoyle si schernì. A suo parere, un universo con un inizio (come sostenuto dalla teoria inflazionistica) rappresentava un anatema piuttosto che un risultato scientifico.

Oggi Hoyle ha ampliato le sue vedute e parla con maggiore tranquillità delle sue vecchie battaglie. Ma, a volte, subentra l'amarezza, come dimostrano le sue dichiarazioni a un convegno in Italia nel 1988:

> Dal 1955 in poi Ryle pensò che, utilizzando i conteggi delle radiosorgenti in funzione dei loro flussi, poteva confutare la teoria dello stato stazionario. Il suo programma, al quale egli si dedicò senza sosta nel corso degli anni, non sembra avesse altro obbiettivo. Non vi era alcun tentativo di giungere a determinare la cosmologia corretta, ma solo quello di invalidare le idee di un collega della stessa università, impostazione che non ho mai ritenuto meritasse i consensi che giunsero a Ryle da tutta la comunità scientifica... Continuo a non comprendere perché tutti dovessero credere a Ryle... L'unica spiegazione ragionevole che riesco a trovare è che le affermazioni di Ryle erano considerate assai accattivanti sotto il profilo culturale.

Hoyle non chiarì cosa intendesse per «accattivanti sotto un profilo culturale». Non fu tuttavia il primo cosmologo della storia ad accusare i suoi detrattori di essere spinti da motivi estranei alla scienza. Analogamente, altri critici della teoria del Big Bang sostengono che la sua popolarità va ricercata (secondo alcuni apologeti cristiani) nella somiglianza fra la sua immagine di creazione e quella descritta nella prima pagina della Genesi. Amano anche sottolineare che il primo teorico del Big Bang era un sacerdote, Lemaître. «I miti contemporanei spesso si cingono di un'aureola scientifica per assumere un'immagine di grande rispettabilità» accusò un noto avversario del Big Bang, il Premio Nobel svedese dell'Università di California a San Diego, Hannes Alfvén.[3] Neanche i teorici del Big Bang sono stati completamente onesti nel giudicare le ragioni dei loro avversari. Un illustre cosmologo, Edward R. Harrison, ha lasciato anche intendere che Eddington si opponeva alle teorie di un inizio e una fine del cosmo in quanto si trovava a disagio con i concetti di nascita e morte, essendo lo scienziato «uno scapolo che viveva con la sorella».

Tutto sommato, a metà degli anni Sessanta, la teoria dello stato stazionario si trovava sul ciglio di un burrone. Sarebbe stata sufficiente una piccola spinta per farla precipitare.

Nell'agosto 1959, quando avevo quattordici anni, gli Stati Uniti lanciarono un satellite chiamato *Echo 1*. Si trattava di un enorme pallone, grande come un intero palazzo, e con una capacità riflettente tale da poter essere facilmente visto da terra. La notte successiva al lancio, entrò in orbita; i miei genitori e io uscimmo in giardino e lo vedemmo passare sopra di noi. Su quel piccolo puntino luminoso, a grande distanza, i tecnici radio fecero rimbalzare un messaggio del presidente Eisenhower; il loro obbiettivo era quello di determinare la fattibilità dei satelliti per comunicazione, proposti per la prima volta da Arthur C. Clarke nel 1945.

Per fare esperimenti con l'*Echo 1*, fu costruito un tipo speciale di antenna. Posizionata a Holmdel nel New Jersey, l'antenna assomigliava a un grande corno, così grande da poter ricevere anche i segnali più deboli ed era gestita dai famosi Bell Laboratories della AT&T, luogo di nascita del transistor e di altre invenzioni. I suoi ideatori non si resero conto che il corno sarebbe stato in grado di ricevere anche un tipo diverso di radiazione che era stato preannunciato circa vent'anni prima e poi dimenticato: la radiazione di fondo cosmico.

Come succede spesso con i più grandi progressi scientifici, molti ricercatori vi sono giunti vicini, ma per vari motivi non hanno mai superato la soglia della scoperta. Fin dalla fine degli anni Quaranta, gli scienziati avevano rilevato insolite radiazioni di fondo provenienti dal cielo, ma non erano in grado di determinarne la fonte. In genere, concludevano sostenendo che si doveva trattare di un rumore isolato o di un errore strumentale; nessuno sembra avesse sospettato che potesse provenire dal cosmo. Nel 1946 Robert Dicke inventò il radiometro differenziale a microonde, un sensibile strumento per rivelare le strutture della radiazione cosmica. Lo utilizzò per esplorare il cielo e concluse che, qualsivoglia fosse la radiazione di fondo, era più fredda di 20 gradi Kelvin. A quell'epoca, egli era alla ricerca di radiazioni di fondo di qualsiasi tipo, non specificamente radiazioni cosmologiche come il bagliore residuo del Big Bang.

Nella primavera del 1964, Arno Penzias e Robert Wilson, ricercatori del Bell Lab, stavano utilizzando l'antenna a corno di Holmdel per misurare i livelli di rumore che potevano contaminare le comunicazioni con l'*Echo 1*. Inaspettatamente, captarono una radiazione a microonde persistente con una lunghezza d'onda di 7,35 centimetri e con una temperatura equivalente a 3,5 gradi Kelvin e non riuscivano a eliminarla dal sistema. Il segnale proveniva da tutte le direzioni del cielo. A un certo punto, pensarono che potesse essere causata da ciò che, in maniera formale, avevano definito un «materiale dielettrico bianco»: escrementi di piccione. O forse il segnale era causato dal calore dei corpi dei piccioni (l'antenna era così sensibile!). Pulirono gli escrementi, ma il segnale rimaneva. Un collega del MIT, il radioastronomo Bernard Burke, suggerì che il segnale poteva essere un fenomeno cosmologico e consigliò loro di contattare gli astrofisici Robert Dicke e James Peebles che si trovavano nella vicina Princeton.

Più o meno a quell'epoca, Peebles aveva tenuto seminari in vari luoghi su come potevano essersi formati gli elementi leggeri (come l'idrogeno e l'elio) nell'universo primordiale. Egli non sapeva che verso la fine degli anni Quaranta Gamow, Alpher e Herman avevano sostenuto che questi elementi (più quelli pesanti) erano stati prodotti dal Big Bang e il risultato sarebbe stato un bagno cosmico di radiazione primordiale poi raffreddatasi a una temperatura residua di circa 5 gradi Kelvin. Dicke e Peebles calcolarono indipendentemente che, se la teoria del Big Bang era corretta, doveva esistere la radiazione primordiale e doveva essere rivelabile. In un primo momento calcolarono che la radiazione di fondo doveva essere di circa 10 gradi Kelvin. Programmarono un esperimento per rivelarla.

Un giorno Dicke organizzò un pranzo di lavoro nel suo ufficio con i colleghi impegnati nell'esperimento sulla radiazione di fondo cosmico: Peebles, David Wilkinson e Peter Roll. Squillò il telefono e Dicke rispose. Presto gli altri lo udirono usare parole come «radiazione di fondo» e «3 K»; rizzarono le orecchie. Poco dopo Dicke salutò, riappese il ricevitore, si voltò verso i colleghi e disse: «Ci hanno battuto». La telefonata veniva da Penzias e Wilson. Avevano descritto quella strana radiazione e non sapevano cosa fosse; lo sapeva Dicke? Certamente, lo sapeva.

I due gruppi decisero di pubblicare due articoli sullo stesso numero della rivista «Astrophysical Journal Letters». L'articolo di Penzias-Wilson era intitolato *Una misura di eccesso di temperatura a 4080 megacicli al secondo*; era scritto in modo poco altisonante; descriveva le loro osservazioni e nient'altro. Ma comprendeva questa frase apparentemente ingenua: «Una possibile spiegazione della temperatura del rumore in eccesso da noi osservata viene fornita da Dicke, Peebles, Roll e Wilkinson (1965) in un'altra lettera pubblicata su questo numero».

La «possibile spiegazione» fu un fulmine a ciel sereno: l'annuncio che l'antenna di Holmdel aveva rivelato la radiazione residua dalla creazione dell'universo, il Big Bang. L'articolo di Dicke e degli altri tre studiosi descriveva come il Big Bang poteva aver generato la radiazione primordiale che, allo stato attuale, si sarebbe raffreddata sino a una determinata temperatura. Il risultato fu un articolo in prima pagina sull'edizione del 21 maggio 1965 del «New York Times» che annunciava che finalmente erano state trovate prove sostanziali del Big Bang. Wilson dichiarò di aver compreso la portata della loro scoperta solo quando vide la prima pagina del «Times».

In linguaggio tecnico, la scoperta di Penzias e Wilson sembrava noiosa: avevano visto la radiazione isotropica di «corpo nero» con una temperatura di circa 3 gradi Kelvin a una lunghezza d'onda a microonde di circa 7,35 centimetri, cioè la distanza fra ogni «onda» era di 7,35 centimetri. Inoltre, le onde giungevano a un ritmo di 4,08 miliardi al secondo (ovvero avevano una frequenza di 4080 megahertz). (La velocità della luce è enorme, 2977 milioni di centimetri al secondo). Ma il vero colpo giunse dalla natura isotropica e di corpo nero della radiazione. *Isotropico* significa che la radiazione alla stessa lunghezza d'onda è ugualmente intensa su tutto il cielo visibile. Ed è proprio quel che ci si aspetterebbe se la radiazione residua provenisse dal Big Bang: il Big Bang ha avuto luogo ovunque simultaneamente, per cui il suo bagliore residuo deve essere uniforme in tutto lo spazio celeste.

Una radiazione di corpo nero ha luogo quando particelle collidono tra loro molto rapidamente, in una situazione di equilibrio termico. Data l'intensità di tali collisioni all'interno del Big Bang, così come postulato, un enorme flusso di tali radiazioni deve essere stato prodotto in una prima fase e deve quindi essere ancora presente nell'universo. La radiazione di corpo nero è facilmente riconoscibile per il suo spettro di «Planck».[4]

Molti sanno come un prisma di vetro (o anche una goccia d'acqua) possa scomporre la luce visibile nei colori dello spettro. Ogni colore rappresenta una diversa lunghezza d'onda o frequenza luminosa e lo spettro che vediamo presenta una distribuzione caratteristica dell'intensità di radiazione a ogni frequenza (colore). Nello stesso modo, i radioastronomi possono analizzare un segnale celeste dividendolo in diverse lunghezze d'onda o frequenze. La «curva dello spettro» dimostra come l'intensità di radiazione vari con la frequenza. La radiazione del corpo nero presenta una spettro molto caratteristico che assomiglia a una gobba di cammello leggermente inclinata su un fianco.

Secondo la teoria del Big Bang, durante le sue prime fasi, l'universo era in una situazione di equilibrio termico. Ogni luogo era pervaso da una luce infuocata che andava in tutte le direzioni, con le caratteristiche di un corpo nero a una temperatura assai elevata. Inizialmente la temperatura era dell'ordine di mille miliardi di gradi Kelvin. Con l'espandersi dello spazio, si allungarono anche le lunghezze d'onda. Le lunghezze d'onda potrebbero essere paragonate a delle linee verticali su una fascia elastica. Se si tira la fascia, le linee si allontanano. Allo stesso modo, l'espansione dello spazio allunga le lunghezze d'onda spostando lo spettro di corpo nero «registrato» a quello di una temperatura inferiore. La luce blu si spostò verso la regione più fredda del rosso e così via. Di conseguenza, l'universo si raffreddò.

Per circa trecentomila anni la radiazione di corpo nero residua aveva avuto energia sufficiente a evitare che protoni ed elettroni si legassero. Ogni volta che un elettrone entrava in orbita attorno a un protone, veniva allontanato dalla radiazione molto calda grazie a un fotone energetico (quanto di luce). L'universo era effettivamente un brodo opaco di particelle e fotoni, inestricabilmente associati da interazioni ad alta energia. Ma, col passare del tempo, l'universo si raffreddò ulteriormente. A trecentomila anni dal Big Bang le cose si erano raffreddate al punto che i fotoni non avevano più l'energia per allontanare gli elettroni dai protoni. Questa nuova situazione produsse due conseguenze: i protoni e gli elettroni cominciarono ad associarsi e a rimanere stabili sotto forma di nuclei di idrogeno e i fotoni erano ora liberi di fluire dove potevano. Con questo disaccoppiamento rapido di radiazione e materia l'universo divenne trasparente e la radiazione si mosse in tutte le direzioni, per passare attraverso il tempo, come radiazione di fondo cosmico che ancora oggi riceviamo, a ricordo perpetuo del nostro infuocato inizio.

La gente a volte si chiede perché possiamo ancora vedere la radiazione di fondo cosmico. Perché la sua luce non è passata accanto a noi per poi sparire nello spazio, come un lampo di luce da una lontana esplosione? In questa circostanza si manifesta la confusione consueta e comprensibile che circonda la natura del Big Bang. Il classico Big Bang non ha avuto luogo in un sito specifico all'interno di un vuoto infinito; piuttosto, ha avuto luogo ovunque poiché era tutto. Non vi era «nulla» al di fuori, neanche lo spazio vuoto. Quindi la radiazione è ovunque e va in tutte le direzioni e continuerà a farlo sino a quando esisterà l'universo in quanto viaggia senza impedimenti (salvo le interazioni assai rare di parte della luce con gas, polvere e materia galattica). Ogni anno vediamo la luce di fondo cosmico che ha viaggiato verso di noi contemporaneamente a quella dell'anno precedente ma che aveva un anno-luce in più di viaggio. Questa radiazione è leggermente più spostata verso il rosso – circa una parte ogni 15 miliardi (l'universo ha circa 15 miliardi di anni) – per la distanza aggiuntiva che ha dovuto percorrere. La variazione è tuttavia troppo piccola per essere osservata.

La scoperta della radiazione di fondo cosmico di Penzias e Wilson ha rappresentato un colpo fatale per la teoria dello stato stazionario. Nel 1967, dopo una strenua resistenza, il teorico Dennis Sciama si arrese e ammise che i teorici del Big Bang avevano vinto. «Per me» disse con rammarico «la sconfitta della teoria dello stato stazionario è stata un motivo di grande tristezza. La teoria dello stato stazionario presenta un profilo e una bellezza che, per qualche ragione inspiegabile, l'architetto dell'universo sembra aver trascurato. L'universo è in realtà un gran pasticcio, ma ritengo dovremo cercare di valorizzarlo al massimo.»

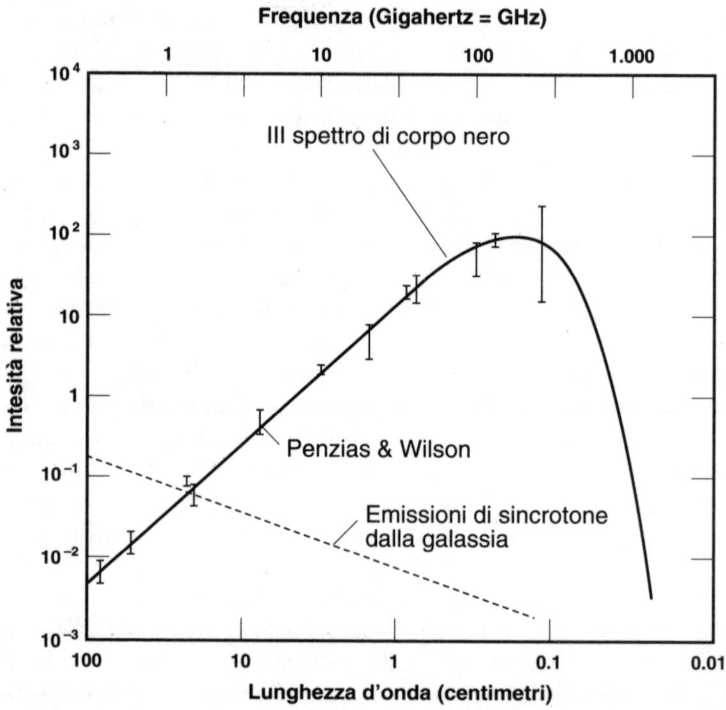

Spettro di un corpo nero a una temperatura di circa 3 gradi Kelvin. L'osservazione corrispondente alla scoperta di «Penzias e Wilson» è indicata con una barra che rappresenta la probabile intensità data dagli errori sperimentali. Le altre barre indicano le altre osservazioni fatte fino alla metà degli anni Settanta.
La curva tratteggiata indica l'intensità della variazione emessa dalla nostra galassia. La frequenza è indicata in Gigahertz, unità che corrisponde a un miliardo di cicli al secondo.

V

Alla ricerca di antimondi

I rischi della vita moderna

Ben oltre i tropostrati
vi è una regione rigida e stellare
dove, su una striscia di antimateria,
viveva il Dott. Edward Anti-Teller.[1]

Lontano dall'origine della fusione,
si poneva domande e perché
con il suo bagaglio di antiparenti e parenti
e teneva il macassar[2] sulle poltrone

Un mattino, mentre oziava vicino al mare,
notò un barattolo di circonferenza mostruosa
che portava tre lettere: AEC[3]
da cui uscì un visitatore terrestre.

Poi, gridando di felicità sulla sabbia,
i due si incontrarono e in maniera aliena
erano come due lenticchie. Strinsero
la mano destra, e il resto fu raggi gamma.

H.P.F., in «The New Yorker», 10 novembre 1956

L'obiettivo: lanciare due tonnellate di costosa attrezzatura nella stratosfera e poi farla ritornare indenne a terra, in modo che decine di migliaia di misure scientifiche potessero essere analizzate nella tranquillità del laboratorio.

I mezzi: enormi palloni pieni di elio, colossi indomabili che vibrano e scricchiolano in modo fragoroso nella più dolce delle brezze e che sembrano minacciare continuamente la distruzione delle attrezzature e, contemporaneamente, degli sperimentatori e sono tuttavia fragili come la sottile pellicola di plastica con cui sono costruiti.

Ero consapevole che i palloni scientifici sarebbero stati un'avventura e fu anche uno dei motivi per cui mi dedicai all'impresa. Si rivelò assai più complicata da un punto di vista tecnico e più romantica di quanto avessi mai immaginato. Alla fine, fu anche una grande delusione o, perlomeno, smorzò il mio entusiasmo per questo genere di avventure scientifiche.

Come nel caso di un lancio spaziale, la preparazione di un lancio di pallone richiede che tutto sia in ordine, ogni cosa verificata e riverificata. Il pallone deve essere stoccato accuratamente per evitare un groviglio disastroso alla partenza. Ogni parte dell'attrezzatura deve funzionare perfettamente (nel nostro caso voleva dire anche mantenere l'apparecchiatura a temperature molto basse e nel vuoto) poiché non vi è modo o quasi di riparare qualcosa una volta che il pallone è in aria. Terminata la missione, la gondola viene paracadutata tranquillamente a terra, almeno in teoria. In realtà, il meccanismo di sganciamento può non funzionare. Se non funziona, centinaia di migliaia di dollari di strumentazione scientifica si riducono a un mucchio di rottami. E il tempo deve essere molto buono, deve essere perfetto, pena la scomparsa della gondola con il vento che trascina il pallone al di là dell'area di territorio accessibile e, a volte, nell'oceano.

C'è qualcosa nella mia natura di particolarmente sensibile a questo tipo di sfide e il ricordo dell'entusiasmo dei miei primi lanci, iniziati nel 1971, mi accompagnerà sempre. Uno dei miei compiti era quello di caricare un magnete superconduttore, uno dei componenti chiave dell'attrezzatura che stavamo lanciando. Secondo la procedura, il magnete doveva essere raffreddato con elio liquido e vi era il pericolo costante di esplosione qualora il raffreddamento e la carica non fossero ben bilanciati. Riconobbi con orgoglio di avere i nervi sufficientemente saldi e l'abilità per farlo, a parte qualche sgradevole problema, mentre altri preferivano stare lontani.[4] Come responsabile della squadra, insistevo per attendere il tempo ideale, con il minimo soffio di vento per non mettere a repentaglio il lancio o il successivo atterraggio. Per questa nostra ossessione, i tecnici locali ci soprannominarono i polli californiani; qualcuno disegnò anche un pollo psichedelico di cartapesta e lo affisse alla gondola cosicché l'avrebbe accompagnata nel viaggio.

Il levarsi lento e maestoso del pallone, una volta lanciato, suscita un grido di trionfo e sollievo per la molteplicità dei compiti fisicamente e mentalmente gravosi portati a termine con successo. Per un po' si osserva il pallone che diventa sempre più piccolo nel cielo del tardo pomeriggio (in genere); il sole basso che illumina il tessuto lo fa apparire come un pianeta luminoso. Ben presto non rimangono che i suoni della notte, le speranze per la missione e molti timori per la terribile prospettiva che qualcosa non funzioni.

Il richiamo della cosmologia mi ha portato a lanciare palloni. A cominciare dal 1966, sono diventato un fisico delle particelle, svolgendo il mio lavoro di laureato presso il Massachusetts Institute of Technology, dove ebbi la fortuna di incontrare Dave Frisch, Steven Weinberg, Victor (Vicki) Weisskopf e molti altri che furono per me insegnanti ed esempi. La scienza soddisfò la mia necessità di cercare qualcosa di fondamentale nella natura; ritengo che la fisica delle particelle e la cosmologia siano le materie più fondamentali, per la l'analisi della natura dell'universo e della sua origine. Durante i miei studi di laurea, stava avvenendo un grosso cambiamento nella fisica delle particelle, conseguenza delle dimensioni sempre maggiori dell'attrezzatura di base: gli acceleratori di particelle. Per l'esperimento finale, al quale partecipai come fisico delle particelle, eravamo un gruppo di cinque persone. Sapevo che il gruppo successivo sarebbe stato composto da venticinque persone e il numero era destinato a crescere. All'epoca avevo venticinque anni ed ero uno dei componenti più giovani. Mi resi conto che in un tale ambiente sarebbe stato difficile avere un ruolo individuale.

Nello stesso periodo in cosmologia i gruppi erano più piccoli e la stessa ricerca stava per diventare una scienza moderna. La cosmologia è stata tradizionalmente una mescolanza di altre discipline, soprattutto astronomia e metafisica. Compresi che se avesse adottato le tecniche e l'impostazione della fisica delle particelle – squadre organizzate, raccolta dati ad alta tecnologia e analisi computerizzate – la cosmologia sarebbe divenuta molto potente e volevo essere parte di questa evoluzione. Lasciai il MIT nel 1970 per l'Università della California a Berkeley dove iniziai una collaborazione con Luis Alvarez del Lawrence Berkeley Laboratory. Il laboratorio, un'istituzione federale dove ha lavorato una lunga lista di premi Nobel, è nascosto nei boschi sulle colline di Berkeley, dove i cervi, a volte, fanno sobbalzare gli automobilisti e le luci di San Francisco al di là della baia brillano come se provenissero da una vicina galassia. I tremila scienziati e tecnici del laboratorio sono impegnati in diverse aree di ricerca, dall'astrofisica alla mappatura genetica, alla conservazione dell'energia, tutte attività di carattere pacifico.[5]

I miei colleghi scienziati erano Andy Buffington, Larry H. Smith e

Mike Wahlig; ben presto si unì a noi anche Charles Orth. Alvarez, o Luie, come lo chiamavamo, era il responsabile del progetto. Per noi Luie rappresentava uno stimolo e, allo stesso tempo, una fonte di terrore. Al pubblico egli è noto per essere il fautore della teoria secondo cui i dinosauri furono portati all'estinzione 65 milioni di anni fa, in seguito alla collisione della Terra con un enorme asteroide o cometa. Ma Luie era anche una figura leggendaria della fisica, oltre ad aver vinto il Premio Nobel nel 1968 per questa disciplina. Era sicuramente uno degli esseri umani più originali, ostinati e brillanti che si potesse incontrare, ed ebbe, inevitabilmente, una grande influenza sulle nostre carriere scientifiche e sulle nostre idee sui metodi di ricerca.

Nato nel 1912, figlio di un famoso rubricista medico di giornali, il dott. Walter Alvarez della Mayo Clinic, Luie lavorò al Progetto Manhattan e fece scoperte fondamentali nella fisica delle particelle. Oltre a sconvolgere gli ambienti della paleontologia con la sua idea decisamente eterodossa (e ora generalmente accettata) sull'estinzione dei dinosauri, Luie studiò molti argomenti insoliti che spaziavano dall'assassinio di Kennedy (traendo la conclusione che la teoria «una pallottola, un tiratore» era corretta) ai segreti di una piramide d'Egitto (sottopose la piramide a raggi X utilizzando i raggi cosmici). Luie era un insegnante molto esigente e non amava essere preso in giro. Ogni lunedì sera invitava a casa sua un gruppo di persone e una di queste doveva parlare di un determinato argomento scientifico. Un mio ex collega ricorda quando, invitato a parlare per la prima volta, mostrò una trasparenza e Luie proruppe: «Terribile, terribile, terribile!» La trasparenza conteneva cinque errori, disse Luie, e cominciò a evidenziarli. Questi attacchi violenti erano molto edificanti per l'inizio di una carriera scientifica. «Ora lavoro per una grande azienda e la gente si domanda perché parlo senza alcun timore» mi ha confidato il collega.

Luie cominciò a lavorare con i palloni scientifici presso il laboratorio negli anni Sessanta con un esperimento di fisica delle particelle ad alta quota finanziato dalla NASA (HAPPE: High-Altitude Particle Physics Experiment, malauguratamente pronunciato «happy», cioè felice[6]). Luie aveva intrapreso il progetto di HAPPE come precauzione – un modo per continuare la ricerca sulla fisica delle particelle – nel caso in cui il Congresso avesse bloccato il finanziamento di acceleratori nuovi e più grandi.

Quale accortezza! Si verificarono le due situazioni seguenti: dapprima il Congresso finanziò l'acceleratore Fermilab e il gruppo di

HAPPE si trovò in una situazione disastrosa. In seguito, alla fine del primo volo di HAPPE, il sistema che collegava l'apparecchiatura al paracadute si spezzò e il carico scese in caduta libera da un'altezza di novemila piedi nell'oceano Pacifico. Andarono così distrutte attrezzature per centinaia di migliaia di dollari. Non fu recuperato nulla e il gruppo di HAPPE aprì un fascicolo intitolato «Disperso in mare». Quel fascicolo finì a me in eredità e doveva rappresentare un monito. Più tardi avrei aperto altri fascicoli «Disperso nei Badlands», «Disperso nella giungla», e «Disperso nello spazio».

Quando entrai nel gruppo il nostro obbiettivo era quello di preparare un nuovo esperimento per scoprire altri resti presunti del Big Bang. A quel punto, il Big Bang stava diventando la spiegazione favorita dei teorici per l'origine dell'universo suffragata dalle molte esperienze osservative: per esempio, il fatto che l'universo è in espansione, l'esistenza di una radiazione di fondo cosmico e l'abbondanza di idrogeno ed elio presenti nell'universo. Un indizio del passato Big Bang era la dimostrazione dell'esistenza nel cosmo di una delle sostanze più strane : l'antimateria. E il mio primo esperimento su pallone fu lanciato proprio alla ricerca dell'antimateria; era la mia prima avventura nella terra incognita della cosmologia.

Anche nella descrizione più concreta, l'antimateria suona come qualcosa di fantascientifico. Il mondo che noi vediamo, vivente e non, è composto di materia, cioè protoni, neutroni ed elettroni che costituiscono gli atomi da cui viene formato tutto ciò che conosciamo. Che cos'è dunque l'antimateria? Una roccia fatta di antimateria appare come una roccia; una persona fatta di antimateria appare come una persona e una stella fatta di antimateria appare come una stella. Inoltre, un materiale fatto di antimateria presenta le stesse proprietà fisiche della materia normale: l'antiacqua bollirà a 100 gradi centigradi e congelerà a zero gradi. È anche possibile che, come nella poesia di Teller, ognuno di noi abbia un sosia di antimateria. Ma se incontraste il vostro opposto, astenetevi, non stringetegli la mano! Poiché, quando la materia e l'antimateria si incontrano, una annienta l'altra; la massa viene completamente trasformata in energia in un'esplosione incredibilmente violenta. Questo dimostra in modo drammatico l'asserzione della teoria della relatività speciale di Einstein: la massa è equivalente all'energia, $E = mc^2$, e viceversa.

Tutti sappiamo che quando qualcosa brucia, viene liberata energia; vediamo l'energia, in tal caso, sotto forma di calore e luce. Tuttavia, quando bruciano, per esempio, il carbone o il petrolio, solo un miliardesimo della massa viene convertito in energia. Nei reattori nucleari, che liberano l'energia attraverso la fissione (lo spaccarsi dei nuclei atomici), la conversione è di portata enormemente maggiore, ma raggiunge solo lo 0,1% dell'energia immagazzinata. La fusione nucleare (il fondersi insieme dei nuclei atomici), con cui il nostro Sole, le altre stelle (e anche le bombe all'idrogeno) emettono energia e che potrebbe un giorno fornire gigantesche quantità di energia qui sulla Terra, è certamente più efficiente e tuttavia arriva solo a una conversione dello 0,5%. Nella annichilazione materia/antimateria, vi è una conversione del 100%; in teoria, solo un chilogrammo di antimateria potrebbe produrre tutta l'energia necessaria per un giorno in tutti gli Stati Uniti. Ciò ha portato alcuni utopisti a considerare la prospettiva di fornitura di energia veramente illimitata, posto che si riesca a trovare l'antimateria e controllare la sua energia apocalitticamente liberata.

Analogamente alla materia, l'antimateria è composta di particelle elementari, ognuna delle quali con delle caratteristiche che corrispondono esattamente a quelle della comune materia. Al posto dei protoni, l'antimateria contiene gli antiprotoni, con una carica negativa anziché positiva. Gli antineutroni che, come i neutroni, non hanno carica elettrica, hanno una serie di altre proprietà fisiche che rispecchiano quelle dei neutroni. Per tutte le particelle elementari di materia, esistono delle antiparticelle equivalenti di antimateria.

Il fisico quantistico inglese Paul Dirac ha proposto l'esistenza dell'antimateria nel 1929, come conseguenza del tentativo di fondere le equazioni della relatività speciale di Einstein e della meccanica dei quanti. Dirac era noto per la sua essenzialità e aveva poco tempo disponibile per le questioni meno importanti. Durante il tempo riservato alle domande dopo una delle sue lezioni, un ascoltatore protestò: «Dottor Dirac, non capisco come abbia ottenuto la formula nell'angolo superiore sinistro della lavagna.» Dirac rispose: «Questa è un'affermazione e non una domanda. La prossima domanda, per favore».

Dirac era spossato per i suoi calcoli che indicavano l'esistenza dell'antimateria. «Sono piuttosto deluso» commentò, senza negare tuttavia la loro forza logica. (Ricordate che la reazione iniziale di Einstein alla sua teoria della relatività generale fu quella di negare la sua implicazione primaria, cioè l'espansione dell'universo, e di inventare la costante cosmologica.) La conclusione di Dirac non dette adito a equivoci: quando la materia è creata dall'energia, viene creata anche un'uguale quantità di antimateria. Per ogni protone dell'universo dovrebbe esistere un antiprotone, per ogni neutrone un antineutrone, per ogni elettrone un positrone e così via.[7]

La teoria di Dirac era affascinante e anche audace. I suoi colleghi scienziati non potevano ignorarla e neppure lo poteva il «New York Times». Nel numero del 10 settembre 1930 un articolo descriveva l'idea apparentemente bizzarra con il titolo «Gli scienziati annunciano una nuova teoria dell'atomo». I fisici erano ansiosi di verificare la teoria, ma come? Oggi conosciamo gli enormi e potenti acceleratori – frantumatori di atomi – che scagliano le particelle subatomiche l'una contro l'altra o contro altri obbiettivi con energie colossali; le collisioni che ne risultano (piccoli Bang, per intenderci) possono generare nuove particelle. Il ricercatore sperimentale ha quindi il compito relativamente semplice di verificare se le particelle appena generate sono accompagnate dalle antiparticelle corrispondenti. Negli anni Trenta, tuttavia, gli acceleratori di particelle erano relativamente deboli, il più grande aveva le dimensioni di una stanzetta.[8] Era troppo piccolo per generare antimateria.

Fortunatamente, fuori dalla porta d'ingresso di ognuno di noi esiste un immenso acceleratore di particelle: l'universo. La Terra viene costantemente bombardata da un numero infinito di particelle subatomiche provenienti dallo spazio esterno, alcune delle quali hanno viaggiato dalle lontane galassie, viaggi iniziati prima che i dinosauri apparissero sul nostro pianeta. Questi flussi di particelle sono chiamati raggi cosmici. Questo è un nome improprio, poiché i raggi cosmici sono particelle cariche piuttosto che radiazioni elettromagnetiche, come la luce o le onde radio, e non sono «raggi» nel vero senso del termine. Gran parte dei raggi cosmici proviene dalla nostra galassia. Molti vengono probabilmente accelerati a velocità prossime a quella della luce attraverso potenti campi magnetici galattici creati da onde d'urto provenienti da stelle esplose (supernove) e altri eventi cosmici. Quando entrano nell'atmosfera terrestre, i raggi cosmici interagiscono con gli atomi di quest'ultima e danno avvio a sciami, o «cascate» di particelle che possono, a loro volta, dare avvio ad altre cascate. Gran parte dei raggi cosmici vengono assorbiti dall'atmosfera, ma alcune particelle «figlie» passano attraverso il fuoco incrociato atmosferico sino alla terra. I fisici si chiesero, quindi, se avevano la possibilità di individuare antiparticelle fra i «detriti» atomici che arrivavano sulla superficie terrestre, per poter così verificare l'ipotesi di Dirac.

Nel 1932, Carl Anderson, del California Institute of Technology, studiò i raggi cosmici con una camera a nebbia: un'attrezzatura perfezionata nel 1910 dal fisico scozzese Charles T. R. Wilson allo scopo di simulare la formazione delle nuvole. Particelle cariche lasciano una scia di ionizzazione (atomi privati di un elettrone) nella camera a nebbia, generando i semi di vapore acqueo supersaturo attorno ai quali si possono poi formare goccioline d'acqua. Per anni, all'ingresso dell'edificio principale del LBL, è stata esposta una camera a nebbia. Osservandola, si poteva vedere una leggerissima foschia nella camera buia e, improvvisamente, appariva una scia di piccole gocce laddove era passata una particella carica. Poi le goccioline scendevano lentamente sul fondo della camera. A volte ti passavano attraverso!

Anderson posizionò la sua camera a nebbia all'interno di un campo magnetico che deviava le particelle di carica positiva in una direzione e le particelle di carica negativa nella direzione opposta. Il raggio di curvatura del percorso di ogni particella è determinato dalla sua velocità e dalla sua massa. Anderson fotografò le tracce delle particelle che apparivano attraverso la finestra della camera. Le caratteristiche delle tracce (la direzione che prendevano) servì effettivamente a identificare i tipi di particelle che le costituivano (positive o negative).

Come previsto, il rilevatore registrò, a turno, il passaggio di protoni, elettroni e così via. Ma il 2 agosto 1932 Anderson fotografò un tracciato di vapore lasciato da una particella con la stessa massa di un elettrone (una particella negativa), ma il cui percorso andava nella direzione delle particelle positive. Il visitatore inaspettato era la prima particella di antimateria mai individuata: il positrone, il compagno di antimateria dell'elettrone. Quel positrone si ritiene provenga da una cascata di particelle prodotte da una collisione nella parte alta dell'atmosfera di un protone o di un elettrone dei raggi cosmici ad alta energia con un nucleo atmosferico.

Dirac, che era stato giustamente prudente circa le sue aspettative e, anzi, aveva espresso dei dubbi, vide il suo lavoro comprovato: egli scherzava dicendo di essere intelligente, ma che la sua equazione era ancora più intelligente. Nel 1933 Dirac vinse il Premio Nobel, nel 1936 lo vinse Anderson. Negli anni Cinquanta, presso il Lawrence Berkeley Laboratory fu costruito un acceleratore di particelle, chiamato il bevatrone; esso possedeva energia sufficiente a generare la propria antimateria. Nel 1955, Emilio Segre, Owen Chamberlain, Clyde Weigand e Thomas Ypsilantis effettuarono un esperimento al bevatrone in cui protoni ad alta energia entravano in collisione con protoni bersaglio, producendo coppie di protoni e antiprotoni – venticinque anni dopo le previsioni di Dirac. Era la dimostrazione della conversione simmetrica di energia in particelle di materia e di antimateria. Di conseguenza, furono provate scientificamente l'esistenza dell'antimateria e la legge della simmetria nella produzione e nel comportamento di materia e antimateria. Per questi loro risultati Segre e Chamberlain vinsero il Premio Nobel per la fisica nel 1959.

Come Galileo e Newton prima di loro, i fisici del ventesimo secolo desideravano estrapolare ai cieli quanto avevano appreso negli esperimenti a terra. Se piccole esplosioni trasformano l'energia in parti uguali di materia e antimateria, la stessa cosa doveva essere avvenuta durante il Big Bang. Metà dell'universo materiale deve essere, quindi, composto da antimateria. Dove si trova? Evidentemente, non deve esservi una quantità significativa di antimateria sulla Terra o nel resto del Sistema solare. «Altrimenti» osservò il fisico svedese Hannes Alfvén negli anni Sessanta «i missili lanciati per esplorare la Luna sarebbero esplosi violentemente nell'impatto e l'esplosione sarebbe stata facilmente visibile dalla terra». Lo stesso dicasi per il Sole: «Se il Sole fosse costituito da antimateria, emetterebbe plasma di antimateria, o antiplasma, e [esso viaggerebbe verso la Terra dove] le aurore splenderebbero con una luminosità mille volte superiore a quella attuale». (Il plasma è composto da elettroni e ioni liberi che sono atomi ai quali sono stati tolti una parte o tutti gli elettroni. Gran parte della materia dell'universo esiste sotto forma di plasma, per esempio nelle stelle).

Forse l'antimateria si allontana verso qualche altro luogo nella Via Lattea? Forse verso altre galassie? Forse persino verso altri universi? (È stato anche ipotizzato che quando si è formato il nostro universo, se ne sia formato contemporaneamente un altro identico di antimateria; il nostro universo viaggia in avanti nel tempo mentre il secondo viaggia all'indietro, cosicché i due non si incontreranno mai.) Negli anni Sessanta ciò sembrava dare sufficienti spiegazioni per comprendere perché abbiamo esperienza solo di materia. Devono esistere grandi quantità di antimateria, ma non l'abbiamo ancora incontrata direttamente.

Negli anni Sessanta, Alfvén propose una spiegazione eterodossa per questa asimmetria materia-antimateria, per chiarire il perché avessimo esperienza solo di materia, mentre, secondo la teoria, in qualche luogo dell'universo devono esistere anche grandi quantità di antimateria. Alfvén è un Premio Nobel, simpatico, con i capelli bianchi, che assomiglia a Babbo Natale senza la barba. Nato nel 1908, incallito iconoclasta, egli si paragona a Galileo (che, dice scherzando, era «solo una vittima delle critiche dei suoi colleghi»). Alfvén è un personaggio chiave in questo contesto, in quanto afferma che il Big Bang non ha mai avuto luogo. In realtà, egli è uno dei pochi scienziati illustri che rifiuta di accettare le origini violente del nostro cosmo. Come alternativa, offre la sua cosmologia dell'antimateria-e-plasma, basata sulla ricerca dell'astrofisico svedese Oskar Klein.

Per gran parte della sua vita Alfvén ha sostenuto che gli astrofisici ortodossi hanno sopravvalutato il ruolo della gravità nella formazione del cosmo. Al contrario, secondo l'astrofisico, sono stati enormi campi elettromagnetici e nubi di plasma a forgiare i sistemi planetari, le galassie e gli ammassi di galassie nelle loro strutture attuali. Nel suo libro del 1966 *Mondi-Antimondi,* postulò che ampie pareti di plasma e campi magnetici dividono la materia cosmica dall'antimateria, così come il muro di Berlino divideva un tempo Berlino Est da Berlino Ovest. Chiamò queste pareti «Strati Leidenfrost» dall'effetto Leidenfrost. L'effetto Leidenfrost può essere dimostrato all'interno delle pareti domestiche. Prendete una padella molto calda e spruzzatevi sopra alcune gocce d'acqua. Vedrete le gocce scivolare sulla padella sino a rimbalzare sui lati ed evaporare. Leidenfrost ne spiegò la ragione: la padella è così calda che la parte inferiore della goccia d'acqua viene quasi istantaneamente trasformata in calore. La pressione che ne risulta sostiene il resto della goccia e la isola dal calore. In tal modo la goccia d'acqua si lascia portare dall'«aria» e «vola» attorno ai bordi della padella. Ai confini fra regioni di materia e antimateria, le due si mischiano e si distruggono a vicenda; il calore e la pressione che ne conseguono separano al margine i corpi principali di materia e antimateria.

Tuttavia, aggiunse Alfvén, a volte, negli strati Leidenfrost si apre un varco. Le antiparticelle si insinuano nella zona delle particelle regolari e, forse, trovano la strada per giungere sulla Terra dove i ricercatori riescono a individuarle. Occasionalmente questi incontri di materia-antimateria danno luogo a enormi esplosioni che fanno giungere nel cosmo straordinarie quantità di materia e antimateria. Questo è il motivo per cui le galassie si allontanano in tutte le direzioni, perché sfuggono da una esplosione di materia-antimateria, non perché il nostro cosmo è il prodotto di un Big Bang. «Il Big Bang è un mito; non è mai accaduto. Il nostro cosmo è eterno e *non* qualcosa che è stato creato circa 15 miliardi di anni fa» ha affermato Alfvén. «L'"universo in espansione" si espande solo nella nostra parte di universo e non è altro che uno degli innumerevoli mini-bang che ha avuto luogo attraverso l'eternità, ognuno generato dall'incontro di materia e antimateria.»

Il risultato più sorprendente della teoria di Alfvén fu il seguente: non era pensabile «che nelle nostre vicinanze una stella su due fosse composta di antimateria» scrisse nel 1966. «Se qualcuno avesse sostenuto che Sirio, la stella fissa più brillante del nostro firmamento, era composta di antimateria e non di [materia ordinaria], non avremmo alcuna argomentazione sostenibile per controbatterlo. Se Sirio fosse costituita di antimateria, avrebbe lo stesso aspetto ed emetterebbe lo stesso spettro che presenterebbe nel caso fosse composta di [materia ordinaria]. Lo spazio attorno a Sirio deve quindi contenere antimateria, ma essa deve essere separata dalla [materia ordinaria] nello spazio attorno a noi da uno strato sottile Leidenfrost che noi, con le nostre apparecchiature poco sensibili, non riusciamo a individuare.»

Negli anni Sessanta la teoria di Alfvén suscitò molto interesse e occorreva verificarla. Se Alfvén aveva ragione, alcuni dei flussi di particelle che costantemente cadono sulla Terra dovevano essere di antimateria.

Nel 1932 Carl Anderson aveva individuato una particella di antimateria – un positrone – nella sua camera a nebbia al CalTech. Quel positrone era stato quasi certamente generato da un'interazione di raggi cosmici con nuclei dell'atmosfera terrestre. Le osservazioni provavano l'esistenza dell'antimateria, ma non provavano che particelle di antimateria bombardavano costantemente la Terra come frammenti provenienti da lontani agglomerati di antimateria, tali quali li aveva immaginati Alfvén. Potenzialmente tutte le antiparticelle di questo tipo verrebbero distrutte al contatto con la nostra atmosfera. Quindi, per verificare la proposta di Alfvén, occorreva lanciare un'attrezzatura di rilevamento il più in alto possibile, a una altitudine il cui l'atmosfera si riduce praticamente al nulla. A quell'altezza, è improbabile che un'antiparticella che si sta avvicinando colpisca un nucleo e si distrugga nella poca aria presente sopra la troposfera. L'antimateria presente poi nella stratosfera giunge probabilmente da lontano, dal profondo dello spazio, e non è stata prodotta da una collisione locale fra due particelle di materia. Questa era la motivazione scientifica dietro ai nostri lanci di pallone ad altitudini elevate.

Più specificamente, il mio obbiettivo era quello di cercare degli antinuclei la cui presenza avrebbe implicato l'esistenza di antistelle. È vero che la scoperta di un antiprotone poteva significare semplicemente che avevamo trovato un antiprotone, raro prodotto di una collisione di raggi cosmici a energia molto elevata con materiale nel vicino vuoto interstellare, o anche, nella parte alta dell'atmosfera. Prevedevamo di trovare circa tre antiprotoni di questo tipo ogni diecimila protoni osservati. Ma l'antielio e gli antinuclei più pesanti vengono prodotti assai più raramente: alcuni per ogni mille miliardi e anche meno; se li avessimo trovati, sarebbero stati importanti aspiranti per l'antimateria cosmologica. Se avessimo trovato un nucleo di antielio, ciò avrebbe significato che l'elio esistente era rimasto dopo il Big Bang, perché in pratica, tutto l'elio presente nell'universo deve essere stato generato nei primissimi minuti dopo l'enorme esplosione, come aveva concluso Gamow. Gli elementi *più pesanti* dell'elio erano tuttavia prodotti all'interno delle stelle, come avevano dimostrato Hoyle e i suoi colleghi. Quindi la scoperta di antinuclei più pesanti, l'anticarbonio, l'antiazoto, l'antiossigeno e così via, avrebbe implicato l'esistenza di antistelle. Così iniziò la nostra ricerca degli antimondi.

Lanciavamo i nostri palloni da luoghi remoti e isolati, come lo U.S. National Scientific Ballooning Facility a Palestine, nel Texas, e, a volte, da Aberdeen nel South Dakota. L'isolamento era un vantaggio: i palloni a volte cadono inaspettatamente a terra e nessuno voleva farne «cadere» uno su un'area abitata. Oltre allo sforzo fisico e mentale per preparare il pallone e il suo carico, eravamo anche infastiditi dagli animali selvatici, seppur di piccole dimensioni. Gli insetti volavano ovunque e assediavano «la nostra strumentazione ottica ed elettronica. Gli scorpioni [uscivano] dai nascondigli per minacciarci appena preparavamo le luci per le nostre calibrazioni ottiche» come avrebbe osservato più tardi Andy Buffington. In Texas ogni cosa è grande, compresi gli insetti che insieme ai lunghi preparativi, mettevano a dura prova i nostri nervi e, a volte, perdevamo le staffe.

Per individuare l'antimateria in modo convincente, dovevamo fare ciò che aveva fatto Carl Anderson quarant'anni prima: determinare il tipo di carica (positiva o negativa) di ogni particella che passava attraverso il nostro rivelatore. Per deviare le particelle impiegavamo un magnete superconduttore raffreddato a elio liquido. Ma, al posto della camera a nebbia, utilizzavamo una camera a scintilla. Piuttosto che formare una scia di gocce d'acqua lungo la traiettoria di ionizzazione delle particelle cariche, la camera a scintilla utilizza gli elettroni liberi per provocare una scintilla, come un fulmine in miniatura. Se viene applicato un voltaggio molto alto alle piastre della camera a scintilla, la traccia di ionizzazione crea un percorso per l'arco di scarica dell'elettricità, come la scintilla di

Il velivolo U-2 della NASA-Ames in volo sopra il ponte del Golden Gate; sullo sfondo San Francisco immersa nella nebbia. Gli U-2 erano famosi come veivoli da ricognizione durante la guerra fredda. Ora vengono utilizzati per ricerche scientifiche.

Un esperimento con l'antimateria subito dopo il lancio. Il carico scientifico corrisponde per dimensioni e peso a un automezzo pesante. Il paracadute è lungo più di 30 m. Quando il pallone raggiunge un'altezza elevata l'elio lo gonfia fino alle dimensioni di uno stadio di calcio.

Il vulcano attivo Mount Erebus, in Antartide, fotografato durante il volo dell'aereo munito di scivoli che ci ha portato dalla costa al nostro centro sperimentale al Polo Sud.

Raffigurazione artistica di COBE in orbita.

Il lancio del satellite COBE su un razzo Delta.

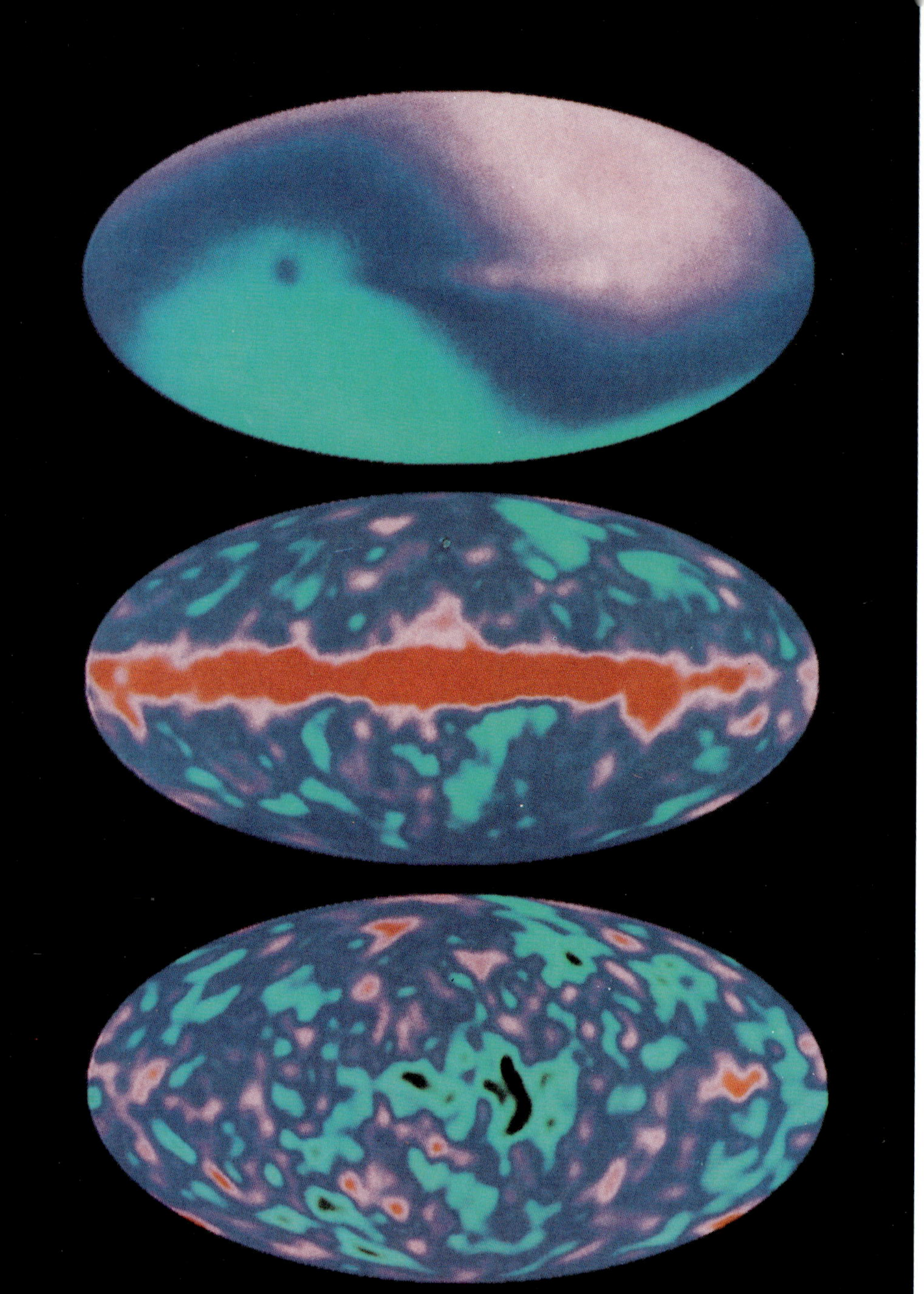

Tre mappe del cielo, elaborate dal DMR montato su COBE, mostrano: *in alto,* l'anisotropia da dipolo prodotta dal moto della terra rispetto alla radiazione di fondo cosmico (più calda nella direzione in cui stiamo andando, più fredda nella direzione da cui ci stiamo allontanando); *al centro,* il cielo da cui è stato tolto il dipolo che mostra l'emissione dal piano della galassia – la striscia rossa orizzontale e le increspature su larga scala nello spazio-tempo; *in basso,* una mappa delle pieghe del tempo.

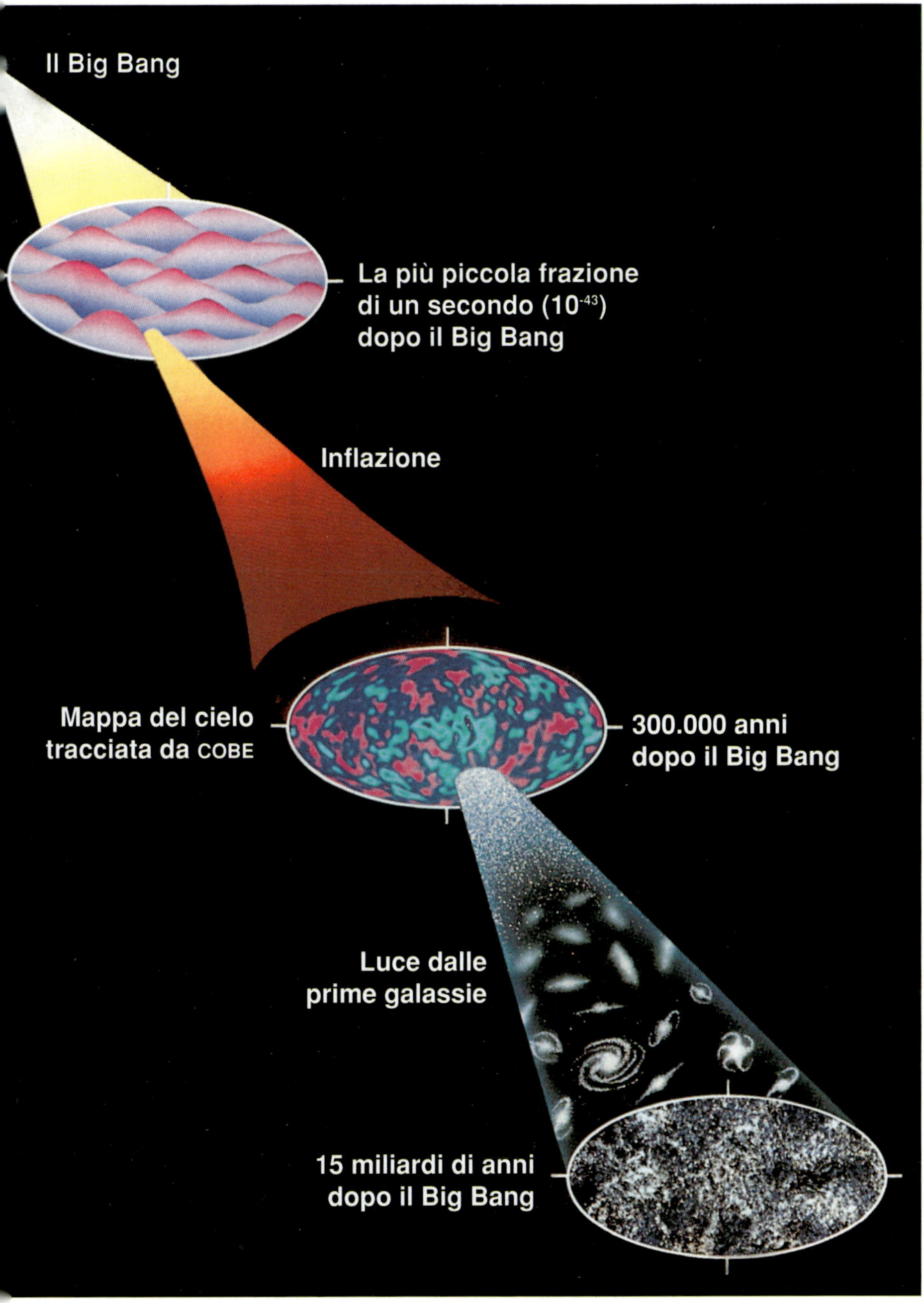

Il Big Bang, con l'inflazione che produce lo spazio e le increspature nello spazio-tempo tracciate da COBE, che si evolvono per divenire galassie, ammassi di galassie e strutture più grandi.

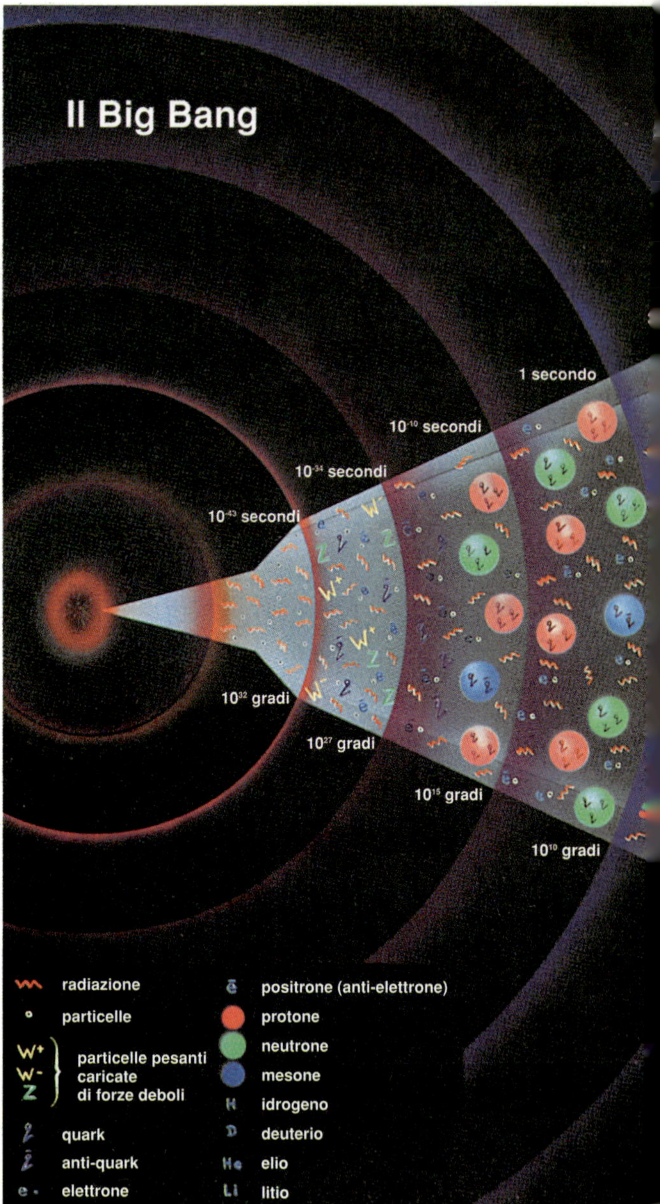

1 L'origine dell'universo: una geometria semplice dello spazio-tempo simile a una schiuma le cui leggi fisiche sono sconosciute.
2 Dopo 10^{-43} secondi, a una temperatura di 10^{32} gradi Kelvin: le forze forti, deboli ed elettromagnetiche sono unite in un'unica forza indistinguibile. Questo periodo viene spesso citato come Epoca della Grande Unificazione o GUT. Durante quest'epoca può esserci stata una rapida espansione in accelerazione dell'universo chiamata inflazione cosmica. Questa inflazione rese il nostro universo molto grande e piatto, ma produsse anche increspature nello spazio-tempo che stava creando.
3 Dopo 10^{-34} secondi, a una temperatura di 10^{27} gradi Kelvin: le forze forti cominciano a distinguersi da quelle deboli ed elettromagnetiche. L'universo è un plasma di quark, elettroni e altre particelle. Termina l'inflazione e si fa strada l'universo in espansione, rallentando gradualmente l'espansione sotto l'influsso del'attrazione gravitazionale.
4 Dopo 10^{-10} secondi, a una temperatura di 10^{15} gradi Kelvin: le forze elettromagnetiche e le forze deboli si separano. Si sviluppa un eccesso di una parte su un miliardo (mille milioni) di materia su antimateria. I quark possono unirsi per formare i protoni e i neutroni. Le particelle hanno acquisito sostanza. Questo è il livello energetico sul quale dovrebbe indagare l'acceleratore statunitense SSC e quello del CERN, il Large Hadron Collider (LHC).
5 Dopo 1 secondo, a una temperatura di 10^{10} gradi Kelvin: i neutrini subiscono l'urto e gli elettroni e i positroni annichiliscono, lasciando elettroni residui, ma soprattutto la radiazione di fondo cosmico come principale costituente attivo dell'universo.
6 Dopo 3 minuti, a una temperatura di 10^9 gradi Kelvin: i protoni e i neutroni sono in grado di legarsi per formare

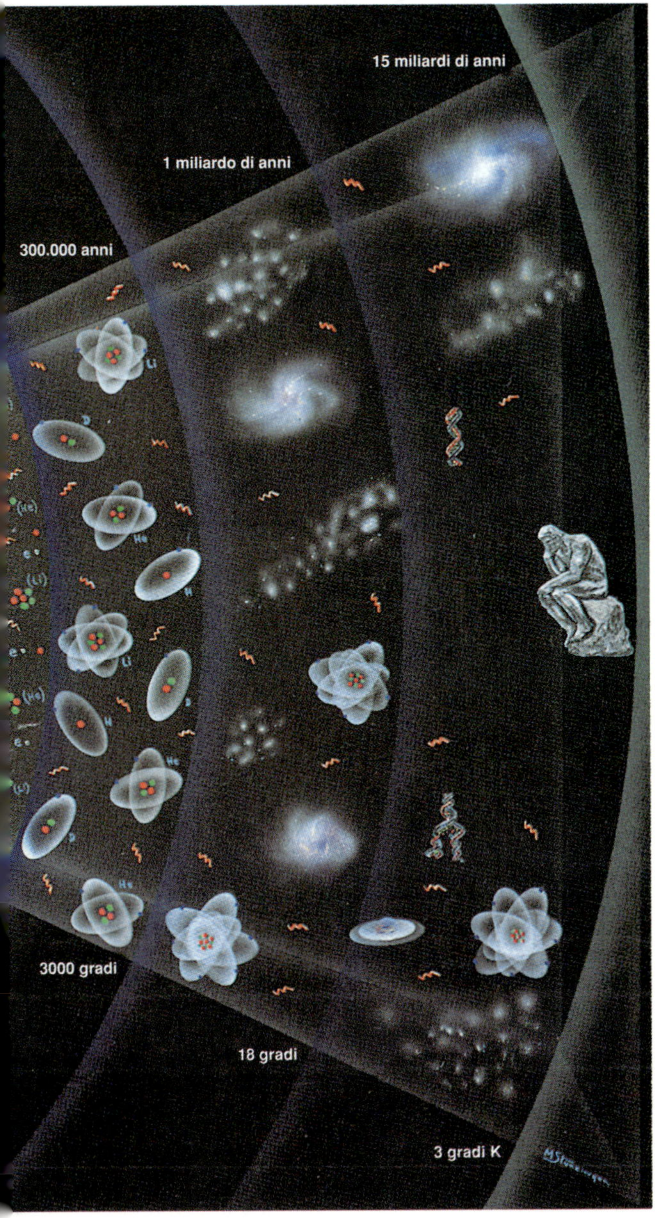

i nuclei poiché la loro energia di legame è ora maggiore dell'energia della radiazione di fondo cosmico. Adesso ha luogo una rapida sintesi dei nuclei di luce: dapprima il deuterio (idrogeno pesante: un protone e un neutrone), poi gli elementi più pesanti, dai nuclei di elio sino al litio (tre protoni e quattro neutroni). Circa il 75% dei nuclei sono di idrogeno (un protone) e il 25% di elio (due protoni e due neutroni); gli altri elementi sono presenti solo in quantità modesta. Gli elementi più pesanti vengono formati più tardi dalla combustione nucleare all'interno delle stelle.

7 Dopo 300.000 anni, a una temperatura di 3000 gradi Kelvin: la materia e la radiazione di fondo cosmico si disaccoppiano mentre gli elettroni si uniscono ai nuclei per formare gli atomi neutrali. L'universo diventa trasparente rispetto alla radiazione di fondo cosmico, così che per COBE è possibile mappare questa epoca di dispersione finale.

8 Dopo un miliardo di anni, a una temperatura di 18 gradi Kelvin: gli ammassi di materia generati dalle increspature primordiali formano i quasar, le stelle e le protogalassie. All'interno delle stelle, la combustione dei nuclei di idrogeno e di elio primordiali sintetizzano nuclei più pesanti come il carbonio, l'azoto, l'ossigeno e il ferro. Questi vengono dispersi dai venti stellari e dalle esplosioni delle supernove, dando luogo a nuove stelle e pianeti e rendendo possibile la vita.

9 Dopo 15 miliardi di anni e a una temperatura di 3 gradi Kelvin: siamo giunti all'epoca presente. Cinque miliardi di anni prima, il nostro Sistema Solare si è condensato dai resti delle prime stelle. I processi chimici hanno unito assieme gli atomi per formare delle molecole e, quindi, dei solidi e dei liquidi complessi. L'uomo è emerso dalla polvere di stelle per contemplare l'universo che lo circonda.

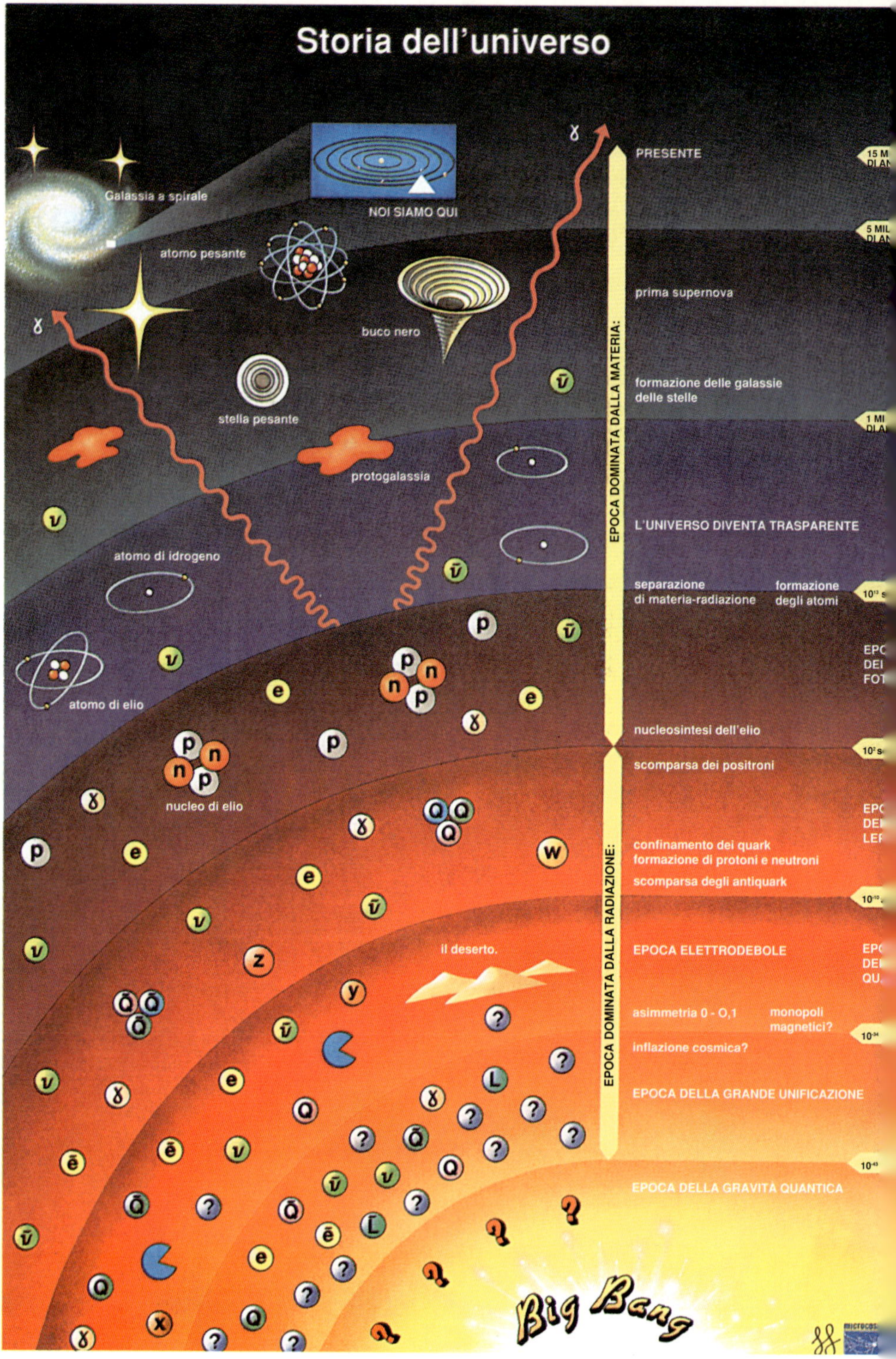

Scala cronologica ed elementi costitutivi importanti nella storia dell'universo.

elettricità statica che si avverte nei giorni freddi e secchi. Ma non si poteva mantenere sempre il voltaggio sulla camera perché avrebbe prodotto scintille casualmente, anche in mancanza della nostra sorgente di raggi cosmici. Avevamo bisogno di un segnale per capire quando passava una particella. Fortunatamente, quando un atomo ionizzato si ricombina con il suo elettrone, libera un piccolo lampo di luce. I fisici particellari hanno sviluppato dei materiali speciali scintillanti che svolgono il loro compito in modo rapido ed efficiente. Abbiamo utilizzato degli scintillatori plastici per individuare il passaggio di una particella carica e per misurare quanta energia si perde nella ionizzazione degli atomi nei plastici. Normalmente, la perdita di energia è proporzionale al quadrato della carica delle particelle, in modo che un nucleo di carbonio – carica 6 – emetteva trentasei volte più luce di un protone; un nucleo di ossigeno – carica 8 – ne emette sessantaquattro volte di più. Avevamo assemblato l'attrezzatura in modo tale che, quando una particella carica passava attraverso il rivelatore, applicava automaticamente un voltaggio elevato alla camera a scintilla. Ne risultarono luci lampeggianti che segnalavano il numero di eventi e la quantità di luce emessa negli scintillatori. Il nostro programma comprendeva l'analisi degli eventi filmati per evidenziare particelle con proprietà contraddittorie, per esempio, una particella con la massa di un nucleo di carbonio ma con una carica negativa.

Il lampo della scintilla e le luci venivano registrate su una pellicola. In un volo successivo, installammo anche un microfono che trasmetteva i suoni delle camere a scintilla e il ronzio della pellicola che avanzava nella macchina fotografica. Questi suoni ci davano un po' di conforto poiché confermavano che l'attrezzatura stava funzionando correttamente. Non altrettanto confortante era il misterioso cigolio di fondo e lo scoppiettare della nostra gondola col guscio di lana di vetro. I rumori erano causati dal variare delle differenze di pressione fra interno ed esterno della gondola durante l'ascesa.

Il nostro strumento per il rilevamento dell'antimateria presentava vantaggi e svantaggi rispetto ai suoi predecessori. Da una parte, il magnete superconduttore poteva rivelare particelle cinquanta volte più energetiche di quelle scoperte col vecchio metodo che utilizzava grandi quantità di emulsione, una specie di pellicola fotografica. Maggiore è l'energia di una particella, più lontana potrà viaggiare dal suo luogo di origine; quindi, campionavamo raggi cosmici da zone distanti della nostra galassia e oltre. D'altra parte, il magnete deve essere mantenuto freddo durante il volo, in un criostato a elio liquido, che non solo era pericoloso, ma appesantiva il carico.

Il volo procedeva bene. Dopo dieci ore, era giunto il momento di sganciare la gondola. Dall'esperienza di altri, sapevamo che questo è uno dei momenti in cui è probabile che qualcosa non funzioni e in maniera determinante. Ne era testimone la prima malaugurata impresa di HAPPE. Noi, tuttavia, fummo più fortunati. Al segnale predeterminato, la gondola si sganciò e si aprì il suo paracadute, portando così a terra il suo carico più o meno indenne. Durante la discesa, sotto l'ombrello, la gondola oscillava in modo allarmante. Avevamo accuratamente posizionato una base di schiuma di polistirolo sotto la gondola, per attutirne l'impatto, ma i lati rimanevano esposti. Il destino volle che la gondola atterrasse fra gli alberi e, mentre si avvicinava a terra, le sue oscillazioni la portarono a urtare violentemente un pesante tronco, schiacciando un lato e distruggendo parte dell'attrezzatura.

Quando Andy Buffington e io raggiungemmo il luogo di atterraggio in una paludosa foresta di pini, ci colse il terrore per il danno alla gondola e ci precipitammo a vedere se gli apparecchi fotografici erano intatti. Se la pellicola fosse stata esposta alla luce, i nostri dati sarebbero stati completamente cancellati. Gli apparecchi fotografici avevano resistito, invece, all'impatto, tuttavia guardammo con sconforto il guscio frantumato della gondola, temendo il peggio; fortunatamente, si erano rotti solo un paio di specchi.

Durante le sue dieci ore di volo, il rivelatore aveva registrato cinquantamila eventi, particelle itineranti che lasciarono la loro traccia su centinaia di metri di pellicola. Montammo un dispositivo automatico che analizzava tutta la pellicola e scartava gli eventi normali; ci rimanevano tuttavia alcuni tracciati che sembravano curvare nella direzione «sbagliata»; era una potenziale indicazione di antimateria. Era ciò che cercavamo? Luie era entusiasta per i risultati e ci disse di preparare un dossier su ogni tracciato anomalo, descrivendone le caratteristiche dettagliatamente. Sulla scorta delle nostre relazioni, egli studiò personalmente ogni possibile candidato di antimateria e riuscì a spiegarli tutti, eccetto uno. Lo chiamammo evento di raggio cosmico n. 26262, dal numero stampigliato dalle nostre luci su ogni fotogramma.

Negli scintillatori plastici superiori e medi, il n. 26262 aveva prodotto la luce corrispondente a un nucleo di ossigeno, ma, nello scintillatore inferiore, aveva liberato un'insolita quantità di energia. Provammo un brivido lungo la schiena quando Luie si domandò:

«L'energia in eccesso può risultare da un nucleo di antiossigeno in annichilazione con un atomo ordinario?» Temevamo che i nostri risultati potessero essere divulgati prematuramente. Immaginate l'imbarazzo se, dopo una pubblicità prematura, si fosse trovata una spiegazione ordinaria e non di antimateria per l'evento n. 26262. Luie ci spinse con insistenza a compiere verifiche su verifiche e soleva dire: «Cerchiamo di dare a questo [possibile] evento [di antiossigeno] una sepoltura decente». Con ciò voleva dire che dovevamo essere certi della nostra spiegazione e non trovare qualche scusa per liberarcene o proclamare la grande scoperta senza possedere prove convincenti. Luie era molto pignolo e preciso. Sapeva con quale facilità gli strumenti e le persone possono sbagliarsi. Non aveva scordato quando, negli anni Cinquanta, insieme con un collega aveva individuato un singolare effetto di laboratorio che appariva come una lenta fusione nucleare. I mezzi di informazione avevano sbandierato ai quattro venti la notizia e ipotizzato la possibilità di forniture illimitate di energia. Ben presto Luie si rese conto che si trattava solo di uno strano effetto chimico, assolutamente non di fusione.[9] Era determinato a evitare in futuro simili inutili clamori.

Con il passare delle settimane, il n. 26262 continuò a sfidare i nostri tentativi di ascriverlo alla materia ordinaria e noi fummo sempre più convinti di aver individuato il primo antinucleo cosmico. Immaginammo anche la possibile esistenza di antistelle e antipianeti e pensammo scherzando che, non appena avessimo dato l'annuncio, il Vaticano si sarebbe messo al lavoro sulla questione dell'antipapa.

Tuttavia, anche se non potevamo provare che il n. 26262 era una particella di materia, non potevamo neppure provare che era di antimateria. Un nucleo di ossigeno estremamente energetico, regolare, presenterebbe un tracciato lineare attraverso il campo magnetico. Ma piccoli errori nell'allineamento ottico degli specchi e la ricostruzione da noi fatta del suo tracciato potevano aver fatto apparire il percorso erroneamente curvo. Se la sua collisione nello scintillatore plastico inferiore fosse stata violenta, avrebbe depositato lì gran parte della sua elevata energia cinetica. Considerando queste altre eventualità, calcolammo una possibilità di tre a uno che il nostro evento n. 26262 fosse effettivamente una particella di antimateria. Tre a uno può sembrare una buona probabilità ma, nel caso di una nuova, importante scoperta, i fisici sono assai più esigenti. La rivelazione di un nucleo di antimateria extragalattica sarebbe stata una scoperta così straordinaria, indizio di così tante importanti implicazioni, che i nostri colleghi (tutti scettici per natura, come Luie) non l'avrebbero accettata in assenza di un'evidenza ugualmente straordinaria. I nostri colleghi ci dissero che non avrebbero creduto che il n. 26262 fosse di antimateria a meno che le probabilità non dessero almeno un milione a uno.

Decidemmo che sarebbe stato prudente considerare il n. 26262 un semplice colpo di fortuna e pubblicare un articolo sulla rivista «Nature» nel quale si annunciava che nel volo di pallone non era stata rilevata alcuna presenza di antimateria. Nel frattempo, organizzammo un altro esperimento con analisi più approfondite per scoprire se il n. 26262 poteva costituire una prova di antimateria. Riducemmo la quantità di materiale nella nostra attrezzatura per minimizzare il numero di interazioni occasionali fra le particelle e i rivelatori che potevano dar luogo a segnali ingannevoli di «antimateria». Semplificammo l'ottica puntando l'apparecchio fotografico direttamente sul percorso curvo della particella. Tecnicamente, ciò rendeva necessario che la gondola fosse più lunga e più a forma di uovo, con il magnete e il rivelatore di tracce di raggi cosmici da una parte e gli apparecchi fotografici e l'elettronica dall'altra. Costruimmo anche un magnete più potente. Più era potente, maggiore era il grado della curvatura del percorso della particella in arrivo, e più grande era la curvatura, maggiori erano le probabilità di identificare correttamente il segno della carica della particella. Se vi era realmente antimateria in quel luogo, l'avremmo trovata.

Negli anni successivi lanciammo altri sei palloni e alcuni di loro in circostanze drammatiche. La sera del 28 maggio 1977, quello che sarebbe stato il nostro ultimo pallone e il suo carico furono lanciati dall'aeroporto nei sobborghi di Aberdeen, nel South Dakota. Eravamo circondati da una vasta prateria deserta; in una direzione potevamo vedere i Badlands del South Dakota. Sopra di noi, il pallone vagava stancamente nella notte mentre i nostri strumenti raccoglievano i dati. Charles Orth era seduto nella roulotte a controllare la telemetria dagli strumenti del pallone e i suoni raccolti da un microfono posizionato all'interno della gondola. Tutto procedeva al meglio. Improvvisamente, alle 7,25 del mattino, scattò in piedi e urlò: «Sta cadendo!» Lo guardammo tutti con sgomento. Charles con la mano indicò gli strumenti. «Osservate l'altimetro!» Lo fissammo. L'ago stava scendendo a grande velocità.

Allora l'altoparlante emise un fischio basso e lontano. Era come il suono di una bomba che cadeva. Uscendo fuori di corsa non fummo in grado di scorgere nulla nella nebbia delle prime ore del mattino.

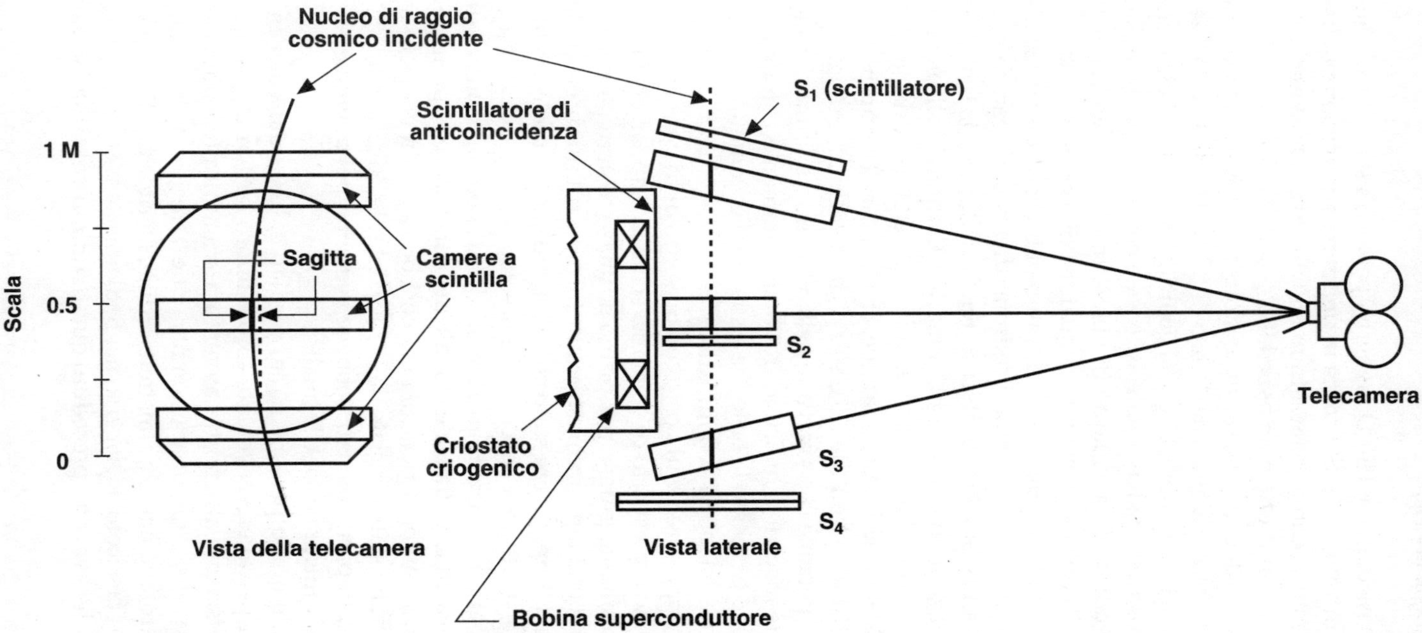

Disegno schematico di un nuovo esperimento col pallone che mostra come la telecamera vede i nuclei di raggi cosmici che si incurvano nel campo magnetico di un magnete superconduttore. L'ampiezza della curvatura (chiamata «Sagitta») indica la potenza della misurazione e la direzione della Sagitta separa la materia dall'antimateria.

Il nostro capo meccanico, Hal Dougherty, pensò fra sé: Oh mio Dio, è una caduta incontrollata. Spero sia in una zona aperta: non vogliamo che cada su un centro abitato. Immaginate cosa succederebbe se cadesse su un orfanotrofio o un ospedale?

A molte miglia di distanza, un agricoltore, il signor Anderson, era nella stalla a mungere le mucche. Pensò di udire il rumore di un aereo che volava a bassa quota. Uscì e si guardò attorno, ma il cielo era troppo nuvoloso per vedere qualsiasi cosa e così tornò nella stalla. Ma il rumore aumentava. Guardò di nuovo fuori: non avrebbe mai dimenticato ciò che vide. Una grande quantità di rottami cadeva giù dal cielo coperto di nuvole, enormi frammenti che rotavano e poi scendevano in picchiata. I rottami finirono dietro a un pan di zucchero nei Badlands. Sua moglie uscì correndo dalla fattoria temendo che qualche oggetto avesse colpito il marito. Entrambi salirono sul loro autocarro e si precipitarono verso la collinetta, terrorizzati per quanto poteva attenderli: corpi, sangue, arti troncati. Trovarono solo un cratere di dimensioni medie e pezzi di metallo aggrovigliato. Giunsero altre persone che vivevano nelle vicinanze e cominciarono a frugare fra le macerie. Qualcuno trovò un frammento con un numero di telefono e chiamò la base che a sua volta ci contattò e ci diede le coordinate del luogo dell'impatto.

Il nostro gruppo si recò sul posto con un senso di tristezza misto a eccitazione. Il nostro esperto di camere a scintilla e apparecchi fotografici, John Yamada, giunse per primo e rimase costernato per ciò che aveva dinnanzi agli occhi, soprattutto per i rullini di pellicola esposti al sole. L'impatto era stato così violento che non solo era andata a pezzi la struttura a guscio, ma l'involucro protettivo dell'apparecchio fotografico si era aperto a metà. John ebbe la prontezza di gettare la giacca sulla pellicola e con alcune borse scure la protesse. La trasse così in salvo; la pellicola era così ben avvolta che solo le parti esterne erano state bruciate dalla luce del sole. Riuscimmo così a recuperare gran parte dei dati, sebbene avessimo poi dovuto effettuare da capo le misurazioni e le analisi.

Gli Anderson erano persone molto cordiali e, lungi dal voler intentarci causa per aver spaventato loro e il loro bestiame, presero parte con entusiasmo alla nostra avventura scientifica (o disavventura, come si rivelò). Trascorsero con noi i due o tre giorni che seguirono e ci dettero una mano a rimettere ordine. Di ritorno a Berkeley, aprii un nuovo fascicolo: «Disperso nei Badlands».

Negli anni che avevano preceduto questo ultimo volo non avevamo trovato un singolo indizio convincente di antimateria cosmica. La mia infatuazione per i palloni era finita.

Sebbene possano rivelarsi frustranti per i ricercatori che li raccolgono, i risultati scientifici negativi sono importanti quanto i positivi. È vero che i risultati negativi non possono essere definitivi. Determinano i limiti della nostra conoscenza; ci insegnano ciò a cui possiamo ragionevolmente credere e ciò che rimane incerto, irrisolto – in breve, ciò che deve essere ancora studiato. Pubblicammo i nostri risultati negativi (in «Nature» e «Astrophysical Journal» e nel 1975 i sopravvissuti del gruppo: Smoot, Buffington e Orth, scrissero sulla rivista «Physical Review Letters»). L'American Institute of Physics designò uno dei nostri voli di pallone come uno dei dodici migliori esperimenti di fisica a livello mondiale nell'anno 1973.

A tutt'oggi i risultati del nostro lavoro danno il limite più stringente mai pubblicato sull'esistenza di nuclei di antimateria complessa nei raggi cosmici. Abbiamo detto che nuclei di antimateria, come il carbonio e l'ossigeno, posto che esistano, sono più rari di uno ogni diecimila nella nostra parte di universo. Presumibilmente, potrebbero esistere a livelli di uno su un milione o uno su un miliardo o su mille miliardi, o potrebbero non esistere affatto; in ogni caso, sono estremamente rari.

Vi era un risultato che contraddiceva l'ipotesi di Alfvén sull'origine dell'universo: se la sua cosmologia dell'antimateria-e-plasma era valida, avremmo dovuto trovare almeno una particella di antimateria ogni diecimila particelle note. Non era così.[10]

E cosa ne era della teoria del Big Bang? Non è stata dimostrata anche la sua falsità? Se la prova delle piccole esplosioni può essere estrapolata al Big Bang, nell'universo dovrebbero esistere uguali quantità di materia e di antimateria e tuttavia non ne troviamo alcuna prova. Forse una simile estrapolazione è inappropriata. Forse vi è sempre stato un eccesso di materia rispetto all'antimateria.

Nel 1967 il noto fisico russo Andrej Sacharov propose una soluzione all'enigmatico problema dell'asimmetria materia-antimateria. La sua ipotesi prevedeva condizioni insolite nell'universo primordiale – condizioni al di fuori dell'esperienza della fisica sperimentale delle particelle – e così rimase nell'ombra per quasi un decennio. La proposta di Sacharov ricevette il dovuto riconoscimento solo al nascere di nuove teorie dalla metà alla fine degli anni Settanta.

Uomo di solidi principi e coraggioso, Sacharov ebbe una vita che rappresentò il colmo dell'ironia. Da giovane, sviluppò le ricerche sulla bomba a idrogeno per Stalin; da vecchio, divenne un dissidente politico con la moglie, Yelena Bonner, ugualmente impegnata, che lo sostenne sempre. Le autorità sovietiche lo condannarono ad anni di esilio. Pur in tali condizioni, continuò le sue ricerche scientifiche. Alla fine degli anni Ottanta, fu riabilitato da Michail Gorbaciov e visse abbastanza da essere eletto all'assemblea legislativa sovietica; morì nel 1990 prima del crollo della dittatura che aveva un tempo servito e poi attaccato.

La proposta di Sacharov, vista alla luce della cosmologia moderna, è la seguente: i processi avvenuti nel primo istante (entro il primo milionesimo di secondo) dopo il Big Bang hanno prodotto un lieve eccesso di materia sull'antimateria; le particelle di materia e antimateria quindi autodistruttesi in una fase cataclismatica di liberazione di energia, lasciarono un leggero eccesso di materia che andò a formare l'universo che vediamo oggi. L'enorme rilascio di energia nell'annichilazione materia-antimateria si manifestò nella forma di fotoni di radiazione di fondo cosmico (pacchetti di energia luminosa) che superano di gran lunga in quantità i barioni (termine collettivo per particelle pesanti come protoni e neutroni) per un miliardo a uno. In questo scenario l'attuale universo è composto quasi esclusivamente di materia (forse con piccole sacche evanescenti di antimateria sfuggite alla prima orgia di annichilazione) e nel rapporto di un miliardo a uno dei fotoni cosmici rispetto ai barioni come riportato dalle osservazioni odierne.

Sappiamo che qualcosa del genere deve essere successo nel primo istante dell'universo, con un lieve eccesso di materia rispetto all'antimateria. Se, invece, materia e antimateria fossero state prodotte in uguale quantità al momento della creazione, l'universo sarebbe stato molto diverso. Avrebbe avuto luogo una grande annichilazione, lasciando solo pochissime particelle di materia e antimateria in resti sparsi e isolati e un avvolgente mare di fotoni. Il cielo notturno presenterebbe solo il lieve ronzio delle radiazioni di microonde, senza la sottile ragnatela di stelle e galassie.

La proposta di Sacharov richiedeva la violazione di due postulati della fisica particellare: 1. la conservazione del numero di barioni, 2. la simmetria chimico-fisica. Sebbene apparentemente arcani, possono essere descritti semplicemente. Il primo riafferma il fatto che l'energia viene convertita sempre in uguali quantitativi di materia e antimateria, ovvero, in qualsiasi reazione non può esistere una produzione o una perdita netta di barioni (materia) rispetto agli antibarioni (antimateria). Il secondo afferma che, nelle loro reazioni chimico-fisiche, la materia e l'antimateria sono identiche. Ma questi due postulati sono stati veramente profanati? Sì, lo sono stati. Nel 1964 Val Fitch e Jim Cronin scoprirono che kaoni estranei violavano la simmetria CP (scoperta che valse loro nel 1980 il Premio Nobel). Durante la fine degli anni Sessanta e gli inizi degli anni Settanta, ricerche teoriche e sperimentali andavano in quella direzione. Il più importante fu la formulazione di una teoria – precisamente un gruppo di teorie – che intendeva unificare tre forze fondamentali della natura, la forza elettromagnetica, la forza nucleare debole e quella forte. Sono note come grandi teorie unificate o, in breve, GUT[11] e furono formulate per la prima volta dal fisico pachistano Abdus Salam, dal fisico Steven Weinberg dell'Università del Texas e dal fisico di Harvard, Sheldon Glashow.

Nel nostro universo la forza elettromagnetica e le forze nucleari debole e forte hanno un comportamento diverso. Ma, moltissimo tempo fa (secondo le GUT), alla temperatura inimmaginabile del primo istante dell'universo (a 10^{-34} secondi, o un dieci milionesimo di un trilionesimo di un trilionesimo di un secondo dopo il Big Bang), queste forze erano essenzialmente le medesime e operavano allo stesso modo sulle particelle. Secondo i teorici delle GUT, il numero dei barioni non viene conservato. Inoltre, la natura è prossima a profanare la simmetria chimico-fisica. Se, come conseguenza, la materia si comporta in maniera leggermente diversa dall'antimateria, allora esiste la possibilità che si produca un piccolo eccesso di materia rispetto all'antimateria. Questo può apparire come il proverbiale «coniglio nel cappello», ma rappresenta di fatto il principio fondamentale di tutte le GUT.

La mia previsione ottimistica è che la bariogenesi – la produzione di un eccesso di materia sull'antimateria – abbia luogo quando si unificano la forza elettromagnetica e la forza nucleare debole. Secondo la teoria elettrodebole di Weinberg-Salam, ciò accade a energie equivalenti a masse di circa 100 protoni (o neutroni). Il supercollisore superconduttore raggiungerà quel livello di energia e dovremmo trovare la risposta fra circa dieci anni, pressappoco nell'anno 2005.

La produzione di un eccesso di materia è, tuttavia, solo l'inizio. Nei sistemi fisici in una condizione di equilibrio, le reazioni vanno rapidamente in entrambe le direzioni: l'eccesso di materia può scomparire così velocemente come appare. Tuttavia, l'universo del Big Bang si espande e si raffredda. Una volta che la temperatura è scesa a un livello troppo basso per indirizzare la reazione che produce materia nel senso opposto, il lieve eccesso di barioni prodotti diviene una componente costante del cosmo.

Da questa descrizione l'universo, e con esso la nostra esistenza, può apparire il risultato di circostanze favorevoli: un piccolo eccesso di materia prodotta come conseguenza della violazione di determinate regole al momento giusto. Questo può essere solo uno degli infiniti esiti possibili di quel minuscolo lasso di tempo che è seguito al Big Bang o può essere una circostanza inevitabile date le leggi fisiche allora vigenti. Non lo sappiamo ancora. La ricerca dell'antimateria, che ha rappresentato un'ossessione per molti di noi per molto tempo, ci ha costretto ad affrontare uno degli aspetti chiave – e delle sfide più impegnative – della cosmologia: ovvero la necessità di estrapolare al cosmo le leggi fisiche scoperte sulla Terra. Questa estrapolazione sembra funzionare in maniera perfetta per gran parte della storia dell'universo. Ma può iniziare a sgretolarsi man mano che ci approssimiamo al Big Bang. Quella è, in realtà, terra sconosciuta.

VI
Spie nel cielo

Molto prima che la nostra ultima, sfortunata missione di pallone avesse il suo epilogo nei Badlands del South Dakota quel giorno di maggio del 1977, su suggerimento di Luie Alvarez, il nostro capogruppo, mi ero interessato a cose diverse dalla ricerca dell'antimateria. All'inizio del 1974, convinti di aver fatto probabilmente tutto ciò che potevamo con lo strumento in nostro possesso, Luie aveva dato a me e ai miei colleghi qualche buon consiglio. In sostanza aveva detto: «Prima di buttarvi a capofitto in una nuova, migliore versione dell'esperimento appena concluso, sedetevi e valutate attentamente. Pensate intensamente a quali sono i problemi importanti della fisica. E, soprattutto, pensate alle grandi opportunità che la fisica offre, opportunità emerse grazie alle nuove tecnologie e ai recenti risultati sperimentali. Prendetevi un mese o due di tempo per pensarci; studiate le questioni più rilevanti e interessanti. Poi decidete cosa intendete fare in futuro». Si trattava di uno di quei buoni consigli, frutto di saggezza ed esperienza.

Mi avvicinavo ai trent'anni e non potevo sprecare tempo. Nessuno di noi poteva. Andy Buffington, Terry Mast, Rich Muller, Charles Orth e io prendemmo a cuore le parole di Luie e cominciammo a valutare possibili progetti futuri. Dopo settimane di riflessione e di discussione a ruota libera, ognuno di noi prese la propria decisione. Andy e Charles optarono per continuare gli esperimenti sull'antimateria e sui raggi cosmici (io continuai la collaborazione con loro sino all'incidente dei Badlands). Rich cominciò a occuparsi di spettrometria di massa degli acceleratori per misurare le specie radioattive. In seguito lavorò a un sistema di telescopio automatizzato per studiare le supernove che, sperava, avrebbe consentito delle misurazioni più accurate della costante di Hubble e della decelerazione dell'espansione cosmica. Terry considerò e si occupò di vari progetti prima di impegnarsi stabilmente assieme a Jerry Nelson a quello che è ora chiamato il telescopio Keck di dieci metri, il più grande telescopio del mondo, in vetta al Manua Kea nelle Hawaii.

Abbiamo trovato ispirazione nel libro di James (P.J.E.) Peebles del 1971, *Physical Cosmology*, che per la mia generazione di cosmologi osservativi ha svolto lo stesso ruolo del testo di Darwin, *Alle origini della specie*, per i naturalisti vittoriani, quello, cioè, di un programma di ricerca.[1]

Una sezione del libro di Peebles era intitolata «Applicazioni della palla di fuoco primitiva». La prima applicazione della «palla di fuoco primitiva forse scoperta» – allusione alla radiazione di fondo cosmico osservata da Penzias e Wilson – fu «L'esperimento di spostamento dell'etere». Le argomentazioni convincenti di Peebles, con i suoi riferimenti eruditi, mi fecero comprendere che il mio futuro sarebbe stato dedicato alla ricerca sulla radiazione di fondo cosmico. La radiazione di fondo cosmico è un relitto del Big Bang, un ronzio a microonde di bassa intensità (un bagno di luce ad appena 3 gradi Kelvin) diffuso in tutto il cosmo. Molti astrofisici pensano che questa distante eco della creazione sia colma di indizi sulla successiva evoluzione dell'universo e sperano che l'ingegnosità scientifica li possa svelare. Per la sua idea originale, Peebles prese spunto da un articolo del 1967 di Dennis Sciama dell'Università di Cambridge. Sciama sosteneva che la radiazione di fondo cosmico poteva essere utilizzata come strumento per controllare se il riferimento inerziale locale ruotava rispetto alla lontana materia dell'universo. Una buona misura del principio di Mach avrebbe migliorato di cinquemila volte la precisione nella verifica del principio stesso. Ne ero affascinato: si poteva utilizzare la radiazione di fondo cosmico per comprendere la rotazione dell'universo.

Nel 1949, il noto matematico Kurt Gödel trovò una soluzione alle equazioni della relatività generale di Einstein secondo le quali l'intero universo ruota, un'ipotesi coraggiosa che implica anche la possibilità di viaggiare nel tempo. In seguito, furono proposti altri modelli, alcuni più convenzionali e altri più insoliti di quello di Gödel, di universi in rotazione e in continua evoluzione, ma senza l'allettante prospettiva di viaggiare nel tempo. In ciascuno di essi, tuttavia, un effetto rotativo avrebbe causato le caratteristiche variazioni di temperatura nel cielo. Qualora esse esistano, dovremmo essere in grado di individuarle. Si dovrebbe essere anche in grado di determinare se l'universo si espande in maniera simmetrica, come suggerisce la legge di Hubble, o se si espande più rapidamente in certe direzioni rispetto ad altre. In quest'ultimo caso, l'universo – e le condizioni che l'hanno prodotto – sarebbero assai più complesse di quanto previsto dalla teoria attuale.

Per i teorici l'aspetto più preoccupante del Big Bang consiste nella necessità che lo spazio-tempo abbia inizio in un singolo punto matematico, fenomeno noto come singolarità. Ciò che appare più strano è che questo punto avrebbe dimensione zero e densità infinita. In un tal punto, crollano le leggi della fisica e l'universo si pone effettivamente al di là della descrizione matematica. I teorici hanno rifiutato una simile prospettiva in quanto, come Einstein, non volevano assistere al crollo delle leggi della fisica e al regno del caos. Questa imbarazzante prospettiva può, altresì, essere evitata, è stato suggerito, qualora l'universo si espanda in maniera asimmetrica. L'universo potrebbe quindi vibrare, espandendosi e contraendosi alternativamente, in quanto il «grande collasso» al termine della fase di contrazione potrebbe essere evitato. Se una direzione collassasse più rapidamente delle altre, allora l'universo diventerebbe «una frittella» e, passata questa fase, ricomincerebbe a espandersi di nuovo verso l'esterno prima del sopraggiungere delle altre direzioni.

Si trattava di un terreno importante, ma inesplorato; ero quindi consapevole che se l'avessi studiato sperimentalmente, avrei sicuramente trovato qualcosa di interessante.

Il titolo del capitolo di Peebles – «L'esperimento di spostamento dell'etere» – era un'allusione a una idea che aveva permeato le prospettive cosmologiche sin dal tempo degli antichi greci. Concepito originariamente come un fluido puro, immutabile e «ideale» attraverso il quale si muovevano i corpi celesti, con Aristotele l'etere cominciò a essere considerato una sostanza puramente cristallina. Sfere cristalline di etere circondavano la Terra, trasportando il Sole, la Luna e le stelle nelle loro orbite perfette. La cosmologia newtoniana aveva abolito la necessità dell'etere affermando che lo spazio fosse assolutamente vuoto. Ma la nozione era stata ripresa un secolo dopo ed era sopravvissuta nella cosmologia vittoriana, questa volta come sostanza gassosa eterea attraverso la quale si propagavano le onde luminose. Gli scienziati cercarono diligentemente prove di questo etere, ma tutti gli sforzi furono dichiarati infruttuosi da un famoso esperimento eseguito nel 1886 da Albert Michelson e Edward Morley.

I due fisici americani ritenevano che la Terra, nella sua orbita attorno al Sole, si muovesse attraverso l'etere. Quindi, in termini di flusso di etere, una direzione è contro corrente e l'altra lungo la corrente. Di conseguenza, un fascio di luce indirizzato contro corrente si muoverebbe più lentamente nel laboratorio e uno indirizzato lungo la corrente si muoverebbe più rapidamente. Data la rotazione terrestre, qualsiasi indizio evidente di variazione di *c*, la velocità della luce, proverebbe l'esistenza dell'etere. Con un risultato assolutamente imprevisto, non trovarono alcuna variazione di *c*. Dunque, l'etere non esisteva.

La perdita dell'etere privava la scienza dello spazio assoluto di Newton – «un sistema di riferimento universale». Secondo questo concetto molto apprezzato, lo spazio e il tempo hanno un loro riferimento e una loro solidità. Una distanza di un metro è sempre di un metro, mai un millimetro più corta o più lunga; un secondo è sempre un secondo, non trascorre più lentamente o più rapidamente. È vero, non esiste per l'essere umano la possibilità di dire, per esempio, che una palla si muove a una certa velocità *in senso assoluto*. Tutto quel che si può dire è che ha percorso una certa distanza in un certo intervallo di tempo *relativamente* a un sistema di riferimento nello spazio specifico, come la superficie terrestre. Il «vero» moto della palla non è noto poiché, mentre la palla si muove a un piede al secondo,[2] altri movimenti avvengono su una scala più grande: la Terra ruota e orbita attorno al Sole, il Sole e i suoi pianeti si muovono nella galassia, la galassia ruota, e così via.

Qual è, quindi, il «vero» movimento della palla? Si può dire che il suo vero movimento sia la somma di tutti i movimenti descritti in precedenza. Tuttavia, come si può determinare il «vero» movimento? Qual è il sistema di riferimento primario rispetto al quale deve essere considerato il moto della palla? Nel Settecento Newton pensò che questo sistema di riferimento fosse qualcosa che chiamava spazio assoluto e che sembrava avesse identificato con Dio. Più tardi la nozione di spazio fu incorpata nell'etere, che si pensava riempisse l'intero universo, ma che, come dimostrarono poi Michelson e Morley, non esisteva affatto. L'assenza di etere non costituì, tuttavia, una sorpresa per Einstein; la sua teoria della relatività speciale del 1905 non lo richiedeva. Secondo Einstein, indipendentemente dal sistema di riferimento, tutti gli osservatori percepivano la luce che si propagava esattamente alla stessa velocità, 299.793 chilometri al secondo, né più velocemente, né più lentamente. Ciò costituisce il fondamento della relatività speciale, in base alla quale non esistono spazio o tempo assoluto, né un sistema di riferimento primario rispetto al quale possono essere giudicati i cambiamenti di velocità.

Comunque non tutto è perduto, scrisse Peebles nel suo *Physical Cosmology*. La radiazione di fondo cosmico possiede alcune delle caratteristiche che i vittoriani hanno erroneamente attribuito all'etere. La radiazione di fondo cosmico è diffusa in tutto lo spazio, aggiunse, e, quindi, può essere utilizzata come surrogato del mitico spazio assoluto immaginato da Newton e rifiutato da Einstein ma *senza* violare la relatività speciale. La radiazione di fondo cosmico sarebbe un sistema di riferimento universale rispetto al quale può essere studiato il moto assoluto. Questo sarebbe stato, quindi, il mio punto di partenza per l'esplorazione dell'universo.

La radiazione di fondo cosmico è potenzialmente omogenea in tutte le direzioni. Data tale omogeneità, questo sistema di riferimento per lo studio del moto dell'universo può apparire poco promettente, poiché non possiede punti di riferimento identificabili: è come essere immersi in una fitta nebbia. Tuttavia, grazie all'effetto Doppler, è possibile studiare il moto attraverso di essa. Se la Terra è priva di movimento rispetto al resto dell'universo, allora la radiazione di fondo cosmico è uniforme in tutte le direzioni e presenta esattamente la stessa temperatura in tutte le direzioni. In altre parole, la radiazione si definirebbe isotropica. Se la Terra è invece in movimento, nel cielo, dato l'effetto Doppler, si rileva una piccola variazione di temperatura. Nella direzione in cui si muove la Terra il fondo cosmico appare più caldo; nella direzione opposta appare più freddo. (È come essere alla guida di un'auto mentre cade una pioggia verticale. Il vetro anteriore riceve più pioggia e più violenta di quello posteriore.) L'effetto Doppler produce un'anisotropia di dipolo (due poli: uno caldo e uno freddo).

Le quantità di caldo e freddo sono proporzionali alla velocità del movimento rispetto alla velocità della luce e alla direzione di allineamento del dipolo rispetto alla direzione del movimento. Se Mach aveva ragione – e gli esperimenti di laboratorio sembrano confermarlo – allora, poiché la galassia ruota, il Sole e la Terra devono muoversi a una velocità di 250 chilometri al secondo. Sciama e Peebles fecero notare che questo significava una anisotropia di dipolo dello 0,08%: quasi una parte su mille.

Mi resi conto che le sfide tecniche e logistiche al progetto di spostamento dell'etere sarebbero state enormi e l'appoggio di Luie sarebbe stato essenziale per il suo successo. Dieci anni dopo aver vinto il Premio Nobel, il suo peso negli ambienti politici e scientifici era notevole. Egli era giustamente scettico circa la nostra avventura e giunse a dire a Rich Muller con una certa veemenza che non avremmo mai visto un dipolo. Rich ritenne che Luie stava reagendo esageratamente all'esperimento di Michelson-Morley del 1887. Il loro insuccesso nel tentativo di scoprire l'etere era stato così drammatico da dissuadere, da allora, qualsiasi fisico dal cercare un sistema di riferimento universale; Luie condivideva tale atteggiamento. Ciononostante, con una certa fatica, riuscimmo a convincere Luie a sostenere l'esperimento. Prima di cominciare a cercare finanziamenti gli cambiammo nome, chiamandolo «il *nuovo* esperimento di spostamento dell'etere».[3] Bob Birge, allora capo della Physics Division del LBL, mise a disposizione uno stanziamento iniziale per dare avvio al progetto.

Lo scetticismo di Luie era in un certo senso comprensibile: sarebbe stato molto difficile rivelare il dipolo. Il nuovo segnale di spostamento dell'etere sarebbe stato estremamente debole, probabilmente variando di una parte su mille di tre gradi Kelvin (tre millesimi di un grado), che, in quel momento, era il limite di sensibilità dei nostri strumenti. Avremmo dovuto distinguere la debole differenza di temperatura senza confonderla con una miriade di «rumori», come quello degli oggetti celesti: stelle, polvere interstellare e galassie. Dal Big Bang molte cose sono successe in termini di evoluzione cosmica e tutto produce rumore. Inoltre, vi sarebbe radiazione termica proveniente dalla Terra e dalla strumentazione. Non solo, ma l'atmosfera terrestre è una sorgente di rumore a microonde, poiché la radiazione a microonde viene emessa dagli atomi d'ossigeno e dal vapore acqueo. Lo strumento avrebbe dunque dovuto essere posto a un'altitudine elevata – molto in alto nell'atmosfera – dove avrebbe potuto misurare non solo la radiazione di fondo cosmico ma anche la galassia e l'atmosfera. Una volta individuata l'intensità di queste sorgenti di rumore durante le misure di anisotropia, avremmo potuto sottrarla dalla misura totale della radiazione. Il residuo avrebbe potuto rappresentare il segnale di radiazione di fondo cosmico. In breve, «ascoltare» l'anisotropia cosmica sarebbe stato come ascoltare un sussurro durante una rumorosa festa sulla spiaggia mentre le radio suonano a tutto volume, le onde si infrangono sulla battigia, le persone urlano, i cani abbaiano e le jeep rombano sulle dune.

Ci trovavamo di fronte ad almeno due grandi problemi. Primo, come potevamo realizzare uno strumento che fosse sufficientemente sensibile da rivelare l'anisotropia, ma allo stesso tempo produrre una misura non sommersa dalla radiazione proveniente dal cielo, dall'atmosfera e dallo strumento stesso? Secondo, su che tipo di «piattaforma» lo strumento avrebbe effettuato le osservazioni? Una montagna? Un pallone? O qualche cos'altro? Sapevamo che anche Brian Corey e David Wilkinson dell'Università di Princeton stavano pianificando la ricerca del dipolo, quasi sicuramente utilizzando il metodo del lancio di palloni. Anche Dirk Muehlner e Rainer Weiss del MIT stavano programmando un esperimento su pallone. Adrian Webster di Cambridge stava studiando la fattibilità di osservazioni dalla vetta di una montagna, come pure Paul Boynton dell'Università di Washington. Ci chiedemmo chi sarebbe stato il primo a scoprire l'anisotropia, ma i problemi tecnici erano tali da non poterci permettere di commettere un errore agendo frettolosamente inseguiti dallo spettro della competizione. In ogni caso, tendo a essere un perfezionista – qualcuno direbbe un ossessivo – ma ho sempre pensato che dovevo fare quanto di meglio era possibile.

Mentre rimuginavamo su quale tipo di piattaforma utilizzare e senza perdere di vista ciò che facevano gli altri, cominciammo a organizzare un gruppo più consistente per il progetto sul dipolo. Un importante acquisto fu Marc Gorenstein. Avevo conosciuto Marc durante il mio dottorato al MIT. Era cresciuto a Boston e aveva sempre avuto una spiccata predisposizione per la scienza, con un pizzico di romanticismo: uno di quei fanciulli che all'età di dieci anni era rimasto «sbalordito» nel rendersi conto che le persone erano composte da atomi. Oltre a Marc, Rich e il sottoscritto, il nuovo gruppo che studiava lo spostamento dell'etere comprendeva Jon Aymon che si occupava dei programmi al calcolatore. Jon elaborò i programmi necessari per trasferire i dati dalle cassette magnetiche al nostro calcolatore «masticanumeri». Insieme scrivemmo gran parte dei programmi per l'elaborazione dei dati e per l'analisi iniziale. Un altro alleato di inestimabile valore fu il nostro simpatico tecnico Hal Dougherty, veterano di molti progetti del Lawrence Berkeley Laboratory. Costruì quasi tutte le parti meccaniche e un modello dell'apparecchiatura utilizzato per verificare il progetto meccanico del rivelatore e il sistema di rotazione. Poi c'era John Gibson che si occupava dei sistemi elettronici e di altri dispositivi come i sensori di temperatura. Fu compito di Robbie Smits, invece, di disegnare e costruire il sistema di rotazione dell'esperimento molto rapido e molto stabile.

Un altro elemento importante del nostro gruppo era Tony Tyson che, con un permesso di sei mesi dal Bells Labs, era venuto a collaborare temporaneamente al Lawrence Berkeley Laboratory. Durante la sua permanenza fu anche mio compagno di stanza. Era un esperto di strumentazione di elevata sensibilità, grazie alla sua esperienza con i rivelatori di onde gravitazionali. Sapeva come evitare che le nostre misure potessero essere danneggiate dalle vibrazioni della piattaforma osservativa su cui era montato l'esperimento; la nostra esperienza con i palloni, che sono relativamente immuni da rumore, non ci aveva preparato ad affrontare quest'ultimo problema.

Per quasi dieci anni, gli astronomi hanno studiato la radiazione di fondo cosmico con una varietà di strumenti, come i ricevitori radio e i bolòmetri, sensibili alla radiazione di microonde, estremamente debole, proveniente dal cielo. Decidemmo di utilizzare un tipo di ricevitore radio noto come radiometro differenziale a microonde, o DMR,[4] il cui antenato era stato inventato a Princeton negli anni Quaranta da Robert Dicke (responsabile del gruppo di scienziati che indirizzarono Penzias e Wilson verso il vero significato della loro scoperta della radiazione di fondo cosmico nel 1964).

Il DMR non misurava la temperatura assoluta in una determinata direzione nel cielo; piuttosto, misurava la differenza di temperatura fra due punti nel cielo. Da qui il termine «differenziale». Mentre un radiometro a una sola antenna direbbe in effetti che «la temperatura nel punto A è di 2,725 gradi Kelvin», un radiometro differenziale con una coppia di antenne indicherebbe che «la differenza di temperatura fra il punto A e il punto B è di 0,002 gradi». Poiché a quel tempo i migliori ricevitori avevano un rumore intrinseco di 400 gradi, un radiometro *assoluto* avrebbe dovuto essere stabile per una parte su centomila. Se avessimo potuto equalizzare bene le due antenne, allora il DMR non avrebbe dovuto fare meglio di una parte su mille. Così progettammo un DMR simmetrico, appoggiato su un supporto rotante che poteva ruotare rapidamente e ripetutamente di 180 gradi in avanti e indietro. In tal modo, la misura fatta da ognuna delle due antenne veniva scambiata e il segnale dal cielo cambiava di segno, mentre ogni falso segnale dovuto ad asimmetrie del DMR sarebbe rimasto costante. Grazie a questo doppia verifica su ogni misura, la sensibilità complessiva dello strumento cresceva enormemente insieme con la sua affidabilità.

Sapevamo che la costruzione di un tale strumento sarebbe stata un'impresa tecnicamente molto difficile. Il grado di difficoltà sarebbe anche dipeso dal posto in cui l'avremmo messo in funzione. Il nostro obbiettivo era quello di allontanarci il più possibile dalla superficie terrestre, il più lontano possibile dai radar militari, dall'ossigeno atmosferico, dal vapore acqueo e da altre fonti di interferenze a microonde. Circa a quell'epoca incominciai a vagheggiare l'idea di mettere i nostri strumenti su satelliti in orbita attorno alla Terra e facevo già piani per esplorare tali possibilità con la NASA. Una simile prospettiva era tuttavia molto lontana e, nel frattempo, mi sarei dovuto accontentare di soluzioni meno ambiziose.

Una possibile piattaforma era in vetta al White Mountain, nella California orientale, dove era stato proposto di ubicare l'osservatorio dell'Università della California. Si trattava di un luogo freddo e secco, a oltre 4200 metri di altezza, dove gli scienziati respiravano affannosamente e spesso si sentivano male: ideale per una vacanza, da un punto di vista paesaggistico, ma assai faticoso per lavorarci. Il vantaggio di un luogo simile era dato dal fatto che potevamo costruire il radiometro differenziale a microonde proprio come volevamo; l'osservatorio poteva ospitare qualsiasi cosa di dimensione e forma ragionevoli. In più, gli interventi di riparazione sarebbero stati relativamente semplici. Inoltre, considerammo l'opportunità di lanciare lo strumento su un pallone, che ci avrebbe permesso di raggiungere un'altezza anche maggiore, sino a 40.000 metri. Questa idea non mi entusiasmava molto, date le mie recenti esperienze: non avrei mai più voluto lanciare palloni.

Poi, nell'autunno del 1973, mi trovai ad ascoltare casualmente una lezione di Charles Townes, Premio Nobel di Berkeley, famoso per aver inventato i raggi laser. Townes aveva svolto un ruolo molto importante nello sviluppo del Kuiper Airborne Observatory (che aveva preso il nome dal noto astronomo Gerard Kuiper), un aereo da trasporto militare C-141, poi convertito in osservatorio volante. Pensai fra me: perché non posizioniamo il DMR su un aeroplano? Avremmo raggiunto un'altezza equiparabile a quella di un pallone, o superiore, e ci avrebbe consentito un controllo più diretto dello strumento. Rich era inizialmente molto scettico, ma Luie era decisamente incuriosito dall'idea. Gli piacevano gli aerei e sapeva molte cose in proposito. Nel 1946 aveva vinto il trofeo Collier per aver ideato l'atterraggio strumentale durante la seconda guerra mondiale, salvando così la vita di molti piloti alleati. Luie aveva conosciuto Hans Mark, allora direttore della NASA-Ames, e questo era un perfetto biglietto da visita per evitare le lungaggini burocratiche necessarie all'approvazione di una proposta. Luie scrisse immediatamente una lettera ad Hans spiegandogli le nostre necessità.

Visitai la struttura della NASA-Ames, ubicata a Mountain View, a circa 48 chilometri a sud di San Francisco, per vedere il Kuiper Airborne Observatory e mi trovai immediatamente di fronte a due problemi. Il primo era che il C-141 possedeva solo una finestra per le osservazioni astronomiche, mentre il DMR avrebbe avuto due antenne a tromba puntate in direzioni diverse e non avrebbe potuto funzionare in tale situazione. Inoltre, contro le nostre aspettative, l'apparecchio non si sarebbe levato sufficientemente in alto da eliminare il rumore atmosferico in maniera soddisfacente. Tutto lasciava intendere che saremmo dovuti comunque ricorrere ai palloni. A quel punto, Luie e io pensammo a un'altra alternativa: l'aereo spia U-2.

Costruito verso la metà degli anni Cinquanta, nei primi anni della guerra fredda e prima dell'avvento dei satelliti spia, l'apparecchio di ricognizione U-2 – o Signora in nero,[5] come lo chiamavano familiarmente i suoi coraggiosi piloti – era il migliore strumento che l'America possedeva per controllare i movimenti delle forze sovietiche e lo sviluppo dei loro armamenti. Gli U-2 erano sostanzialmente degli alianti dotati di motori molto potenti. Essendo estremamente leggeri, potevano volare in alto nella stratosfera, ventunmila metri e oltre, e violare segretamente lo spazio aereo sovietico per scattare fotografie di quanto avveniva al di sotto. Volavano talmente in alto che i piloti erano costretti a indossare «abiti spaziali», predecessori di quelli che avrebbero indossato gli astronauti diversi anni dopo. Inizialmente i russi non protestarono pubblicamente, ma lo fecero privatamente attraverso i canali diplomatici e avrebbero abbattuto volentieri qualsiasi intruso nel cielo. I loro missili antiaereo erano lenti e approssimativi nel centrare l'obbiettivo, ma stavano diventando sempre più veloci e precisi. Per rendere più difficile il rilevamento di un U-2, i suoi ideatori dipinsero di blu scuro la sua parte inferiore in modo che si potesse confondere con la parte superiore dell'atmosfera. Cionononostante molti aerei furono abbattuti. Ricordo, quando ero bambino, lo stupore che suscitò a livello mondiale la notizia dell'abbattimento dell'aereo di Gary Powers. La vicenda divenne un grave incidente diplomatico e, da allora, l'U-2 non fu più un segreto.

L'U-2 rappresentava una piattaforma ideale per il nostro strumento. L'apparecchio volava molto alto ed era molto stabile, proprio ciò che stavamo cercando. Ci recammo all'Ames per trattare tale possibilità. Luie non fece pressioni su Hans Mark affinché ci offrisse l'aereo spia. Hans Mark era un uomo di statura imponente, con un taglio di capelli a spazzola e un accento tedesco che lo facevano assomigliare molto a un generale. Attendevamo con ansia di udire le parole che avevamo in mente: «Dovete provare l'U-2, è perfetto».

Eravamo entusiasti. Avremmo lanciato il nostro DMR a bordo di un aereo spia. Ricordo lo strano piacere provato nel trovarmi fra le mani il *Manuale dell'utente dell'U-2.* Il sostegno entusiastico di Hans Mark ci fece sperare che saremmo riusciti a far approvare il nostro esperimento sul moto dell'etere dall'amministrazione della NASA. «Sarebbe certamente di grande interesse per tutti noi lavorare con il vostro gruppo su questo progetto» scrisse in una lettera a Luie datata 8 ottobre 1974. Era il segnale di partenza.

Nonostante le incertezze relative ai costi iniziali, ci trovavamo molto bene a collaborare con il gruppo di tecnici dell'U-2 presso la Lockheed. Avevano costruito l'aereo spia negli anni Cinquanta e lo conoscevano nei minimi particolari. Marc Gorenstein e io ci eravamo recati all'aeroporto di Burbank, sede di «attività non ben identificate» della Lockheed, che era il luogo di nascita di alcune tecnologie militari segrete (per esempio, l'U-2 e il Blackbird SR-71). Gli esperti della Lockheed erano entusiasti di fornirci aiuto. Dissero che la tecnologia di ricognizione fotografica stava diventando piuttosto obsoleta, erano quindi desiderosi di cercare nuove possibilità.

La nostra prima importante sfida consisteva nel mettere insieme il radiometro differenziale a microonde e l'U-2. Non potevamo semplicemente inserire lo strumento nell'aereo spia come si avvita una lampadina in un portalampada. L'U-2 assomigliava a un uccello delicato, un apparecchio veramente minimale. Negli anni Cinquanta, quando Kelly Johnson della Lockheed ideò l'U-2, desiderava farlo volare il più in alto e il più a lungo possibile con il minimo di carburante (un carburante speciale che non sarebbe arrivato a ebollizione alle altitudini elevate), così ridusse il velivolo all'essenziale, eliminando ogni montante, bullone o, comunque, ogni parte non indispensabile.[6] L'U-2 era tenuto insieme prevalentemente dal suo sottile involucro metallico, reso rigido, come un pallone, dalla pressione interna. Per ottenere un oblò per il DMR, non si poteva semplicemente praticare un foro nel tetto dell'U-2 poiché ciò avrebbe indebolito la parte metallica e reso l'apparecchio instabile durante il volo. Si sarebbe anche potuto spaccare; d'altra parte i piloti ci avevano raccontato una miriade di storie orribili su questi apparecchi che potevano in un certo momento volare senza problemi e in quello successivo ridursi in mille pezzi. Pensammo scherzando che vi sarebbe stato un sistema semplice per evitare tutti questi problemi e ottenere comunque i nostri dati astronomici: far volare l'U-2 capovolto. Fortunatamente, Bill Ferguson della Lockheed risolse il nostro problema quando scoprì che l'Aeronautica aveva già progettato un portello di osservazione nella parte superiore degli U-2 per controllare il rientro dei missili balistici intercontinentali di prova, o ICBM.[7] Poche persone ne erano a conoscenza. Dopo svariate preghiere, Bill Ferguson riuscì a ottenere il portello superiore per il nostro esperimento.

Superato questo problema, Hal Dougherty, il nostro capomeccanico, realizzò un modello a grandezza naturale del vano destinato al carico scientifico nell'U-2. In tal modo ci fu più semplice assemblare tutte le parti nel nostro laboratorio. L'abilità di Hal nel visualizzare un congegno e, quindi, nel realizzare un modello, era portentosa, equivalente all'abilità di Einstein nel visualizzare un possibile viaggio su un fascio di luce. In un solo giorno Hal trovò la soluzione a un problema a cui altri avrebbero dedicato settimane o mesi, con grande dispendio di tempo e denaro. I nostri fondi non erano abbondanti, per cui eravamo lieti che la fantasia di Hal ci permettesse di non finire in rosso.

Poiché il pilota sarebbe stato impegnato a far volare l'apparecchio e non vi era spazio a bordo per un passeggero, il DMR avrebbe dovuto essere totalmente automatizzato. Dovevamo anche accertarci che il DMR non avrebbe creato pericoli per l'U-2 e il suo pilota. Il DMR non avrebbe dovuto emettere segnali che interferissero con la radio del pilota; inoltre, non poteva essere troppo pesante, per non danneggiare le prestazioni di volo. In particolare, il peso del DMR doveva essere equamente distribuito su entrambi i lati del velivolo; un lieve squilibrio avrebbe potuto farlo inclinare da una parte. Tutto ciò era pericoloso per un apparecchio così delicato. Avrebbe potuto anche influire negativamente sulle misure del DMR, facendo inclinare la parte con il sovrappeso all'interno dell'atmosfera e aumentando, di conseguenza, l'interferenza da quella parte.

Uno dei nostri obbiettivi principali era assicurare che il DMR non fosse influenzato dai rumori elettromagnetici o termici della Terra, dell'atmosfera, del cielo e dell'U-2 stesso. Per via della diffrazione, radiazioni occasionali possono giungere alla bocca dell'antenna a tromba e di lì giù al ricevitore. Lo strumento può registrare erroneamente tali radiazioni come variazioni della radiazione di fondo cosmico. Anche una lieve interferenza poteva generare un problema: il DMR era così sensibile, che al semplice movimento di una mano di fronte a esso, l'ago si sarebbe mosso a scatti in modo incontrollato. (La temperatura di una mano è di circa 300 gradi Kelvin.) «Quando lo accendemmo per la prima volta, avvertì tutto ciò che era nella stanza!» ricorda Marc. Rich ebbe alcuni problemi nel disegnare schermi da montare sull'U-2 per proteggere la strumentazione dalla radiazione proveniente dalla Terra, che ha una temperatura di circa

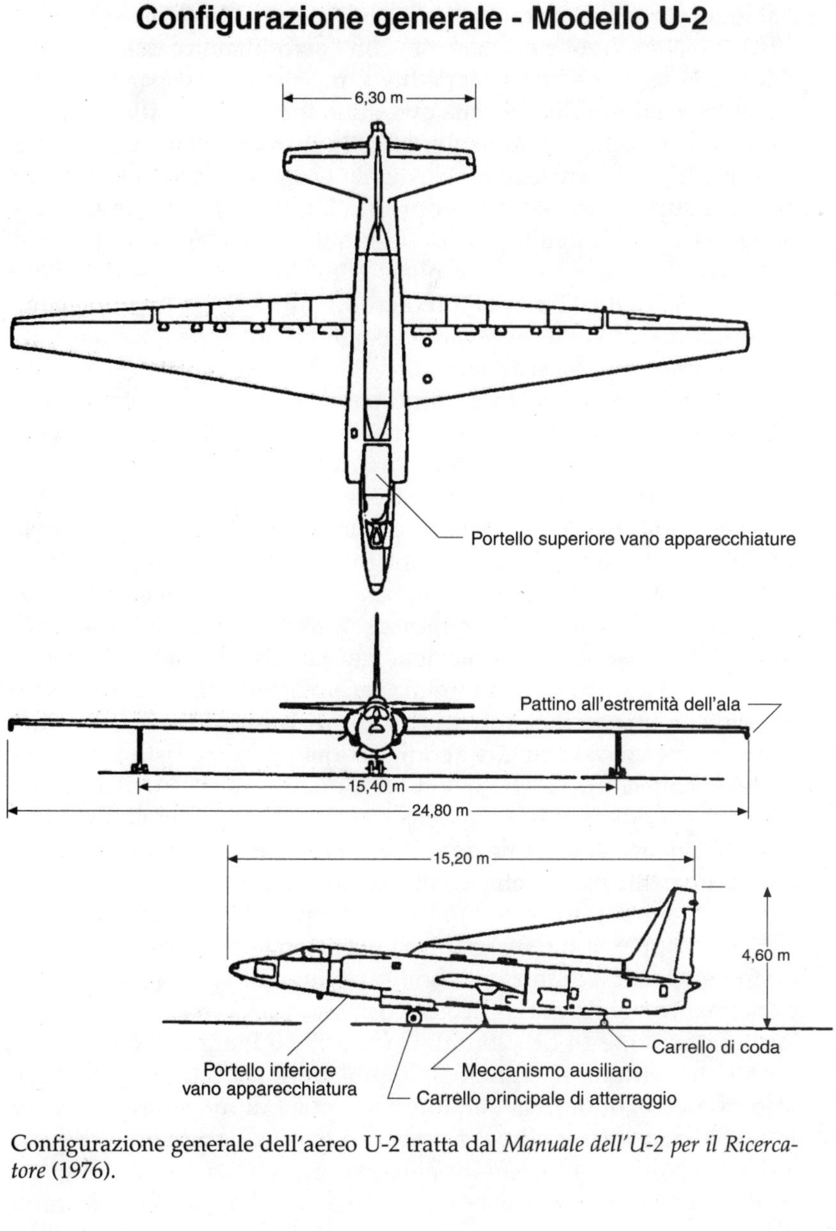

Configurazione generale dell'aereo U-2 tratta dal *Manuale dell'U-2 per il Ricercatore* (1976).

290 gradi Kelvin. E comunque gli schermi non erano una soluzione ideale poiché avrebbero interferito con l'aerodinamica dell'apparecchio. Luie scrisse a Hans Mark che il problema «era parso inizialmente come il più difficile che avremmo incontrato». Alla fine, con l'aiuto della Lockheed, lo risolvemmo in maniera meno appariscente. I tecnici dell'industria aerospaziale disegnarono una copertura con una superficie piatta e un profilo basso da installare sopra il portello superiore dell'U-2 da dove spuntavano le antenne. Le parti terminali delle antenne erano quasi a livello con le superfici piatte del portello dell'U-2, ma la loro aerodinamica liscia le proteggeva dalle raffiche di vento. Avevamo bisogno di antenne quasi perfette per fare funzionare il sistema.

Non ero un esperto in materia e quindi dedicai molto tempo all'apprendimento della tecnologia e della teoria delle antenne. Visitai la TRG Corporation a Boston (ora di proprietà della Alpha Corporation) per incontrare i tecnici che si occupavano del settore delle antenne e insieme con loro elaborare le specifiche e i disegni per le nostre antenne. Scegliemmo un magnifico paio di antenne a 33 gigahertz (GHz),[8] poiché a tale frequenza l'emissione atmosferica a microonde era minima, facilitandoci così l'osservazione della radiazione di fondo cosmico. La direzionalità delle trombe (la loro capacità di vedere di fronte con una minima sensibilità ai lati, come un essere umano con una visione estrema a tunnel) venne ottimizzata utilizzando una tecnica chiamata apodizzazione. Essa consiste nel tagliare delle scanalature (corrugazioni) nella parete interna dell'antenna; esse sono parallele alla bocca della tromba. Queste scanalature bloccano gran parte della radiazione fuori dall'asse quando questa cerca di entrare dentro la tromba e scendere lungo la parete.

Seguitammo a preoccuparci della stabilità e simmetria dell'U-2. Sebbene l'apparecchio fosse abbastanza stabile da ottenere splendide fotografie di ricognizione, non sapevamo se sarebbe stato sufficientemente stabile per la ricerca cosmologica. Avrebbe dovuto volare esattamente in orizzontale; la più lieve inclinazione avrebbe ampliato o ridotto il segnale dell'atmosfera terrestre su una delle due trombe e, quindi, generato una regione di maggiore o minore interferenza a microonde. Per ovviare a questo, decidemmo che i piloti avrebbero dovuto seguire percorsi somiglianti a piste lunghe e sottili. L'apparecchio sarebbe decollato e avrebbe volato in una certa direzione lungo un percorso lineare, per poi deviare bruscamente con un angolo di 180 gradi e tornare indietro nella direzione esattamente opposta, lungo un percorso esattamente parallelo a quello di andata. In tal modo qualsiasi segnale falso provocato da un'inclinazione dell'apparecchio o da asimmetrie si sarebbe cancellato.

Nonostante questa precauzione, eravamo ossessionati dalla possibilità di interferenze atmosferiche, per cui adottammo un ulteriore accorgimento: un radiometro aggiuntivo, il DMR a 54 GHz. L'emissione atmosferica a microonde è circa quattrocento volte superiore a 54 GHz rispetto a 33 GHz e così il nuovo radiometro avrebbe rivelato la pur minima fluttuazione del segnale atmosferico e, quindi, la minima inclinazione dell'U-2. Dopo il volo, potevamo paragonare il segnale a 54 GHz con quello a 33 GHz per distinguere segnali provocati dall'anisotropia cosmica e quelli causati dall'atmosfera. (Scoprimmo che il DMR a 54 GHz funzionava meravigliosamente: misurava l'inclinazione dell'apparecchio con una precisione migliore di un sesto di grado.)

Dovemmo fare anche del lavoro straordinario per tentare di eliminare dalle trombe possibili sorgenti occasionali di calore. Ma non potemmo eliminarle tutte, per cui ricorremmo a una soluzione secondaria, simile alla tecnica dei percorsi delle piste da competizione. Era una soluzione del tipo «se non potete batterli, unitevi a loro», eccetto che nel nostro caso suonava più o meno così: « Se non potete battere tutte le fonti di calore, accertatevi che entrambe le trombe siano esposte al calore in egual misura». Questo significava che le trombe dovevano essere quanto più possibile simili da un punto di vista tecnologico, così che nessuna delle due sarebbe stata «illusa» più o meno dell'altra da falsi segnali. (Un'illusione uguale era accettabile; un'illusione diseguale non lo era.)

Lo sviluppo dei radiometri comportò un'enorme mole di lavoro e tutti noi lavorammo per settimane e mesi sino a notte fonda, a discapito della nostra vita privata. I lenti progressi poi a volte ci deprimevano. Marc Gorenstein ricorda di un giorno mentre scendeva con la sua scassata Chevy Malibu del Sessantotto la collina del Lawrence Berkeley Laboratory. Era stato un giorno orribile; il DMR si rifiutava di funzionare correttamente. Ammise di essere «alquanto scoraggiato». E così giunse ai piedi della collina e si diresse verso Oxford Street, dove gli studenti si rilassano sulle aiuole coperte di erba, e notò auto parcheggiate lungo l'intera strada. Pensò: «Guarda quelle auto, potrei avvicinarmi a una qualsiasi, girare la chiave nel cruscotto e *si metterebbe in moto*. Si avvierebbe e mi porterebbe giù lungo la strada. Tuttavia, ognuna di esse è un insieme complicato di meccanica».

Si trattava di un pensiero semplice, eppur estremamente importante: la constatazione che ogni giorno migliaia di persone fanno funzionare migliaia e migliaia di macchine assai complesse. Tale constatazione servì a rinnovare la fiducia di Marc nel DMR.

Il nostro morale era tenuto alto soprattutto dai piloti degli U-2. Erano uomini orgogliosi e capaci e non avremmo potuto mettere il nostro DMR in mani più sicure. «Chi è il migliore pilota di U-2 che abbia mai conosciuto?... Sono io» dichiarò Jim Barnes. Poi, sorridendo: «Naturalmente, ognuno qui pensa di essere il migliore».

Imparammo a conoscere piuttosto bene tutti i piloti. Per esempio, Ivor «Chunky» Webster era un buffo inglese che assomigliava a un vecchio pilota della RAF; lo si poteva immaginare, durante la guerra, intento a schivare proiettili nazisti nei cieli inglesi. Entrò nel progetto U-2 come parte di un programma di scambio con la Royal Air Force. Nonostante la sua esuberanza, Chunky sembrava avere un sesto senso quando pilotava il suo aereo. Un giorno di molti anni prima, stava volando con un U-2 sopra la base aerea di Edwards. Kelly Johnson, l'inventore dell'U-2, seguiva il volo da terra. Chunky comunicò via radio alla base che vi era qualcosa che non andava; aveva avvertito che una delle ali era lievemente inclinata. Gli esperti a terra erano scettici. Qualcuno chiese a Johnson la sua opinione ed egli rispose: «Se Chunky dice che ha un'ala inclinata, deve avere un'ala inclinata». Dopo l'atterraggio di Chunky, i tecnici controllarono l'apparecchio. L'ala era inclinata così lievemente che l'anomalia era appena percettibile, ma Chunky era sensibile sino a tal punto.

I piloti vantavano un codice d'onore assai complesso; una regola era che non avrebbero dovuto in nessun caso lasciare che i pattini delle punte delle ali toccassero terra durante la fase di atterraggio. «Ragazzi, se fate strisciare per terra il pattino della punta dell'ala, verrete scherniti senza pietà» disse Barnes. «O se fate qualcosa di imperdonabile, come fare scoppiare uno di quei piccoli pneumatici da trecento psi, brutta faccenda! Dovrete comprare una cassa di birra per la squadra che deve cambiare il pneumatico.» Inoltre, in trent' anni di volo sugli U-2, fece scoppiare un pneumatico solo una volta.

Barnes ricorda quando negli anni Cinquanta era pilota della USAF e gli fu chiesto se era interessato a un progetto segreto. Inizialmente non gli vennero forniti dettagli. I superiori lo corteggiarono, incontro dopo incontro, dandogli informazioni frammentarie e avvertendolo che si trattava di un progetto top-secret, di segretezza estrema. Lo misero al corrente dei pericoli: «Ci introdurremo in un ambiente ostile di cui la scienza medica non conosce nulla, eccetto il fatto che è ostile. Volerete su un nuovo apparecchio, estremamente delicato. I sistemi di salvataggio a bordo sono completamente nuovi. Un apparecchio simile non è mai stato realizzato in precedenza. Stiamo entrando nel mondo dell'ignoto». Era certo di voler assumere una tale responsabilità? Lo consigliarono: «Vai a letto e dormici sopra». Non era necessario; era completamente disponibile e lo disse. In base a quanto aveva già sentito, «sembrava così entusiasmante che non potevo resistere. Detesto ammetterlo, ma non consideravo i rischi. Non li ho mai considerati.»

La stessa cosa accadde a Bob Ericson. Nel 1956 era pilota dell'aeronautica militare presso la base di Tinker a Oklahoma City. Non era sposato e guadagnava cinquecento dollari al mese. Quell'anno morì Joe McCarthy; Stalin era morto due anni prima. Ma la guerra fredda era ancora in pieno svolgimento; presto i sovietici avrebbero inviato i carri armati in Ungheria e lanciato lo *Sputnik*. Gli Stati Uniti volevano sapere disperatamente ciò che stava succedendo dietro la cortina di ferro, soprattutto nei laboratori supersegreti dove l'Unione Sovietica costruiva le nuove armi. Un giorno Ericson fu chiamato nell'ufficio del comandante. Un ufficiale gli disse che il Pentagono stava sviluppando un «programma speciale» al di fuori del programma regolare dell'aeronautica; sarebbe stato interessato a farne parte? «Sì, certamente» rispose Ericson. Nelle settimane e mesi che seguirono, fu invitato a una serie di incontri informativi segretissimi. A ogni incontro riceveva qualche informazione aggiuntiva sui «programmi speciali». Aveva qualcosa a che fare con la ricognizione... il controllo dei carri armati e delle truppe sovietiche... un nuovo tipo di apparecchio... cose di quel genere. Era come osservare un gioco di pazienza che veniva messo assieme, pezzo per pezzo. A volte il funzionario che organizzava l'incontro chiedeva a Ericson di andare a casa e pensare a ciò che stava facendo. Era ancora certo di voler partecipare? Li assicurò che lo era, nonostante i rischi.

Come a tutti i piloti, anche a Barnes piaceva raccontare storie che mettevano il pubblico in uno stato di incredulità, orrore e ammirazione. Nell'udire tali racconti, eravamo sorpresi che tutti fossero sempre riusciti a tornare dai voli con un U-2. Come essi raccontavano, i motori potevano «incendiarsi» o l'aereo poteva volare troppo velocemente e, all'improvviso, esplodere in mille pezzi.

Barnes ricordava un giorno di alcuni anni prima alla base di addestramento degli U-2 nel deserto del Mojave. Uno dei suoi compagni, un certo Buster, stava pilotando su in cielo un U-2. Buster comunicò via radio agli ufficiali di terra che c'era qualcosa che non andava in una delle ali. «Rallenterò la velocità per capire cosa c'è che non va con l'ala » disse loro. Barnes racconta che a quel punto Buster si alzò fino a «circa seimila metri. Avevamo lo sguardo fisso sull'apparecchio e dissi all'uomo che mi era vicino: "Huber, sta per spegnere i motori"». Stavamo osservando quando, d'improvviso, mentre Buster si trovava a seimila metri, l'ala sinistra del suo aereo si piegò e si staccò. All'istante! Iniziò una grande rotazione, compì circa un giro e tre quarti e precipitò con un suono simile a *zooooooommmmm-smack!* Tutto ciò avvenne proprio davanti ai miei occhi. Incredibile. Non era il primo che vedevo morire».

Ericson ricordava la fine del 1962, quando il mondo si trovò a un passo dalla guerra nucleare. Le sue foto scattate dall'U-2 furono le prime a rivelare la presenza di missili sovietici segreti a Cuba. Questo avvenne prima che il presidente Kennedy rendesse pubblica la notizia. «L'unica cosa che ricavai da queste foto fu che mi lasciarono a terra per tre o quattro mesi. I miei capi pensarono, perdiana, Ericson sa troppe cose, non possiamo permettere che venga abbattuto.» Le sue riprese mostravano anche delle linee bianche, sottili che si inarcavano verso l'alto. Gli analisti delle fotografie dissero che si trattava di missili cubani che dalle rampe di lancio andavano in direzione dell'U-2 di Ericson. I cubani avevano lanciato missili contro di lui ed egli non se ne era neppure accorto.

Barnes respinse, definendola «da vecchie signore», la diceria secondo la quale i piloti degli U-2 portavano sempre con sé pillole di cianuro da inghiottire in caso venissero abbattuti. Bensì portavano qualcos'altro. Estrasse lentamente ed enfaticamente una moneta dalla tasca, si trattava di un dollaro d'argento sul lato del quale appariva un piccolo foro del diametro di una mina di matita. Il foro attraversava la moneta e terminava a circa un millimetro e mezzo dal lato opposto. «Svitate questo ed estraete un piccolo involucro che ricopre un ago molto sottile sul quale si trova una delle sostanze più letali che l'uomo conosca. Un curaro superconcentrato.» Le tribù primitive usavano il curaro per le frecce mortali; il dollaro d'argento conteneva curaro duemila volte più potente. Con esso, disse Barnes, un pilota di un U-2 abbattuto poteva uccidere una pecora o altri animali per il cibo. O poteva uccidere un soldato nemico. O, se non vi era scampo, «poteva utilizzarlo per qualcos'altro».

Finalmente eravamo pronti per una verifica su larga scala del nostro strumento, il radiometro differenziale a microonde nuovo di zecca. Una notte, due settimane prima del primo volo, Marc Gorenstein e io caricammo il DMR nel retro del nostro autocarro a pianale basso, l'*Old Yellow*. Coprimmo lo strumento con un telo cerato e lo assicurammo con delle catene. Quindi, nell'oscurità, giungemmo a un parcheggio isolato del Lawrence Berkeley Laboratory. Lì, scoprimmo il nostro DMR e puntammo le sue trombe verso il cielo notturno. La nostra strumentazione indicava che il DMR stava funzionando. Una chiazza invisibile di vapore acqueo si spostò sopra di noi: il radiometro segnalò un aumento di temperatura. Bene, questo significava che lo strumento stava funzionando, poiché il vapore acqueo era una fonte di radiazione occasionale. Il passaggio di tali nubi ci aveva rammentato perché era così importante portare il DMR nella stratosfera, ben al di sopra di essa.

Scaricammmo anche una coppia di grandi specchi ben levigati e lucenti, costruiti appositamente per noi da Hal Dougherty. Li posizionammo ad angolo in modo da riflettere le radiazioni provenienti direttamente dall'alto verso ogni antenna a tromba (che erano montate con un angolo di sessanta gradi tra loro). Se entrambe le antenne avessero puntato la stessa area di cielo attraverso specchi identici, le trombe avrebbero dovuto rilevare una differenza di temperatura uguale a zero, a patto che funzionassero correttamente. Di fatto, le trombe indicarono una differenza di temperatura prossima allo zero, il che non era sufficiente per le nostre necessità. Così riportammo il DMR in laboratorio e regolammo i due lati del radiometro al fine di renderli più simmetrici. La notte successiva riportammo fuori il DMR per un'altra verifica. Dopo due tentativi funzionava perfettamente; entrambe le antenne percepivano la stessa quantità di radiazione.

Alcuni giorni dopo caricammo il DMR sull'autocarro e lo trasportammo ad Ames, a cinquanta miglia da Berkeley. Là, verificammo la nostra creazione a bordo dell'U-2, mentre l'apparecchio era ancora dentro l'hangar. A turno Marc e io facevamo i «piloti»; seduti nella ristretta cabina di guida azionavamo il DMR attraverso vari pulsanti. Nel frattempo, quello che era fuori posizionava bersagli emettitori di microonde (sorgenti di livelli diversi di energia irradiata) di fronte alle trombe per verificare la loro sensibilità. Una volta che tutto fu collaudato, lasciammo che il vero pilota facesse rullare l'U-2 lungo la pista con lo strumento a bordo. Come parte del collaudo, accese la sua radio e le altre apparecchiature del velivolo, in modo che potessimo verificare se interferivano con il DMR. Non si verificarono problemi. Eravamo pronti a volare.

Il nostro primo lancio era programmato per il 7 luglio 1976, tre giorni dopo il bicentenario[9] e due settimane prima che la prima sonda Viking senza equipaggio atterrasse su Marte.

Era pomeriggio tardi, il sole stava scomparendo dietro le montagne della costa verso ovest e il cielo azzurro era diventato scuro. Il pilota di U-2, Ron Williams, indossò la sua tuta spaziale, il casco e si diresse verso l'aereo, come un astronauta in partenza per la Luna. Di fatto, la sua missione (per via del DMR) andava ben oltre la Luna, oltre la nostra galassia, nel profondo del cosmo. Entrò nella cabina, chiuse il portello trasparente ed eseguì i normali controlli. Forse recitò una preghiera in silenzio; non ci è dato di saperlo. Fece andare il motore su di giri e scivolò lungo la pista, con le ali abbassate per il carico di carburante, sostenute da ruote distaccabili.

Quindi accelerò e decollò. Le ruote aggiuntive si staccarono. L'aereo parve decollare quasi in verticale, come un missile. Rimanemmo senza fiato a tale vista: un attimo prima l'U-2 era a livello del suolo e l'attimo dopo vedevamo il suo ugello di scarico, una fiammata bianca contro il colore blu indaco del cielo. Al momento di sorvolare il Dumbarton Bridge si trovava a oltre novemila metri di quota.

Una volta entrato nella stratosfera, il pilota azionò il DMR. Esso cominciò a ruotare avanti e indietro. Poteva affermare con sicurezza che il radiometro stava funzionando in quanto sul pannello della strumentazione era stata inserita una piccola luce che si accendeva e si spegneva ogni volta che ruotava. Le trombe cambiavano posizione ogni trentadue secondi, confrontando automaticamente e ripetutamente le temperature di zone distanti del cosmo.

Due anni di intenso lavoro di squadra sarebbero stati messi presto alla prova. Nessuno strumento simile aveva mai volato in precedenza nella stratosfera. Speravamo di poter essere ripagati per il duro lavoro e che tutto avrebbe funzionato. Da terra, cominciai ad analizzare i risultati man mano che arrivavano. Non ero certo di ciò che avremmo trovato, ma qualsiasi cosa i dati avessero indicato sarebbe stata certamente interessante.

VII

Un universo differente

Dopo un paio di mesi da quel primo volo con l'U-2 nel luglio del 1976, era chiaro che il nostro esperimento avrebbe funzionato. Cominciammo a ricevere i dati dal radiometro differenziale a microonde. Avevamo collaudato rigorosamente il sistema durante vari voli tecnici e avevamo dato inizio a ciò che chiamavamo i «voli scientifici». L'aereo U-2 si era dimostrato straordinariamente stabile, con una stabilità media orizzontale di circa un sesto di grado, proprio ciò di cui avevamo bisogno per minimizzare i segnali falsi. Le numerose difficoltà iniziali incontrate con il DMR si erano risolte rapidamente. Quindi iniziarono i voli «scientifici» con il loro impegnativo obbiettivo: misurare le minuscole differenze della radiazione di fondo cosmico nelle diverse parti del cielo. Mentre i voli erano in corso, riuscimmo ad aumentare la sensibilità del DMR e a sviluppare programmi computerizzati per analizzare i dati. Avremmo usato la radiazione di fondo cosmico – quel tenue bagliore residuo dell'immensa energia della creazione – per esplorare la dinamica dell'universo.

A quel tempo – era la fine degli anni Settanta – la teoria «classica» del Big Bang considerava l'origine e l'evoluzione dell'universo come un qualcosa di relativamente ordinato. In seguito all'evento primordiale avvenuto 15 miliardi di anni prima, la gravità aveva fatto sì che le galassie si condensassero lentamente attorno a piccole regioni di densità superiore alla media (semi cosmici) in un ambiente altrimenti uniforme. Si credeva che lo spazio fosse scarsamente popolato da questa ragnatela di galassie che evolvevano nel tempo, relativamente libere da perturbazioni da parte di altri corpi celesti. Ogni parte dello spazio era più o meno simile alle altre: tutto era relativamente omogeneo. Sapevamo che i semi gravitazionali di queste strutture dovevano essere stati piantati all'inizio della storia dell'universo, per svilupparsi poi lentamente. La presunta uniformità della formazione e distribuzione delle galassie non portò tuttavia a richiedere uno studio immediato sulla natura di questi semi (stiamo trattando del periodo precedente alla scoperta dei giganteschi superammassi di galassie). D'altra parte ero più interessato a pormi alcune delle domande fondamentali sulla dinamica dell'universo: ruota? si espande uniformemente in tutte le direzioni?

Non avremmo dovuto attendere le risposte a lungo. Dopo aver effettuato una mezza dozzina di voli, era fin troppo chiaro che i dati del DMR non contenevano alcuna indicazione sulla rotazione dell'universo. Poiché sapevamo che tutto ciò che è all'interno dell'universo ruota – pianeti, stelle e galassie – questo risultato ci lasciava alquanto sorpresi. Io stesso ero convinto che l'universo dovesse ruotare. Tutti i sistemi, dal protone sino alle galassie, ruotano, per cui era giustificato pensare che ruotasse anche l'universo. Sapevo che la teoria della relatività generale prevedeva la rotazione nonostante l'inevitabile quesito: rispetto a cosa ruota l'universo? Dai nostri risultati calcolammo che se l'universo ruota, questo avviene a un cento milionesimo di una rotazione completa nell'ultimo miliardo di anni. A quel punto avevamo migliorato di molto l'accuratezza delle prove del principio di Mach di un fattore considerevole. Potevamo migliorare ancora trovando il nuovo moto dell'etere provocato dalla rotazione della nostra galassia. Ma la mancanza di rotazione dell'universo significava che il viaggio nel tempo sarebbe stato difficile.

Scoprimmo anche che l'universo si espandeva con una velocità significativamente uniforme in tutte le direzioni. Non vi era cenno di asimmetria. «Il Big Bang, l'evento più cataclismico che possiamo immaginare, a un attento esame appare assai ben orchestrato» scrissi all'epoca delle nostre osservazioni. «Qualsiasi fossero le condizioni esistenti prima dell'inizio, erano molto regolari o, comunque, i processi che ancora non conosciamo sono serviti a rendere l'universo estremamente uniforme.» Questa conclusione era abbastanza innocua, e non avrebbe irritato nessuno, poiché l'uniformità dell'universo era in armonia con la teoria classica del Big Bang. Fu solo più tardi che, in seguito ad altre scoperte, avrebbe costituito un problema.

Ciò che tuttavia irritò il pubblico, e soprattutto gli astronomi, fu una scoperta completamente inaspettata. C'era la prova che l'universo non era affatto come era stato immaginato. La Via Lattea ruota come tutte le galassie a spirale, un disco gigante di stelle che ruota lentamente con le sue stelle orbitanti attorno al suo centro. Sapevamo che nella radiazione di fondo cosmico doveva essere presente un segnale di tale rotazione e dovevamo vederlo. A causa dell'effetto Doppler causato dal movimento del Sole attorno alla galassia, la radiazione di fondo cosmico sarebbe risultata più calda della media in una parte di cielo (la direzione di avvicinamento del Sole) e un po' più fredda nella parte opposta di cielo (la direzione di regressione). Sapevamo anche che questa differenza di temperatura, nota come anisotropia da dipolo, sarebbe stata minima. Se i nostri dati non avessero rivelato il dipolo, avrebbe significato che qualcosa era sbagliato nel nostro strumento o nella nostra analisi.

All'inizio di dicembre, cinque mesi dopo il nostro primo volo, pensai di essere sul punto di scoprire il segnale di dipolo previsto. Jon Aymon e io lavorammo per lunghe ore, lottando con un recalcitrante lettore di nastri, comandato da un calcolatore, sui dati raccolti dall'U-2 in oltre ventun ore di osservazioni. Ci trovammo a scartare solo sei minuti di dati a causa della contaminazione di interferenze di vari tipi. Era la dimostrazione del buon funzionamento del sistema. A quel punto i dati erano tutti nel grande calcolatore, masticatore di numeri, del Lawrence Berkeley Laboratory che dava risultati complessivi per ogni serie di percorsi lungo le piste. Dopo aver elaborato e controllato i dati di ogni volo, li aggiunsi al gruppo precedente e li feci girare nel mio programma. Nella mappa celeste che stavamo man mano costruendo appariva un accenno di dipolo. «Se è così» dissi a Jon «dovremmo essere in grado di prevedere i dati del volo successivo.» Feci i calcoli, schizzai le prevedibili ubicazioni dei punti sulla mappa e analizzai i dati reali. Corrispondevano quasi perfettamente alle previsioni.

Eravamo entusiasti. Ma volevo capirne il significato, perciò suggerii a Jon di elaborare un programma per verificare i risultati che simulasse i dati senza segnale, cioè solo il rumore dello strumento. Se anche in questo caso avessimo avuto una conferma delle previsioni, avremmo dedotto che i nostri risultati non erano affatto significativi. Non fu così. Si rivelò esattamente ciò che era: rumore. Fummo così più fiduciosi. Avevamo tracciato i nostri dati su una grande sfera celeste, un globo dei cieli, con le costellazioni, le stelle luminose, il profilo della Via Lattea e il sistema delle coordinate celesti. Con dei segni colorati indicai sul globo le variazioni di temperatura. Lavorammo tutta la notte e all'alba riuscimmo a vedere lo schema che cercavamo: l'anisotropia di dipolo che indicava una parte di cielo più calda (spostata verso il blu) e la parte opposta più fredda (spostata verso il rosso).

Il grado di anisotropia era minimo, appena un decimo dell'1% (una parte su mille). Tuttavia, non tutto era come previsto. «Guarda lì» dissi a Jon. «Cosa pensi che significhi?» Sebbene l'anisotropia fosse vicina all'intensità prevista, la sua direzione era quasi opposta. Ovvero, il cielo risultava più caldo nella direzione del Leone e più freddo nella direzione dell'Acquario, il che significava che la Terra si avvicinava alla prima costellazione e si allontanava dalla seconda. Quella *non* è tuttavia la direzione in cui ruota la galassia. «A meno che non abbiamo sbagliato un segno» disse Jon «esiste solo una spiegazione.» Entrambi sapevamo quale doveva essere la risposta: non solo l'intera Galassia ruota, come d'altronde deve essere, ma, sorprendentemente, si muove anche attraverso lo spazio. E si muove anche molto rapidamente: seicento chilometri al secondo, o oltre due milioni di chilometri all'ora.

Il mattino successivo Jon e io eravamo esausti, ma entusiasti per ciò che avevamo scoperto. Non vedevamo l'ora di comunicare la notizia al resto del gruppo. Sapevamo che le implicazioni sarebbero state di grande portata.

Provate a pensare in questi termini. Quando Copernico annunciò che la Terra orbitava intorno al Sole, qualcuno certamente si sedette con carta e penna e disse: «Va bene, facciamo un po' di calcoli. Se Copernico ha ragione e la Terra ha un'orbita quasi circolare attorno al Sole,[1] allora, secondo la formula della circonferenza di un cerchio, l'orbita deve essere...» scribacchiando, scribacchiando «...quasi più di 950 milioni di chilometri di circonferenza. E poiché un anno ha 365 giorni, o circa 8800 ore, o circa 530.000 minuti, o circa 32 milioni di secondi, quindi...» continuando a scribacchiare, «la Terra orbita attorno al Sole a una velocità di circa 19 miglia (30 chilometri) al secondo. Trenta chilometri al secondo! Perché allora non cade tutto? Quel tipo deve essere pazzo!».

Quella era la versione del Settecento di ciò che avevamo scoperto e che fu definito il problema della «velocità peculiare». I contemporanei di Copernico erano stupiti al pensiero che la Terra si muovesse. Analogamente, negli anni Settanta, molti nostri colleghi non credevano che la nostra galassia potesse muoversi attraverso lo spazio a una velocità così elevata rispetto alla radiazione di fondo cosmico. I teorici erano disposti ad accettare un moto galattico di, per esempio, sessanta chilometri al secondo, ma non qualcosa più grande di un ordine di grandezza. I nostri risultati potevano essere corretti solo nel caso in cui fosse esistita una gigantesca massa celeste – invisibile e imprevedibile – che, per via della gravità, trascinava la Via Lattea verso di sé. Secondo la teoria dominante, la materia è distribuita nel cosmo in maniera abbastanza omogenea e non si riteneva esistessero in alcun luogo corpi di simili e altrettanto straordinarie dimensioni. In un articolo per il «Physical Review Letters» scrivemmo: «La grande velocità peculiare della Via Lattea è imprevedibile e rappresenta una sfida per le teorie cosmologiche... L'universo può essere assai più disomogeneo di quanto non abbiamo pensato sino a oggi». Se il risultato fosse stato corretto, avremmo certamente creato scompiglio.

Vi era tuttavia una cosa che mi preoccupava: era possibile che il dipolo fosse solo un effetto legato alle stagioni? Quando la Terra si trova da una parte del Sole, per esempio in primavera, si muove in una certa direzione rispetto alla galassia e quando è dall'altra parte (in autunno), si muove di 180 gradi nella direzione opposta. Quindi, come potevamo essere certi che il dipolo non fosse solo un artefatto del cambiamento stagionale, niente affatto correlato al movimento galattico attraverso il cosmo?[2] Controllammo il potenziale problema delle stagioni chiedendo agli equipaggi degli U-2 di compiere altri voli durante i quali il DMR avrebbe potuto riesaminare le parti del cielo osservate durante i voli precedenti. Questo richiedeva ai piloti un impegno ancora più gravoso, in quanto dovevano rimanere in cielo sino a notte fonda. Al momento di mettere insieme i nuovi dati del DMR con il gruppo di dati originale per correggere gli eventuali effetti stagionali, trattenemmo tutti il fiato. Con nostro grande sollievo vedemmo che non vi erano cambiamenti stagionali, il dipolo era ancora lì.

Poiché avevamo fiducia nella validità dei nostri dati, decidemmo di annunciare i risultati al convegno dell'American Physical Society a Washington D.C. nell'aprile del 1977. I nostri concorrenti, in particolare il gruppo di Princeton di Brian Corey e David Wilkinson, con le osservazioni da pallone erano molto prossimi al dipolo, ma non ero certo quanto prossimi. Per noi era importante documentare ufficialmente il nostro lavoro e l'incontro dell'APS ci offrì l'opportunità che stavamo cercando. Non riuscimmo ad avere un posto regolare nel programma dei relatori in quanto ci convincemmo dei nostri risultati solo dopo la data limite per la presentazione dei sommari dei lavori e degli inviti. Fortunatamente, Jim Peebles, il cui libro aveva ispirato il nostro esperimento con l'U-2, era stato invitato a parlare di cosmologia e mi cedette generosamente alcuni minuti del tempo riservato alla sua relazione. La sua presenza rappresentava qualcosa di romantico, come se completasse il ciclo dell'idea del nuovo esperimento di moto dell'etere.

Prima dell'incontro, avevo provato il mio intervento almeno una dozzina di volte. Era per me un grande giorno; per l'occasione indossavo vestito e cravatta, che non era certo il mio abbigliamento abituale. Anche la mia amica Constantina Economou era presente per incoraggiarmi.

Nella grande sala, di fronte ai miei colleghi, mi sentii giovane e nervoso. Peebles introdusse il mio intervento e mi dette la parola. La mia relazione fu rapida e concisa e spiegai che mentre la Terra e il Sistema solare si muovono verso la costellazione del Leone a circa 350 chilometri al secondo – oltre dieci volte la velocità della Terra mentre ruota attorno al Sole – la nostra galassia, la Via Lattea, viaggia a circa 600 chilometri al secondo. «Questo è proprio un volume enorme considerando che si muove a una velocità così grande» aggiunsi con un certo sarcasmo. Mi ricordo di aver pensato: scommetto che Jim è l'unica persona presente che comprende veramente le implicazioni di quanto ho appena affermato. Il mio intervento era terminato; risposi a tre domande, tutto ciò in modo semplice e chiaro, e prima che me ne potessi rendere conto, Peebles stava parlando nuovamente. La nostra scoperta di moto galattico a elevata velocità rappresentava «un vero dilemma per i teorici», disse quasi con indifferenza.

Aveva cercato di minimizzare. Quel giorno il pubblico era composto in buona parte da fisici per i quali un tale straordinario movimento di oggetti celesti sembrava naturale e accettabile. I nostri risultati toccavano appena i loro interessi e, quindi, non costituivano una sfida per quelle opinioni ormai affermatesi in tutto il mondo. La reazione degli astronomi sarebbe stata ben diversa.

Sei mesi dopo quel congresso di fisici a Washington, Marc Gorenstein presentò i nostri risultati a un convegno dell'American Astronomical Society ad Atlanta. La reazione del pubblico fu piuttosto fredda, per non dire glaciale. Gli furono poste molte domande, con la chiara implicazione che qualcosa doveva essere sbagliato, o le nostre misure, o la loro interpretazione. A loro parere le implicazioni dei risultati metteva a così grave rischio il pensiero astronomico dominante che pochi astronomi erano disposti a prenderci sul serio.

La presentazione di Marc attirò tuttavia l'attenzione di Walter Sullivan del «New York Times» che il 14 novembre 1977 pubblicò un articolo sul nostro lavoro, che uscì in prima pagina con il titolo

«Nuova scoperta: la velocità della galassia attraverso l'universo supera il milione e mezzo di chilometri all'ora». Nell'articolo Sullivan spiegava in modo succinto le sfide che i nostri risultati ponevano alla cosmologia tradizionale. In primo luogo, il moto straordinario della nostra galassia richiede l'esistenza nell'universo di corpi massicci, non ancora noti, il che significa che l'universo non presenta neppure lontanamente la distribuzione omogenea della materia sino ad allora ipotizzata. In secondo luogo, questo, a sua volta, rende ancora più importante e interessante scoprire le modalità con cui l'attuale universo si è evoluto dopo il Big Bang. L'esistenza inaspettata di strutture enormi nell'attuale universo significa che i semi cosmici dai quali si sono evolute dovevano essere presenti proprio al momento dell'origine dell'universo stesso. Diversamente, le strutture non avrebbero potuto diventare oggi così grandi. Una conseguenza dei nostri risultati fu quindi quella di centrare la nostra attenzione sulla natura di questi semi e su come individuarli.

Gli astronomi ci attaccarono su due fronti: uno empirico e uno teorico. L'astronomo canadese Robert Roeder dell'Università di Toronto obbiettò che la nostra mappa della radiazione di fondo cosmico era quasi allineata con il piano del Sistema solare. Si domandò, allora, come era possibile essere certi che «l'anisotropia» non fosse semplicemente polvere orbitante intorno al Sole? Polvere, per esempio, come quella che ha origine dalla luce zodiacale, prodotta da particelle rimaste in seguito alla collisione di asteroidi. Roeder notò anche che, durante il periodo che va da dicembre a maggio, il segnale appariva nella stessa direzione in cui la luce zodiacale aveva il massimo di luminosità.

Il suo argomento era in qualche modo pertinente. Prima di divulgare i dati raccolti con l'U-2, pensavo di aver considerato adeguatamente tutti gli effetti causati dalla polvere zodiacale. Ma non si può mai sapere; forse il Sistema solare conteneva particelle di polvere più grandi di quanto avessimo considerato, particelle che avrebbero potuto causare le differenze di temperatura da noi rilevate.

Nei mesi successivi Roeder mi inviò delle lettere in cui approfondì le sue precedenti obiezioni. Analizzò i nostri dati e confermò l'esistenza di correlazioni inquietanti fra il nostro segnale anisotropico e il piano del Sistema solare. (Quasi tutta la materia del Sistema solare, dalla polvere ai pianeti, orbita all'incirca sullo stesso piano.) Il nostro segnale si trovava dai cinque ai dieci gradi dal piano della luce zodiacale. Inoltre, la parte più calda del segnale anisotropico era proprio sul piano dell'eclittica (il percorso del Sole attraverso la sfera celeste). Non solo, ma il segnale anisotropico era sicuramente allineato con il punto in cui l'eclittica attraversa l'equatore celeste (che si trova sullo stesso piano dell'equatore della Terra). Forse si trattava solo di coincidenze. Ma, in tal caso, sarebbero state quel tipo di coincidenze che non fanno dormire gli astronomi di notte. Non avevo una risposta definitiva e solo qualche tempo dopo fui in grado di invalidare le obiezioni di Roeder.

Devo aver parlato delle nostre scoperte ad almeno una dozzina di conferenze; anche Marc e Rich furono invitati a presentare molte relazioni. Praticamente, in ogni occasione, i critici espressero perplessità sulla misura della velocità galattica. Anche alcuni astronomi di Berkeley mostrarono dubbi circa l'esistenza del dipolo. Le obiezioni teoriche partivano dal fatto che le nostre scoperte rappresentavano una sfida per un assioma centrale della cosmologia moderna: la legge di Hubble. Secondo questa legge, formulata da Edwin Hubble negli anni Venti, l'espansione costante dello spazio è responsabile della correlazione lineare fra la distanza di una galassia e la sua velocità di regressione. Una galassia poteva avere una lieve velocità peculiare indipendentemente dall'espansione cosmica, ma tale velocità doveva essere in verità molto moderata, come mi avevano assicurato molti esperti prima dell'esperimento con l'U-2. Come era possibile che le galassie si muovessero così velocemente come noi sostenavamo e, tuttavia, ubbidissero alla legge di Hubble? Ovvero, se le galassie tendono a muoversi a velocità estremamente elevate in direzioni casuali, allora sul diagramma di Hubble dovrebbe apparire assai più «dispersione» rispetto alla linea centrale; forse la relazione non era, quindi, così salda come era stato ipotizzato.

L'implicazione secondo cui la nostra galassia era attratta da una massa incredibilmente grande e distante rappresentava, ovviamente, un problema rilevante, poiché nessun modello teorico comprendeva strutture di tale tipo e nessuna di esse era mai stata rivelata. Se esisteva una tale massiccia fonte gravitazionale, perché non era in grado di disgregare la nostra galassia? Gli astronomi hanno identificato numerose galassie che sono state sconvolte da incontri ravvicinati con altre galassie. Tali eventi cataclismici dimostrano che una galassia è come un mucchio di piume: se viene perturbato, si digrega. Negli anni Settanta era difficile comprendere perché una spinta gravitazionale sufficientemente potente da accelerare la Via Lattea sino a seicento chilometri al secondo non l'avrebbe anche potuta sconvolgere con effetti mareali. E la Via Lattea non è la sola galassia a muoversi a questa velocità estrema. Circa una dozzina di galassie vicine – il Gruppo Locale – si muovono anch'esse, presumibilmente, sotto l'influenza di quella struttura distante e invisibile. Sarebbe necessaria la concentrazione di una massa molto grande e molto distante per produrre una tale velocità senza danneggiare le galassie del Gruppo Locale; una situazione di questo tipo farebbe sì che nel corso di milioni di anni-luce la forza gravitazionale diventerebbe estremamente ridotta (sufficientemente ridotta da evitare di disgregare la galassia). Diversi anni dopo, alcuni astronomi intrapresero una seria ricerca di tale struttura e la trovarono: essa fu chiamata «il Grande Attrattore». Considerando le sue dimensioni, è improbabile che sia l'unica struttura di questo tipo presente nell'universo. Ve ne sono probabilmente molte altre.

In ogni caso, negli anni Settanta, non esisteva alcuna teoria che spiegasse come potevano essersi formate tali massicce fonti gravitazionali. A quell'epoca si riteneva che i semi primordiali, o pieghe, che hanno dato origine alle strutture nell'universo fossero relativamente piccoli – quindi con una debole forza gravitazionale – e, di conseguenza, anche gli ammassi galattici che da essi erano derivati dovevano essere relativamente ridotti.

Si trattava di obiezioni molto efficaci e non avevamo modo di contestarle. Per alcuni, eravamo molto prossimi a minare i fondamenti della cosmologia moderna. Gli scienziati erano comprensibilmente riluttanti ad accettare idee straordinarie in assenza di prove straordinarie e, all'epoca, molti astronomi non consideravano affatto fenomenali i nostri esperimenti. Ora, guardando indietro, non mi sento di condannarli per la loro prudenza. Facevano esattamente ciò che Luie Alvarez aveva sempre fatto per noi, i suoi studenti, quando annunciavamo di aver scoperto questo o quell'effetto: ci sottoponeva a un severo interrogatorio, spesso in maniera brutale, per essere certo che avevamo messo tutti i puntini sulle *i*. Nella scienza, è essenziale sottoporre ogni scoperta a esami meticolosi. Dove sarebbe giunta la «fusione fredda» se i fisici non avessero analizzato attentamente le asserzioni iniziali?

In ogni caso non eravamo i primi astrofisici a essere messi in questione per aver sfidato il concetto ortodosso dell'omogeneità cosmica. Vera Rubin aveva avuto prima di noi quell'onore: ci aveva battuto per un quarto di secolo.

Era un giorno del dicembre del 1950 e nevicava. La signora Rubin, che aveva ventitré anni, si stava recando con il marito, accompagnata dal padre, a un incontro dell'American Astronomical Society, presso l'Haverford College, in Pennsylvania. Tre settimane prima era nato il suo primo figlio. Laureata a Vassar, stava preparando la sua tesi di dottorato con George Gamow alla Cornell University. Non era mai stata in precedenza a un incontro dell'AAS e ora era invitata a parlare. Poiché era «una studentessa di dottorato con pochi mezzi, senza nulla di adeguato da indossare per l'occasione» – così le piace ricordare l'avvenimento – si comprò un abito di lana blu. Una volta entrata nella sala dove si teneva la conferenza, scrutò con apprensione il pubblico presente. Non conosceva anima viva. Il marito e il padre si sedettero ed ella cominciò a parlare. All'origine il suo intervento era presentato come «Rotazione dell'universo», ma gli organizzatori dell'incontro avevano reputato sconveniente una tale presentazione e lo avevano sostituito con «Rotazione della metagalassia».

La Rubin pose una domanda apparentemente semplice: il flusso di Hubble spiega adeguatamente come la densità cosmica delle galassie possa mutare nel tempo? Man mano che lo spazio si espande e le galassie «si allontanano» – così come «si allontanano» i puntini dipinti su un pallone man mano che questo si gonfia – appare qualche altro moto delle galassie non correlato all'espansione? Guardando indietro la sua domanda era ragionevole. Anche la rotazione della Terra non è una semplice rotazione lungo un asse nord-sud; anche il nostro pianeta è sottoposto a impercettibili oscillazioni cicliche che si ripetono nel corso di migliaia di anni. (Per esempio, a causa di un'oscillazione, nota come precessione degli equinozi, la cosiddetta Stella del Nord o Stella Polare si sposta ciclicamente per poi ritornare al suo posto nel punto attorno al quale ruota il cielo settentrionale.) Analogamente la Rubin voleva sapere se le galassie erano soggette a moti indipendenti dal flusso di Hubble. Era come chiedersi se i puntini dipinti sul pallone si muovono di un moto proprio sulla superficie dello stesso, man mano che questo si gonfia.

Per scoprirlo, analizzò più di cento galassie per verificare se si allontanavano esattamente alla velocità prevista dal flusso di Hubble. Secondo la legge di Hubble che mette in relazione lo spostamento verso il rosso con la distanza, lo spostamento verso il rosso di una galassia – che rivela la sua velocità di regressione – è proporzionale alla sua distanza. Quindi la Rubin paragonò gli spostamenti verso il rosso delle galassie (misurati da altri astronomi) con le loro distanze (che valutò in base alla loro luminosità, decisione alquanto rischiosa, basata sul presupposto, non dimostrato, che tutte le galassie dello stesso tipo hanno una luminosità assoluta simile). Il suo obbiettivo era controllare se le galassie si muovevano indipendentemente dall'effetto dell'espansione dell'universo. Trovò conferma a questa sua ipotesi. Alcune galassie si muovevano più velocemente o più lentamente di quanto avrebbero dovuto se la legge di Hubble fosse stata inviolabile, spiegò al pubblico presente. (Analogamente, scoprimmo più tardi che la nostra galassia, la Via Lattea, si muove più velocemente di quanto chiunque potesse fino ad allora sospettare, a seicento chilometri al secondo in una direzione diversa rispetto al flusso di Hubble.) Queste informazioni destarono grande stupore. L'intervento della Rubin era sicuramente audace poiché implicava che la legge di Hubble non era sacrosanta e il flusso di Hubble era tutt'altro che omogeneo.

La reazione al suo discorso fu «estremamente negativa... Ci fu una grande confusione» ricorda la scienziata. Le persone erano particolarmente irritate in quanto la sua analisi non comprendeva barre di errore. Le barre di errore rappresentano una stima del possibile errore nei dati e quindi un'indicazione del possibile *range* di variazione di risultati ottenuti ripetendo le misure. Modestamente, la Rubin ricorda che all'epoca non sapeva come preparare barre di errore per un'analisi così complessa. «Credettero che la mia analisi fosse precaria, e senza dubbio lo era» ammette ora. Il noto scienziato Martin Schwarzschild cercò di calmare le acque, si alzò e pronunciò quelle frasi rassicuranti che ricercatori anziani rivolgono, a volte, in tali circostanze, ai giovani studenti. Disse: «È un intervento molto buono. Forse non è corredato di dati sufficienti, ma rimane comunque un'argomentazione molto interessante». Un critico insistette: «Ma perché non ha presentato le barre di errore?». «Dunque» rispose lei «l'intera storia è così...nebulosa.» Al suo improvvisato gioco di parole, il pubblico scoppiò a ridere. Anche lei sorrise. Così il tutto si concluse con una nota di allegria.

Dopo la pausa, la Rubin lasciò l'incontro per tornare a casa. «Non ero affatto delusa» ricorda. «Il mio intervento era stato buono; lo avevo imparato letteralmente a memoria; potrei ripeterlo ancora oggi, dieci anni dopo. Andai a casa per allattare mio figlio.»[3] I giornali diedero spazio all'avvenimento. Il «Washington Post» uscì con un articolo in prima pagina intitolato «Giovane madre scopre il centro della creazione».

Le riviste di astronomia si rifiutarono di pubblicare il documento della Rubin e il suo lavoro fu quasi totalmente ignorato dagli astronomi. Tuttavia, Gérard de Vaucouleurs, un astronomo francese che lavorava in Texas, la prese in seria considerazione. Era interessato alla possibilità che l'universo fosse meno omogeneo di quanto normalmente si riteneva, cioè, che la densità delle galassie fosse, in alcune zone, assai maggiore. Sospettava, infatti, che tali regioni così dense, potessero esercitare una sufficiente spinta gravitazionale da attrarre alcune galassie alle velocità enunciate dalla Rubin.

D'altra parte, l'idea di ammassi di galassie non era nuova. Per esempio, negli anni Trenta, un astronomo svizzero che lavorava al CalTech, Fritz Zwicky, aveva avanzato l'ipotesi che le galassie si raggruppassero in ammassi grandi sino a 10 milioni di anni-luce,[4] e che le «cellule degli ammassi» potessero estendersi nell'universo nello stesso modo con cui «la schiuma divide un volume di schiuma». Ma de Vaucouleurs parlava di ammassi assai più densi di quelli ipotizzati da Zwicky. Come riconobbe più tardi de Vaucouleurs, il lavoro della Rubin lo indusse a pubblicare i dati che indicavano la presenza di un «flusso» di galassie nell'emisfero galattico settentrionale. Le galassie nel cosiddetto ammasso della Vergine erano in gran parte posizionate all'interno di un enorme disco, che egli definì un superammasso. «Pensai che questa fascia di galassie doveva essere una vera associazione fisica» non una semplice coincidenza, disse de Vaucouleurs durante un'intervista con Alan Lightman, negli anni Ottanta. «Trovai l'incentivo, o il coraggio, di pubblicare la mia teoria in seguito alla pubblicazione di un estratto della tesi di laurea di Vera Rubin.» In seguito a quella fredda accoglienza, la Rubin non riprese in considerazione l'argomento per quasi vent'anni. Ma de Vaucouleurs disse: «Sono, probabilmente, più combattivo, e se c'è, al diavolo!, dirò che c'è». Ciononostante, la comunità astronomica reagì al suo lavoro con un «silenzio totale».

Nello studio di de Vaucouleurs presso l'Università del Texas ad Austin, sulla lavagna si leggono le perplessità dei suoi primi critici. È riportato anche il pensiero di Zwicky (del 1959): «I superammassi non esistono».

E tale fu per molti anni la visione ortodossa, visione contro cui si erano scontrati i nostri risultati iniziali dell'esperimento con l'U-2.

Fra le varie obiezioni poste ai nostri risultati, una era senza dubbio valida e non potevamo fare altro che rispondere. La velocità estrema della galassia poteva essere un'illusione causata da un effetto «locale», parlando in termini astronomici? Avevamo compiuto osservazioni solo nell'emisfero settentrionale. «Se troverete la stessa anisotropia nell'emisfero meridionale» dissero i nostri critici «allora vi crederemo.»

Così andammo a sud. Se avessimo trovato l'effetto di dipolo

nell'emisfero meridionale, allora i critici avrebbero dovuto accettare l'evidenza o starsene zitti.

Fin dall'Ottocento, l'America meridionale era divenuta per gli astronomi una base sempre più importante. Era lì che gli astronomi di Harvard avevano fotografato le variabili di Cefeide, immagini che consentirono a Henrietta Leavitt di desumere il rapporto periodo-luminosità delle Cefeidi, la chiave per aprire la porta dell'universo in espansione. Più recentemente, nel 1987, gli astronomi avevano scoperto e studiato la prima importante supernova vicina da secoli alla nostra galassia, una supernova non visibile dall'emisfero settentrionale.

In una nota di commento, la rivista britannica «Nature» conveniva che sarebbe stato interessante compiere i voli con gli U-2 nell'emisfero meridionale, ma avvertiva che, visti i difficoltosi rapporti fra gli USA e il Sud America «forse gli U-2 non sono affatto ben visti al di fuori dello spazio aereo statunitense». Tuttavia, il vero ostacolo per la nostra spedizione in Sud America era costituita dai finanziamenti e non dalla politica. Nel gennaio del 1977 scrissi ad Hans Mark e gli dissi di aver chiesto fondi alla NASA per un esperimento nell'emisfero meridionale, ma «la risposta della NASA al momento era di voler interrompere tutti i nostri voli con gli U-2 a cominciare dal settembre 1977». Come spiegai nella lettera, un motivo era che gli U-2 venivano trasferiti dal controllo di un reparto della NASA a un altro; un'altra ragione era che avevamo già individuato il dipolo, quindi (si chiedevano i funzionari) perché lo volevamo rivelare nuovamente? Come ebbi a rammaricarmi: «Il nostro caso è attualmente in esame presso il quartier generale della NASA e, nel frattempo, non stiamo raccogliendo dati».

Fu un periodo molto frustrante. Pensai che avremmo potuto suscitare nuovamente l'interesse della NASA se la spedizione proposta avesse compreso una serie più ampia di esperimenti. Forse avremmo potuto coinvolgere un altro gruppo di scienziati interessati a utilizzare lo spazio riservato agli strumenti, a bordo di un U-2, in un volo nell'emisfero meridionale. «Per favore, informateci se esistono altri potenziali utenti interessati a voli nell'emisfero meridionale» chiesi a Mark. «La nostra apparecchiatura è compatibile con molti altri strumenti, in modo tale da poter combinare o alternare i voli.» È così che funziona la scienza alla fine del ventesimo secolo: il tempo necessario per trovare finanziamenti e riempire moduli corrisponde, per quantità, a quello trascorso in laboratorio. Nel nostro caso tale sforzo fu ripagato; finalmente arrivarono i fondi. L'U-2 fu utilizzato anche per altri esperimenti.

Quindi, ci trovavamo di fronte a un altro problema: dove saremmo andati nell'emisfero meridionale? Le nostre prime possibilità furono l'Australia, l'Argentina e il Cile. Ma l'Australia era troppo lontana. Il problema era che l'U-2 non poteva volarvi direttamente: avrebbe dovuto essere smontato e trasportato laggiù con un aereo da trasporto, a costi elevatissimi. Questa possibilità fu scartata. L'Argentina e il Cile erano interessanti in quanto si trovavano molto al di sotto dell'equatore e, quindi, offrivano un'ottima vista, molto ampia, del cielo meridionale; sfortunatamente, all'epoca, i rapporti fra questi due paesi erano al limite della belligeranza. Era troppo rischioso. La nostra quarta possibilità era il Perù. Neppure questa era una soluzione ideale: nel 1975 il paese aveva subito un colpo di stato militare e da allora si era instaurata una situazione di caos politico, sociale e finanziario. Tuttavia, il Perù rimaneva il luogo migliore.

«Circondata da colline brulle e bruciate, Lima sorge in una zona desolata, nel punto in cui l'arido deserto peruviano finisce in mare» scrisse Milton Viorst nel 1978 sull'«Atlantic Monthly». «Un freddo vento del Pacifico la tiene racchiusa da pesanti nubi grigie per gran parte dell'anno. Lima è quasi sempre umida, mai piovosa, quindi raramente spunta dal grigiore un fiore o un albero.» L'esploratore Pizarro la chiamò «la città dei re», alludendo al suo glorioso passato, quando le Ande splendevano di oro non ancora sfruttato. Ma quando arrivammo noi l'oro era scomparso e il paese lottava per mantenere in vita la sua flotta peschereccia e la nascente industria petrolifera. Lima era diventata una delle aeree urbane a più rapida crescita fra i paesi del Terzo Mondo.

Il pilota di U-2, Bob Ericson, ricorda di essere arrivato con un gruppo di esperti per verificare le strutture dell'aeroporto Jorge Chavez, sulla costa, vicino a Lima. Insieme con un collega si recò dapprima all'ambasciata statunitense, dove parlarono con l'addetto aeronautico. Fu detto loro che ci sarebbero volute «settimane» per approntare quanto necessario per ospitare l'U-2. Ericson racconta: «"Tornate fra un paio di settimane" disse il tipo dell'ambasciata. Così ritornammo nella nostra stanza d'albergo e ci ubriacammo. Al mattino ancora con i postumi della sbornia ci domandammo: "Bene, e adesso cosa facciamo?". Il mio collega, Jack Wall, e io ci recammo alla base aeronautica e guardandoci attorno trovammo il responsabile dell'ufficio operativo del campo di aviazione. Costui, nel suo gergo, ci disse: "Ma sì, abbiamo un hangar per voi. Sì, abbiamo questo, quello...". Ci prese da parte e ci presentò al capo della Marina peruviana. Era la persona con cui l'addetto all'ambasciata avrebbe dovuto combinarci l'incontro. E mentre prendevamo un tè insieme ci disse: "Sì, sì, sistemeremo questo, possiamo fare questo e anche quello." Quella sera tornammo in albergo, ci ubriacammo di nuovo e il giorno successivo ci recammo dall'addetto all'ambasciata per comunicargli: "Ehi, stiamo partendo, abbiamo sistemato tutto, non abbiamo più bisogno di lei"».

Partì una sola squadra di U-2; la strumentazione scientifica fu inviata per mare con una nave militare. L'U-2 necessita di una parte di apparecchiatura propria che deve essere spedita con l'apparecchio. Ha bisogno del proprio carburante, della propria strumentazione per l'atterraggio, di un proprio carrello per il trasporto del motore, di un proprio carrello per il trasporto della prua e così via. Tutte le parti erano progettate appositamente e tutte dovevano essere spedite in Perù prima del nostro arrivo. Il carburante era stato inviato precedentemente via mare in barili da cinquanta galloni. La squadra comprendeva diciotto esperti della NASA e della Lockheed ed era guidata da James Cherbonneaux, ex pilota di U-2 e capo del progetto U-2 della NASA. I preparativi e la logistica mi rammentarono un safari o una spedizione vecchio stile.

All'aeroporto Jorge Chavez, una parte della base era occupata da velivoli commerciali e un'altra da strutture militari. Allestimmo la nostra base per l'U-2 accanto alla zona militare, dove la presenza statunitense era costituita da una baracca con due stanze. Era la base dell'addetto militare e punto di riferimento per la posta diplomatica diretta verso il Sud America.

Posizionammo sul tetto della baracca un polarimetro automatizzato per la ricerca di polarizzazione (una direzione preferita della vibrazione di radiazione) nella radiazione di fondo cosmico. Questo esperimento, che era il progetto di tesi del mio studente di dottorato, Phil Lubin, avrebbe costituito un importante controllo della sorgente di dipolo. Se la radiazione era polarizzata, avremmo saputo che l'effetto di dipolo è provocato dalla nostra galassia; se non era polarizzato, allora avremmo avuto la prova che si trattava di un segnale cosmico. I climi secchi sono ideali per gli studi di polarizzazione e l'ambiente arido del Perù sembrava un luogo perfetto per le osservazioni di Phil. Al contrario, le misure sarebbero state parzialmente inutilizzabili in presenza di elevati livelli di umidità, frequente nuvolosità e polvere abbondante. Il destino volle che sulla zona in cui ci trovavamo, un deserto, cadesse la prima pioggia degli ultimi otto anni. Servì appena a inumidire la superficie e, tuttavia, i giornali ne riportarono la notizia con titoli a quattro colonne.

Lavorare in Perù non era affatto come lavorare presso la NASA-Ames. Per esempio, in Perù dovetti aspettare tre settimane per ricevere dei pezzi di ricambio. Spesso gli uomini si ammalavano o si perdevano. Ma peggio ancora, nel viaggio attraverso l'equatore, la nostra strumentazione fu seriamente danneggiata. Ai tropici il clima è molto umido e quando l'aereo lasciò l'aria fredda per discendere verso Lima, nei nostri strumenti, raffreddatisi durante il volo, si formò molta condensa e l'acqua si raccolse nelle piccole, sensibili guide d'onda che collegano le antenne a tromba del radiometro differenziale a microonde con il ricevitore. Fummo così costretti a smontare il ricevitore per farlo asciugare. Mentre eravamo all'aeroporto, impegnati in questa operazione, venne a mancare la corrente elettrica. Ci trovammo quindi, immobili, madidi di sudore, in piedi sulle scale, con quei pezzi delicatissimi in mano. Trovammo una pila e con l'ausilio della sua debole luce proseguimmo nei tentativi di ovviare all'inconveniente. Tirammo fuori tutti i pezzi in modo che potessero asciugarsi e finalmente ce ne andammo a riposare nel nostro albergo.

A notte fonda Phil e io, con un maggiolino Volkswagen preso a noleggio, ritornammo all'aeroporto per controllare se gli strumenti si erano asciugati. Per arrivarci dovevamo passare un cancello che era sorvegliato da uomini della marina peruviana. Mostrai alla guardia il nostro permesso e, quindi, mi diressi verso l'hangar dove era custodito il nostro U-2 e tutta la strumentazione. Improvvisamente, nel buio, udimmo un grido: «Fermatevi!» seguito da un suono terrificante: *raaaaaack!* I nostri fari illuminarono un marine di diciassette anni con una mitragliatrice puntata contro di noi. Misi subito il piede sul freno. Nessuno lo aveva avvisato del nostro arrivo. (In un paese in cui i colpi di stato fanno parte del normale processo politico, i soldati tendono a essere nervosi.) Gli mostrammo il nostro permesso e spiegammo di far parte della squadra dell'U-2. Finalmente ci fece cenno di passare. Ci dirigemmo verso l'hangar. I nostri strumenti si erano asciugati, così li rimontammo e procedemmo alla verifica: funzionavano. Con un po' di fortuna, i voli dell'U-2 avrebbero presto raccolto dati che avrebbero confermato i nostri risultati precedenti, o dimostrato che non eravamo altro che vittime ingenue di un effetto dell'emisfero nord/sud nell'anisotropia della radiazione di fondo cosmico.

Una volta completati i voli con l'U-2, Connie e io iniziammo un viaggio che ci avrebbe ricordato il fascino che il cosmo aveva da sempre esercitato sull'umanità. Eravamo ansiosi di vedere la spettacolarità del paesaggio e le zone archeologiche del Perù: così visitammo Cuzco, la capitale degli Incas e altre località remote come la fortezza Sacsayhuaman. L'architettura inca suscita veramente una sorta di inquietudine, con quelle enormi pietre estratte dalle cave e assemblate in modo così perfetto che neppure un coltello potrebbe essere inserito fra di esse. Una guida prese in giro alcuni turisti che facevano congetture sulla possibilità che «antichi astronauti» fossero i responsabili di tale opera architettonica. Una parte molto entusiasmante del viaggio fu il percorso in treno attraverso le montagne da Cuzco a Machu Picchu. Lì potemmo renderci conto del ruolo che la cosmologia aveva giocato nella mitologia inca, come, del resto, in tutte le grandi antiche civiltà.

Quando il governatore Pachacuti ricostruì Cuzco verso la metà del Cinquecento, divise la città in due parti: settentrionale e meridionale. La città antica fu poi ulteriormente suddivisa in quattro zone che simboleggiavano le quattro direzioni dell'impero e i quattro angoli del cosmo. Nel cuore della città sorgeva Coricancha, o Tempio del Sole, all'interno del quale, nel luogo più sacro, erano custodite numerose immagini dorate del Sole. La celebrazione dei solstizi estivi e invernali rappresentava una parte importante del rituale inca.

Dopo Machu Picchu, prendemmo il treno che scendeva sull'*altiplano* in direzione del lago Titicaca e visitammo gli indiani Uros che vivono sulle isole galleggianti di canna. Quindi, con un aeroplano, volammo verso Arequipa e poi di nuovo a Lima. All'aeroporto controllai il nostro polarimetro, lo riposizionai per osservare una nuova parte del cielo, e cambiare i nastri magnetici, che erano quasi esauriti.

Un paio di settimane dopo concludemmo l'operazione U-2 e l'esperimento con il polarimetro e rientrammo negli Stati Uniti con una marea di dati. Cominciò la fase di analisi. Non occorse molto tempo per confermare che il dipolo era di origine cosmica, non un semplice fenomeno locale; e si trovava esattamente dove l'avevamo localizzato osservandolo dall'emisfero settentrionale. Conclusione: l'universo in cui vivevamo era assai diverso da quello concepito sino ad allora.

Nella cosmologia era avvenuta una rivoluzione ed ero orgoglioso del ruolo che vi avevamo svolto. Avevamo scartato la vecchia nozione secondo cui le galassie sono distribuite uniformemente nell'universo e l'avevamo sostituita con un'immagine assai diversa. Alcune zone dell'universo sono praticamente prive di galassie e rappresentano vaste distese di nulla; in altre, miliardi e miliardi di galassie sono aggregate in immensi superammassi galattici, che esercitano sulle galassie, che si trovano a centinaia di milioni di anni-luce di distanza, un'enorme attrazione gravitazionale. Avevamo scoperto che la nostra Via Lattea è una di queste vittime galattiche e viene trascinata a una velocità di seicento chilometri al secondo verso un enorme superammasso, invisibile e imprevisto.

La descrizione dell'universo, di imponenti concentrazioni di galassie mescolate con un vuoto inimmaginabile, è assai diversa da quella accettata dagli astronomi all'inizio degli anni Settanta. In seguito a questa nuova visione si rese ancora più urgente la comprensione del meccanismo che formò le strutture cosmiche dopo il Big Bang. I massicci agglomerati di galassie che si trovano nell'attuale universo devono essere cresciuti da semi cosmici presenti nei primi istanti dell'universo. Questi semi dovrebbero apparire come fluttuazioni nella radiazione di fondo cosmico, fluttuazioni che rappresentano regioni primordiali di densità lievemente maggiore. Queste pieghe nello spazio-tempo avebbero provocato la condensazione locale di materia sotto l'influenza della gravità, producendo embrioni di galassie e di superammassi di galassie. Eppure semi di tale tipo non erano mai stati visti. La radiazione di fondo cosmico, per quanto noi o chiunque altro era stato in grado di determinare, era del tutto uguale a se stessa in ogni direzione. Questo doveva significare una cosa. O le teorie dei cosmologi erano assolutamente sbagliate. O nessuno aveva cercato abbastanza a fondo quei semi.

A quel tempo ero convinto che la teoria del Big Bang fosse valida e le galassie e le strutture galattiche fossero state formate dai semi cosmici in seguito a un collasso gravitazionale. Ero quindi deciso a cercare con impegno ancora maggiore e sfruttare tutte le possibilità tecniche e umane sino al loro limite estremo. La cosmologia moderna si erigeva su quattro pilastri, il cielo notturno, la composizione degli elementi, l'universo in espansione, l'esistenza della radiazione di fondo cosmico. Le pieghe, qualora le avessimo trovate, avrebbero rappresentato il quinto pilastro. La loro scoperta sarebbe stato un avvenimento di importanza basilare per la cosmologia moderna.

Alla fine degli anni Settanta, pensai che tale ricerca non sarebbe stata molto lunga, forse cinque anni, dieci al massimo.

VIII

Nel cuore dell'oscurità

Vera Rubin aveva cercato, e non vi era riuscita, di convincere gli astronomi che molte galassie mostrano un moto insolito, ovvero velocità peculiari sovrapposte all'espansione generale dell'universo di Hubble. Nel dicembre del 1951, quando la scienziata ventritreenne presentò i suoi dati al congresso dell'American Astronomical Society, presso l'Haverford College in Pennsylvania, erano in pochi coloro disposti ad ascoltarla. Il messaggio era talmente in antitesi con le opinioni comuni che il pubblico si mostrò sordo ai suoi dati e alle relative argomentazioni. In seguito la Rubin abbandonò lo studio delle velocità peculiari; dedicò gli anni Cinquanta e Sessanta alla famiglia e all'educazione dei figli, completando il dottorato all'Università di Georgetown e collaborando con Geoffrey e Margaret Burbidge dell'Università della California a San Diego. In precedenza aveva utilizzato i dati sugli spostamenti verso il rosso determinati da altri astronomi; con i Burbidge, utilizzando un grande telescopio, imparò a fare le misurazioni autonomamente.

Iniziò anche una collaborazione con Kent Ford presso il Kitt Peak National Observatory in Arizona, non lontano da dove Slipher aveva effettuato le sue famose misure degli spostamenti verso il rosso delle galassie. Là la Rubin compì una serie di osservazioni che avrebbero minato la visione ortodossa dell'universo. Questa volta, tuttavia, la notevole scoperta della Rubin fu accolta subito con grande interesse ed è diventata parte del più allettante rompicapo della cosmologia.

Nel novembre del 1977, la Rubin e Ford iniziarono a provare una nuova tecnica per studiare il moto delle stelle all'interno delle galassie a spirale, come, per esempio, la nostra Via Lattea. Le galassie a spirale appaiono come dischi piatti con la maggior parte delle stelle che, concentrate in un centro estremamente luminoso, si diradano verso l'oscura periferia. Le stelle nei bracci che tracciano scie luminose orbitano attorno a questo fulcro massiccio, tutte nella medesima direzione e costituiscono nel loro insieme una galassia rotante. Il meccanismo è analogo a quello del Sistema solare, in cui i pianeti orbitano nella medesima direzione attorno al Sole, soggetti alla sua forza gravitazionale.

Ford aveva creato un intensificatore d'immagine per mezzo del quale, insieme con la Rubin, registrò su lastre fotografiche lo spettro dell'intera galassia, dalle stelle più luminose vicino al centro della galassia alle più deboli alle estremità dei bracci a spirale. Furono quindi in grado di determinare le velocità delle stelle a tutte le distanze dal centro. Era la prima volta che qualcuno otteneva dati del genere nella storia dell'astronomia. La legge della gravità di Newton esprime una previsione semplice, ma molto chiara, circa la velocità di ogni stella, in base alla sua distanza dal centro della galassia.

Uno dei grandi trionfi della cosmologia fu l'estrapolazione della legge di Newton sul moto e sulla gravità terrestre (la mela che cade) e l'applicazione della stessa alla Luna e ai pianeti. Secondo la legge di Newton, i pianeti che si trovano alla periferia del Sistema solare (come Plutone) orbitano a velocità assai inferiori dei pianeti prossimi al Sole (come Mercurio). Questa previsione fu confermata dalle osservazioni: Plutone orbita a circa un milione e seicentomila chilometri all'ora e Mercurio orbita a dieci volte quella velocità. Lo stesso dovrebbe essere vero per le galassie a spirale: più distante è una stella dal centro, minore deve essere la sua velocità orbitante.

La prima notte in cui provarono la loro nuova tecnica, la Rubin era entusiasta, per cui lasciò Ford a gestire l'intensificatore e il telescopio e corse giù nella camera oscura a sviluppare la prima fotografia. Rimase colpita da ciò che vide: il rapporto ipotizzato fra la velocità di una stella e la sua distanza dal centro della galassia non era valido. I risultati dimostravano che anche le stelle che si trovavano alla periferia più distante della galassia, orbitavano quasi alla stessa velocità di quelle più prossime al centro. Vi erano solamente due spiegazioni possibili: o la legge di gravità di Newton non regge su scala galattica, il che avrebbe sovvertito le regole fondamentali della fisica, o le galassie non sono come appaiono.

All'occhio umano la massa galattica appare concentrata verso il centro e diminuisce verso la periferia. Tuttavia, le stelle alla periferia si muovono come se fossero racchiuse in una massa assai più grande; di fatto, tanto più grande da estendersi ben al di là della periferia. Se questa deduzione è corretta, allora le galassie *non* sono veramente ciò che appaiono; la parte visibile – le stelle che vediamo – deve essere sommersa da una quantità immensa di massa invisibile. Di fronte a una conclusione così drammatica, la Rubin e Ford sentirono la necessità urgente di ulteriori misure. Comunque, in qualsiasi modo lo esaminassero, emergeva lo stesso schema: le stelle alla periferia delle galassie a spirale si muovevano troppo rapidamente, *qualora* si ritenesse che la parte luminosa di queste galassie rappresentasse l'intera loro massa. La Rubin e Ford erano pronti a pubblicare i dati raccolti su dieci galassie a spirale e lo fecero nel 1978. La materia invisibile che, per deduzione, deve essere uno dei componenti principali delle galassie divenne nota come «materia oscura». Gli astronomi dovevano affrontare il fatto che per generazioni ciò che avevano visto attraverso i telescopi non era altro che una frazione della materia dell'universo; si apriva la possibilità che le stelle che illuminano il cielo notturno fossero solo una piccola parte dei prodotti della creazione.

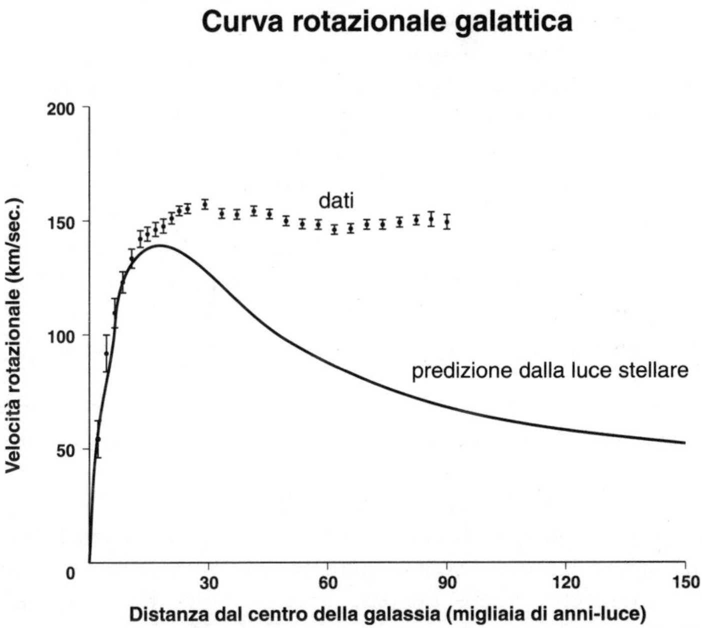

Le barre indicano le velocità misurate delle stelle attorno a una galassia a spirale. La curva mostra la velocità prevista delle stelle attorno alla galassia, nell'ipotesi in cui la luce stellare sveli tutta la materia della galassia. La discrepanza indica che nell'universo esiste la materia oscura, e in quantità assai più abbondante della materia luminosa. *Christopher Slye*

L'ottima qualità dei dati della Rubin e di Ford fu senza dubbio un fattore importante perché l'idea della materia oscura ricevesse un'immediata buona accoglienza, ma vi erano altre ragioni. Per anni le osservazioni avevano suggerito in maniera discontinua che le galassie a spirale fossero circondate da aloni oscuri, veli di materia invisibile.[1] Tuttavia, una tale nozione andava al di là della teoria convenzionale e non veniva presa molto seriamente. Fin dagli anni Trenta l'astronomo svizzero Fritz Zwicky aveva sostenuto l'esistenza della materia invisibile, basata sull'insolito moto delle galassie. Poi, nel 1973, James Peebles e Jeremiah Ostriker dell'Università di Princeton avevano avanzato l'ipotesi dell'esistenza di qualcosa come la materia oscura. I loro calcoli sulla stabilità gravitazionale delle galassie a spirale implicavano che le strutture avrebbero dovuto frammentarsi nel movimento rotatorio a causa delle vibrazioni generate dalla loro composizione irregolare. Se, tuttavia, il disco visibile fosse stato contenuto in una massa assai più ampia ed estesa (invisibile), allora tali vibrazioni si sarebbero smorzate e la spirale sarebbe rimasta stabile. L'esistenza stessa della Via Lattea comporta l'esistenza della materia invisibile, così almeno supponevano.

A volte, nella scienza, per produrre un'argomentazione convincente vengono combinate diverse prove dello stesso fenomeno. Così avvenne per la materia oscura. Nel giro di un paio di anni dalla pubblicazione del lavoro della Rubin e di Ford, per i cosmologi la materia oscura era diventata un'ossessione. Le domande immediate erano: quanta è la materia oscura esistente? E che cos' è? Vi sono anche domande più profonde, fondamentali per la comprensione dell'universo: che ruolo ha giocato la materia oscura nella formazione delle galassie? Che cosa significa la materia oscura per l'origine dell'universo? E qual è il destino dell'universo? Queste ultime domande si mescolano inevitabilmente con i problemi principali affrontati in questo testo e, in particolare, con la ricerca dei semi primordiali da cui si è sviluppato l'attuale universo.

Quanto accade all'universo è determinato dal suo contenuto, come avrebbero voluto Mach e Aristotele. Se nell'universo esiste massa a sufficienza, le forze gravitazionali saranno un giorno abbastanza forti da interrompere l'espansione post-Big Bang, se non, addirittura, invertirla, causando un «grande collasso» cataclismico. Se tuttavia la massa non è sufficiente affinché ciò accada, l'espansione continuerà all'infinito, con la temperatura dell'universo in calo regolare. Questo processo viene spesso menzionato come il «grande freddo». Qualsiasi sia il destino che ci attende – e non possiamo essere certi di cosa si tratti – è sicuramente molto lontano da noi, almeno 500 miliardi di anni nel futuro. Esiste, tuttavia, una possibile via di uscita rispetto a queste preoccupanti prospettive. Se la densità della massa nell'universo è in sospeso proprio al confine fra i due percorsi divergenti che conducono al collasso finale e all'espansione infinita, allora l'espansione di Hubble può essere rallentata, forse quasi interrotta, comunque mai invertita. Questo stato felice della materia è noto come densità critica.

È stato calcolato che la densità critica corrisponde a circa cinque milionesimi di un trilionesimo di un trilionesimo (5×10^{-30}) di un grammo di materia per centimetro cubo di spazio, o circa un atomo di idrogeno per ogni metro cubo: solo alcuni atomi, quindi, in una stanza di dimensioni normali.[2] Si ha la sensazione di qualcosa di tremendamente piccolo e, in realtà, lo è. Si tratta di una cifra media e non dà idea dell'enormità degli estremi presenti nel nostro universo, che vanno da densità incredibilmente elevate in alcune regioni a vuoti completi in altre. Una volta nota la densità critica, allora possiamo, in teoria, cominciare a prevedere il nostro destino. Dobbiamo semplicemente misurare tutta la massa presente nell'universo e confrontarla con la densità critica. Il rapporto fra la densità reale della massa nell'universo e la densità critica è noto, sinistramente, con l'ultima lettera dell'alfabeto greco, Ω (Omega). Un'Omega inferiore a 1 conduce a un universo aperto (il grande freddo) e superiore a 1 porta a un universo chiuso (il grande collasso). Un'Omega esattamente uguale a 1 produce un universo piatto.

I termini «piatto», «aperto» e «chiuso» si riferiscono alla curvatura dello spazio. Nel 1915 Einstein avviò la sua teoria generale della relatività, secondo la quale la gravità è causata dalla curvatura spazio-tempo. Einstein credeva che l'universo fosse così massiccio da curvare lo spazio gravitazionalmente all'indietro su se stesso, come una sfera. Il risultato, disse, è un universo sconfinato (poiché non ha confini) ma finito: facendo volare una navicella spaziale lungo una linea retta per miliardi di anni, questa non giungerebbe mai a un limite del cosmo, ma ritornerebbe, alla fine, al punto di partenza. Ciò accade perché lo spazio si ricurva su se stesso e, così, la navicella avrebbe, di fatto, effettuato la «circumnavigazione» del cosmo, nello stesso modo in cui i primi esploratori circumnavigarono il globo.

Se ciò è difficile da credere, immaginate come devono essere rimasti stupiti i marinai di Magellano, che ritenevano il pianeta piatto, nell'apprendere di aver effettuato la circumnavigazione della Terra. Per tre anni avevano viaggiato, allontanandosi dall'Europa e attraversando un oceano, su una superficie apparentemente piatta. Eppure, al termine del viaggio, si erano ritrovati in Europa. Il motivo, ovviamente, è che la terra non è piatta, bensì rotonda e il percorso della loro nave non era altro che la sua circonferenza. Oggigiorno, l'idea di un universo curvo appare strana a molte persone, come l'idea della terra rotonda appariva strana circa mille anni addietro.

Al contrario, un universo aperto è curvo come una sella, cioè curvo all'opposto in direzioni ortogonali, per cui non si richiude mai su se stesso. In un universo aperto, una navicella spaziale che viaggia lungo una linea retta non ritornerebbe mai al punto di partenza. Infine lo spazio in un universo piatto è proprio così – piatto – come lo spazio di Euclide, ma con piccole increspature. Un universo piatto è fondamentalmente liscio, ma con isolate deformazioni provocate da concentrazioni di massa locali (per esempio, la Terra, la Luna, e il Sole) come la superficie di un foglio di gomma coperta di marmo. Questo universo piatto, simile all'universo di Euclide, corrisponde al modello di Einstein-de Sitter formulato nel 1932.

La cosa importante da ricordare è che la forma, la massa e il destino del cosmo sono intimamente legati fra loro e costituiscono un unico soggetto, non tre. Questi tre aspetti si fondono in Omega, il rapporto fra la densità reale e la densità critica: il rapporto che preannuncia il destino dell'universo.

La misura della densità reale dell'universo rappresenta per gli scienziati un compito estremamente impegnativo e molte delle misurazioni forniscono solo valori approssimativi. Dapprima viene valutata la quantità di materia visibile, evidente nelle galassie e a essa vengono aggiunte le cifre che rappresentano la materia oscura in base alle osservazioni della Rubin e di Ford sulla velocità delle stelle nelle galassie. La massa stellare e l'altra materia visibile nell'universo non superano l'1% della densità critica. Quando si aggiunge alle galassie la quantità prevista di materia oscura, la cifra sale del 10% o meno, producendo un'Omega di non oltre lo 0,1 (un decimo) e un destino freddo per l'universo. Tuttavia, esistono altre sacche di materia oscura. Quando gli astronomi hanno misurato le velocità relative di coppie di galassie ritenute in orbita l'una con l'altra, hanno scoperto che gli aloni oscuri delle galassie devono estendersi perlomeno sino al vicino compagno di orbita, il che significa una quantità maggiore di materia oscura. Questa impostazione può essere valida per ammassi e superammassi galattici e, in ogni caso, queste strutture celesti si muovono come se fossero inserite in strisce sempre più larghe di materia oscura. Inoltre, le velocità peculiari delle galassie nello spazio profondo, misurate da vari gruppi di ricercatori negli Stati Uniti, Canada e Gran Bretagna, richiedono una quantità persino maggiore di materia oscura. Le galassie vengono quindi attratte a velocità enormi da masse invisibili.

Qual è, dunque, la conclusione? Se mettiamo insieme tutti i potenziali giacimenti di materia oscura e vi aggiungiamo la quantità insignificante di materia visibile, arriviamo a una densità media dell'universo prossima alla densità critica: Omega è prossima a 1. (Esistono comunque varie ipotesi e discussioni e una certa incertezza su questi risultati.) In ogni caso, la materia oscura può rappresentare sino al 99% della materia dell'universo, una prospettiva che fa alquanto pensare.

Negli anni Settanta, Robert Dicke e Jim Peebles intervennero in parecchi dibattiti pubblici per spiegare perché Omega *deve* essere prossima a 1. Spesso gli interventi erano intitolati «Il problema dell'essere piano». Le loro argomentazioni erano le seguenti: sappiamo che le sole stelle producono un'Omega maggiore di 0,01, mentre il fatto che l'universo non collassi implica che Omega è inferiore a 2. Poiché la densità è ora prossima alla densità critica, nel passato deve essere stata ancora più vicina ad essa. Più si va indietro verso il Big Bang, più ci si avvicina a 1. Se si va indietro a circa 3 minuti dopo il Big Bang, nel momento in cui, secondo Gamow e Weinberg, l'elio e gli elementi leggeri stavano finendo di «cucinarsi», allora la densità dell'universo doveva essere all'incirca quella dell'acqua e Omega doveva stare entro una parte di un centesimo di milionesimo di milionesimo (10^{-14}) di 1. A un secondo, Omega sarebbe stata entro un dieci-milionesimo di un miliardesimo (10^{-16}) di 1. E nel lasso di tempo più breve che si può immaginare, il tempo di Planck (10^{-43} secondi) – proprio all'inizio dell'universo – sarebbe stato circa entro 10^{-60} di 1. È quindi un valore così vicino a 1 che si può ragionevolmente ritenere che non si tratti semplicemente di fortuna; qualcosa fa sì che Omega sia 1 con tutte quelle cifre decimali.

Una seconda ragione teorica per cui Omega doveva essere quasi 1 è che è più facile produrre strutture, cioè, galassie, ammassi e superammassi di galassie. Interessanti osservazioni astronomiche fatte nel corso degli anni Ottanta hanno rivelato che l'universo presenta un numero di strutture superiore a quanto si fosse mai immaginato. Per esempio, il mio collega Marc Davis ha iniziato un programma per fare uno studio sistematico del cielo, ricavando così gli spostamenti verso il rosso e le distanze di migliaia di galassie. È ora chiaro che le galassie non sono sparse più o meno casualmente nello spazio, come sembrava un tempo, ma sono aggregate sotto forma di ammassi e superammassi, come una schiuma cosmica dove le pareti delle bolle rappresentano concentrazioni di galassie, mentre l'interno delle bolle rappresenta vaste zone di spazio vuoto. E, basandosi sulle velocità peculiari della nostra e delle galassie vicine, un gruppo di astronomi che si definiva «I sette samurai»[3] hanno dedotto l'esistenza di un gigante cosmico – il Grande Attrattore, di cui si è parlato nel capitolo VII – a circa 150 milioni di anni-luce e quasi ugualmente immenso, in direzione del superammasso Hydra-Centaurus. Popolato da decine di migliaia di galassie, un tale corpo rappresenterebbe una concentrazione veramente inimmaginabile di materia.

Nel 1986, Valerie de Lapparent, Margaret Geller e John Huchra hanno pubblicato un prezioso documento. In aggiunta a questa disposizione «schiumosa» delle galassie nello spazio, hanno trovato prova dell'esistenza di strutture anche più grandi, larghe centinaia di milioni di anni-luce (per fare un paragone, la Via Lattea è appena sessanta milioni di anni-luce). Uno di questi lenzuoli massicci di galassie, chiamato la Grande Muraglia, è un caleidoscopio di migliaia di galassie. In contrapposizione a queste enormi concentrazioni, esistono anche vuoti immensi. Uno di questi, molto famoso, è chiamato il Grande Vuoto in Bootes e ha dimensioni dell'ordine di 100 milioni di anni-luce.

Come conseguenza di questa dimostrazione osservativa e teorica, risulta chiaro che l'attuale universo è assai più «grumoso» di quanto avessimo pensato non molto tempo fa. Tuttavia, le grandi concentrazioni di massa che vediamo negli ammassi, superammassi e strutture di ordine superiore sono accompagnate da quantità assai maggiori di materia oscura. È proprio la quantità di materia oscura presente all'interno di queste strutture – piuttosto che sparsa fra loro – che determina quanto l'universo sia costituito da grumi.

Grazie alle nostre osservazioni della radiazione di fondo cosmico fatte dall'U-2, e ad altre misure, sapevamo già che le variazioni – le pieghe – nell'universo primordiale erano assai piccole. Le pieghe erano «semi» all'interno dei quali la materia si aggregava per la spinta gravitazionale, formando le strutture odierne. Poiché le pieghe erano assai piccole, se le strutture che vediamo oggi si sono formate in 15 miliardi di anni-luce dal Big Bang, devono esistere limiti sulla quantità di materia presente nell'universo. Se l'universo ha una densità *media* prossima alla densità critica, alcune regioni avranno un'Omega effettivo maggiore di 1 e altre inferiore. Queste regioni con un'Omega maggiore di 1 a un certo punto collasserebbero per andare a formare le strutture, mentre regioni meno dense diventerebbero vuote, dando così origine alla struttura schiumosa dell'universo attuale. Se Omega fosse, tuttavia, al di sotto di 1, allora collasserebbero solo poche zone. Più vicino è Omega a 1, più facile è formare la struttura dell'universo che gli astronomi osservano attualmente.

Che cos'è la materia oscura che sembra costituire gran parte dell'universo? La materia che noi conosciamo è costituita da un insieme di protoni e neutroni, noti in questa loro combinazione come barioni, e gli elettroni che li accompagnano. Che anche la materia oscura sia di natura barionica e non possa essere vista solo perché non risplende? Non esiste alcuna ragione teorica per scartare questa ipotesi e i calcoli della nucleosintesi primordiale (la produzione di nuclei da protoni e neutroni nell'universo primordiale) durante il Big Bang e gli eventi successivi ci consentono di valutare la densità della materia barionica, sia visibile che oscura. Una densità di materia barionica, 100% della densità critica ci consentirebbe di affermare con certezza che tutta la materia è composta dalle stesse particelle fondamentali di cui siamo composti noi e tutto ciò che ci circonda. Una cifra inferiore al 100% ci costringerebbe a riconoscere che l'universo è composto da tre tipi di materia: la materia barionica visibile che conosciamo da tempo, la materia barionica oscura, che, seppure per noi nuova, è composta dalle stesse particelle fondamentali e una terza classe completamente sconosciuta.

Secondo i calcoli della nucleosintesi nel Big Bang, elaborati da Dave Schramm dell'Università di Chicago e dai suoi collaboratori, la materia barionica rappresenta non oltre il 10% della densità critica. Siamo quindi costretti a riconoscere che fino al 90% della materia presente nell'universo ci risulta invisibile e relativamente sconosciuta o forse non riconoscibile. Si è così cominciato a svelare un mistero di proporzioni enormi; l'esistenza della materia oscura, barionica e non barionica, è una parte importante di quel mistero.

Non abbiamo certo una carenza di candidati per la meno esotica delle nostre ricerche: la materia oscura barionica. Può presentarsi in svariate forme: nuvole di gas o di polvere, grandi oggetti simili a pianeti, varie forme di stelle degradate e buchi neri. È vero, alcune di queste sono fra i corpi più enigmatici dell'universo, ma almeno si sa che esistono, e possono esistere in quantità sufficiente da rappresentare tutto il complemento della materia barionica oscura.

È improbabile che la polvere, o l'idrogeno, o il gas elio – sia che siano distribuiti finemente o sotto forma di nubi – possano essere una delle componenti principali della materia barionica oscura in quanto sarebbero sicuramente individuabili, soprattutto in quanto condizionano la visibilità delle galassie che stanno al di là. Tuttavia, se il gas o la polvere si fossero condensati per formare oggetti densi, come piccole stelle nane marroni o grandi oggetti sotto forma di pianeti, allora è possibile che grandi quantità di materia oscura risultino effettivamente invisibili, almeno a un esame immediato.

I miei colleghi, Kim Geist, un teorico, e Bernard Sadoulet, un fisico francese che dirige il Centro per l'Astrofisica delle Particelle di Berkeley, chiamano i corpi di questo tipo, oggetti massicci e compatti, aloni o MACHO, utilizzando le iniziali delle parole inglesi.[4] Oltre alle stelle nane marroni e agli oggetti simili a pianeti, i MACHO potrebbero comprendere i buchi neri e le stelle spente, come le stelle nane bianche o le stelle di neutroni, come ipotizzato dal mio collega di Berkeley, Joseph Silk.

I buchi neri sono forse gli elementi più enigmatici e più difficili da individuare e quantificare. Fin dal Settecento gli scienziati hanno ipotizzato mondi così massicci che nulla poteva sfuggire alla loro attrazione gravitazionale, neppure la luce. All'inizio del ventesimo secolo, J. Robert Oppenheimer utilizzò la teoria generale della relatività di Einstein per spiegare come si poteva formare un buco nero: il buco nero deformerebbe lo spazio circostante in maniera così profonda che la velocità di fuga supererebbe la velocità della luce; sappiamo che questa non può essere superata da nulla; quindi nulla, neppure la luce, può lasciare un buco nero. I buchi neri possono trovarsi al centro delle galassie, compresa la nostra. Il centro della Via Lattea emette intense radiazioni gamma – forse il «grido di morte» di stelle che collassano in un buco nero. I buchi neri possono anche essere distribuiti negli aloni galattici, dove costituiscono una parte sostanziale della materia oscura barionica.

In linea di principio, è possibile individuare la materia oscura barionica in quanto è composta dalle stesse particelle fondamentali che conosciamo. Ma occorre un po' di fantasia. Se gran parte della materia oscura barionica è composta da qualche tipo di MACHO, allora è sicuramente molto concentrata e può essere necessario individuarla per gli effetti che genera su altri oggetti visibili, ma non direttamente. Per esempio, Bohdan Paczyǹski, un astronomo di Princeton, suggerì un simile metodo di rilevamento quasi dieci anni fa. Quando un MACHO passa di fronte a una stella lontana, la sua gravità si flette e focalizza leggermente la luce della stella, rendendola più brillante per un breve intervallo di tempo. Charles Alcock, del Lawrence Livermore Laboratory, è responsabile di un programma di ricerca simile, portato avanti dal Centro di Berkeley per l'astrofisica delle particelle. La ricerca parte dalla nube di Magellano, una piccola galassia a circa 160.000 anni-luce dalla Via Lattea. Se l'ipotesi di MACHO ha qualche conferma, nell'alone della Via Lattea devono esistere milioni di corpi di tale tipo e ognuno di essi può potenzialmente rendere una stella più brillante per un breve periodo di tempo. Poiché la Grande Nube di Magellano comprende più di un milione di stelle, l'intero programma di osservazione stellare richiederà costanza e pazienza.

Non dimenticate che questa, come pure altre ricerche, hanno come obbiettivo l'individuazione del solo 10% della possibile materia oscura dell'universo. L'altro 90% della materia oscura è nonbarionica, poiché è composta da particelle diverse da protoni, neutroni ed elettroni. Se la ricerca della materia oscura barionica è considerata una grande sfida, la ricerca della materia nonbarionica lo è ancora di più. Dobbiamo ricordare che le condizioni nel primo istante del Big Bang erano veramente straordinarie e in tale condizioni poteva essere prodotto ogni tipo di materia. Alcuni di questi tipi esotici di materia possono essere stati sufficientemente stabili, sufficientemente abbondanti e massivi da divenire la componente dominante, seppur invisibile dell'universo attuale. Sebbene questo tipo particolare di massa eserciti un'influenza gravitazionale sulla materia visibile – da cui le velocità peculiari osservate delle galassie – non riesce a interagire per via elettromagnetica e risulta, quindi, invisibile. Che cos' è quindi?

Gli astrofisici hanno ipotizzato l'esistenza di due forme principali di materia oscura di particelle nonbarioniche, calde e fredde, ognuna delle quali è stata, a fasi alterne, il candidato favorito. Gli aggettivi *caldo* e *freddo* si riferiscono alle velocità previste delle particelle: le particelle calde si muovono rapidamente, quelle fredde lentamente. (La materia oscura barionica può essere ritenuta una forma di materia oscura fredda in quanto anch' essa si muove lentamente.)

Uno dei candidati più interessanti per la materia oscura calda è il neutrino, di cui esistono tre forme: il neutrino elettronico, il neutrino muonico e il neutrino tau. Queste particelle subatomiche si trovano ovunque; miliardi di esse stanno attraversando in maniera innocua il vostro corpo mentre state leggendo questa frase. Fino alla fine degli anni Settanta, i neutrini erano considerati particelle prive di massa (come i fotoni). Scienziati americani e sovietici, separatamente, dimostrarono poi che i neutrini elettronici potrebbero avere una piccola massa di circa 30 eV che è prossima allo 0, 0000001% della massa di un atomo di idrogeno.[5] Se è vero, la massa totale dei neutrini presenti nel cosmo potrebbe rappresentare la quantità prevista di materia oscura nonbarionica ed essere persino sufficiente per chiudere l'universo (cioè, provocare l'eventuale collasso). In seguito, esperimenti e osservazioni compiuti sui neutrini della supernova 1987A mostrarono che la massa del neutrino elettronico è significativamente inferiore ai 30 eV. Tuttavia, alcuni teorici ipotizzano che il neutrino tau potrebbe avere una massa di quell'ordine di grandezza.

Esiste un'obiezione generale a qualsiasi forma di materia oscura calda. Tale obiezione fa riferimento alla velocità delle particelle e ai requisiti necessari per iniziare il processo di condensazione delle galassie dalla materia ordinaria. Sappiamo che le galassie si sono formate quasi all'inizio della storia dell'universo, forse mezzo miliardo di anni dopo il Big Bang. Il processo di condensazione della materia primordiale deve essere iniziato subito dopo la separazione della materia dalla radiazione, da dieci a centomila anni dopo il Big Bang. Sorge così un problema per l'esistenza di materia oscura calda, poiché, in tal caso, le galassie si sarebbero formate assai più tardi di quando supponiamo si siano formate.

Le particelle di materia oscura calda si sarebbero mosse a una velocità prossima a quella della luce subito dopo il Big Bang. Come risultato, nel momento in cui è cominciato il processo di condensazione, qualsiasi concentrazione primordiale di materia di questo tipo si sarebbe dissolta nel momento in cui le particelle si fossero allontanate a grandi distanze. Le strutture più piccole che potrebbero essere nate sotto l'influenza della materia oscura calda risulterebbero di una dimensione di circa 10 milioni di anni-luce. Ma questa è la grandezza dei superammassi galattici, non delle singole galassie. Da tali superammassi si sarebbero poi condensate le singole galassie. Con questa dinamica cosiddetta «dall'alto al basso» nella storia dell'universo le galassie si sarebbero formate assai più tardi di quando sappiamo. La materia oscura calda viene quindi scartata come candidato per la materia nonbarionica, in quanto non può aver contribuito a formare le galassie in tempo utile, a meno che, naturalmente, qualcos'altro non abbia fornito strutture stabili delle dimensioni delle galassie con le quali ha interagito la materia oscura calda.

È stato quindi proposto un altro candidato: le stringhe cosmiche.

Sembra un film di fantascienza: un enorme oggetto a forma di lunga stringa con sezioni con una terribile spinta gravitazionale attraverso tutto il Sistema solare. Come una frusta cosmica, colpisce la Terra e la disgrega per poi scomparire quasi alla velocità della luce, lasciando dietro di sé un mondo privo di vita. Nonostante appaia molto strano, l'esistenza di tali oggetti è stata sostenuta da vari cosmologi e questo forse dimostra quanto fossero ansiosi di spiegare come si siano condensate le strutture nell'universo primordiale, in particolare le strutture su vasta scala.

Le stringhe cosmiche rappresentano un esempio di difetto topologico presente nel cosmo e sono certamente il difetto più noto. Il concetto di difetto topologico riguarda la simmetria e come, a volte, questa venga a mancare. L'acqua è un buon esempio: l'acqua appare esattamente nello stesso modo in tutte le direzioni; non ha struttura. Quando l'acqua si gela e diventa ghiaccio, presenta una simmetria diversa. Il ghiaccio è formato da lunghi lattici di cristallo costituiti di atomi orientati in direzioni specifiche. Il grado di simmetria dell'acqua è legato alla sua temperatura e, a certe temperature, l'acqua è sottoposta a «transizioni di fase», quando, per esempio, dallo stato liquido si trasforma in ghiaccio.

Qualcosa di simile è accaduto dopo il Big Bang. All'origine del nostro cosmo l'universo primordiale era estremamente caldo e denso. Le forze erano unite in un'unica forza frondamentale simmetrica. Il cosmo si è poi espanso e raffreddato. Quando la temperatura è scesa, si è rotta la simmetria originale e la forza primaria si è frammentata in forze secondarie, ognuna delle quali si è manifestata in modo diverso. Queste forze si differenziano ora in forza elettromagnetica e in forze nucleari forti e deboli. In altre parole, il processo di alterazione della simmetria che trasforma l'acqua in cubetti di ghiaccio è simile al processo che ha generato l'universo che ci circonda. L'elemento chiave è la temperatura.

L'universo del Big Bang si è espanso sino a divenire enorme, raffreddandosi man mano che aumentavano le sue dimensioni. A un certo punto fu sufficientemente freddo da avviare il processo di rottura della simmetria e di differenziazione delle forze, un congelamento che ebbe luogo in innumerevoli punti dello spazio. Iniziando in ognuno di questi punti, il processo di rottura della simmetria si allargò per tutto l'universo alla velocità della luce. Inevitabilmente, queste regioni in continua espansione, in cui era venuta a mancare la simmetria, entrarono in collisione. E quando ciò accadde, la simmetria venuta meno in ogni regione in espansione non si combinò più perfettamente con le altre regioni con cui veniva a contatto. Questo produsse conseguenze drammatiche.

L'analogia più evocativa è quella di uno stagno in una giornata fredda. Diverse parti dello stagno cominciano a cristallizzarsi e, mentre il ghiaccio si diffonde nello stagno, diverse regioni durante il processo di raffreddamento vengono in contatto con altre regioni analogamente sottoposte a raffreddamento. Tuttavia, raramente i cristalli di una regione si uniscono perfettamente a quelli di altre. È questo il motivo per cui il ghiaccio in uno stagno, in un cubetto, è attraversato da sottili linee bianche, che rappresentano in realtà delle fratture nei punti in cui i cristalli non sono propriamente allineati.[6]

Nell'universo in via di raffreddamento, la rottura della simmetria può aver provocato l'allineamento improprio di diverse regioni. Di conseguenza, si sono formate delle imperfezioni. Queste screpolature hanno conservato la condizione simmetrica, supercalda e supermassiccia, originale del Big Bang. Le imperfezioni potevano essersi manifestate in svariate forme, come monopoli magnetici, pareti di dominio, tessuti o stringhe cosmiche. I monopoli magnetici sarebbero difetti «a dimensione zero», di fatto «punti» privi di altezza, larghezza o profondità. Le pareti di dominio presenterebbero, invece, due dimensioni, come immensi lenzuoli che attraversano lo spazio. I tessuti avrebbero, invece, tre dimensioni. E le stringhe cosmiche sarebbero oggetti con una sola dimensione, lunghi, ma senza larghezza o profondità. Rese irte dall'energia primaria, le stringhe sarebbero in realtà terrificanti.

Originariamente le stringhe cosmiche furono studiate da ricercatori come: Alexander Vilenkin dell'Università di Tufts, Thomas W. B. Kibble dell'Imperial College in Inghilterra e dal teorico russo Jakov Zel'dovič. Ma il loro più accanito sostenitore fu Neil Turok, un giovane inglese alto e magro, con occhiali scuri alla Clark Kent, che rimase compassato di fronte ai critici più severi. Turok, studioso errante, che ha lavorato a Princeton e in altre scuole, insieme con i suoi colleghi utilizza il computer per simulare l'evoluzione delle stringhe dopo il Big Bang. Massicce come le galassie e, tuttavia, sottili come fili di cotone (e forse lunghe come l'intero cosmo), le stringhe si muoverebbero a scatti nell'universo, forse creando occasionalmente anelli nel momento in cui la stringa attraversa se stessa. Queste stringhe cosmiche potrebbero essere state il catalizzatore che ha spinto la materia oscura calda ad avviare la formazione delle prime galassie.

Era un'idea entusiasmante e i mezzi di informazione l'accolsero calorosamente, ma poi fu messa da parte. Uno dei motivi è che le simulazioni con i computer mostravano che le stringhe sarebbero state troppo instabili e deboli per poter formare le strutture galattiche. «Man mano che venivano migliorate le simulazioni con il computer, cominciavano a sparire le virtù delle stringhe cosmiche» annunciò Turok alzando una simbolica bandiera bianca. «Chiunque voglia i miei codici di stringhe, li può avere.» Alla fine degli anni Ottanta, gran parte dei cosmologi aveva spostato il centro di interesse dalla materia oscura nonbarionica calda a quella fredda. Alcuni come Turok e il suo collega David Spergel di Princeton continuano a sostenere la teoria delle imperfezioni nel tentativo di difendere la legittimità dei loro colleghi. All'inizio del 1990 hanno ipotizzato che un'altra imperfezione, i tessuti, poteva costituire una possibile alternativa, ma non hanno fatto molti progressi nel convincere i loro colleghi a sostenere tale teoria.

La materia oscura nonbarionica fredda può apparire come il cugino povero di quella calda, poiché viaggia nel cosmo a una velocità che è una piccola frazione della velocità della luce, ma risponde a molti dei requisiti delle condizioni esistenti all'inizio della formazione delle galassie. Data la loro scarsa velocità e la loro modesta interazione con la luce, le particelle di materia oscura fredda potrebbero aver iniziato ad aggregarsi sotto l'influenza delle pieghe primordiali, formando semi delle dimensioni delle galassie e senza lasciare sbavature. La materia barionica si sarebbe quindi aggregata su questi semi, dando forma alle galassie, un miliardo di anni dopo il Big Bang. Gli ammassi e i superammassi galattici si sarebbero formati in seguito, soddisfando, dal basso all'alto, alla creazione della struttura complessiva dell'universo. Se quanto descritto è vero, ci troviamo ad abitare in un sistema solare barionico, originato da semi nonbarionici. «L'esplorazione della materia oscura nonbarionica potrebbe trasformare l'astronomia» ha scritto l'astrofisico Scott Tremaine. Ha poi aggiunto che stiamo vivendo «la prima fase di una rivoluzione contro la cosmologia "bariocentrica" che segue la rivoluzione che Copernico ha condotto contro la cosmologia "geocentrica"».

Le simulazioni con i computer sono servite a rafforzare la tesi secondo cui la materia oscura fredda costituisce la maggior parte dell'universo. Per esempio, i modelli di formazione delle galassie ideati da Joel Primack e George Blumenthal dell'Università della California a Santa Cruz e basati sulle proprietà della materia barionica e della materia oscura nonbarionica simulano il processo di evoluzione del cosmo. E il mio collega di Berkeley Marc Davis ha dimostrato che la struttura su larga scala dell'universo che emerge dai modelli computerizzati basati sulla materia oscura fredda è più attendibile di quella basata sulla materia oscura calda. Questa teoria è stata ulteriormente sviluppata dal teorico canadese Dick Bond e dal suo collega inglese George Efstahiou.

Sebbene le proprietà della materia oscura fredda siano conformi con la storia dell'universo che conosciamo, la sua natura rappresenta ancora una vera sfida. I cosmologi hanno presentato un gruppo di particelle ipotetiche, note come particelle massicce a debole interazione, o WIMP,[7] come le ha definite Michael Turner dell'Università di Chicago. Discendenti sia dalla teoria della grande unificazione che da quella supersimmetrica, le particelle WIMP devono avere vita lunga ed essere stabili; devono avere la medesima massa e devono interagire solo debolmente con la materia barionica. Come il concetto di antimateria di Dirac degli anni Venti, la teoria della supersimmetria sostiene che per ogni particella ordinaria esista una particella speculare supersimmetrica. Per esempio, ogni fermione (particelle come i quark e i leptoni) presenta una controparte chiamata bosone (particelle come i fotoni e i gluoni). Sino a ora non è stata individuata nessuna di queste particelle speculari; ciononostante i fisici non hanno desistito dall'attribuire loro i nomi più singolari. Per il fotone esiste, in teoria, una particella supersimmetrica nota come «fotino», per il quark uno «squark», per il neutrino, uno «sneutrino» e così via.

Vi sono altri candidati per la materia oscura non-barionica oltre ai WIMP: il neutrino pesante e una particella leggera chiamata assione. Poiché presenta una massa che è due volte quella del protone, il neutrino pesante non sarebbe affatto un vero neutrino e, in ogni caso, la sua stessa esistenza richiederebbe una revisione del modello standard della fisica delle particelle. L'assione, così definito sia da Steven Weinberg che da Frank Wilczek nel 1978, potrebbe essere un candidato per la materia oscura se mostrasse una massa minuscola, inferiore a un miliardesimo della massa di un elettrone, e avesse una vita media praticamente infinita. Secondo i teorici, è possibile che queste particelle ipotetiche siano state prodotte in grande quantità dall'aggregazione di quark nel momento della formazione di protoni e neutroni e rappresentino, a quell'epoca, la forma prevalente di materia.

La lista della materia oscura nonbarionica tuttavia continua e anche in maniera più bizzarra. Altre possibilità comprendono i cosiddetti pezzetti di quark e i piccoli buchi neri: entrambi richiedono condizioni iniziali piuttosto insolite. Queste presunte forme di materia rappresentano le fantasie di uomini e donne disperati che cercano freneticamente soluzioni a problemi sconcertanti. O sono l'indicazione legittima che con la scoperta della materia oscura la cosmologia entra in un terreno incognito al di là della nostra comprensione immediata?

In ogni caso, diversi gruppi di ricercatori hanno recentemente approntato esperimenti per individuare la presenza di WIMP e altre particelle di materia oscura nonbarionica, il che, data la scarsa conoscenza di questo mondo di ombre, rappresenta una sfida tecnica non indifferente. Per esempio, presso il Brookhaven National Laboratory, i fisici stanno cercando di individuare assioni utilizzando un cilindro di rame circondato da un magnete superconduttore; nel momento in cui gli assioni passassero attraverso il campo magnetico, farebbero vibrare lievemente il cilindro e emetterebbero microonde. Altri gruppi cercano di individuare WIMP nei raggi cosmici. Bernard Sadoulet e i suoi colleghi, invece, sperano di misurare le vibrazioni e la ionizzazione generati dai WIMP sparando attraverso un rivelatore superraffreddato. Il loro strumento verrà provato a Stanford a una profondità di oltre 18 metri in modo da schermare i raggi cosmici e altre interferenze.

Sempre a Stanford, il fisico Blas Cabrera sta sviluppando un rivelatore che contiene superconduttori; sembra che questi perdano la loro superconduttività quando vengono riscaldati leggermente da un WIMP di passaggio. In Inghilterra, Peter Smith del Rutherford-Appleton Laboratory vuole posizionare dei rivelatori di WIMP a una profondità di oltre novecento metri in una miniera sulla costa nord-orientale dell'Inghilterra. Uno dei suoi rivelatori contiene un cristallo di ioduro di sodio; qualora i suoi elettroni o nuclei vengano colpiti da un WIMP, esso emetterà un lampo di luce o scintillerà. In Italia, Ettore Fiorini dell'Università di Milano posizionerà rivelatori di WIMP nella galleria del Gran Sasso negli Appennini.

Mentre attendiamo di vedere per la prima volta una di queste particelle esotiche, esiste una preoccupazione diffusa. La forza teorica della materia oscura fredda nonbarionica, cioè la sua facilità a raggrupparsi all'inizio della formazione delle galassie, può costituire anche la sua debolezza. L'effettivo aggregarsi su scala galattica farebbe diminuire la quantità di materia oscura sulle scale più ampie, cioè al di là delle galassie e del loro alone oscuro. Forse non è sufficiente la materia oscura fredda per spiegare la quantità totale di aggregazioni alle scale più ampie, gli ammassi di ammassi di galassie.

Occorrerebbe aggiungere qualcos'altro, il che vorrebbe dire ritornare alla materia oscura calda. Così vanno le cose.

Nel 1977 quando Vera Rubin e Kent Ford fecero la scoperta che attribuì alla materia oscura il ruolo legittimo di enigma cosmologico, la Rubin pensò che tale enigma sarebbe stato risolto in meno di un decennio. Sono già trascorsi dieci anni e non sono stati compiuti progressi significativi. Come dice la Rubin «Pensavo onestamente che oggi le nostre conoscenze sarebbero state più profonde. È davvero deprimente rendersi conto che la risposta è più lontana che mai.»

Durante le ricerche volte ad approfondire questo tema, è aumentato considerevolmente il nostro interesse per l'universo e le sue origini. Ci trovavamo di fronte a un grande paradosso: con la sua struttura a schiuma di galassie, i suoi ammassi, superammassi e altre strutture massicce, l'attuale universo si presenta evidentemente estremamente grumoso; e, tuttavia, sapevamo dalle misure della radiazione di fondo cosmico che nell'universo primordiale la distribuzione della materia era praticamente uniforme. La sfida consisteva nello spiegare l'originaria omogeneità onnipresente che, in qualche modo, con la presenza, sotto diverse forme, della materia oscura, si è evoluta nell'attuale incredibile eterogeneità.

La probabile risposta non era lontana: l'inflazione.

IX

L'universo inflazionario

Il 14 febbraio 1982, giorno di San Valentino, all'Università di Stanford, il fisico Blas Cabrera ebbe un insolito dono: un segnale sul rivelatore che si trovava nel suo laboratorio nel sotterraneo dell'istituto. Lo strumento avrebbe dovuto rivelare particelle chiamate monopoli magnetici (poli magnetici nord o sud isolati), che si pensa siano residui del Big Bang. Cabrera aveva appena acceso per la prima volta il suo meraviglioso nuovo rivelatore superconduttore. Era possibile che avesse individuato così rapidamente una di queste particelle inafferrabili? I mezzi di informazione fiutarono l'importanza dell'evento. Il «New York Times» pubblicò un articolo in prima pagina. Cabrera non diede accesso alle telecamere della TV per timore che «avrebbero trasformato il laboratorio in uno zoo». Esitando a identificare quel segnale come un vero monopolo, attese l'arrivo di un altro segnale. Passarono i giorni, le settimane, i mesi. Il fisico di Harvard, Sheldon Glashow, inviò a Cabrera una poesiola:

> Le rose sono rosse, le viole sono blu,
> È giunta l'ora per il monopolo due, quaggiù.

Ma il monopolo non apparve. Tuttavia, neanche dopo dieci anni di attesa Cabrera aveva perso la speranza. Molti fisici sospettano che il monopolo del 1982 fosse un impulso spurio di origine strumentale, forse addirittura lo scherzo di uno studente. Negli anni Ottanta, in tutto il mondo, decine di altri gruppi di scienziati cercarono di individuare i monopoli, ma nessuno ebbe successo. L'interesse che i mezzi di informazione avevano mostrato per i monopoli si trasformò in cinismo. Nel 1985, «The Wall Street Journal» definì le ricerche sui monopoli «uno dei giochi dell'oca più pazzi nella storia della scienza».

Tuttavia, vi era molto in gioco e questo è il motivo per cui le ricerche sui monopoli continuano a tutt'oggi. Varie ipotesi tendono a spiegare tutte le forze note con una sola equazione, un'equazione «che si può indossare su una maglietta» come dice scherzando Leon Lederman. Queste ipotesi sono note come teorie della grande unificazione[1] e sostengono che i monopoli devono esistere. Dove si trovano, quindi, queste particelle inafferrabili?

Ironicamente, forse la risposta era già stata trovata – nello stesso campus della California settentrionale – tre anni prima della presunta scoperta di Cabrera. Nel dicembre 1979, Alan Guth propose un'ipotesi che rappresentava un'estensione drammatica della cosmologia del Big Bang, nota come teoria inflazionistica. Guth immaginò un Big Bang ultrarapido e ultrabreve nell'ambito del Big Bang originario, che avrebbe avuto luogo nel primo istante della creazione e che avrebbe stabilito le condizioni per l'evoluzione del cosmo. Guth non è stato l'unico a giungere a questa soluzione radicale. Simili possibilità furono ventilate dal giapponese Katsuhiko Sato e da Alexei Starobinsky dell'ex-Unione Sovietica (seguito da Andre Linde). Questi ultimi non divulgarono tuttavia le loro idee; lo fece Guth, facendo tremare il mondo della cosmologia.

Di primo acchito, la teoria inflazionistica sembra risolvere una serie di problemi con i quali i cosmologi si erano a lungo confrontati e merita sicuramente per questo di essere considerata come la terza importante rivoluzione intellettuale nella storia della cosmologia. Suoi predecessori furono dapprima il lavoro intellettuale di Galileo e Newton, i quali dimostrarono che la fisica terrestre e celeste sono la stessa cosa, poi, il lavoro di Einstein, la cui teoria generale della relatività descriveva l'universo in espansione. L'inflazione assume grande importanza poiché unisce due discipline apparentemente non correlate: l'astrofisica (la scienza dell'incredibilmente grande) e la fisica dei quanti (la scienza dell'incredibilmente piccolo).

L'inflazione è un concetto estremamente autorevole e evidenzia tre dei principali problemi cosmologici. In primo luogo spiega il paradosso di un universo primordiale incredibilmente uniforme, come rivelato dalla regolarità della radiazione di fondo cosmico che in qualche modo si è evoluta nell'evidente grumosità dell'universo attuale. In secondo, l'assenza di monopoli magnetici e altri presunti residui dell'universo primordiale, l'assenza di rotazione dell'universo, l'aspetto piatto dello spazio, l'omogeneità dello spazio e anche perché la costante cosmologica di Einstein non era completamente falsa. In terzo luogo, infine, le ragioni per cui l'universo è in espansione. Inoltre, secondo la teoria inflazionistica, l'universo è assai più grande di quanto si possa immaginare; di conseguenza il nostro piccolo angolo di cosmo è ancora più piccolo di quanto avessimo mai pensato.

Non è male come elenco di risultati positivi per una sola teoria, sempre che sia valida.

Durante il mio dottorato al MIT, mi occupai di ricerche nella fisica delle particelle. Il relatore della mia tesi era una persona molto cara e amichevole, piena di energia ed entusiamo, David H. Frisch. Nel 1968, all'approssimarsi della data per il mio esame finale, chiesi a Dave e al suo collega, Louis Osborne, di farmi qualche domanda per esercitarmi all'esame orale. Nella sala delle riunioni, dove spesso pranzavamo, vi era un tavolo e delle sedie, una grande lavagna dove cercai di scrivere le risposte alle loro domande e una libreria con tutti i numeri del «Physical Review», una delle più importanti riviste di fisica. Dopo poco rispondevo più rapidamente e mi sentivo più a mio agio e sembrava non avessero altre domande da pormi. Ma Dave, mentre sembrava pensare a un'altra domanda, improvvisamente indicò la libreria e disse: «Vedi laggiù la collezione del "Physical Review" ? Avvicinati». Pensai che mi avrebbe chiesto di prendere un numero e spiegare un articolo o un risultato. Invece disse: «Osserva come il "Physical Review" aumenta di volume ogni anno. La distanza fra la copertina anteriore del primo numero di gennaio e quella posteriore dell'ultimo numero di dicembre cresce rapidamente. Quanto tempo occorrerà perché le copertine di un anno si allontanino a una velocità superiore alla velocità della luce?».

Sapeva che sarebbe stata una domanda sciocc ante e provocatoria. Come era possibile che le copertine si allontanassero più rapidamente della velocità della luce? Bene, pensai, ipoteticamente potrebbero, ma i problemi pratici? Era comunque il momento di concentrarsi e rispondere alla domanda; dopotutto era solo un'esercitazione. L'importante era riuscire a rispondere in maniera soddisfacente a chi mi stava interrogando. Mi resi conto che oltre a essere provocatoria, la domanda era in linea con la tradizione del MIT, stabilita e portata avanti da Vicki Weisskopf, che si proponeva di insegnare agli studenti a fare delle stime.

Nei problemi di fisica possono esserci molti fattori importanti, ma, generalmente, sono solo uno o due quelli dominanti. Per un fisico riuscire a fare delle stime rapidamente e con precisione significa sapere ciò che può essere trascurato e ciò che deve essere studiato e trattato attentamente. Dando un'occhiata alla libreria, tracciai sulla lavagna un grafico grossolano della distanza delle copertine di un anno in funzione degli anni. La curva saliva rapidamente con il trascorrere degli anni. Indicava una crescita esponenziale, cioè la curva dell'interesse composto o inflazione. Ogni anno vi era un fattore fisso superiore a quello dell'anno precedente. Lo spessore raddoppiava ogni sei anni circa. Era quindi facile sapere quando lo spessore dei numeri di un anno di «Physical Review» sarebbe stato superiore a un anno-luce.[2]

Frisch e Osborne insistettero, chiedendomi di spiegare perché le copertine potevano allontanarsi più rapidamente della velocità della luce. Vi era forse un conflitto con la relatività speciale? O vi era qualcosa che interveniva per non fare allontanare le copertine più rapidamente della luce? Queste domande non erano così difficili.

Questo enigma in qualche modo riprendeva il quesito cosmologico: in un universo in espansione le galassie possono allontanarsi più rapidamente della luce? Immaginai dei segnalibri, uno per ogni numero della rivista che sarebbe stato pubblicato, posti sullo scaffale con anni di anticipo rispetto alle date di pubblicazione previste. Se avessi avuto a disposizione un numero sufficiente di ricercatori, ognuno di essi nel luogo più idoneo per scrivere un articolo, avrebbero potuto farlo tranquillamente e poi inserirlo nel punto più appropriato di un numero della rivista. Per l'anno in cui le copertine di inizio e fine d'anno erano a un anno luce o più di distanza, si sarebbe avuta la sensazione che esse si allontanassero a una velocità superiore a quella della luce, anche se in realtà nessuna singola parte si sarebbe mossa in maniera rilevante. Dopo altri sei anni, le copertine di inizio e fine anno sarebbero parse allontanarsi a una velocità oltre due volte superiore a quella della luce. Di anno in anno le copertine si sarebbero dovute allontanare a una velocità proporzionale al numero della rivista (o data della pubblicazione). Questa è la legge di Hubble applicata al «Physical Review». Qualcosa di simile vale per il cosmo: al posto di fisici che scrivono articoli e li inseriscono nei numeri della rivista, l'universo genera spazio e lo pone fra le galassie. Non occorre che si muova nessuna galassia, poiché viene semplicemente posto più spazio fra l'una e l'altra.

«D'accordo, d'accordo» convennero Frisch e Osborne. «È possibile. Potresti dimostrarlo senza programmare così avanti nel tempo in modo che le informazioni non attraversino così tanti anni-luce?» No, senza segnalibri i ricercatori non avrebbero saputo dove mettere i loro articoli e li avrebbero posti accanto agli altri. Di conseguenza i dati del «Physical Review» avrebbero vagato nel grafico come un ubriaco che ha perso il senso della direzione e la capacità di coordinazione.

È il medesimo problema che si presenterebbe nell'organizzare l'universo. Se lo spazio è in espansione, è facile avere parti dell'universo che si allontanano con una velocità superiore a quella della luce (senza violare la relatività speciale). Se lo spazio è in espansione, allora due parti, separate da una distanza maggiore della velocità della luce divisa per la velocità di espansione, devono allontanarsi più rapidamente della velocità della luce anche se nessuna delle due si muove o si muove molto rapidamente in rapporto ai corpi vicini o allo spazio-tempo. Ciò che è impossibile è mantenere le cose sincronizzate e in armonia. È proprio questo problema di sincronizzazione che porta ai difetti o a un universo molto disarmonico e pieno di grumi. L'universo non è affatto così.

Il problema centrale è la sorprendente uniformità dell'universo primordiale, come svelato dalla radiazione di fondo cosmico. Come hanno dimostrato le nostre osservazioni e quelle di altri gruppi di ricercatori, l'intensità della radiazione di fondo cosmico risulta identica (almeno per una parte su diecimila) in tutte le direzioni del cosmo. In questo momento stiamo ricevendo radiazioni da innumerevoli regioni differenti dell'universo; regioni che non sono state in contatto l'una con l'altra fino a un istante dopo il Big Bang. E, tuttavia, ognuna di loro rileva quasi le stesse temperature. In assenza di interazione diretta fra queste regioni disparate, è possibile tale uniformità? Come può essersi stabilita e come può essersi mantenuta?

Secondo la tradizione, i cosmologi del Big Bang hanno ritenuto in modo arbitrario che l'universo fosse regolare in quanto lo era all'inizio. Questo tipo di premessa è insoddisfacente, non solo perché è come presupporre l'esistenza di un Onnipotente, ma anche perché non spiega le ragioni del perché fosse inizialmente regolare. Gli astrofisici, come la maggior parte degli scienziati, si sentono più a loro agio quando riescono a trovare un meccanismo che spiega il perché delle cose, senza rendere necessarie delle premesse arbitrarie. Il concetto di inflazione offriva alla cosmologia proprio questo meccanismo. È pur vero che la teoria inflazionistica era stata concepita originariamente non per spiegare l'uniformità della radiazione di fondo cosmico ma, in parte, per spiegare l'assenza di una particella misteriosa.

Nel 1978 il trentunenne Alan Guth era un ricercatore alla Cornell. Il suo amico Henry Tye si rivolse a lui e gli chiese di collaborare alla determinazione di quanti monopoli magnetici fossero stati generati dal Big Bang. «All'epoca mi parve un'idea quasi folle» commentò in seguito Guth. «Non mi ero mai occupato di cosmologia.» Alcuni decenni prima, Paul Dirac, notoriamente esperto di antimateria, aveva previsto l'esistenza di monopoli magnetici; disse che sarebbero state delle particelle con una singola (mono) carica magnetica (Polo Nord o Sud).[3]

Guth non prese in considerazione la proposta di Tye sino alla primavera successiva, quando ascoltò la lezione che Steven Weinberg tenne all'Università di Cornell. Weinberg è un teorico molto noto che si occupa di fisica delle particelle, il cui libro *I primi tre minuti* sul Big Bang e l'origine della materia, era appena stato pubblicato. Nel suo discorso, Weinberg parlò dell'utilizzo dei calcoli della grande teoria unificata per spiegare l'abbondanza di barioni nel cosmo, cioè di materia ordinaria quali i protoni e i neutroni. Guth rimase colpito; forse, dopo tutto, i problemi cosmologici non erano così intrattabili come aveva pensato. Così si unì a Tye nello studio dei monopoli, in particolar modo della loro abbondanza teorica.

Tye e Guth conclusero che i monopoli, che sarebbero stati prodotti dalla rottura della simmetria al termine dell'era dei GUT del Big Bang (circa 10^{-34} secondi), avrebbero circa la stessa probabilità di esistere degli atomi d'oro.[4] L'oro è raro e prezioso, ma può essere acquistato da un gioielliere. Dove si trovano, dunque, i monopoli? Per anni, i ricercatori hanno cercato invano queste particelle estremamente pesanti (una sola di esse può pesare quanto un batterio) nei luoghi più strani, come le rocce lunari, il ghiaccio dell'Antartide, le discariche. Forse i monopoli sono così inafferrabili in quanto non esistono nelle quantità previste dal modello tradizionale del Big Bang, rifletté Guth. È forse necessario qualcos'altro?

Il monopolo magnetico era il primo di due enigmi che indirizzarono Guth verso la teoria inflazionistica. Il secondo riguardava «l'aspetto piatto» dello spazio. Verso la fine del 1978, Guth ascoltò una relazione del fisico di Princeton, Robert Dicke, pioniere della ricerca sul Big Bang, intitolata «Perché l'universo è così piatto?» Dicke sottolineò il fatto che lo spazio dell'universo osservabile è, appunto, molto piatto.

Mentre Guth studiava l'inafferrabilità dei monopoli e l'estrema piattezza dell'universo, si scontrò con la semplice e, tuttavia, profonda nozione di inflazione. Se, nel primo istante dopo il Big Bang, prima che fossero trascorsi 10^{-12} secondi, l'universo fosse stato sottoposto a una improvvisa, rapida e crescente espansione, allora questi problemi sarebbero stati risolti. E, così, anche il mistero di un universo primordiale praticamente uniforme, e altri ancora. Sebbene molti di questi fenomeni risultino correlati, li esamineremo uno per uno.

Dapprima affronteremo il problema dell'uniformità dell'universo primordiale, come è dimostrato dalla regolarità della radiazione di fondo cosmico: come può essersi stabilita e come può essere stata mantenuta una tale uniformità durante i primi tempi della vita del cosmo? Il fenomeno dell'inflazione cosmica lo spiega con una facilità quasi imbarazzante.

Se pensiamo al primo istante dell'inflazione, troviamo prontamente la risposta. A quel tempo, un attimo dopo (per esempio 10^{-35} secondi) il primo istante della creazione, un brodo di energia primitivo racchiudeva tutta la potenziale massa e radiazione della nostra parte di universo. Esso era distribuito in una piccolissima regione che era un trilionesimo della dimensione di un protone (circa 10^{-25} centimetri). In pratica ogni cosa era connessa ed equivalente a ogni altra cosa, un'omogeneità primitiva. Nell'universo ebbe allora luogo una incomprensibilmente rapida eruzione di spazio, tale che nell'arco di 10^{-32} secondi la regione si espanse di almeno dieci metri. Poi terminò l'inflazione e quella regione di dieci metri di dimensione continuò a espandersi a una velocità inferiore, tipica del Big Bang classico fino alle sue dimensioni attuali, maggiori di un trilione di anni-luce. In quella piccolissima frazione di un secondo, l'universo si espanse di un fattore cento volte maggiore rispetto a quanto è avvenuto nei 15 miliardi di anni successivi.

L'omogeneità presente in quella piccola regione, in quel primo istante, si allargò fino a interessare una regione dell'universo assai più ampia di quella che possiamo vedere oggi. L'inflazione non richiede la premessa arbitraria di determinate condizioni iniziali, né il contatto fra regioni disparate dell'universo. Suggerisce semplicemente che l'iniziale, inevitabile omogeneità della materia sia divenuta la condizione universale per mezzo di una crescita breve ed esplosiva. Tuttavia, se queste fossero tutte le implicazioni della teoria inflazionistica, allora essa, per quanto elegante possa apparire la soluzione, potrebbe essere ritenuta debole. Ma, in realtà, tale teoria investe molti problemi cosmologici. Le teorie forti, per definizione, spiegano molti fenomeni.

Per esempio, la riflessione di Guth, secondo cui i monopoli non sono stati individuati in quanto esistono in piccolo numero, è in armonia con la teoria inflazionistica. Guth e Tye avevano calcolato che, secondo la teoria classica del Big Bang, i monopoli hanno la stessa probabilità di esistere dell'oro. Utilizzando determinati mo-

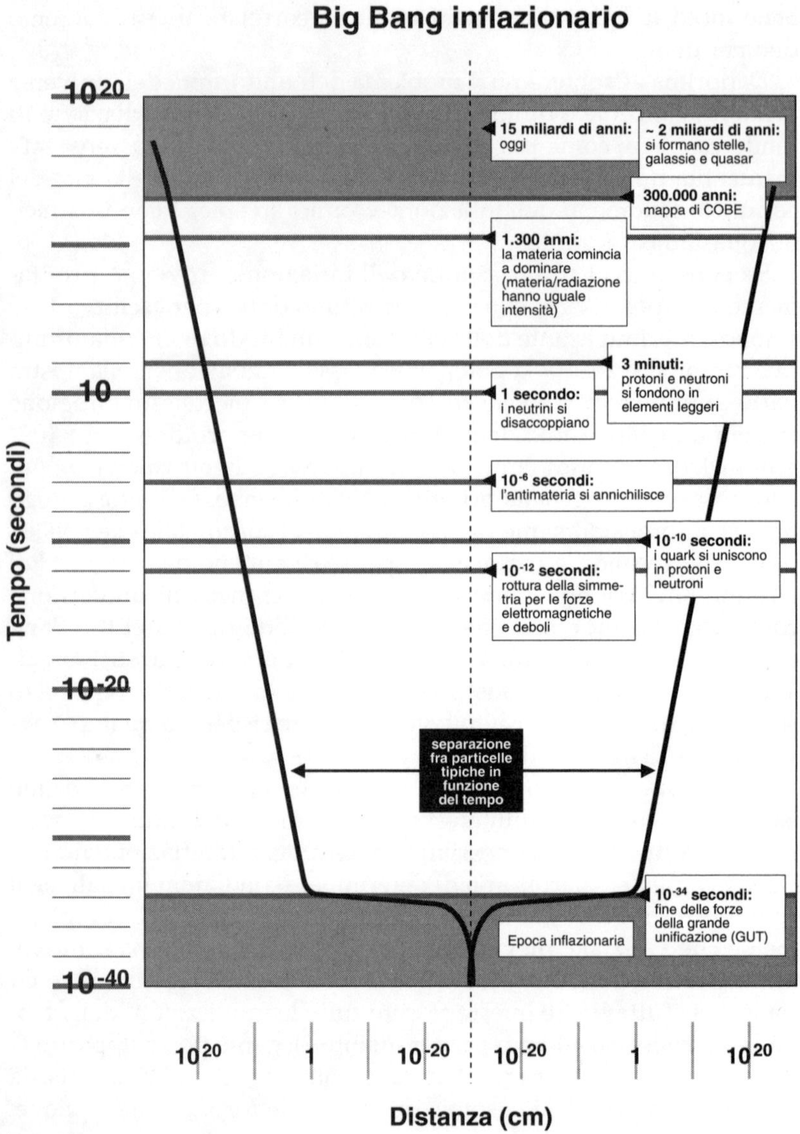

delli della grande unificazione, altri teorici sono giunti a ipotizzare che nell'universo dovrebbero esistere tanti monopoli quanti barioni (protoni e neutroni). Ciononostante, tutti questi calcoli si basano sull'andamento relativamente tranquillo dell'espansione convenzionale del Big Bang. L'espansione ultrarapida prevista per il periodo inflazionistico fa diminuire, invece, il numero dei monopoli: li fa diminuire al punto da aspettarsi di trovarne solo uno nell'intera regione da noi osservabile di 15 miliardi di anni luce.

Inoltre, l'assenza di rotazione dell'universo, che avevamo rilevato con le nostre osservazioni con gli U-2, non rappresentava più tanto un enigma in un universo inflazionario. Anche se l'universo avesse ruotato nelle sue prime fasi, l'espansione molto grande e rapida della fase inflazionistica avrebbe rallentato la rotazione sino a un livello trascurabile. Questo effetto può essere paragonato a quello di un pattinatore su ghiaccio che se chiude le braccia, mentre piroetta, si muove più rapidamente; quando allarga le braccia, piroetta assai più lentamente. (Ciò avviene perché vale la legge di conservazione angolare, un effetto inerziale.) Quando l'universo si espande – figurativamente allarga le braccia – la sua velocità di rotazione diminuisce. Siamo abituati a pensare ai corpi celesti , come lune, pianeti, stelle e galassie, in rotazione. Ma l'universo non ruoterebbe in maniera evidente. Le condizioni necessarie per il principio di Mach sarebbero soddisfatte solo in parte.

Ma fra tutte le conseguenze della teoria inflazionaria, la previsione di un universo piatto è quella che colpisce maggiormente. La straordinaria espansione durante il periodo inflazionario appiattisce lo spazio in maniera notevole. Immaginate di stare in piedi su una palla da pallacanestro: la curvatura della sua superficie appare molto pronunciata. Se la espandete di un fattore un milione, in maniera che il suo raggio corrisponda al raggio terrestre, la sua curvatura apparirà abbastanza piatta. Espandendola ulteriormente di un altro fattore un milione, la sua superficie sembrerà del tutto piatta. L'inflazione rappresenta assai più di un'espansione di un milione di un milione di volte. Lo spazio piatto corrisponde altresì alla predizione che Omega – il rapporto fra la densità critica dell'universo e la sua densità attuale – deve essere uguale a 1.

Come abbiamo visto nel capitolo precedente, il valore di Omega può essere, ed è stato misurato, comprovando così la validità della teoria inflazionistica. Attualmente, una valutazione ragionevole di Omega varia da 0,3 a 2, con molte misure astronomiche che danno valori prossimi a 1. I valori estremi possono apparire approssimativi, ma dati i limiti delle misure cosmologiche, l'accordo di valori è molto incoraggiante. Se le nostre valutazioni fossero state sbagliate di un ordine di grandezza o due, la teoria inflazionistica avrebbe superato male questa prova e, forse, l'avrebbe fallita. Possiamo quindi affermare che la previsione di Omega uguale a 1 ha buone possibilità di essere confermata. Direttamente collegata a questa previsione vi è, ovviamente, la supposizione successiva secondo cui gran parte della materia dell'universo debba essere la misteriosa materia oscura. La materia visibile nelle galassie rappresenta una frazione dell'1% della massa critica; quindi, se la massa critica deve essere 1, gran parte della materia deve essere oscura. È necessario che gli astrofisici scoprano la materia oscura o prove molto attentibili della sua esistenza, affinché l'inflazione rimanga un modello attendibile.

Sembra che il concetto inflazionistico abbia molto successo come soluzione a una serie di problemi cosmologici. Ma se non si fosse trovato un meccanismo per farla funzionare, non avrebbe attirato tanta attenzione. Il risultato è giunto grazie alla sinergia di idee provenienti da vari settori. Il meccanismo è stato trovato, il risultato raggiunto, mettendo insieme le riflessioni prodotte in varie aree di ricerca.

L'ultima settimana del mese di giugno del 1979 partecipai ad un convegno su «L'universo a grandi spostamenti verso il rosso» che si tenne a Copenaghen presso il Niels Bohr Institute. Una mattina, Dennis Sciama e io, mentre attraversavamo a piedi la città per recarci dal nostro albergo verso l'istituto, discutevamo della radiazione di fondo cosmico e del principio di Mach: quale era la relazione che li univa e cosa poteva averli uniti. Eravamo entrambi molto infervorati nella conversazione e ci sentivamo così vicini a quella relazione che decidemmo di pranzare insieme e continuare la discussione. Era una giornata molto bella: in compagnia di Steven Weinberg, prendemmo il nostro smørebrød, le sardine e la birra Carlsberg e andammo a sederci fuori sull'erba, sotto gli alberi.[5] Weinberg non tardò molto a chiederci «Cosa sapete delle transizioni di fase?». Risposi: «So solo quanto ho appreso nel corso di termodinamica tenuto da Philip Morse e nel laboratorio di fisica del terzo anno. Ricordo ancora molto bene l'esperimento della transizione di fase, quando il liquido superò il punto critico, divenne torbido e discontinuo e, dopo un attimo di calma, si congelò in un baleno».

«Bene» disse Weinberg «sto lavorando alle transizioni di fase nell'universo primordiale e devo scoprire se la transizione di fase GUT è del primo ordine (quindi discontinua, come l'acqua con il ghiaccio) o del secondo ordine (uniformemente continua). Le transizioni di fase sono importanti.»

La nostra discussione ritornò sulla radiazione di fondo cosmico. Sciama notò che la discussione avveniva nel luogo più appropriato, la casa di Bohr, che era uno dei fondatori della meccanica quantistica. E la meccanica quantistica, assicurò Sciama avrebbe fornito non solo la spiegazione dell'origine e dell'isotropia della radiazione di fondo cosmico, ma anche un modo per ovviare a quella iniziale singolarità, il buco nero all'origine dell'universo.

I teoremi sulla singolarità – da Roger Penrose a Stephen Hawking – ci dimostrano che se si estrapola abbastanza indietro nel tempo, il nostro spazio-tempo deve giungere a un punto geometrico: una catastrofe per noi e per la teoria. Tuttavia, guardando indietro, la materia e lo spazio-tempo dell'universo vengono limitati all'interno di un volume sempre più piccolo e ciò rende sempre più importanti gli effetti meccanici quantistici. Il principio dell'indeterminazione della meccanica quantistica (Heisenberg) dice che sia la materia-energia che lo spazio-tempo devono fluttuare. Come avviene nel caso di una lotta sulle sabbie mobili, le fluttuazioni della materia-energia non servono ad altro che a peggiorare le cose, accentuando l'effetto della gravità. Tuttavia, Sciama sottolineò che le fluttuazioni della curvatura dello spazio-tempo agiscono in modo opposto, indebolendo così l'effetto della gravità. Una gravità più debole potrebbe violare le condizioni necessarie a rendere vero il teorema della singolarità e a evitare la singolarità iniziale. Hawking aveva calcolato che questo è ciò che accade quando occasionalmente un piccolo buco nero consente l'emissione di particelle. Questa emissione dai buchi neri è chiamata radiazione di Hawking. Sciama riteneva che gli effetti quantistici, attraverso l'emissione di Hawking di energia e particelle durante la fase quantica della cosmologia, potessero essere l'origine della radiazione di fondo cosmico e potessero evitare la singolarità: era come prendere due piccioni con una fava. Questa conversazione avvenuta durante la pausa del pranzo aveva toccato tutti gli elementi dell'inflazione: l'idea era sicuramente attuale e sostenibile.

Il giapponese Katsuhiko Sato che si trovava a lavorare per un periodo di tempo a Copenaghen e Guth in un altro continente, si sarebbero presto resi conto che la grande unificazione della fisica delle particelle non poteva che confermare un universo inflazionario. Sato comprese anche una cosa dell'inflazione che Guth, in un primo momento, non era riuscito a vedere: che l'inflazione, che aveva reso uniforme l'universo primitivo, avrebbe prodotto anche piccole fluttuazioni che avrebbero potuto portare alla formazione delle galassie. Tuttavia, il lavoro di Sato non venne pubblicato subito; sebbene presentato ad una rivista all'inizio del 1980, non apparve se non alla fine del 1981, proprio, quando, per una di quelle strane coincidenze, tutto era pronto perché la fiamma di questo nuovo concetto divampasse all'interno della comunità cosmologica.

Nell'estate del 1982 Stephen Hawking organizzò un convegno sull'universo primordiale presso il Nuffield College di Oxford in Inghilterra riunendo scienziati come Alexei Starobinsky, Alan Guth, So Young Pi, James Bardeen, Paul Steinhardt, Michael Turner e altri. Ben presto il dibattito si centralizzò sull'idea che le fluttuazioni quantiche potessero produrre perturbazioni nell'uniformità della bolla inflazionaria. Una fluttuazione meccanica quantica – una piccola piega nello spazio-tempo – prodotta all'inizio dell'inflazione verrebbe ampliata fino a una lunghezza enorme per mezzo della stessa espansione che rende lo spazio così grande e uniforme. Una piega generata subito dopo l'espansione non verrebbe ampliata così tanto, e così via. Se il ritmo di espansione dell'universo fosse stato costante, allora le fluttuazioni meccaniche quantistiche avrebbero tutte la stessa caratteristica altezza di piega, ma presenterebbero lunghezze molto diverse, a secondo del tempo in cui hanno avuto origine. L'inflazione non elimina le fluttuazioni meccaniche quantistiche, ma le fa diventare increspature macroscopiche, di dimensioni cosmiche, distribuite attraverso lo spazio-tempo. Alcune saranno proprio della dimensione giusta da generare le strutture che vediamo oggi. Queste pieghe portano all'accrescimento gravitazionale di materia visibile e oscura, formando strutture, dalle galassie ai superammassi e oltre.

Come devono essere state distribuite le pieghe primordiali per spiegare le attuali strutture cosmiche? All'inizio degli anni Settanta, Edward R. Harrison dell'Università del Massachusetts e Yakov Zel'dovich di Mosca avevano studiato separatamente questo problema. Avevano poi tratto le conclusioni che la distribuzione degli oggetti celesti che vediamo – le galassie, gli ammassi, i superammassi e altre strutture enormi (come il Grande Attrattore) – possono essere stati prodotti solo se la distribuzione delle fluttuazioni non fosse dipesa dalla loro lunghezza fisica. Se vi fossero state molte più fluttuazioni piccole piuttosto che grandi, l'universo sarebbe pieno di buchi neri, con poche strutture grandi come i superammassi. Al contrario, una prevalenza di fluttuazioni grandi avrebbe portato a un universo dominato da superammassi. In quest'ultimo caso, l'attrazione gravitazionale di questi vari colossi celesti colpirebbe la nostra Via Lattea (e altre galassie) nello spazio a una tale velocità che farebbe apparire come una tranquilla passeggiata pomeridiana la nostra attuale velocità peculiare di seicento chilometri al secondo. Pensate come avrebbero reagito gli astronomi, considerando i loro pregiudizi rispetto a qualsiasi moto peculiare delle galassie!

A questo punto dovrebbe essere chiaro che l'inflazione è il concetto più autorevole della cosmologia moderna. Sebbene non risponda a tutte i quesiti sull'origine dell'universo, fornisce tuttavia soluzioni convincenti a molte di queste domande. La domanda che ci si pone adesso è: come è avvenuto questo Big Bang all'interno del Big Bang? Come è possibile che nella prima fase di vita dell'universo abbia avuto luogo un'espansione breve ed esplosiva, così diversa dalla normale espansione del Big Bang? È qui che Guth ha intravisto un incontro armonioso fra l'astrofisica e la fisica delle particelle: una così bella combinazione deve per forza essere giusta.

L'universo primordiale era estremamente caldo ed estremamente denso e, quindi, presentava un'alta densità di energia. Se ipotizziamo un enorme ritmo di espansione, la sua velocità di espansione diminuisce a causa dell'attrazione gravitazionale. A meno che, cioè, lo spazio appena creato non presenti una sua propria densità di energia, sufficiente da superare la densità materia-energia, mantenendo così il processo di espansione a un ritmo accelerato. Come avviene tutto questo?

Per trarre ispirazione, Guth si è rivolto alle grandi teorie unificate. Alla fine dell'epoca dei GUT, a 10^{-34} secondi, la simmetria si rompe e dà luogo a forze elettrodeboli ed elettroforti differenziate. Prima del venir meno di questa simmetria, le forze e la materia erano unificate, fornendo, probabilmente, al vuoto primordiale un'enorme densità di energia. Man mano che l'universo si espandeva in questo primo istante, veniva creato più spazio, anch'esso ricco di densità di energia. L'espansione poteva quindi continuare a un ritmo costante: la dimensione dell'universo poteva raddoppiare circa ogni 10^{-38} secondi. A quella velocità, in 10^{-35} secondi le dimensioni dell'universo raddoppiano un migliaio di volte. Mentre potrebbe apparire un valore innocentemente modesto, il raddoppiare un migliaio di volte dimostra la potenza dell'inflazione o interesse composto, e in un brevissimo lasso di tempo fa crescere l'universo di 10^{301} volte.

Se è così che è iniziata l'inflazione, come è finita? Come è avvenuta la transizione fra un periodo di espansione accelerata e uno di espansione continua, ma in decelerazione? Nel 1982 Paul Steinhardt e Andrea Albrecht dell'Università della Pennsylvania e Andre Linde avanzarono un'ipotesi. Questa transizione è importante poiché la tremenda espansione inflazionistica ha reso lo spazio estremamente freddo e vuoto. Quando la densità di energia nasce dal vuoto, si trasforma in particelle ed energia. A questo punto la gravità comincia a esercitare il suo effetto attrattivo, facendo rallentare gradualmente l'espansione. La fase inflazionistica accelerata, quindi, si interrompe. Possiamo ora capire perché il nostro attuale universo si espande: siamo nel periodo successivo alla fase di espansione accelerata.

Se si osserva attentamente lo scenario inflazionistico, si giunge a un'altra notevole intuizione. Affinché abbia luogo l'inflazione, l'energia totale, cioè l'energia dello spazio stesso meno l'attrazione gravitazionale delle altri parti di spazio, deve essere di fatto zero. Possiamo così conservare ancora l'energia e far sì che ogni cosa nell'universo cominci praticamente dal nulla. Tutto ciò di cui ha bisogno l'inflazione è una piccola regione nella giusta configurazione: essa si adopererà per produrre nello spazio una bolla notevolmente più grande di tutto ciò che possiamo vedere al momento. L'inflazione attribuisce quindi un nuovo significato al problema filosofico «del nulla e dell'essere».

Ma come si sono venute a creare le condizioni giuste in quella piccola regione? Questo è tutt'ora un problema irrisolto. Esistono naturalmente svariate teorie. Alcuni sostengono che l'universo è disordinato e la scala naturale è la scala totalmente unificata, così che possono esistere molte bolle inflazionistiche e uno spazio caotico. Altri, come Stephen Hawking, teorizzano un inizio preciso e ben definito. Per i cosmologi, come per i teologi, il problema dell'«inizio» è inevitabile.

Nel frattempo ci permettiamo di gustare il fascino dell'elegante concetto di inflazione, che promette di risolvere molti problemi cosmologici e ci fornisce una chiara intuizione circa la precarietà della nostra stessa esistenza. Quando apprendiamo le conseguenze di un'Omega possibilmente diverso da un 1 preciso, comprendiamo che il nostro universo avrebbe potuto facilmente non esistere mai. Il più piccolo scostamento di Omega dal valore 1 consegna il nostro universo potenziale all'oblio. E quando ci rendiamo conto che una piccola distorsione nello spettro delle fluttuazioni quantistiche avrebbe invece potuto produrre una grande quantità di buchi neri, o un cosmo di giganti ingombranti, comprendiamo che le cose avrebbero facilmente potuto evolversi assai diversamente. A meno che, come sostiene la teoria inflazionistica, le condizioni iniziali e i primi processi non *dovessero necessariamente* essere come sono poi effettivamente stati.

Per alcuni teorici queste osservazioni, in particolare la necessità che Omega sia esattamente uguale a 1, sono incredibili al punto da ricorrere al principio antropico, un termine coniato dal cosmologo Brandon Carter dell'Università di Cambridge nel 1974. Il concetto presentava aspetti diversi. Ognuno di essi era legato a noi come osservatori e alle condizioni necessarie per un universo in cui fosse possibile la presenza umana. Esiste un lungo elenco di leggi fisiche e di condizioni che, con piccolissime variazioni, avrebbero portato a un universo molto diverso o, addirittura, a nessun universo. Il requisito Omega-uguale-a-1 è una di queste. Forse si sono formati molti altri universi in cui Omega non è uguale a 1, ma sono sicuramente privi di vita. Quindi il nostro Omega è uguale a 1, in quanto se non lo fosse, non saremmo qui a testimoniare l'avvenimento. Per Guth e altri scettici, io incluso, il principio antropico è insoddisfacente. «Il principio antropico è una cosa a cui la gente ricorre quando non ha nulla di meglio» disse una volta Guth con una certa ironia. I pericoli di questa visione sono illustrati dalla Parabola dei filosofi pesce. Questi frequentatori delle oscure profondità si incontravano periodicamente per convincere se stessi e convincersi l'un l'altro delle loro intuizioni e della loro bioluminescenza. Un filosofo pesce particolarmente intelligente aveva concluso che lo spazio, cioè l'acqua intorno a loro era omogenea, simmetrica e anche calda, ricca di elementi nutritivi, con la pressione giusta da consentire la vita. Se le cose fossero andate diversamente, non avrebbero potuto certamente esistere. Se la pressione fosse stata diversa, i loro corpi sarebbero o implosi o esplosi. Ognuno interveniva con un altro esempio, fino a quando l'elenco non fu sufficientemente lungo. Uno di loro suggerì il «principio ittropico». I filosofi pesce si muovevano nell'acqua congratulandosi a vicenda poiché grazie alla loro intelligenza uno spiraglio di luce era apparso nel buio profondo. Accecati dall'orgoglio non si erano però accorti che era stata gettata intorno a loro una rete da pesca che li trascinava inesorabilmente verso l'alto. «Ehi, ragazzi» disse uno dei biologi marini che usava la rete, rivolgendosi agli altri scienziati «questa volta abbiamo preso un bel carico di questi poveri diavoli. Devono avere tenuto un corso o un seminario.» I suoi colleghi non sentirono. Erano tutti presi dalle luci brillanti che si muovevano così rapidamente nel cielo. Non notarono neppure che la loro barca si stava sollevando... Sostenere che le cose devono essere così come sono, semplicemente perché esistiamo, può condurre a una visione fatalmente parziale e narcisistica dell'universo.

L'inflazione spiega in modo chiaro ed efficace molte cose che i cosmologi nel 1974 pensavano fossero fatte così miracolosamente bene da consentire la vita e l'esistenza umana. Nel loro libro *The Early Universe,* Rocky Kolb e Mike Turner affermano: «A uno degli autori non risulta chiaro perché un concetto debole come l' "idea antropica" sia stato elevato allo status di principio». Sono d'accordo. Ritengo che un numero maggiore di osservazioni ci indirizzeranno verso modelli e teorie che ci spiegheranno garbatamente e semplicemente perché le cose sono così come sono. Qualsiasi siano queste scoperte e i concetti futuri, sono fiducioso che, come l'inflazione, ci stupiranno e ci gratificheranno con la loro elegante semplificazione e unificazione della natura.

La teoria inflazionistica, al di là della sua portata e della sua potenza, non può mostrarci gli echi distanti di quella creazione che sostiene in maniera così convincente. La teoria esemplifica perché la radiazione di fondo cosmico è così straordinariamente regolare, come noi e altri abbiamo avuto modo di osservare. Spetta agli sperimentatori il compito di trovare nel fondo cosmico i segni di quelle piccolissime perturbazioni che devono esistere, se la nostra concezione dell'universo è corretta.

X
La promessa dello spazio

Nel 1974 ebbe inizio l'era dei satelliti cosmologici. La NASA fece un doppio bando di concorso, il n. 6 e il n. 7, che invitava i ricercatori a presentare proposte di missioni astronomiche per satelliti *Explorer* di classe piccola e media. Era l'occasione che avevo atteso a lungo. In realtà era qualcosa che avevo sognato sin da ragazzo, leggendo i libri di Arthur C. Clarke sulla tecnica, la scienza e la fantascienza. Egli inventò concetti come il satellite geostazionario, che avrebbe potuto essere utilizzato, diceva, per le comunicazioni e gli spettacoli e immaginò uno sviluppo sistematico di programma spaziale. Clarke aveva una fantasia molto vivace e la sua visione delle meraviglie dello spazio, come nuova frontiera per l'esplorazione, mi colpì profondamente. Nel 1957, quando i sovietici lanciarono lo *Sputnik*, compresi che il futuro profetizzato da Clarke poteva essere vero. Presto mi trovai ad ascoltare il *beep-beep* e a sognare il giorno in cui mi sarei trovato a lavorare nello spazio. Ebbene sì, era una fantasia romantica, ma fin da bambino ero stato consapevole che un giorno la scienza più avanzata sarebbe stata realizzata nello spazio. Ora, vent'anni dopo, l'annuncio della NASA aveva fatto di questa previsione una realtà. Non riuscivo a credere alla mia buona stella.

All'epoca mi occupavo di cosmologia da appena quattro anni, ma ero convinto che lì dovevano trovarsi le giuste risposte ai problemi fondamentali. Feci la mia prima esperienza lanciando nella stratosfera dei palloni giganteschi con una strumentazione scientifica molto sensibile, che troppo spesso finivano in un ammasso di ferraglia oppure venivano persi per sempre. E stavo per intraprendere l'avventura di trasformare un aereo spia, il leggendario U-2, in un osservatorio ad alta quota per cercare indizi sulla dinamica dell'universo attraverso la radiazione di fondo cosmico. Ma i satelliti, ecco, erano i satelliti che volevo. Sarei stato impegnato nella sfida tecnica di progettazione di uno strumento che potesse funzionare nello spazio; realisticamente potevo prevedere di raccogliere dati qualitativamente superiori ai dati di osservatori a terra, su pallone o su aeroplano e, quindi, trarre nuove conoscenze sui problemi cosmologici; e, grazie a tutto questo, avrei vissuto una bellissima favola.

O, perlomeno, così pensavo. Devo ammettere che nel preparare la mia proposta in risposta ai bandi del 1974 della NASA – incoraggiato con entusiasmo dal mio capo, Luie Alvarez – non avevo idea delle difficoltà e delle apprensioni che mi aspettavano. Forse è stato meglio così.

Mi resi conto che per un certo periodo di tempo avrei dovuto giostrarmi fra lo sviluppo di idee per progetti su satellite e il compito pressante e immediato di avviare il programma sull'U-2. Ciò andava proprio bene, in quanto consideravo un esperimento su satellite l'ideale successore al lavoro che avremmo fatto nella stratosfera con l'aereo spia. Ogni progetto poteva far tesoro degli errori e dei successi dell'altro.

Cominciai immediatamente, insieme con i miei colleghi di Berkeley, a scrivere una proposta – in effetti, due in una – per esperimenti cosmologici da lanciare sui satelliti Explorer. Entrambe riguardavano diversi aspetti della radiazione di fondo cosmico. Lo scopo del primo esperimento era quello di ottenere una mappa del cielo a microonde per cercare segnali nella radiazione di fondo cosmico, una prova di quelle pieghe inafferrabili. Il secondo esperimento, che richiedeva una strumento più grande, avrebbe permesso di misurare lo spettro della radiazione di fondo, per determinare se era veramente la radiazione residua del Big Bang con la curva termica o di corpo nero, prevista. Pensai che l'esperimento più piccolo avesse maggiore probabilità di avere successo nella competizione e, quindi, ci concentrammo su di esso. Lo strumento che misurava lo spettro divenne così grande che decidemmo di presentarlo come una missione a parte: come un satellite da lanciare sulla navetta spaziale, lo shuttle, e da sganciare nello spazio.

L'essere nello spazio costituiva un grande vantaggio per i nostri strumenti. Innanzitutto, nessun rumore atmosferico avrebbe interferito con le misure e le cattive condizioni metereologiche non avrebbero danneggiato l'esperimento. Inoltre avremmo potuto osservare ogni singola lunghezza d'onda necessaria e senza l'oscuramento dovuto all'atmosfera terrestre. Avremmo potuto eseguire facilmente delle calibrazioni, poiché non ci saremmo dovuti preoccupare dell'acqua che si condensava o dell'atmosfera che si congelava. L'orbita e la rotazione del satellite avrebbero automaticamente permesso l'osservazione di tutto il cielo. Lo spazio fornisce un ambiente relativamente più prevedibile soprattutto per quanto riguarda la temperatura, il cui controllo è più agevole che in qualsiasi altro ambiente terrestre. Essere in orbita significava avere un tempo sufficiente di osservazione per arrivare alla sensibilità richiesta e per le calibrazioni necessarie. Nello spazio le cose sarebbero andate molto meglio.

Intrapresi nuovi rapporti con la Ball Brothers Research Corporation, con cui avevamo collaborato per il satellite per gli Osservatori Astrofisici a Elevata Energia(HEAO),[1] un'estensione del nostro programma di pallone sull'antimateria e i raggi cosmici, fatto a Berkeley. In seguito contattai la Hughes Aircraft Spacesystems e la AeroJet ElectroSystems e in particolare un gruppo guidato da Herb Pascalar. Avevo bisogno di tutta l'esperienza di questi tre colossi per imparare a convertire la strumentazione per aereo e per pallone in una strumentazione spaziale. Nel fare scienza in questo modo mi sentivo più un imprenditore tecnologico che uno scienziato; tuttavia, da un punto di vista intellettuale era senza dubbio estremamente impegnativo. Per esempio, mentre stilavamo la proposta Tim Tyler della Ball (che poi ci lasciò per dedicarsi alla ricerca sull'uranio) e io sviluppammo una nuova metodologia per valutare la prestazione degli strumenti e, soprattutto, le cose che potevano non funzionare: gli errori sistematici. Gran parte di ciò che avrei dovuto fare nei vent'anni successivi era continuare e migliorare questo sforzo e, nello stesso tempo, non perdere di vista la scienza.

Nel frattempo, Samuel Gulkis, Mike Janssen e altri colleghi del Jet Propulsion Laboratory (JPL) di Pasadena stavano lavorando a dei loro progetti. Anch'essi pensarono che un esperimento con l'*Explorer* di dimensioni ridotte avrebbe avuto maggiori probabilità di essere approvato e finanziato. Anche l'esperimento da loro proposto era uno strumento per eseguire mappe della radiazione di fondo cosmico. Non avevano progettato un radiometro a microonde differenziale, bensì un radiometro a potenza totale su un velivolo spaziale con rapida rotazione e orbita alta. Il concetto era buono, ma troppo avanzato per la tecnologia esistente.

A New York, all'insaputa dei due gruppi, Pat Thaddeus parlò con John Mather del bando della NASA e disse: «Perché non provi a pensare se possiamo proporre qualcosa?». John e Pat si unirono a Rainer Weiss e Dirk Muehlner del MIT, David Wilkinson di Princeton e

Mike Hauser e Bob Silverberg del Goddard Space Flight Center del Maryland. Proposero un satellite cosmologico raffreddato criogenicamente che, all'epoca, appariva «un'idea completamente pazza» riconobbe John. «La vera pazzia è che credevamo di sapere quel che stavamo facendo» aggiunse poi. La proposta comprendeva un esperimento per eseguire mappe del fondo cosmico (come il nostro), sostenuto da Dave Wilkinson e Ray Weiss; un esperimento di misura dello spettro della radiazione di fondo cosmico, che avrebbe reso necessario lo sviluppo di una versione perfezionata dello strumento su cui aveva svolto la sua tesi di dottorato John Mather e un piccolo telescopio per misurare il fondo cosmico infrarosso, cioè il bagliore residuo proveniente dagli oggetti luminosi primordiali (presumibilmente stelle e galassie).

La NASA ricevette oltre centoventi proposte da tutti gli Stati Uniti. Quelli fra noi che avevano una vocazione cosmologica costituivano un sottoinsieme molto ristretto: erano solo tre gruppi, il mio, quello di Sam Gulkis e quello di John Mather, che sostenevano il lancio di satelliti per studiare la radiazione di fondo cosmico. La proposta del mio gruppo, cioè di cercare le pieghe nella radiazione di fondo cosmico, consisteva nel lanciare a bordo di un missile di scarse dimensioni e di basso costo, lo Scout, un piccolo strumento. Identica era la proposta del gruppo di Gulkis. Quella di John, invece, richiedeva un satellite molto costoso. La mia proposta di studio dello spettro con l'uso dello shuttle fu scartata con la motivazione che era troppo impegnativa e troppo rischiosa. Il gruppo di John, con un esperimento più piccolo sullo spettro e sul fondo infrarosso diffuso, fu invitato a unirsi a un gruppo che stava progettando il Satellite Astronomico Infrarosso (IRAS).[2] Sembrava ci sarebbe stato uno scontro fra la proposta di Berkeley e quella del JPL per decidere quale sarebbe stata accettata. Oppure i nostri due gruppi avrebbero dovuto unirsi sia pure a malincuore; procedura, questa, a cui, all'epoca, il quartier generale della NASA ricorreva spesso. Prima del gran finale, l'effettiva mancanza di finanziamenti per l'IRAS determinò l'estromissione, senza tante cerimonie, del *team* di John, il quale si trovò così a cercare un'altra via verso lo spazio. I vertici della NASA decisero che le tre *équipes*: quella di Gulkis, quella di Mather e la mia, avrebbero dovuto lavorare insieme. Nel 1976 la NASA scelse sei persone (Sam Gulkis, Mike Hauser, John Mather, Rainer Weiss, Dave Wilkinson e il sottoscritto) alla guida di un gruppo di studio che valutasse e realizzasse le nostre idee, gruppo che via via si arricchì di altri membri: studiosi, ingegneri, manager. Mike Hauser convinse John Mather a trasferirsi da New York al Goddard Space Flight Center e il loro entusiasmo e i loro sforzi convinsero il centro ad assumersi la responsabilità per lo studio e per la missione spaziale.

Proponemmo di denominare la missione Cosmic Background Explorer,[3] ossia COBE, nella quale il satellite sarebbe stato attrezzato con tre diversi strumenti. Noi proponemmo di utilizzare un radiometro a microonde differenziale (DMR) – come quello usato sull'U-2, ma più sensibile – per operare una mappatura dell'universo quale doveva presentarsi circa trecentomila anni dopo il Big Bang e per cercare i semi cosmici primordiali. Sarei stato il responsabile del DMR.[4]

John Mather sarebbe stato alla guida del progetto dello spettrometro assoluto nel lontano infrarosso (FIRAS),[5] che avrebbe dovuto misurare la curva dello spettro della radiazione di fondo cosmico. La curva dello spettrale mostra l'intensità di energia della radiazione a ogni lunghezza d'onda e la sua forma complessiva ci avrebbe fatto capire se la radiazione era stata prodotta dal Big Bang o da qualcos'altro.

Mike Hauser, invece, sarebbe stato responsabile dell'esperimento sul fondo infrarosso diffuso (DIRBE),[6] che avrebbe dovuto studiare il fondo cosmico infrarosso, bagliore di oggetti luminosi primordiali come le prime stelle e le galassie che potevano risalire alle prime decine o centinaia di milioni di anni dopo il Big Bang.

Lo scopo di COBE – una volta approvato – sarebbe stato, in effetti, quello di mettere insieme una serie di «fotografie» del cosmo appena nato, scattate in momenti differenti per mostrare le diverse fasi della sua evoluzione. Avrebbe costituito un'importante avventura per la cosmologia e lanciato la scienza verso nuovi livelli tecnici. Sapevamo perfettamente quale tipo di scienza volevamo fare e quali difficoltà avremmo incontrato per realizzarla. D'altra parte, i funzionari della NASA erano avvezzi a trattare con scienziati le cui idee andavano ben oltre la rigorosa esigenza di utilizzare una strumentazione senza problemi e che non richiedesse interventi nel freddo vuoto spaziale. Prima di ottenere un loro impegno formale, avremmo dovuto convincerli che sapevamo ciò che stavamo facendo e della nostra abilità nel far funzionare gli strumenti. Fu un processo molto lento.

Trascorsero sei anni.

Nel frattempo a Berkeley continuavamo le nostre ricerche. Portavamo avanti esperimenti sull'antimateria, osservavamo la radiazione di fondo cosmico dalla vetta della White Mountain, lavoravamo sui voli con gli U-2 dalla California settentrionale e dal Perù e ci dedicavamo senza riserva al progetto COBE. Cominciai a fare il pendolare fra Berkeley e il Goddard Space Flight Center della NASA e formai un ristretto gruppo di lavoro per il DMR. Era l'inizio di un lungo viaggio. Quando ero al Goddard, passavo parte del tempo nell'edificio n. 2 dove studiavo i concetti di missione di COBE insieme con altri scienziati e nell'edificio n. 19 dove ero alla ricerca di alcuni bravi tecnici. I primi furono Roger Ratliff e John Maruschack, una coppia che costituì, al Goddard, il nucleo centrale responsabile per i DMR. Spiegai loro le ragioni scientifiche fondamentali degli esperimenti e le caratteristiche richieste allo strumento DMR. Essi mi ragguagliarono sulle caratteristiche tecniche necessarie a una missione spaziale.

La nostra esperienza sugli U-2 e il lavoro svolto a terra mi facevano pensare che le prove e la calibrazione dei DMR avrebbero costituito uno dei problemi principali. Non potevamo correre il rischio che, una volta in orbita, i DMR non funzionassero come desideravamo. I funzionari della NASA non ci avrebbero permesso, giustamente, di correre tali rischi. Insistevano perché collaudassimo la strumentazione simulando le condizioni spaziali.

La NASA deve aver fatto un patto con il destino. Mentre ci affannavamo a far funzionare al meglio il DMR, una notizia ci indusse a effettuare il lancio nello spazio dello strumento il più in fretta possibile e in qualsiasi modo.

Nel 1980 si sparse la notizia all'interno della comunità cosmologica che due gruppi scientifici, uno italiano e uno americano, avevano fatto un'importante scoperta. Sembrava avessero trovato la prima prova di anisotropia cosmica, intrinseca alla radiazione di fondo cosmico anziché legata alla Terra e alla nostra galassia. Il gruppo italiano era guidato da Francesco Melchiorri, che allora lavorava presso l'Università di Firenze, e dal gruppo americano di David Wilkinson di Princeton, un pioniere nelle ricerche sulla radiazione di fondo cosmico. I due gruppi avevano lanciato strumenti su palloni e ritenevano di avere trovato le prove di un quadrupolo cosmico. Era una notizia stupefacente.

Un dipolo presenta due poli, la parte più calda e quella più fredda del cielo, che risulta dal nostro moto rispetto alla radiazione di fondo cosmico. Era questo il dipolo rivelato dalle ricerche con l'U-2. Un quadrupolo ha, invece, uno schema di temperatura nel cielo con quattro poli: due caldi e due freddi in una disposizione simmetrica. Molte potevano essere le cause dell'esistenza del quadrupolo e tutte sembravano importanti. Per esempio, poteva essere la prova della rotazione cosmica o del fatto che l'universo si espandeva più rapidamente in una direzione piuttosto che in un'altra. Si potrebbe anche ottenere una distorsione di temperatura a forma di quadrupolo, se un'onda di gravità, di grande lunghezza, passasse attraverso questa regione dello spazio. O – possibilità ancora più affascinante – il quadrupolo e le fluttuazioni di molti altri multipoli potevano essere causate da quelle pieghe che cercavamo da molto tempo. Cioè, potevano essere le anisotropie della radiazione di fondo cosmico a segnare le fluttuazioni primordiali di densità, i semi dei futuri ammassi di galassie. I dati che avevamo raccolto con l'U-2 non erano riusciti a rivelare alcun quadrupolo, ma il segnale indicatore poteva essere troppo debole per i nostri strumenti.

Forse Wilkinson e Melchiorri avevano trovato il Sacro Graal della cosmologia prima che noi iniziassimo a cercarlo?

La nostra reazione a tale notizia fu molto cauta, forse persino ambigua. Da un lato, sapevamo che entrambi i gruppi avevano raccolto dati a lunghezze d'onda in cui l'emissione proveniente dalla nostra galassia rappresentava un agente contaminante non indifferente. Il quadrupolo poteva quindi essere un'illusione causata da radiazioni a microonde emesse dalla nostra galassia, la Via Lattea. D'altra parte, in un articolo sul «Physical Review Letters» si affermava: «Le attuali teorie fanno pensare che un'interpretazione naturale per questo tipo di anisotropia è che sia dovuta a fluttuazioni della densità» , i semi cosmici a lungo cercati che avrebbero poi formato galassie, ammassi, superammassi e ammassi di ammassi.

Sarei stato felice se Wilkinson o Melchiorri avessero veramente trovato quei semi. Dopo tutto, all'inizio degli anni Ottanta, i cosmologi erano molto preoccupati per gli insuccessi nella ricerca delle increspature. Anche se era migliorata la sensibilità dei rivelatori, non riuscivano a rivelare le variazioni di temperatura a un livello di una parte su cento. Poi il nostro esperimento con l'U-2 era giunto a una parte su mille e avevamo scoperto l'anisotropia da dipolo dovuta al nostro moto, ma nient'altro. Ora le sensibilità erano prossime a una parte su diecimila ma non si trovava ancora nulla. La formazione delle galassie per mezzo dell'attrazione gravitazionale richiedeva l'esistenza di semi primordiali e, quindi, fluttuazioni del fondo cosmico. La teoria cosmologica aveva bisogno dell'esistenza delle fluttuazioni e l'inflazione forniva la spiegazione della loro formazione. La loro eventuale scoperta sarebbe stata un avvenimento molto importante per la storia della cosmologia e, sebbene desiderassi essere fra gli scopritori, ero pronto a festeggiare la altrui scoperta.

Ma prima di applaudire dovevamo essere certi che il quadrupolo appena scoperto esistesse davvero. Avevo deciso di continuare gli esperimenti con l'U-2 utilizzando un nuovo ricevitore. Presso l'LBL e lo Space Sciences Laboratory avevamo costruito un nuovo ricevitore raffreddato ad azoto liquido da montare sulla nostra strumentazione installata a bordo dell'U-2. La tecnologia di ricevitori radio quieti si era sviluppata enormemente: ricevitori raffreddati generavano un rumore strumentale minore. Era naturale quindi utilizzarli per migliorare le misurazioni. Avevo presentato alla NASA una proposta per far volare questi ricevitori raffreddati sull'U-2 prima che venisse annunciata la scoperta del quadrupolo. Ora premevo affinché venisse approvata in modo che avremmo potuto osservare e verificare l'esistenza del quadrupolo. Ci furono ulteriori ritardi, ero molto deluso.

Al tempo stesso, i teorici erano molto preoccupati e i loro concetti erano ai limiti estremi. Data l'impossibilità di rivelare le increspature, avevano modificato le loro teorie, ma le teorie possono essere riformulate solo sino a un certo punto prima di raggiungere i limiti fondamentali. Se l'attrazione gravitazionale fosse responsabile della formazione di strutture a partire dalle fluttuazioni della densità barionica primordiale, dovrebbero allora esistere fluttuazioni nella temperatura del fondo cosmico di una parte su diecimila. Se la materia oscura fredda esistesse in quantità tale da giustificare la densità critica, allora sarebbe possibile giungere a fluttuazioni di una parte su circa centomila. Non si poteva scendere molto e continuare ad avere le strutture che vediamo, dalle galassie ai superammassi, prodotte dalla gravità. Se non trovavamo fluttuazioni al livello di poche parti per milione, avremmo dovuto arrenderci e ritirarci, in quanto avrebbe significato l'esistenza di una nuova forza e non avremmo avuto alcuna idea di ciò che era successo nell'universo primordiale: sarebbe stato un nuovo gioco di cui non conoscevamo le regole.

La nuova urgenza da affrontare apriva la strada a ulteriori delusioni. La pianificazione di COBE veniva protratta, innanzi tutto per il ritardo del satellite IRAS, che teneva ferma la lista d'attesa in cui si trovava COBE. Per di più, non vi era alcuna prospettiva immediata di ottenere in breve tempo un nuovo radiometro a microonde differenziale su un volo U-2. Come avremmo potuto quindi collaudare lo strumento secondo i requisiti richiesti dalla NASA?

Vi era una sola possibilità: i palloni.

Dopo la mia precedente deludente esperienza con i palloni avrei accettato qualsiasi alternativa possibile.

Seppur brontolando per quel che mi aveva riservato il destino, mi concentrai su ciò che dovevamo fare. Avremmo cercato il presunto quadrupolo a una lunghezza d'onda diversa, tre millimetri, dove esiste una contaminazione galattica notevolmente ridotta. Se fossimo riusciti a vedere questo quadrupolo attraverso una finestra galattica più trasparente, avremmo avuto ottimi motivi per credere che la cosmologia si trovasse sul punto di compiere una scoperta di grandissima importanza. Decidemmo di effettuare quattro voli con i palloni: due nell'emisfero settentrionale e due nell'emisfero meridionale; effettuando i due voli in ogni emisfero a distanza di due mesi, avremmo ottenuto una copertura totale del cielo.

Discussi il progetto con John Gibson, il nostro esperto di elettronica, e con Hal Dougherty, il mago della meccanica. Entrambi avevano lavorato in precedenza sull'antimateria e sugli esperimenti con gli U-2. Cominciarono a occuparsi della gondola e dell'elettronica. Poi avrei dovuto trovare un bravo dottorando. Il mio compagno nell'impresa dell'U-2, Marc Gorenstein, aveva terminato il dottorato ed era andato al MIT per studiare i quasar. Così, guardandomi attorno, individuai rapidamente uno studente straordinario: Gerald (Jerry) Epstein. Aveva conseguito la laurea al MIT in fisica e ingegneria elettronica, poi era venuto a Berkeley per il dottorato in fisica. Inizialmente era riluttante a impegnarsi in un esperimento con pallone, e non potevo dargli torto. Il suo obbiettivo era di occuparsi di analisi di programmazione scientifica e lavorare per il governo americano (cosa che poi realizzò, collaborando alla sezione del Congresso che cura le valutazioni tecnologiche). Ma lo persuasi che avrebbe potuto giudicare meglio la politica scientifica nazionale se si fosse impegnato nella ricerca in prima linea. Andare sul campo, occuparsi delle condizioni atmosferiche, di apparecchiature che non funzionano, dell'analisi dei dati e così via, tutte cose che gli avrebbero dato una grande esperienza. Jerry decise di unirsi a noi per l'esperimento e penso che gli sia stato utile.

Più o meno a quell'epoca ricevetti una telefonata da Phil Lubin che era stato uno dei miei dottorandi coinvolto nei voli con l'U-2 in Perù. Phil voleva realizzare un ricevitore a tre millimetri di lunghezza d'onda, raffreddato con elio liquido a 4 gradi Kelvin. Questo ricevitore avrebbe reso lo strumento due o tre volte più sensibile del rivelatore ad azoto liquido che avevo ottenuto a Berkeley. Phil e io decidemmo di collaborare a un progetto comune di esperimento con i palloni.

Lavorammo tencemente e con rapidità. Elaborai le specifiche e i collegamenti per un criostato a elio liquido (un contenitore speciale per gas liquefatti), ne ordinai quindi uno alla ditta Infrared Labs. Hal disegnò e costruì un tubo d'ingresso e una finestra per un criostato, attraverso cui una delle nostre speciali antenne a tromba poteva puntare verso il cielo. L'antenna avrebbe dovuto captare i segnali attraverso una finestra, in quanto la sua parte esterna era raffreddata da azoto liquido a circa 80 gradi Kelvin, mentre quella interna era a circa 4 gradi Kelvin. A quelle temperature l'aria sull'antenna si sarebbe ghiacciata. Jerry lavorò con Hal per disegnare la struttura e con John per sviluppare la nuova elettronica del rivelatore. Phil si occupò del ricevitore a tre millimetri. Pianificammo l'esperimento e ci assicurammo di conoscere tutte le possibili sorgenti di rumore radio, come l'atmosfera, la Luna, segnali spuri dalla terra, una lunga lista che avevo compilato per l'U-2 e per i DMR di COBE.

Un problema chiave era come «commutare» il segnale. Un radiometro differenziale a microonde misura le differenze di temperatura in due parti del cielo. I nostri DMR precedenti, che funzionavano a temperatura ambiente o con raffreddamento ad azoto liquido, passavano da una parte all'altra del cielo utilizzando dei deviatori elettromagnetici sicuri e affidabili. Ma non si sapeva molto di interruttori per rivelatori funzionanti a temperature assai più basse dell'elio liquido. Pensammo a diverse ipotesi di deviatore, ma nessuna ci sembrava accettabile e avevamo urgentemente bisogno di qualcosa di nuovo.

È così che nacque l'idea dell'«affettatrice per salame». Avevamo compiuto le nostre misure sullo spettro della radiazione di fondo cosmico utilizzando specchi di alluminio mobili per riflettere il fascio proveniente da angoli diversi del cielo. In modo analogo, ci eravamo assicurati che i DMR a bordo dell'U-2 dessero un segnale nullo, come previsto, per la differenza di segnali identici. Pensai, quindi, di utilizzare un metodo simile per una commutazione rapida del nostro nuovo strumento da una parte all'altra del cielo: avremmo inclinato il nostro rivelatore in maniera da osservare il cielo a 45 gradi dallo zenith. Se riuscivamo a far ruotare di fronte al rilevatore uno specchio verticale di alluminio a cui fossero state tagliate delle grandi fette, in modo da farlo assomigliare ad un'elica, avremmo ottenuto il fascio proveniente da due parti di cielo a 90 gradi di distanza. Attraverso i buchi dello specchio sarebbe apparso il cielo «vero», poi il cielo riflesso, poi di nuovo il cielo vero, quindi ancora il cielo riflesso, e così via, al ruotare delle lamine dello specchio simile a un'elica. Questo processo è chiamato modulazione. Ruotando rapidamente lo specchio, potevamo modulare molto rapidamente; abbastanza rapidamente da ottenere le misure con la sensibilità che desideravamo. Inoltre, la separazione di 90 gradi ci consentiva di raggiungere la sensibilità massima per un'anisotropia da quadrupolo, con i poli caldi e freddi separati di 90 gradi.

La gondola veniva ruotata lentamente per mezzo di un motore, facendo girare il pallone in un senso e la gondola nell'altro (con un sistema che speravamo non avrebbe fatto attorcigliare il paracadute). Il fascio avrebbe osservato un cerchio nel cielo e la rotazione notturna della terra avrebbe fatto muovere questo cerchio nel cielo. Poiché tutte le misure venivano fatte a 45 gradi dalla verticale, le possibili differenze di intensità di segnale causate dall'osservazione attraverso spessori diversi di atmosfera, sarebbero state eliminate. In breve, saremmo riusciti a fare le mappe del cielo. Avevamo solo bisogno di un grande specchio che ruotasse rapidamente.

Ci dedicammo tutti alla costruzione del sistema di modulazione dello specchio. Hal tagliò uno specchio del diametro di sessanta centimetri da un foglio di alluminio molto lucido. Poi montò l'«elica» scintillante su un motore che John Gibson aveva preparato. Jerry e John avevano capito come sincronizzare la rivelazione del segnale e la rotazione dello specchio. Avevamo programmato la strumentazione in modo che un piccolo bersaglio fosse alzato a intervalli regolari, bersaglio che emetteva un segnale di intensità nota; se il rivelatore avesse misurato ogni volta lo stesso livello di segnale, avremmo saputo che funzionava correttamente. Ben presto avevamo montato tutto il sistema in laboratorio. Accendemmo l'interruttore e lo specchio iniziò a ruotare. Aumentò la velocità sino a raggiungere i previsti 700 giri al minuto e, a quel punto, tagliando l'aria, cominciò a ronzare e a fischiare. Avevamo un modulatore rotante che assomigliava a un'affettatrice di salame. Un paio di volte ci avvicinammo troppo e rischiammo di venire falciati. Allora vi costruimmo attorno una protezione, come un carter attorno alla catena di una bicicletta.

Completammo rapidamente il DMR di base. Phil terminò il ricevitore a tre millimetri e, insieme con Jerry, montarono nel criostato l'amplificatore costruito da Jerry. Quando tutto fu pronto, lo riempimmo di elio liquido e portammo l'intero pacco, compresa l'affettatrice, in cima all'edificio 50 del Lawrence Berkeley Laboratory per le prove. Funzionava perfettamente. Ora avevamo bisogno solo di farlo volare su un pallone.

Palestine (l'ultima sillaba si pronuncia «sti:n») non era cambiata molto dalla mia ultima visita, quando, all'inizio degli anni Settanta

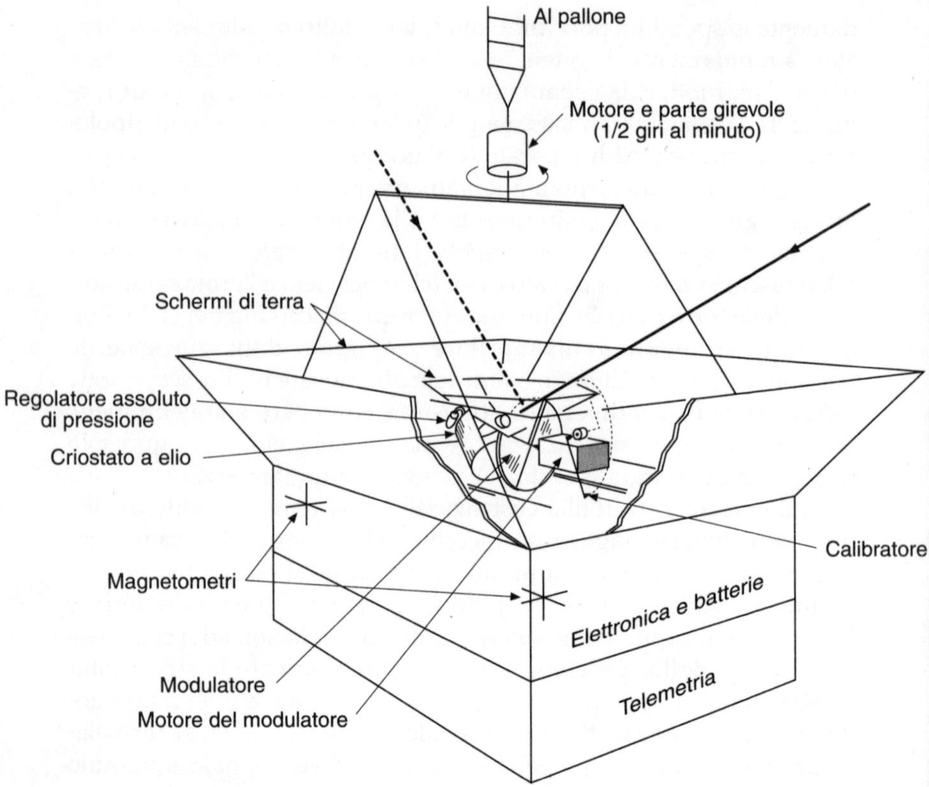

La gondola del pallone brasiliano, vista in prospettiva. Si noti il modulatore.
Lawrence Berkeley Laboratory

lanciavamo esperimenti sull'antimateria. Nel 1970 la sua popolazione era di 14.525 abitanti; nel 1980 di 15.948. Fa parte della contea di Anderson, una regione piatta, coperta da foreste, nella parte settentrionale del Texas. La contea era stata colonizzata attorno al 1840. (Un giorno, in attesa che il tempo migliorasse, Jerry e io ci recammo al vecchio cimitero. Vi erano cinque sezioni, una per ognuna delle famiglie fondatrici, ciascuna di religione diversa.) Alcuni decenni dopo arrivò la ferrovia che permise ai proprietari delle fattorie texane di inviare al mercato la carne e gli altri loro prodotti agricoli. Attualmente è difficile trattenere i giovani nelle fattorie: frequentano l'università ad Austin o a Dallas e poi trovano un'occupazione nella costruzione del supercollisore superconduttore (SSC) di Waxahachie, a un'ora di macchina da Palestine.[7] Non vi sono molte distrazioni per eventuali visitatori, ma Palestine vanta due locali country-western e la meravigliosa torta di *pecan* di Lucile.[8] Un grande cambiamento fu portato dal secondo boom petrolifero e dalla nuova autostrada che fece affluire in città personale addetto all'industria del petrolio e ai nuovi ristoranti. La notte del venerdì al motel erano un po' turbolenti, ma alla fin fine abbiamo visto solo un'auto finire nella piscina!

A Palestine ha sede l'U.S. National Scientific Ballooning Facility,[9] composto da personale locale: cowboy, bravi ragazzi, gente del luogo, per i quali i palloni costituiscono nient'altro che una delle attività locali, come il bestiame, il petrolio e l'SSC. Coinvolgerli nell'attività è stata sicuramente una mossa intelligente in quanto, come dicono coloro che lanciano i palloni ciò che sale sù torna, poi, inevitabilmente giù e a volte sulle proprietà private. Talvolta si tratta della proprietà di qualcuno che si arrabbia molto nel trovare sul suo terreno agricolo di prima qualità un ammasso di metallo attorcigliato o del polietilene che sventola. In alcuni casi le vittime si rivolgono allo sceriffo e in tali situazioni è indispensabile avere una squadra di recupero di gente del luogo.

La base per il lancio dei palloni è più frequentata all'inizio dell'estate (maggio-giugno) e in autunno (settembre). Gli scienziati preferiscono lanciare i loro carichi in quei mesi poiché le correnti d'alta quota cambiano di direzione. In quei periodi, i venti, pur tendendo a soffiare in direzioni casuali, sono solitamente poco veloci, quindi è più probabile che un pallone rimanga nella stessa zona e non sia necessario inseguirlo per centinaia di chilometri, a volte sino al golfo del Messico, come accade all'instaurarsi dei venti dominanti.

Nel luglio del 1981, Dave Wilkinson, che era pronto a far volare su pallone da Palestine un esperimento di anisotropia, ci concesse gentilmente di far volare con il suo anche il nostro esperimento, per una verifica tecnica. Quattro mesi dopo, con alcune modifiche apportate in seguito a quella prima prova, trovammo un secondo passaggio, questa volta su un pallone del MIT che trasportava l'esperimento di tesi di Mark Halpern, un dottorando che lavorava con Ray Weiss. Dopo otto ore di volo, a un'altitudine di trenta chilometri, la gondola fu sganciata e atterrò al tramonto a Mobile in Alabama. A parte una certa costernazione per le scritte stravaganti che apparivano sulla gondola, «MIT-Berkeley Looney Lander»[10] e «Proprietà dell'Aeronautica statunitense», il recupero fu relativamente semplice. Stavamo accumulando moltissimi dati che ci avrebbero permesso di verificare l'esistenza del conclamato quadrupolo.

Il volo successivo non fu di alcuna rilevanza. Questa volta però utilizzammo la gondola appena costruita e non più «passaggi gratuiti». Il nostro carico salì in cielo alle 19,45 del 26 aprile 1982 e giunse a oltre 28 chilometri di quota. Andò verso est, poi deviò a sud e, dopo undici ore di volo, scese vicino a Baton Rouge. Atterrò proprio sopra a un canale di irrigazione in mezzo a due campi. Quando l'equipaggio adetto al recupero trascinò la gondola fuori dal canale, Jerry sistemò il nastro dei dati, che ricorda un comunissimo nastro di registratore, nella tasca posteriore della sua borsa. Prese con sé anche il motore che era servito a far ruotare la gondola sotto il pallone. Dopo tutto, un volo sorprendentemente semplice.

Quella notte Jerry si svegliò improvvisamente nella sua stanza d'albergo. Sdraiato sul letto nel buio della stanza, semiaddormentato, vide l'immagine dell'interno della sua borsa dove si trovavano il nastro e il motore. Si ricordò improvvisamente che i motori contengono magneti e i magneti distruggono i nastri elettronici. Saltò giù dal letto, accese la luce, annaspò con la mano all'interno della borsa ed estrasse il nastro. Non vi era modo di sapere se i dati del volo erano salvi sino a quando non fosse tornato a Berkeley e li avesse inseriti nel computer. Immaginò come avremmo reagito se avesse dovuto confessare che mesi di lavoro erano andati a rotoli per una singola azione imprudente.

«Ero molto nervoso» ricorda ora Jerry. «Quando tornammo a Berkeley e analizzammo il nastro, non respirai sino a quando non verificammo dati per alcuni minuti. Tutto andò bene.»

L'analisi dei dati era ancora all'inizio e già era chiaro che non vi era alcun segno di quadrupolo; nessuno. Il dipolo era evidente, così come lo avevamo osservato nei nostri voli con l'U-2, eravamo quindi fiduciosi che l'apparecchiatura avrebbe funzionato e che l'assenza di quadrupolo non fosse una nostra illusione. Ancora una volta, tuttavia, non potevamo esserne certi senza aver osservato il cielo dell'emisfero australe. Così proseguimmo il nostro lavoro secondo la pianificazione prevista: questa volta in Brasile nell'ottobre del 1982. In Brasile, Thyrso Villela si unì a Jerry, Phil e al sottoscritto. Thyrso si era da poco laureato all'università di San Paolo. La nostra base operativa era São José dos Campos, centro brasiliano per l'alta tecnologia che comprende anche uno dei centri per il programma spaziale di quel paese.

Una sera del 19 novembre 1982, il nostro pallone fu lanciato dall'Instituto des Pesquisas Espaciais (INPE) a Cachoeira Paulista. Quattro di noi erano addetti al controllo dei segnali radio provenienti dal pallone che funzionò perfettamente per l'intero volo. Verso l'alba, la squadra si preparò a terminare il volo del pallone mediante la trasmissione di un segnale per ordinare alla gondola di scendere con il paracadute. Per far esplodere i bulloni che assicurano la gondola al pallone, si danno una serie di comandi agendo su cursori numerati sino a raggiungere la combinazione numerica corretta e, quindi, si preme un pulsante. Una volta distrutti i bulloni esplosivi, si controllano i dati sui terminali video per assicurarsi che non vi siano cambiamenti improvvisi nella pressione atmosferica, segno che la gondola sta precipitando a terra.

Ventisei secondi dopo le 10,56, un tecnico dell'INPE premette il pulsante per dare inizio allo sganciamento. Non successe nulla. Premette ancora e poi ancora. Nessuna reazione. Serpeggiava un certo sgomento. Dopo tutto il lavoro e una missione certamente positiva, doveva accadere proprio questo? Il pallone volava tranquillamente nel cielo, allontanandosi da noi, insensibile alle nostre istruzioni. Come misura aggiuntiva, la gondola trasportava anche un cronometro automatico che azionava l'espulsione dei bulloni ed era stato previsto per situazioni proprio come questa. Neppure questo funzionò.

La vera tragedia consisteva nella perdita del nastro con i dati che si trovava a bordo. Sebbene Jerry e io potessimo ricostruire una mappa parziale della radiazione di fondo cosmico basata sugli elementi che eravamo riusciti a raccogliere con la telemetria, il nastro conteneva preziosi dati di volo che la telemetria non ci metteva a disposizione; in particolare, quelli di calibrazione ad alta precisione. Nella tarda mattinata e nel primo pomeriggio, mentre osservavamo la gondola che si allontanava nella stratosfera, trascinata dalle correnti d'aria, provammo una stretta al cuore.

Jerry, di fronte alla disfatta che si stava prospettando, aveva pensieri contrastanti: a quel punto, con i dati dei voli fatti da Palestine, aveva materiale sufficiente per scrivere la tesi di dottorato. Ricorda di aver pensato «se questo oggetto non torna indietro, potrò scrivere la mia tesi più in fretta». Poi «Dio mio, che pensiero orribile!» Da parte mia, avevo giurato che sarebbe stata la mia ultima esperienza con un pallone. Basta. Un pallone perso nella giungla brasiliana: che cosa poteva andare peggio? Le incertezze sperimentate nel lancio del satellite COBE sembravano all'epoca irrilevanti rispetto all'angoscia fisica e mentale del lancio di questi dannati palloni. Mai più. Ci sedemmo malinconicamente attorno a un tavolo e discutemmo se vi era qualcosa da fare per recuperare la nostra gondola persa.

Al calare della notte e quando scende la temperatura, un pallone tende a contrarsi, perdendo la sua spinta ascensionale e si avvicina alla terra. In ogni caso, il nostro non poteva rimanere per sempre in volo; il suo gas sarebbe fuoriuscito lentamente. I brasiliani inviarono un aereo alla ricerca del pallone. Riuscirono a fare ricerche per mezza giornata. Poi il pilota atterrò per il rifornimento di carburante ed entrò in un bar per bere qualcosa: quando ne uscì era buio. Poiché il campo non era ben illuminato, il decollo non era sicuro. Si offrì di partire comunque, ma il responsabile dei voli dell'INPE glielo proibì; all'avvicinarsi dell'oscurità nessuno voleva rischiare di perdere un pilota.

Quella notte, il 20 novembre, sparì anche il segnale della telemetria del pallone. Apparentemente il pallone era tornato sulla terra. Esaminammo grafici e cartine metereologiche per cercare di valutare dove poteva essere atterrato. A giudicare dalle condizioni del vento, ritenevamo si fosse diretto verso ovest. Fortunatamente, a bordo della gondola vi era uno strumento di segnalazione radio (*beacon*). Così, la mattina successiva noleggiammo un elicottero e un aeroplano per continuare le ricerche. I piloti sorvolarono la giungla tutto il giorno alla ricerca di un lenzuolo di plastica biancastro appeso ai rami di qualche albero e cercando di udire il segnale radio. Ancora nulla. A quel punto sapevamo che le batterie della radio erano pressoché esaurite.

Phil ritornò negli Stati Uniti. Jerry e io rimanemmo per continuare le ricerche. Ancora nessuna traccia del pallone. Preparammo dei manifesti e li appendemmo sui cartelli stradali e ai pali telefonici sparsi in tutta la regione. Sembravano i manifesti appesi nel vecchio West per offrire una ricompensa per un ricercato e invece volevamo solo informazioni sugli spostamenti del nostro pallone. Appendemmo e distribuimmo copie anche all'aeroporto di San Paolo, sperando che piloti e passeggeri sarebbero stati all'erta. La ricompensa ammontava a 450.000 cruzeiro, circa duemila dollari. Se qualcuno avesse trovato il nostro carico, avremmo dovuto procurarci quel denaro. Nessuno trovò nulla, neanche il più piccolo pezzo di polietilene. Era di nuovo come per il disastro di Aberdeen, con la differenza che questa volta avevamo perso l'intero carico. Ora sapevo come dovevano essersi sentiti quando HAPPE cadde nell'oceano.

Dopo sei settimane le autorità brasiliane interruppero le ricerche del pallone e noi tornammo a casa. Al ritorno Phil era distrutto. Diversi anni prima, dopo il disastro di Aberdeen, era stranamente allegro; ma all'epoca era ancora un giovane laureato e la tensione e i rischi lo affascinavano. Ma nel 1982 aveva quasi trent'anni e la tensione e i rischi non lo divertivano più. La perdita di un pallone era un'esperienza spiacevole che, comunque, un giovane poteva archiviare come bagaglio di esperienza. Ma la perdita di *due* palloni era disastrosa. La sua carriera era legata a questo esperimento. Perché mai si era buttato in questa impresa da folli? Era nient'altro che la conferma di ciò che già sapevo sui palloni e, tuttavia, li stavo ancora lanciando.

Nel dicembre 1982, tornati in California, valutammo quanto avevamo raccolto. Nonostante la delusione del pallone perso in Brasile, avevamo buoni motivi per essere soddisfatti del progetto. Seppur mancando i dati dell'emisfero australe, potevamo dimostrare che quanto era stato affermato circa il quadrupolo era infondato, cosa che, naturalmente, non piacque ai due gruppi che avevano fatto l'annuncio della scoperta. In ogni modo il Sacro Graal della cosmologia era ancora da trovare.

Altra cosa importante: i nostri voli avevano dimostrato che i rivelatori raffreddati funzionavano. Adesso i responsabili della NASA ci avrebbero certamente dato via libera. Le versioni raffreddate sarebbero state più sensibili del DMR originariamente proposto e una maggiore sensibilità era proprio ciò di cui avevamo bisogno per scoprire i semi primordiali della struttura cosmica. Dalla metà degli anni Settanta, quando COBE fu proposto per la prima volta, la cosmologia aveva fatto molti progressi; nel frattempo, i teorici avevano concluso che le increspature potevano essere di minore entità di quanto avessero supposto in precedenza. Per cui era necessaria una maggiore sensibilità.

Dovevo «vendere» bene agli altri due responsabili di COBE, John Mather e Mike Hauser, i vantaggi dei rivelatori raffreddati, poi anche a tutto il Comitato Scientifico di COBE e quindi agli ingegneri del Goddard. Raccolsi materiale, scrissi rapporti e feci varie presentazioni. Mentre John e Mike cominciavano ad avvicinarsi alle mie posizioni, cercavo di convincere e persuadere gli ingegneri del Goddard, i quali erano molto conservatori e riluttanti a cambiamenti. Basandosi sull'esperienza, hanno coniato il detto «Meglio è nemico di bene». Con ciò volevano dire di aver visto persone modificare cose buone per renderle migliori, con il risultato di renderle peggiori delle originali. Ma perseverai.

Infine, mettendo alla prova la mia sincerità e la mia convinzione, mi tentarono con la seguente proposta: «Non possiamo cambiare tutto per utilizzare i ricevitori raffreddati ed essere pronti in tempo per il lancio. Se rinunciate a una delle quattro frequenze del DMR, ne raffredderemo due. Ne manterremo una come progettato originariamente per garantirci che almeno una delle quattro funzioni bene». Non volevo rinunciare a un quarto dell'esperimento, ma essi furono irremovibili. Così pensai di rinunciare al DMR con la frequenza più bassa, quello con maggiori probabilità di interferenza galattica. In cambio, decisero di raffreddare i due canali ad altissima frequenza, quelli che offrivano la visione migliore dell'universo lontano. Al quartier generale della NASA fu presa la decisione di spostare il radiometro a bassa frequenza (19 GHz o con lunghezza d'onda di un centimetro e mezzo) su un pallone per mappare l'emissione galattica. Furono stanziati i fondi per far volare un pallone con un radiometro a 19 GHz e il compito fu affidato al gruppo di Princeton formato da Dave Wilkinson, Dave Cottingham, Ed Cheng e Steve Boughm.

Così iniziò il lavoro sui ricevitori DMR raffreddati, lavoro che doveva essere portato avanti rapidamente.

Due anni dopo il ritorno dal Brasile a mani vuote, nel gennaio 1984, ricevetti una telefonata. Le autorità brasiliane avevano trovato il nostro pallone. Ne ero stupito e mi sentivo, ovviamente, molto felice. Diedi la notizia a Jerry e Thyrso che dal Brasile era venuto per due anni a Berkeley per preparare il dottorato sui dati del volo brasiliano. Jerry e io avevamo trascorso due mesi per riordinare gli elementi di scarsa qualità ottenuti con la telemetria dal pallone brasiliano. Chiamai Phil che sembrò sbalordito per la notizia. Era riuscito a sopravvivere al disastro e aveva intrapreso nuove ricerche; ma adesso il passato era tornato a tormentarlo. La National Science Foundation[11] ci fornì il denaro necessario per compiere questo viaggio imprevisto in Brasile.

Alcuni giorni dopo, Phil e Thyrso volarono in Sud America. Non avevamo idea di ciò che avrebbero trovato. Non potevamo sapere, dopo ventisei mesi dal lancio, in quale stato di degrado sarebbe stata trovata la strumentazione. Che cosa poteva essere accaduto al nastro dei dati? Se anche fosse sopravvissuto all'autunno, poteva avere sopportato due anni di caldo umido della giungla, la pioggia, gli insetti curiosi e i funghi che crescono lentamente ovunque?

Il 3 febbraio una squadra di brasiliani provenienti da São José dos Campos si incontrò con Phil e Thyrso. Guidarono verso una cittadina che si trovava a oltre centocinquanta chilometri dal sito in cui era presumibilmente caduto il nostro pallone. I locali cercavano di vivere alla meglio: estraendo per esempio carbone dalle caverne. La città di Tapirai era costituita da poche strade, negozi e stamberghe. Thyrso avvicinò alcune persone e, essendo di madrelingua portoghese, chiese loro se sapevano nulla di un pallone caduto nella zona. Certamente sapevano, anzi era divenuto una degli argomenti di conversazione della città. La gondola era scesa poco distante. Indicarono col dito in lontananza una riserva forestale abitata solo da cacciatori di frodo e animali selvatici.

A poco a poco misero insieme i pezzi del mosaico. Un giorno, verso la fine del 1983, un cacciatore di frodo era entrato abusivamente nella riserva. La giungla era fitta, con tutti i suoi suoni spaventosi e cacofonici. Tagliò alcuni alberi di palma per estrarne i cuori: al mercato nero venivano pagati bene. Ovviamente non doveva parlarne; se le autorità l'avessero preso, rischiava una grossa multa, magari persino la galera. Poi, d'un tratto, notò qualcosa che non aveva mai visto prima. Sembrava un grande lenzuolo appeso in cima agli alberi, da cui pendeva ad alcune decine di metri da terra, un contenitore enorme e quadrato. Sembrava metallico. Lo osservò a lungo; gli camminò attorno; si chiese cosa fare. Non vi si avvicinò troppo. Era forse giunto dallo spazio? Finalmente decise di allontanarsi, stupito, lievemente impaurito e si trascinò la sua borsa piena di cuori di palma. Tenne tuttavia il segreto per sé. Sapeva che se avesse spiattellato la notizia, le autorità sarebbero venute a saperlo e avrebbero capito che era entrato abusivamente nella riserva. Era meglio stare zitti.

Ma un giorno si recò a Tapirai, entrò in un bar e alzò un po' troppo il gomito. Cominciò a parlare di uno strano oggetto visto nella foresta. Dapprima, gli altri avventori sorrisero, poi ascoltarono più attentamente. Si sparse la voce che giunse anche alle orecchie di una guardia del posto. Questi si recò nella riserva per controllare se era tutto in ordine. Ed ecco era lì: un enorme tendone biancastro appeso agli alberi, a un'altezza di circa trenta metri da terra, da cui pendevano lunghe funi e una gondola. Riconobbe subito che si trattava di un pallone. Si affrettò a tornare in città e contattò i militari brasiliani. I militari controllarono gli archivi e capirono che si doveva trattare del pallone scomparso nel novembre del 1982.

A quel punto, gli abitanti di Tapirai sapevano che l'oggetto non era giunto dallo spazio. Senza più timore, si recarono nella foresta e tirarono giù con forza la gondola dagli alberi. L'aprirono e ne estrassero le cose che vi erano dentro. Parti elettroniche, congegni luccicanti, qualsiasi cosa che aveva un bell'aspetto o appariva interessante; tutti si diederono da fare per smontare il più possibile e poi, con orgoglio, si portarono a casa il bottino. Un giornale regionale pubblicò in prima pagina un articolo e una fotografia dello strano visitatore. Anche al cacciatore di frodo era giunta notizia che Phil e Thyrso si stavano dirigendo verso la città per recuperare la gondola. Il cacciatore tornò quindi nella foresta con un piano preciso.

Una volta giunti a Tapirai, Thyrso e Phil entrarono nel bar del paese. Lì trovarono il modulatore del fascio dello strumento (l'affettatrice di salame) e il meccanismo di calibrazione, utilizzati nel locale pubblico come oggetti di curiosità. Phil racconta: «Offrimmo a tutti i presenti alcuni giri di bevande e lasciammo il bar con il nostro modulatore. Quindi, cominciammo ad andare di casa in casa alla ricerca delle altre parti. Nel negozio di ferramenta trovammo la base del modulatore utilizzato come lampada e alcune parti di elettronica erano già state impiegate nelle radio della polizia locale».

Dopo di che Phil e Thyrso cercarono di scovare il cacciatore di frodo, ma non era nei paraggi. Trovarono invece alcuni suoi amici che indicarono loro dove cercare il carico. Un abitante del luogo possedeva un autocarro e si offrì di condurli sul posto. Il mattino del 6 febbraio, con un gruppo di sette persone, si recarono nella riserva. Era piovuto molto e le strade erano un mare di fango. A volte le ruote del mezzo slittavano e tutti scendavamo per spingerlo. Il fango schizzava ovunque, il mezzo avanzava con sobbalzi ed essi ritornavano a bordo per dover ripetere subito dopo l'operazione.

Infine giunsero «letteralmente in fondo alla strada». Trovarono la capanna del cacciatore, non era in casa. Lasciarono il camion coperto di fango e si avviarono a piedi verso la foresta. La camminata era piacevole, a parte il gusto provato dai locali nel raccontare macabre storie di «enormi serpenti che si sapeva avevano mangiato essere umani». Quindi videro la plastica del pallone bianco e il telo arancione e bianco del paracadute, tutto disteso su altissimi e lontanissimi alberi. Nell'avvicinarsi cercarono la gondola. Al suo posto vi era il cacciatore che, seduto tranquillamente a terra, stava tagliuzzando un ramo di palma.

Seguì una conversazione molto rapida in portoghese. Phil rimase in piedi accanto a loro, alquanto sconcertato. Il cacciatore spiegò a Thyrso che i suoi amici in città lo avevano avvertito che stavano giungendo gli scienziati per recuperare il loro apparecchio volante. Lui non voleva consegnarlo; perché avrebbe dovuto? Lo aveva trovato, non era vero? E poiché gli veniva chiesto di rinunciare a una proprietà personale, non aveva forse diritto a un compenso? Phil cominciò a comprendere ciò che stava accadendo. Il cacciatore disse di aver nascosto la gondola e voleva giungere a un accordo per la sua restituzione. In breve, faceva tre richieste. Innanzi tutto, tremila dollari, somma che rappresentava diverse volte il reddito annuo pro capite del paese. Seconda richiesta, un'intervista televisiva. Terza, un'intervista su uno dei maggiori quotidiani brasiliani. Evidentemente, il cacciatore aveva perso qualsiasi timore nei confronti delle autorità della riserva.

Phil rispose, servendosi della traduzione di Thyrso, che la prima proposta era inaccettabile e la seconda e la terza erano indipendenti dalla loro volontà. Seguì un altro negoziato in un portoghese molto veloce. Il cacciatore ebbe un gesto di stizza, si girò e tornò nella sua capanna. Pensava lo stessero ingannando. Phil era furibondo.

Nel frattempo, uno del gruppo notò un sentiero nella foresta e decise di incamminarvisi. Dopo poco più di un chilometro, scoprì la gondola. Adirato, ma felice di trovarla, Phil diede al cacciatore circa cento dollari e promise di mettere il suo nome su un giornale americano, cosa che poi abbiamo fatto sul giornale locale dell' Università di Berkeley. In ogni caso era stato un buon affare, meno dei duemila dollari di ricompensa che avevamo offerto originariamente, così che Phil poteva giustamente ritenere che la sua trattativa aveva dato dei risultati positivi.

Alla fine, avevamo recuperato tutti i principali componenti dello strumento, sebbene dopo ventisei mesi nella foresta, fossero alquanto corrosi. Sorprendentemente, il criostato era intatto e continuava a mantenere il vuoto; attualmente è ancora utilizzato. L'oggetto più prezioso era il registratore di bordo, che conteneva importanti elementi che non potevamo ricostruire con i dati di telemetria, in particolare la calibrazione ad alta precisione dello strumento, unica di questo volo. Inoltre, sorprendentemente, sebbene il nastro fosse ricoperto di un fungo verde, riuscimmo ad analizzarlo al computer. I dati potevano essere utilizzati al 98% e confermavano quanto avevamo trovato nell'emisfero settentrionale: non vi era alcun quadrupolo.

Chiaramente la ricerca dell'anisotropia cosmica, le pieghe della creazione, si stava dimostrando assai più difficoltosa di quanto non avessimo sospettato. Alla fine degli anni Sessanta, i teorici avevano suggerito che trovare l'anisotropia sarebbe stato relativamente più semplice, forse sino a una parte su dieci della radiazione di fondo cosmico. Ma, verso la metà degli anni Ottanta, il nostro strumento poteva raggiungere la sensibilità di una parte su diecimila e continuavamo a non trovare i semi. Ci stavamo avvicinando rapidamente ai limiti della risoluzione possibile all'interno dell'atmosfera terrestre. Se i semi esistevano veramente – se non erano semplicemente un terribile errore teorico – la nostra maggiore speranza risiedeva nella ricerca dallo spazio, con il satellite COBE.

La NASA aveva accettato la nostra proposta con una modifica significativa. Avevamo suggerito di far volare COBE su un razzo Delta, ma, all'inizio degli anni Ottanta, la NASA stava cercando di ritirare gradualmente tali velivoli di poco valore per utilizzare per tutti i lanci un nuovo tipo di veicolo spaziale: la navicella spaziale con equipaggio umano, lo shuttle. Una missione con equipaggio umano significava maggiori misure di sicurezza; lo shuttle sembrava quindi essere la nostra via verso lo spazio ed eravamo felici di seguirlo.

XI

COBE: il seguito

Martedì, 28 gennaio 1986: molti ricordano, probabilmente, dove erano quel giorno. Anch'io. Sarebbe stata per due motivi una giornata memorabile nella storia del programma spaziale statunitense. Presso il Jet Propulsion Laboratory di Pasadena in California, gli scienziati stavano facendo gli ultimi preparativi per l'avvicinamento, coronato da successo, del *Voyager* 2 a Urano, il pianeta più distante che sia mai stato raggiunto. Allo stesso tempo, sulla costa orientale, Christa McAuliffe, la prima insegnante a far parte di un equipaggio spaziale, era seduta sulla navicella *Challenger,* che si trovava sulla rampa di lancio 39B, presso il Kennedy Space Center, vicino a Orlando e Titusville, in Florida. Il suo equipaggio era composto da altri sei membri, compresi un afro-americano, un asiatico e un'altra donna: un equipaggio misto ed etnicamente eterogeneo. Il futuro dello shuttle appariva brillante. Nonostante i suoi limiti tecnici ed economici, aveva già mantenuto la promessa di fungere da «laboratorio per riparazioni» nello spazio. In pochi anni sarebbe stato utilizzato per organizzare la stazione spaziale e forse strutture anche più grandi: navicelle con equipaggio umano dirette sulla Luna? Su Marte? Chi poteva sapere cosa ci riservava il futuro? I viaggi spaziali erano divenuti quasi una consuetudine «quasi come prendere il treno». Anche due membri del Congresso avevano già volato sullo shuttle e Walter Cronkite poteva essere il successivo. Secondo i piani, il carico satellite esploratore del fondo cosmico (COBE) avrebbe dovuto imbarcarsi sullo shuttle circa due anni dopo.

Come gran parte degli americani, avevo deciso di seguire il lancio in televisione. Era previsto per le ore 9 del mattino secondo l'ora della costa orientale, il che significava le 6 del mattino a Berkeley, sulla costa occidentale. Mi alzai presto quel giorno e, con un occhio al conto alla rovescia, cominciai a prepararmi per la giornata. La navicella aveva già volato oltre venti volte, per cui il lancio doveva costituire una routine. La novità consisteva nella composizione insolita dell'equipaggio. Al Kennedy Space Center era una mattina molto fredda e qua e là si era formato del ghiaccio. Alcuni tecnici sconsigliarono il lancio, poiché la temperatura era al di fuori dei limiti operativi di sicurezza. Con l'assillo di voler mantenere il programma stabilito e soprattutto con la pubblicità puntata sull'insegnate McAuliffe, i funzionari della NASA decisero di proseguire comunque. Vi sarebbe stato tuttavia un ritardo. Decisi che non potevo aspettare oltre e verso le 8,30 (11,30 ora est) mi recai al lavoro.

Alle 11,37',53" del mattino sulla costa orientale, il conto alla rovescia terminò con «...tre...due...uno...zero – partenza!» Nessuno poteva vedere – o avrebbe visto solo successivamente sulle immagini registrate, in primo piano – un piccolo sbuffo di fumo nero che usciva da uno dei razzi a combustibile solido. Il fumo si trasformò ben presto in una fiammella. La navicella cominciò a emettere una grande quantità di fumo e fiamme e lentamente si sollevò dalla rampa di lancio. La folla era in preda a una grande eccitazione. A un ritmo sempre accelerato, il velivolo tracciò un arco nel cielo, una striscia bianca che segnava la sua rotta. Sessantasette secondi dopo il lancio, la navicella, che ora era appena visibile, fu avvolta in una palla di fuoco bianco-arancione con le code bianche a forma di arco indirizzate verso la Terra. La folla, non sapendo esattamente cosa aspettarsi, applaudì con esitazione, pensando che l'evento facesse parte della fase ascensionale. A quel punto il primo stadio solido si sganciò e cominciò a ruotare; si aprì il contenitore di idrogeno posto nel serbatoio esterno, liberando venticinquemila galloni di idrogeno liquido; il primo stadio solido colpì la parte del serbatoio esterno che conteneva l'ossigeno liquido e lo fece esplodere come un pallone pieno d'acqua. L'idrogeno liquido e l'ossigeno liquido si mischiarono; la miscela fu esplosiva.

Il *Challenger* era esploso provocando una catastrofe.

Dalla mia casa occorrono venti minuti per arrivare al laboratorio che si trova sulle colline di Berkeley, tempo che impiego per pensare al programma della mia giornata di lavoro. Quel giorno uno dei miei compiti era controllare i dati di calibrazione del radiometro differenziale a microonde. Come parte del programma di sviluppo, dovevamo preparare lo strumento per il lancio di COBE dallo shuttle che, secondo le previsioni più recenti della NASA sarebbe dovuto avvenire alla fine del 1988. I membri del gruppo responsabile per il radiometro differenziale a microonde, spinti dagli obiettivi scientifici e dalla sfida tecnica, cominciavano a integrarsi. Vi erano, tuttavia, ancora alcuni spigoli da smussare e alcune difficili imprese che ci aspettavano. Se fossi riuscito a far sì che collaudassero il primo dei tre radiometri, avrei anche potuto dormire sonni tranquilli. Pensai agli spettatori che quel giorno stavano aspettando il lancio del *Challenger*, l'ultima cosa da vedere in TV prima di uscire di casa. Un giorno sarei stato anch'io tra quegli spettatori, intento a osservare la realizzazione di quindici anni di lavoro scientifico.

Al mio arrivo in laboratorio capii che era successo qualcosa poiché c'erano gruppi di persone nei corridoi, negli uffici, accanto alle radio e a un paio di apparecchi televisivi. Nel breve lasso di tempo impiegato per recarmi da casa al lavoro, sette astronauti erano morti.

Ero stordito. Lo eravamo tutti. Eravamo addolorati per la morte degli astronauti. La tragedia dell'incidente occupava la nostra mente, tuttavia, lentamente, cominciarono a farsi strada le possibili conseguenze per COBE. Il nostro progetto partiva da un presupposto fondamentale: avrebbe volato a bordo dello shuttle. Ma ora, la NASA avrebbe probabilmente sospeso i viaggi della navicella, almeno per un po' di tempo. Devo ammettere che, forse ingenuamente, avevo pensato che il ritardo non sarebbe stato rilevante. Ma la mia illusione ben presto svanì. La NASA rinviò a data da stabilire tutti i voli dello shuttle per dar tempo agli investigatori, che si occupavano dell'incidente, di analizzare la portata dell'esplosione, ai tecnici di considerare attentamente i dati di telemetria e alla Marina di scandagliare l'oceano alla ricerca di frammenti dello shuttle.

Con tre navicelle costrette a terra e una persa, il programma della NASA era andato all'aria. Non vi erano più voli. Non vi era modo di sapere di quanto sarebbe stato ritardato il lancio di COBE, forse di anni. Le cose potevano peggiorare ulteriormente. Prima dell'incidente, lo shuttle non volava con la frequenza originariamente prevista e gli utilizzatori, sia civili che militari, attendevano il loro turno preoccupati per i possibili ritardi. Una volta ripresi i voli con la navicella – e non avevamo idea di quando ciò sarebbe avvenuto – la lista d'attesa sarebbe stata ancora più lunga. Satelliti militari ad alta priorità, progetti megascientifici o di megaeconomia come il *Freedom* e il *Galileo* e il telescopio spaziale Hubble premevano in tutti i modi per salire sullo shuttle. Il lancio di COBE poteva facilmente essere spostato agli anni Novanta, anni in cui volare sullo shuttle poteva diventare ancora più difficile. Allora lo shuttle sarebbe stato probabilmente necessario per numerose missioni; come, per esempio, per portare in orbita gli astronauti addetti alla costruzione della stazione spaziale *Freedom*. Era fin troppo chiaro che COBE – progetto di dimensioni medie, con pochi appoggi politici e scarsa notorietà presso il pubblico – si sarebbe potuto perdere nei meandri della riprogrammazione.

Mentre molti di noi cercavano di capire quale sarebbe stato l'effetto del disastro dello shuttle su COBE, Dennis McCarthy, il secondo responsabile del progetto COBE, valutò la situazione. Il giorno successivo all'esplosione dello shuttle convocò una riunione per discutere di COBE. Su tutti i volti appariva tristezza. Egli cominciò a parlare senza mezzi termini: «Non penso riusciremo mai a lanciare COBE su uno shuttle dalla costa occidentale. Dobbiamo trovare un altro mezzo per lanciare il nostro satellite». Qualcosa del comportamento di Dennis ci colpì, ci scosse dal nostro torpore e ci fece cominciare a credere che, sì, doveva esistere un modo per uscire da questa situazione di stallo. Tutti cominciarono a dare suggerimenti e si misero al lavoro. Sebbene allora non lo sapessimo, quello divenne l'inizio del periodo più intenso e di maggior soddisfazione del progetto COBE. Le enormi sfide che ci aspettavano galvanizzarono lo spirito della squadra. L'incidente del *Challanger*, nella sua grande tragedia, aveva dato una straordinaria energia al team di COBE.

Dovevamo trovare un altro razzo, e rapidamente, poiché ve ne erano pochi disponibili. Solo sei Titan 34D, tre Atlas-Centaur, tredici Atlas e tre Delta; altri clienti spaziali avrebbero potuto impossessarsene. Non potevamo scegliere un razzo qualsiasi; doveva essere un razzo compatibile con le dimensioni e la missione di COBE o un razzo che avrebbe potuto accettare un COBE ridisegnato. Avevamo bisogno di un piano per modificare il progetto di COBE e per proporlo agli organi direttivi sia al Goddard che al quartier generale della NASA. Stabilimmo soltanto due regole di base. La prima e più importante era che i principi scientifici non potevano essere sacrificati. Secondo, e ugualmente importante, avremmo tentato di mantenere lo stesso programma di lancio; ogni settimana oltre il termine fissato avrebbe significato costi aggiuntivi che avrebbero reso più difficile la realizzazione del nostro progetto. Si prospettava un anno di riunioni senza limiti di tempo, spesso disperate.

L'insistenza di Dennis affinché trovassimo rapidamente un razzo per COBE si dimostrò presto giustificata. Tre mesi dopo l'incidente del *Challenger*, circolavano voci insistenti che l'aeronautica si preparava a interrompere la costruzione delle strutture di lancio dello shuttle nella California meridionale, presso la base aeronautica di Vandenberg. I nostri programmi scientifici richiedevano un'orbita polare e potevamo ottenerla solo con un lancio dalla California. Se l'aeronautica avesse portato avanti i suoi piani (cosa che fece), avremmo avuto un satellite senza la possibilità di mandarlo nello spazio. Ma la mancanza di strutture di lancio dello shuttle a Vandenberg divenne un problema accademico. Infatti, nel 1986 la NASA annunciò che, qualsiasi cosa accadesse, COBE non avrebbe mai avuto posto su uno shuttle civile anche una volta dopo la ripresa dei voli. Grazie all'incitazione iniziale di Dennis, stavamo già cercando delle alternative.

Nel profondo della disperazione, avevo qualcosa a cui pensare con entusiasmo: un viaggio in Sud America e una crociera nel Pacifico. Nel marzo del 1986 sarebbe avvenuto il periodico passaggio della cometa di Halley in prossimità della Terra. Avevo accettato di fare conferenze nel corso di un viaggio di avventura in Ecuador e di una «crociera dedicata alla cometa» attorno alle isole Galapagos, le isole di Darwin. I partecipanti avevano pagato migliaia di dollari.

Sfortunatamente, spesso le comete non rispondono alle aspettative e Halley, nel suo passaggio attorno al Sole, si rivelò senza storia. Ma nessuno dei partecipanti sembrò preoccuparsene; l'intero viaggio era così romantico, il cielo stellato così elettrizzante e i seminari (spero) così interessanti che il viaggio fu meraviglioso nonostante la deludente prestazione di Halley. Notte dopo notte ognuno dei partecipanti andò fuori per osservare la cometa, le Nubi di Magellano e lo spettacolare cielo dell'emisfero meridionale. L'entusiasmo che mostravano mi corroborò e invigorì. Pensai: guarda queste persone, sono così eccitate, pagano migliaia di dollari per apprendere ciò che avviene nel cielo. E io lavoro ogni giorno su queste cose. Mi resi conto di quanto ero privilegiato e quella sensazione sollevò il mio spirito mentre socchiudevo gli occhi per vedere Halley, una luce appena percettibile sulle onde oscure.

La cometa è stata così chiamata in onore dell'astronomo Edmund Halley che previde alcuni degli aspetti fondamentali della moderna cosmologia, come il paradosso di Olbers (che Olbers «scoprì» ottantaquattro anni dopo la morte di Halley nel 1742). Halley trovò anche la prima prova diretta che le «stelle fisse» non sono fisse ma, di fatto, sono in movimento. Questa scoperta fu una tappa importante che portò la vecchia idea di un cosmo statico verso il concetto moderno di un cosmo dinamico e in evoluzione. Il grande contributo di Halley fu tuttavia l'uso della meccanica celeste di Newton per determinare l'orbita della cometa e stabilirne il suo ritorno nel 1758. E, di fatto, ritornò sedici anni dopo che Halley era morto e sepolto. L'Europa dell'età dell'Illuminismo era sconvolta: ancora una volta la ragione umana aveva trionfato nel prevedere gli eventi naturali.

La profezia di Halley era la prima dimostrazione spettacolare della teoria della gravità di Newton e qualsiasi persona istruita poteva valutarne la portata. Da cui lo pseudonimo «Astrophilus» vantato dal «Gentleman's Magazine»: «Non posso che congratularmi con i miei concittadini per un avvenimento così glorioso per la dottrina della gravità di Newton e in ricordo di quell'eccellente filosofo il Dott. Halley; e che possa sempre essere ricordato per il fatto che il primo esempio di evento di questo tipo fu previsto, anche con una buona precisione, da un inglese». Un altro scrisse: «Con questa apparizione [della cometa], la verità racchiusa nella Teoria di Newton sul sistema solare appare in tutta la sua forza e convince il mondo intero e la validità del lavoro degli astronomi viene confermata e innalzata al di sopra di tutte le maldicenze e le beffe di persone ignoranti». È vero, le comete sarebbero rimaste oggetti misteriosi fino al nostro secolo; al tempo di Edmund Halley alcuni scrittori ipotizzarono che le comete fossero la dimora delle anime dannate e fino al 1910 molti temettero che la coda della cometa avrebbe avvelenato l'atmosfera terrestre. Tuttavia, una delle grandi profezie di Halley stabilì una volta e, apparentemente, per sempre che i cieli erano governati dalla gravità.

Ma ciò valeva ancora nel 1986? Pochi cosmologi potevano guardare alle mappe dello spostamento verso il rosso dei grandi superammassi galattici, recentemente pubblicate da Margaret Geller e John Huchra, senza domandarsi se la gravità non avesse finalmente trovato il suo complemento. La gravità da sola poteva aver formato strutture massicce nei 15 miliardi di anni successivi al Big Bang? Forse era necessario qualche altro fattore non noto per spiegare l'origine di una tale stravaganza. COBE avrebbe potuto dare una risposta, se mai fossimo riusciti a lanciarlo. Le variazioni di temperatura rilevate nella radiazione di fondo cosmico – l'impronta dei semi cosmici presente trecentomila anni dopo il Big Bang – avrebbero confermato che la gravità aveva dato forma all'universo attuale. Se non fossimo riusciti a trovare i semi, avremmo dovuto cercare altre spiegazioni.

Al termine della crociera e dopo la provvidenziale apparizione della cometa, ero nuovamente carico di energia e pronto a ritornare in laboratorio.

COBE era ancora un satellite privo di veicolo per andare nello spazio. Il gruppo di COBE stava ancora cercando un razzo adeguato. Fra quelli disponibili – i Delta, gli Atlas-Centaur e vari altri tipi di missili Titan – l'Atlas-Centaur fu presto escluso poiché Vandenberg non aveva una rampa di lancio adatta a questi grandi razzi. Il Delta avrebbe funzionato, ma avrebbe richiesto una revisione draconiana del satellite COBE, dimezzandone le dimensioni e il peso. Il Titan appariva più promettente; lo spazio destinato al carico era sufficiente a mantenere COBE praticamente inalterato, con solo minime modifiche del satellite. Il grande problema era anche la spesa: 250 milioni di dollari.

Il destino a volte presenta uno strano senso dell'umorismo. Il 19 aprile, aprendo il «New York Times», leggemmo il seguente titolo in prima pagina: «Un razzo Titan esplode sopra una base aerea californiana».

Un Titan 34D era stato lanciato da Vandenberg e, nel giro di pochi secondi, era esploso provocando una grande palla di fuoco arancione. Liberò anche gas tossici su una superficie di parecchi ettari. Almeno una trentina di persone vennero curate per irritazioni agli occhi e alla pelle; gli studenti vennero trattenuti all'interno delle scuole fino al completo passaggio della nube. Distrusse anche la rampa di lancio. Quell'evento distese anche un drappo funebre sulla prospettiva di lanciare COBE a bordo di un razzo Titan.

Due settimane dopo, una razzo Delta alto oltre trenta metri, con a bordo il satellite metereologico GOES-G, venne posizionato sulla rampa di lancio in Florida. Era il primo lancio che la NASA effettuava dopo la tragedia del *Challenger* ed era un tentativo per riconquistare la fiducia dell'opinione pubblica e mostrare che la NASA aveva ancora gli «strumenti giusti». «Dobbiamo ricordare a noi stessi che abbiamo avuto successo nei programmi spaziali» disse William Graham, uno dei responsabili della NASA. Il Delta si alzò verso il cielo. Dopo settanta secondi di volo, il suo motore principale perse potenza e rimase fuori controllo. Per scongiurare il pericolo che cadesse su zone abitate o su navi in mare, dalla sala di controllo, presso la base, venne premuto il pulsante di distruzione in volo. Di nuovo la prima pagina del «New York Times» riportava: «Insuccesso del terzo razzo statunitense; programa spaziale in pericolo».

L'industria aerospaziale era «nel caos», un alto funzionario della McDonnell-Douglas dichiarò alla United Press International. «Al momento regna la più totale confusione; non vi è alcuna possibilità di lanci e sarà così per diversi anni.» Diversi anni! Era l'ultima cosa che desideravamo sentir dire, mentre stavamo cercando di salvare COBE.

Soprattutto l'esplosione del razzo Delta alimentava in noi dubbi profondi; era stato considerato il più sicuro dei razzi americani. Circolavano voci molto preoccupanti; alcuni sospettavano (secondo la rivista «Science») la possibilità di un sabotaggio attuato «per mezzo di un comando via radio dall'esterno».

Avevamo pensato anche al razzo francese Ariane, il caposaldo dell'Agenzia Spaziale Europea (ESA). Ariane si era conquistato la fama di veicolo sicuro, nonostante alcuni incidenti. Veniva lanciato dalla Guiana francese, quindi COBE avrebbe dovuto essere spedito là, il che costituiva un inconveniente, ma non fatale per gli scopi del nostro progetto. «Vi furono due o tre discussioni con i francesi» ricorda un membro del gruppo COBE. «Ma quando i responsabili [della NASA] lo vennero a sapere, ci ordinarono di lasciare perdere e desistere nel tentativo, e ci minacciarono se non lo avessimo fatto.» Era in gioco l'orgoglio americano. Sulla scia di tutta la pubblicità negativa, la NASA non desiderava che un importante progetto di ricerca finisse in mano ai francesi. Non ci avevano promesso nulla, ma era rinata in noi la speranza di un lancio americano.

La possibilità più entusiasmante – la missione COBE che avevamo sempre sognato – era di lanciare un satellite a un'altitudine superiore a quella originariamente programmata. Nel vuoto esistente attorno alla Terra e alla Luna vi sono molte aree note come punti di Lagrange, dal nome dell'astronomo del Settecento che li aveva scoperti.[1] In questi punti la gravità del Sole, della Terra e della Luna è in un così perfetto equilibrio, che un oggetto può orbitare sospeso come una decorazione natalizia a un filo fra due edifici. Un punto, noto come punto lagrangiano 2 o L2, sarebbe particolarmente ambito per un satellite cosmologico in quanto non riceverebbe in pratica nessuna radiazione o interferenza elettromagnetica dalla Terra o dalla Luna; inoltre, se messo in orbita attorno al punto L2, il satellite sarebbe costantemente esposto alla luce del Sole anziché passare attraverso eclissi occasionali, che potrebbero ridurre per un breve periodo la potenza delle sue celle solari.

Presumibilmente, se fossimo riusciti a persuadere la NASA a lanciare COBE su un volo dello shuttle, la missione poteva andare così: la shuttle poteva essere lanciato dalla Florida in una normale orbita equatoriale. Quindi, utilizzando un nuovo razzo a stadio superiore sviluppato dalla Orbital Sciences Corporation, COBE poteva essere spinto fino a L2. L'idea ci piaceva molto. Gli appunti esistenti per il progetto COBE riportano che quando fu avanzata l'idea di L2, tutti i responsabili scientifici «reagirono come se avessero avuto una visione religiosa... Si trattava del miglior ambiente possibile [per COBE]... Rendeva tutto facile». Anche i sovietici accennarono alla possibilità di lanciare un satellite cosmologico sul punto Lagrangiano 2. Sfortunatamente lo stadio superiore sarebbe costato un paio di centinaia di milioni di dollari. Era quindi la fine di quel sogno.

Poiché le opportunità reali erano assai limitate, alla fine del 1986 i responsabili del progetto COBE chiesero alla NASA di lanciare il satellite a bordo di un razzo Delta. Nonostante l'incidente del 3 maggio, il programma Delta presentava ottime garanzie di sicurezza; quello del 3 maggio era stato il primo insuccesso in nove anni. Inoltre, il Delta era un razzo relativamente poco costoso, quindi la NASA sarebbe stata soddisfatta.

La McDonnell-Douglas aveva realizzato i razzi Delta, ma la produzione era stata interrotta, soppiantata dal programma shuttle. Erano state lasciate parti sufficienti a costruire pochi altri Delta che poi erano rimaste abbandonate in vecchi capannoni. I promotori del progetto «Guerre Stellari» li richiedevano con sollecitudine per utilizzarli come bersagli di armi antimissile. Cercammo di ottenerne uno e avemmo successo. Ai tecnici della McDonnell-Douglas vennero quasi le lacrime agli occhi quando appresero che avrebbero avuto l'occasione di costruirne uno per noi. Avevano trascorso molti anni a costruire razzi, spesso per uso militare. Non volevano vedere gli ultimi razzi Delta distrutti nelle prove antimissile. Preferivano vedere il loro bagaglio di esperienza in tema di razzi utilizzato per ricerche scientifiche di grande valore, come COBE.

Il Delta era tuttavia un razzo piccolo. Poteva portare nello spazio solo un carico grande la metà di quello previsto per il COBE-shuttle. Avremmo quindi dovuto ridurre COBE e alleggerirlo. L'impresa era più difficile di quanto si potesse immaginare, poiché non potevamo semplicemente rimpicciolire tutto, come una bambola russa che contiene una versione più piccola di se stessa. Più COBE diveniva piccolo, più i suoi strumenti potevano interferire l'uno con l'altro, come se una famiglia si trasferisse da un'abitazione con cinque stanze a un monolocale. I tre strumenti erano già molto sensibili a sorgenti spurie di calore, radiazioni elettromagnetiche prodotte da fili e altri strumenti e così via; col rimpicciolirsi di COBE sarebbe aumentata la loro vulnerabilità.

Il 1° ottobre 1986 ricevemmo la notizia: i vertici della NASA avevano approvato un lancio Delta per l'inizio del 1989. Tutto avveniva assai prima del previsto. «Non appena fu annunciata la data del lancio, ognuno sapeva che sarebbe stata come un'esercitazione antincendio... i tempi erano incredibilmente brevi» disse Frank Kirchman, nuovo responsabile per i problemi termici del DMR. Da quel momento saremmo stati impegnati fino all'osso. Dovevamo tornare «al tavolo da disegno», oppure nulla.

Per trasformare COBE in maniera così radicale e in così poco tempo, i gruppi avrebbero dovuto coordinare il più possibile il loro lavoro. Roger Mattson, direttore del progetto COBE decise di adottare un sistema di lavoro «mirato» o lavoro «sotto un unico tetto». Non vi sarebbero stati limiti nel «lavoro fuori orario e/o compensativo, se era necessario per rispettare i tempi» era scritto in un promemoria. I gruppi che avevano lavorato su COBE nel periodo precedente alla tragedia del Challenger erano a parecchie miglia di distanza e ora si sarebbero trovati a lavorare praticamente lungo lo stesso corridoio, provvedimento necessario per accelerare il lavoro e rendere le persone più disponibili: le persone sono sempre più disponibili quando puoi parlare loro guardandole negli occhi anziché parlare con le loro segreterie telefoniche. Intanto l'orologio scandiva il tempo.

I tre strumenti di COBE – il DMR, il FIRAS e il DIRBE – venivano costruiti separatamente, in edifici diversi. Io ero il responsabile e Chuck Bennett era il mio vice per il DMR, il cui lavoro era concentrato nell'edificio 19 del Goddard; John Mather e Richard Shafer erano rispettivamente il responsabile e il vice del FIRAS; Mike Hauser e Tom Kelsall coprivano questi ruoli per il DIRBE. Il responsabile per lo sviluppo di tutta la strumentazione era Earle Young che, in quegli anni, dovette affrontare un mare di problemi.

La zona di lavoro per il DMR all'interno dell'edificio 19 aveva un aspetto dimesso e veniva definita scherzosamente officina per «strumenti a microonde e tende veneziane». Lì i tecnici costruivano le parti e collaudavano i componenti del DMR. Assemblavano il DMR e verificavano tutta l'apparecchiatura. Tuttavia, lavoravano soprattutto alla calibrazione e alle prove necessarie per avere pronto il DMR. «Dire che questa *cosa* era stata progettata sarebbe alquanto indulgente» sottolineò Roger Ratliff, un ingegnere meccanico anziano che aveva costruito molte delle parti del DMR. Non si trattava certamente di Rube Goldberg, ma operava secondo la massima «qualsiasi cosa funzioni, va bene».

La NASA, resasi conto di come tutti gli interessati al progetto COBE lottassero per mantenerlo in vita, decise di metterci a disposizione le sue risorse. L'obbiettivo della NASA era quello di lanciare una missione spaziale per dimostrare al pubblico che stava operando per il conto alla rovescia, che era ancora presente nei programmi spaziali e ancora in grado di raggiungere ottimi risultati scientifici. Al Goddard si sparse la voce che la NASA considerava COBE una missione «sexy», che era necessario salvare. Avevamo sentito dire che «COBE era un progetto molto interessante per l'opinione pubblica e per il Congresso»; era «di grande immagine – pensate, il Big Bang! Le origini dell'universo e tutto il resto! E vi sarebbe stato estremo interesse per i risultati se tutto avesse funzionato correttamente». Questi discorsi servono a migliorare il morale della squadra: «Sapevo che si trattava di roba grossa» disse Roger Ratliff, una delle «vecchie guardie» della NASA. Rob Chalmers, l'ingegnere termico del satellite, concordò: «Se si riesce a trovare il modo di tenere unita la truppa, si può essere certi che tutti lavoreranno con dedizione estrema».

Lo scopo del nostro obbiettivo fu espresso in termini chiari dall'«Engineering Newsletter» del Goddard: «La trasformazione di COBE da un STS [2] [sistema di trasporto spaziale dallo shuttle] a un lancio Delta è probabilmente una delle maggiori sfide tecniche mai affrontate dal GSFC [Goddard Space Flight Center]». Una buona squadra può reagire splendidamente a un tal tipo di sfida. La nostra lo fece. Il morale salì alle stelle.

Poi, a quasi un anno dalla data fatidica, un importante evento nella ricerca della radiazione di fondo cosmico colpì il mondo della cosmologia. Ci ricordò che potevamo tranquillamente essere battuti al traguardo. Nell'apprendere la notizia trattenemmo tutti il fiato.

Nel febbraio del 1987 un gruppo congiunto giapponese-americano aveva lanciato un razzo suborbitale che trasportava un rivelatore costruito da Andrew Lange, Paul Richards e i loro colleghi di Berkeley. La squadra giapponese era guidata dal professor Matsumoto dell'Università di Nagoya. Durante il breve volo nello spazio, fino a 320 chilometri d'altezza sopra l'isola giapponese di Kyushu, lo strumento montato sul razzo aveva analizzato la radiazione di fondo a sei frequenze fra 0,1 e 1 millimetro. Il risultato, annunciato nell'agosto di quell'anno, mostrava una differenza sensazionale fra la curva prevista e quella misurata dello spettro della radiazione di fondo cosmico con un aumento di temperatura che giunse sino a 3.18 gradi Kelvin. Se reale, ciò significava che nel cosmo primordiale dovevano essere avvenuti eventi straordinariamente energetici.

Quell'eccesso di temperatura provocò un'enorme eccitazione. I teorici diedero varie spiegazioni possibili. Quella più estrema sfidava il modello standard di Big Bang, che richiedeva che lo spettro della radiazione di fondo fosse quasi perfettamente una radiazione di corpo nero; il nuovo risultato sembrava già indicare una possibile rilevante distorsione dello spettro. Questa possibilità servì a diffondere un certo disagio sulla validità della teoria del Big Bang. Una famosa serie televisiva della Public Broadcasting, «The Astronomer», dedicò una delle sue puntate al progetto Nagoya-Berkeley. Solo a filmato già praticamente ultimato, venne manifestata la possibilità che la distorsione nello spettro della radiazione di fondo cosmico fosse falsa. Quasi certamente l'eccesso era un'illusione provocata dall'errato progetto o dal malfunzionamento dello strumento o da un falso segnale provocato da una radiazione estranea o da un rumore.

Ci sentivamo frenati dall'esperimento giapponese-americano. Esso ci rammentava che in ogni momento potevamo avere la notizia di un altro risultato, da parte di un altro gruppo, ma che, questa volta, annunciava la scoperta delle increspature , senza errori, una cosa reale. Il nostro lavoro divenne ancora più urgente e, di colpo, la data di lancio prevista dalla NASA per l'inizio del 1989, che un tempo ci era sembrata inverosimilmente prossima, ci appariva ora penosamente lontana. Lavorammo ancora più sodo, affrontando una miriade di problemi: vibrazioni, errori sistematici, il potenziale effetto dell'ossigeno residuo sugli specchi, sorgenti spurie di calore; tutto doveva essere risolto e tutto richiedeva tempo, esperienza ed energia.

Secondo il programma originale di COBE, i radiometri differenziali a microonde dovevano essere posizionati su piedistalli attorno al criostato a elio liquido che conteneva gli strumenti FIRAS e DIRBE. Un gruppo selezionato, guidato dall'ingegnere meccanico Gene Gochar, realizzò un nuovo disegno per il DMR. Il contenitore del radiometro fu reso più ampio e meno profondo. La parte inferiore del DMR doveva curvare attorno a una sezione del criostato poiché lo spazio era molto limitato. Nel nuovo disegno di COBE, furono riviste anche le parti elettriche, termiche e altri particolari.

Un lavoro importante fu la sostituzione dei vecchi schermi termici rigidi con altri più leggeri e flessibili, che si sarebbero aperti in orbita. Il compito di costruire uno schermo flessibile e nello stesso tempo sicuro «era considerato da tutti estremamente difficoltoso, se non impossibile» scrisse Rob Chalmers sull'«Engineering Newsletter» del Goddard. Tuttavia il lavoro fu portato a termine. Inoltre, le celle solari che sarebbero state avvolte attorno alla parete esterna del vecchio COBE furono sostituite da celle su tre pannelli ad armonica; anche questi si sarebbero aperti nello spazio. Il nuovo COBE avrebbe dovuto avere un'antenna più piccola per inviare e ricevere dati e comandi. Questi cambiamenti erano difficili e generavano molte preoccupazioni. I due anni che seguirono furono interessanti, ma caratterizzati da una grande ansia.

Una volta terminata la costruzione dei radiometri, dovevamo collaudarli e calibrarli. Sarebbe stato l'ultimo collaudo del nostro strumento e del nostro senso dell'umorismo. Il segreto della calibrazione è simulare la radiazione di fondo. Non è facile. La radiazione di fondo è estremamente debole e quindi dovevamo simularla con un «bersaglio» analogamente debole, cioè con una temperatura assoluta prossima allo zero. Quindi dovevamo puntare le due antenne del radiometro su bersagli che avessero essenzialmente la medesima temperatura. Se le antenne funzionavano in maniera perfetta, avrebbero entrambe rivelato la stessa temperatura e, quindi, riportato una differenza di temperatura uguale a zero. Se il radiometro avesse invece rivelato una differenza di temperatura, significava che qualcosa probabilmente non funzionava: ossia, il radiometro rivelava una fonte spuria, indesiderata di radiazione (per esempio, una sorgente di calore interna, un campo magnetico, una sorgente radio, qualsiasi cosa). Dapprima calibrammo il radiometro presso il Goddard, in una grande stanza dove erano allineati oggetti scuri, a forma di cono, che assorbono le radiazioni a microonde. Tendevano anche ad assorbire il suono. Se qualcuno nella stanza parlava, sembrava che le parole si fermassero subito fuori dalla bocca.

Per simulare il vuoto dello spazio, provammo anche «in modo remoto» il radiometro differenziale a microonde all'interno di un contenitore privo di aria. Il contenitore era largo un metro e alto alcuni metri e posto nella parte posteriore di una «stanza pulita», un luogo speciale, essenzialmente privo di polvere. Il DMR, a ognuna delle sue frequenze, era largo circa sessanta centimetri, profondo trenta, alto sessanta e pesava circa cinquanta chilogrammi, così che potevamo collaudare solo un radiometro per volta. All'interno del contenitore vuoto, un bersaglio era posto su una rotaia, come un treno giocattolo; dall'esterno controllavamo il suo moto, spostandolo avanti e indietro di fronte alle antenne a tromba del radiometro. Il DMR era normalmente puntato verso una ruota girevole, coperta da coni che assorbivano microonde e ogni cono veniva superraffreddato dal retro (per mezzo di tubi collegati a un criostato di azoto liquido). Speravamo che la rotazione avrebbe «livellato» i punti caldi sulla ruota e, quindi, simulato una radiazione di fondo uniforme anche più accuratamente di un bersaglio fermo.

Questo ingegnoso dispositivo smetteva spesso di funzionare e ciò ci irritava notevolmente. Le parti smettevano di muoversi poiché il freddo intenso congelava il grasso, o altri lubrificanti, o riduceva il volume dei componenti in modo che non riuscivano più a muoversi come dovevano. Ogni volta che il sistema smetteva di funzionare (inevitabilmente sempre nel mezzo del turno di notte di qualcuno), doveva essere riscaldato di nuovo lentamente, poi riempito d'aria in modo da poterci entrare e vedere che cosa non funzionava. Il processo di riscaldamento poteva durare ore o giorni; non si voleva che avvenisse troppo velocemente per timore che il rapido aumento di temperatura danneggiasse le parti più delicate. La cosa più frustrante era che subito prima che terminassimo di riscaldare la camera e fossimo pronti a riaprirla, qualsiasi fosse la cosa non funzionante – per esempio, il bersaglio sulla rotaia – ricominciava di nuovo a funzionare. Così non avevamo modo di sapere cosa aveva provocato originariamente il guasto. Proseguivamo così a raffreddarla per un'altra serie di prove: solo per ritrovarla nuovamente guasta. Non riuscivamo a vedere cosa succedeva all'interno poiché la camera era chiusa ermeticamente, priva di oblò (per un buon motivo: per evitare che radiazioni spurie potessero penetrarvi). Pensammo di mettere una telecamera all'interno, ma non vi era spazio a sufficienza. Per mesi il laboratorio del DMR fu teatro di molte tensioni.

In questo periodo lavorammo tutti per molte, lunghe, ore, spesso sette giorni la settimana e questo continuò per molti mesi. Sacrificammo molte ore di sonno e anche la nostra vita privata. Nonostante lo stress, tutti conservarono l'entusiasmo. Sentivamo che stavamo facendo qualcosa di molto importante. Roger Ratliff commentò: «Se non fosse stato così divertente, non so come avremmo avuto la costanza di andare avanti». Anche se, a volte, eravamo molto tesi e ce la prendavamo con gli strumenti o l'un l'altro, ci univa la consapevolezza che il nostro lavoro avrebbe potuto produrre risultati scientifici di portata storica. Ci sentivamo come una squadra, una squadra che in tutta la mia carriera non aveva avuto eguali per spirito di gruppo e determinazione.

Come responsabile di gruppo avevo lavorato molto per costituire una squadra unita e impegnata, coinvolgendo ogni singolo membro a sentirsi parte dell'obbiettivo finale e dando a ciascuno la maggiore responsabilità possibile (cosa che avevo appreso dal mio vecchio capogruppo, Luie Alvarez). Ogni persona aveva la propria responsabilità e aveva il merito per una parte specifica del lavoro. Come conseguenza, le persone spesso svilupparono quasi un senso di possesso nei confronti della propria parte dello strumento.

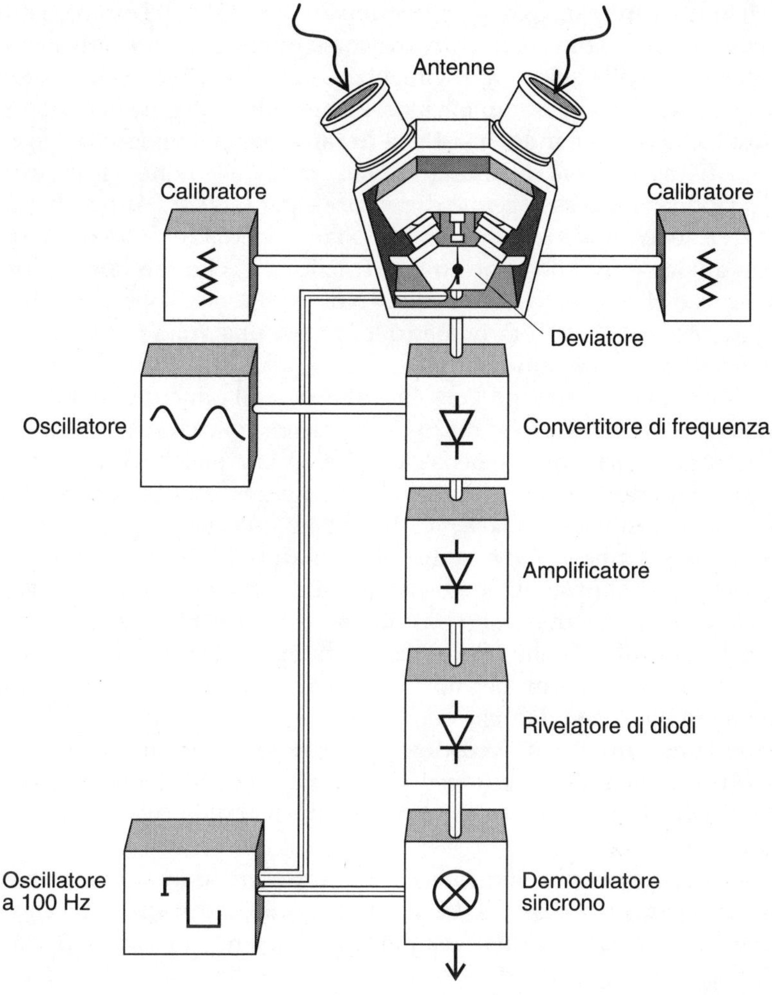

La configurazione del radiometro differenziale a microonde (DMR). Misura la differenza fra la radiazione a microonde ricevuta da due punti nel cielo con le due antenne a tromba collegate alternativamente a un singolo ricevitore. *NASA/GSSC*

Per esempio, Maria Lecha era l'ingegnere capo per il radiometro a 53 GHz ed era così protettiva nei confronti dello strumento da definirlo il suo «bambino». Allora Maria aveva circa venticinque anni e si era laureata in elettrotecnica presso l'Università del Portorico. Il progetto era la sua ossessione; una volta, mentre nevicava, uscì fuori e fece un «pupazzo di neve» modellato come il DMR. Durante i mesi di collaudo dello strumento, trascorse molte notti di fronte al suo calcolatore nella sua casa di Greenbelt, per controllare a distanza le condizioni del suo radiometro. Parecchie volte notò che la temperatura stava aumentando, il sistema di raffreddamento non funzionava. Allora, si recava in laboratorio nel cuore della notte – la guardia del Goddard le faceva cenno di passare – per salvare il suo radiometro. «Avevo fra le mani milioni di dollari» ricorda. «Temevo sempre che qualcosa avrebbe potuto non funzionare, che sarebbe esploso sul razzo al momento del decollo.» Non era la sola. Bobby Patschke, ingegnere capo per il radiometro a 31 GHz, una volta confessò: «Di notte sogno il mio radiometro».

Speravamo di spedire COBE in California alla fine del 1988, dove sarebbe stato integrato al razzo Delta. La tensione cresceva man mano che la sabbia scorreva nella clessidra. «Vi fu qualche duro scontro verbale fra ingegneri e scienziati. Non scherzo» ricorda Tom Kelsall, vice responsabile del DIRBE. «Ci fu a volte una certa agitazione, ma nulla di personale. È come dicono i "mafiosi" – è lavoro, nulla di personale!» Nonostante le nostre diatribe, dovevo affidare il DMR ai tecnici: in ultima analisi, erano dalla nostra parte. Dennis Mc Carthy diceva ai suoi colleghi: «Ehi ragazzi, stiamo costruendo questa cosa per gli scienziati, non per noi. Dobbiamo comunque garantire che possano ottenere i dati che cercano». Con altri ingegneri dello staff andavamo, invece, d'accordo: «Forse la cosa più importante per molti di noi è non deludere persone come Mike Hauser, John Mather e George Smoot [i responsabili di COBE]» disse Mike Ryshkewitsch.

Riferendosi a Hauser, Mather e al sottoscritto, uno dei membri del progetto COBE disse: «Questi tre tipi ci stavano sempre alle calcagna, preoccupati che qualcosa potesse mandare a monte i loro dati. Non riuscii a comprendere cosa volevano esattamente sino a quando non guardai quello spettacolo «The Astronomer» e vidi da che cosa era stato prodotto l'errore nell'esperimento di Berkeley-Giappone [CBR]. Quindi pensai, per fortuna quei tipi ci stanno sempre dietro!» Qualsiasi cosa fosse successa nell'impresa Berkeley-Giappone, non volevamo che la *nostra* spedizione fallisse per qualche difetto di progettazione o qualche errore tecnico. Se non fossimo riusciti a trovare le increspature per qualche motivo scientifico legittimo, poteva anche andare bene. Non potevamo accettare nessun altra ragione. Quel progetto era troppo importante.

Finalmente avevamo raggiunto il nostro obbiettivo: gli strumenti erano stati modificati e il peso di COBE era stato dimezzato. La costruzione di COBE aveva coinvolto oltre mille persone, era costata molti anni di lavoro e oltre 160 milioni di dollari. Eravamo pronti a spedire il satellite alla base aeronautica di Vandenberg per il rendezvous con il razzo Delta e il lancio finale.

XII
Il primo sguardo alle pieghe

Il lancio del satellite esploratore del fondo cosmico (COBE) era previsto per il 18 novembre 1989. Il giorno precedente guidai per quasi cinquecento chilometri da Berkeley in direzione sud verso la base aerea di Vandenberg. Le colline ondulate californiane, di un color ambra-marrone, modellate da milioni di anni di tettonica a placche, terremoti, erosione, avevano un aspetto autunnale. Tra poco ci sarebbe stato il momento della verità. Mi occupavo di cosmologia da quasi vent'anni e il mio lavoro aveva avuto sempre come obbiettivo questo momento. I tre strumenti a bordo di COBE avrebbero esplorato l'inizio dell'universo come non era stato finora possibile. Molti pensavano che COBE avrebbe stabilito una volta per tutte se il Big Bang aveva veramente avuto luogo. Per me non esistevano dubbi: il Big Bang era effettivamente avvenuto, e ora avremmo capito molto di più su come erano andate le cose.La mia mente era stranamente rilassata. Il destino di COBE era nelle mani dei tecnici di lancio. Non potevo far altro che osservarlo partire o esplodere.

Vandenberg è un luogo desolato sulla costa californiana e, per molti versi, un luogo pericoloso. La zona è spesso coperta dalla nebbia e viene consigliata una guida prudente. Le scogliere sono instabili (una guida per i visitatori della base aerea avvisa: «Non avventuratevi in cima agli scogli...potrebbero tradirvi»); i cinquanta chilometri di spiaggia presentano pericolose e contrastanti maree; bombe inesplose sono sparse ovunque («Se vedete un oggetto sospetto, *non* toccatelo e *non* portatelo via come un souvenir!»). Le persone alla guida di un' auto sono spesso costrette a fermarsi bruscamente perché un cinghiale o un daino sbucano improvvisamente dalla nebbia. La base, che copre 98.400 acri e che servì come avamposto dell'esercito e campo POW durante la seconda guerra mondiale, prese il nome dal capo di Stato Maggiore dell'aeronautica Hoyt S. Vandenberg. Per oltre trent'anni è stata la base di lancio di oltre duemila razzi, compresi gli ICBM statunitensi inviati nello spazio o verso bersagli a migliaia di chilometri di distanza nel Pacifico.

Il vicino paese di Lompoc è quasi una cittadina aeronautica, come si vede nei vecchi film: piccole botteghe, strade alberate e stazioni di servizio dove i gestori, molto gentili, vi fanno il rifornimento. Ho attraversato in macchina la città per poi prendere la strada a nordovest che conduce verso la desolata zona di Vandenberg. Lì, passata la curva, vidi il razzo Delta 5920, dritto sulla rampa, riparato dalle travi d'acciaio che l'avrebbero protetto dagli elementi atmosferici sino a poco prima del lancio. L'oceano Pacifico brillava a circa un chilometro di distanza, ai piedi di un dolce pendio; si sentiva l'odore del mare e si udiva appena il rumore della risacca. Il sale marino è molto corrosivo al punto che l'incastellatura metallica che sostiene i razzi prima del lancio deve essere pulita regolarmente per evitare danni. Un ufficiale della base disse scherzando: «Prova a parcheggiare l'auto e lasciarla lì per un mese, vedrai cosa succede».

Trent'anni prima, un altro razzo Delta aveva mutato la storia della cosmologia. Ma, quella prima volta, nessuno se lo aspettava. Il 12 agosto 1959 il primo razzo Delta della NASA lanciò il satellite *Echo 1*, un enorme pallone sferico che diede inizio all'epoca delle comunicazioni via satellite. Per «udire» i segnali rimbalzati dal satellite, la Bell Laboratories aveva costruito la sua antenna a microonde a forma di tromba a Holmdel, nel New Jersey, antenna utilizzata da Arno Penzias e Robert Wilson che avevano casualmente scoperto la radiazione di fondo cosmico, il bagliore residuo della furia della creazione, eco del lontano Big Bang. Ora speravamo che COBE avrebbe proseguito in quella rivoluzione avviata a Holmdel venticinque anni prima. «Siamo come paleontologi spaziali, alla ricerca dell'equivalente delle ossa dei dinosauri nei primi istanti dell'universo» commentai a un giornalista.

Prima del disastro del *Challenger*, questa struttura di lancio sembrava dovesse essere abbandonata. Lo shuttle pareva destinato a ereditare tutta l'industria spaziale con armi e bagagli e la McDonnell-Douglas pensava di lasciare quel luogo. Ma secondo quelli della McDonnell-Douglas, il responsabile locale della base, Pat Conlan, che poi morì, aveva lottato con successo per tenerla aperta. «Per lui l'idea che lo shuttle avrebbe dovuto trasportare qualsiasi cosa, era "chiaramente sciocca"» ricordava un responsabile dell'industria. «Se egli non fosse stato così determinato a tenerla aperta, la McDonnell-Douglas avrebbe già abbandonato quel posto. Punto.» E non avremmo avuto alcun luogo da cui lanciare COBE.

L'abbandono temporaneo causò un problema. L'incastellatura di lancio, nota come SLC-2W, era incredibilmente «sporca». COBE doveva rimanere più pulito possibile per evitare che agenti contaminanti danneggiassero gli strumenti o creassero falsi segnali in orbita. Gli ufficiali della base di Vandenberg furono concordi per pulire accuratamente la rampa prima che COBE venisse installato sul razzo Delta. Esperti di decontaminazione, ispezionarono attentamente l'incastellatura con luci «nere» (ultraviolette) e «nastri» (in quest'ultimo caso, i tecnici mettevano del nastro adesivo sugli oggetti, che poi veniva analizzato al microscopio alla ricerca di contaminanti).

Il razzo Delta giunse parecchie settimane prima del lancio. Venne spedito con un autocarro dalla Florida, dove era stato precedentemente assemblato e collaudato. A quell'epoca, l'equipaggio del Delta era ridotto a un'unica squadra impegnata a preparare un lancio dal Kennedy. Alcune settimane prima del lancio, COBE iniziò il suo lungo viaggio. Guardando COBE che lasciava la sua stanza di isolamento per essere caricato nel suo contenitore speciale per il viaggio verso ovest, provai un misto di euforia e di tristezza. Fu spedito via aerea dalla base di Andrews direttamente a Vandenberg. Dopo l'arrivo, COBE fu sistemato in una speciale stanza pulita dove furono assemblati gli ultimi pezzi. Feci un secondo viaggio a Vandenberg per ispezionare lo schermo parasole e lo schermo terrestre. Ancora una volta facemmo un collaudo generale.

Poi, dopo la mezzanotte, quando il traffico era molto ridotto, COBE fu caricato su un veicolo da trasporto e portato alla base di lancio di Vandenberg. Le undici miglia del viaggio furono percorse a una velocità di poche miglia all'ora: fu un viaggio molto lento. Gli agenti della sicurezza ci aiutarono nel trasferimento del satellite facendoci da scorta lungo il percorso, con le luci lampeggianti; come osservò un ingegnere del Goddard: «Durante il trasporto di una cosa così costosa, non si vuole che la gente attraversi incurante gli incroci.»

All'avvicinarsi della data del lancio, pensavamo di esserci assicurati contro ogni evenienza. Di fatto era così, eccetto un' evenienza che non avevamo previsto. Dennis McCarthy aveva assistito in televisione a un avvenimento sportivo di interesse mondiale e al terremoto di San Francisco, cinquecento chilometri a nord sulla costa californiana. In preda all'agitazione chiamò Vandenberg per sapere se tutto procedeva bene con COBE. Controllarono: tutto andava bene. Poiché vivevo nella zona della baia di San Francisco, avevo in mente problemi più immediati. Il terremoto dell'intensità di 7,1 gradi della scala Richter aveva creato danni in alcune zone della baia e purtroppo ucciso oltre sessanta persone. Feci una rapida verifica e mi resi conto che tutte le persone del mio gruppo stavano bene e le attrezzature erano in ordine. Fu un avvenimento terribilmente vicino che ci fece ricordare che nella vita i disastri veramente grandi sono quelli che meno ci si aspetta.

Il 17 novembre era venerdì e la NASA tenne una conferenza stampa a Lompoc. John Mather, io e molte altre persone del Goddard e della NASA eravamo là. Così pure Ralph Alpher e Robert Herman, colleghi di George Gamow che quarant'anni prima aveva previsto l'esistenza della radiazione di fondo cosmico. Erano felici per aver vissuto abbastanza a lungo da vedere il loro lavoro produrre frutti così entusiasmanti. «COBE», disse Alpher «è uno strumento meraviglioso e sofisticato che speriamo fornisca le informazioni più accurate mai ottenute» sulle origini cosmiche. Anche il razzo Delta fu lodato: «il veicolo di lancio più raffinato del mondo» lo definì Don Tutwiler un responsabile della NASA. Fu detto ai giornalisti che la «finestra» di lancio sarebbe stata dalle 6,24 alle 6,54 del mattino successivo; che il razzo a due stadi, alto oltre trenta metri, aveva un primo stadio a combustibile liquido con nove motori ausiliari a combustibile solido; che il razzo, al lancio, pesava oltre 220.000 chilogrammi; e che il primo stadio era stato costruito dalla McDonnell, il secondo dall'Aerojet e i motori ausiliari solidi dalla Thiokol Corporation. Per raggiungere la velocità di fuga, il razzo doveva volare a oltre 30.000 chilometri all'ora. In orbita, avrebbe espulso il satellite che avrebbe orbitato attorno alla Terra a una velocità di circa 27.000 chilometri orari.

L'ufficiale della NASA Larry Caroff disse che il satellite e gli altri strumenti spaziali previsti «ci forniranno una visione dell'universo incredibile e senza precedenti. Vedremo cose che non avremmo mai immaginato. Tutto ciò sconvolgerà il mondo scientifico». John Mather mise tuttavia in guardia i giornalisti: «Non prevedo di capovolgere la teoria del Big Bang con ciò che vedremo in quanto è una buona teoria e funziona bene. Ciononostante vi potrebbe essere una grande sorpresa».

Sabato mattina. Mi alzai presto, feci la doccia e mi vestii con indumenti caldi. Nell'oscurità che precede l'alba vedevo, non molto lontano, quindici anni di lavoro in cima a tonnellate di esplosivo. Se fosse saltato tutto in aria, che cosa avrei fatto? Per gran parte della mia carriera di cosmologo avevo cercato le pieghe cosmiche. La mia ricerca sarebbe terminata qui, su una spiaggia del Pacifico, sotto una palla di fuoco da cui piovevano frammenti metallici?

Nella luce indistinta, centinaia di persone si erano raccolte attorno al luogo di lancio del Delta. Numerosi autobus stavano aspettando. Un migliaio di ospiti – una delle folle più numerose mai apparsa alla base – si erano radunati per vedere quello spettacolo eccezionale: un lancio all'alba. Mentre osservavamo, il conto alla rovescia sarebbe iniziato all'interno del fortino, una struttura protetta a circa sei chilometri dalla rampa di lancio.

Gli autobus ci portarono nella zona di osservazione, a circa un chilometro e mezzo dal razzo. Scendemmo e vedemmo il Delta, illuminato in tutto il suo splendore sulla rampa di lancio. Nella notte i metereologi avevano lanciato palloni sonda a quote elevate per controllare i venti negli strati superiori dell'atmosfera; erano troppo veloci per permetterci di stare tranquilli e vi era la possibilità che il volo venisse annullato. Venti minuti prima del lancio fu lanciato un altro pallone; i suoi sensori indicavano che i venti erano calati. Questa notizia era di buon auspicio.

Rimasi vicino a Mike Hauser, che insieme a me era uno dei responsabili scientifici, e ci scambiammo occhiate silenziose, nella consapevolezza che fra tutte le persone presenti eravamo quelle che avevano maggiormente investito in quella giornata. Durante un viaggio precedente, avevo guardato il razzo da vicino ed ero rimasto sbalordito per quanto fosse decrepito, ruggine qua e là, pezze e riparazioni effettuate con il Glyptal. Il lavoro di tutta la nostra carriera professionale era in cima a quella cosa. Restammo in silenzio, ma in cuor nostro sussurrammo una preghiera.

Il cielo appariva chiaro, calmo, invitante. Una striscia arancione era apparsa a est. Dopo pochi secondi sarebbe stata l'alba. Il mio orologio indicava le 6,34. La finestra di lancio era nei venti minuti successivi, se volevamo che il nostro satellite entrasse nell'orbita polare corretta, parallela al terminatore, la linea d'ombra fra il giorno e la notte terrestri. Il conto alla rovescia giunse agli ultimi dieci secondi.

«Dieci, nove, otto, sette, sei...»

Le nostre sopracciglia erano aggrottate, i nervi tesi; trattenemmo il respiro. In quei momenti si teme il peggio; e se il razzo fosse esploso in un lampo accecante?

«...cinque, quattro, tre, due, uno...»

Qualcuno disse: «Se il razzo esplode, trattenete George, potrebbe uccidersi!». Replicai: «Uccidermi?».

«...partenza.»

Il terreno circostante si illuminò, brillante come il Sole. Vedemmo il razzo partire, in uno strano silenzio, la rampa di lancio circondata dalle fiamme. Improvvisamente, pochi secondi dopo, giunse il suono con un boato tale che mi vibrò nel petto. L'aria tremò. La folla ansimava mentre il razzo continuava a salire, vomitando fiamme e fumo e brontolando lungo la traiettoria.

Durante il decollo, centinaia di migliaia di litri d'acqua zampillarono sotto il razzo per sopprimere le onde sonore che, diversamente, si sarebbero riflesse verso l'alto e avrebbero danneggiato il missile. Contemporaneamente, entrarono in funzione solamente sei dei nove motori ausiliari fino a quando il razzo non salì oltre le montagne; altrimenti le onde sonore riflesse avrebbero potuto distruggere il velivolo. Mentre osservavamo nervosamente l'ascesa del razzo, entrò in funzione il secondo gruppo di motori.

Mezzo minuto dopo il lancio, il Delta viaggiava alla velocità del suono e continuava ad accelerare. Cominciammo a respirare nuovamente. A un certo punto attraversò il disco lunare. Dopo 78 secondi viaggiava a oltre 12 miglia di altezza e a una velocità di 820 metri al secondo. Improvvisamente, parve espandersi, quindi espulse sei puntini brillanti; i razzi a combustibile solido. Il loro combustibile si esaurì, ritornarono sulla Terra a 30 chilometri di distanza da noi, nell'oceano Pacifico. Dopo 124 secondi, il Delta viaggiava a 1860 metri al secondo e a una altezza di 43 chilometri; espulse gli ultimi tre solidi che arrivarono in mare a 370 chilometri dal luogo del lancio. Dopo 240 secondi, fu avviato il secondo stadio; il Delta si divise in due, lasciando cadere il primo.

La carenatura si staccò all'improvviso, dopo 245 secondi, 70 miglia sopra la Terra. Ora COBE viaggiava nel freddo e nel vuoto dello spazio esterno a 5050 metri al secondo. Il motore del secondo stadio smise di funzionare dopo 650 secondi. Il satellite proseguì a motore spento a una velocità di 8 chilometri al secondo, 169 chilometri sopra la superficie terrestre. COBE era in orbita. Il terzo stadio spinse COBE verso la sua orbita più alta prevista.

«Devo dire che si tratta di un bel viaggetto» commentò un felice Dennis McCarthy. In un comunicato che diramò dopo il lancio disse che COBE aveva un'orbita molto stabile, fra i 900,5 e gli 899,3 chilometri, quasi perfettamente circolare.

Ero euforico. Era stato un lancio perfetto. Ma non potevamo trascorrere troppo tempo a festeggiare. Bisognava andare all'aeroporto e tornare al Goddard per controllare le operazioni e far funzionare l'esperimento. Lo scienziato del Jet Propulsion Laboratory e di COBE,

Mike Janssen, e io ci recammo in automobile a casa sua a 200 chilometri circa, a Pasadena, per prendere i suoi bagagli e dirigerci poi verso l'aeroporto di Los Angeles. Non appena giunti a casa sua, chiamammo il centro di controllo del satellite dove ci dissero che COBE aveva fatto centro. John Wolfgang ci disse che le celle solari avevano generato energia in eccesso nel passaggio sopra il Polo Sud; era il risultato di luce solare in eccesso riflessa dal ghiaccio. Avevano dei problemi a dissipare tale energia. Avrebbero potuto accendere prima il radiometro differenziale a microonde? «Sì» risposi immediatamente. Questa era una domanda del tipo «Qualsiasi cosa decidiate di fare, non buttatemi alle ortiche». (Per mesi avevo discusso con i progettisti della missione di accendere lo strumento il più presto possibile. Ma essi continuavano a rifiutare dicendo che dovevamo prima verificare il satellite.) Furono inviati i comandi e cominciò a giungere il segnale del DMR. Con grande fortuna, registrò subito un picco, proprio il segnale che ci aspettavamo di vedere nel momento in cui l'antenna era puntata sulla Luna. Pochi istanti dopo, il nostro calibratore automatico di bordo inviò un impulso. Gli addetti al DMR esultarono. I primi trenta secondi di dati produssero segnali proprio come ci si aspettava dalle prove e dalle simulazioni da terra. Il DMR funzionava. Era sopravvissuto al lancio. Prendemmo i bagagli di Mike e, ridendo e scherzando, ci dirigemmo verso l'aeroporto e salimmo su un aereo per Washington D.C., col sorriso sulle labbra mentre ci avviavamo verso il Goddard Space Flight Center.

Nel giro di poche ore COBE ci avrebbe parlato dei primi istanti di vita dell'universo.

Lontano dalla superficie terrestre, con le braccia dei suoi tre pannelli solari completamente aperti, COBE era lungo circa sei metri e pesava due tonnellate e mezzo. Ruotava lentamente e al termine della settimana avrebbe raggiunto una velocità di otto decimi di rotazione al minuto per consentire a ogni strumento di mappare il cielo. La rotazione garantiva anche il riscaldamento solare uniforme del satellite. Per gran parte del tempo, COBE memorizzava dati su due nastri a bordo e poi li trasmetteva una volta al giorno alla stazione di Wallops Island in Virginia. Quindi Wallops trasferiva i dati alla centrale di controllo della missione COBE presso il Goddard. Spesso riuscivamo a sentirli dal vivo, raccogliendo dati in tempo reale attraverso il TDRSS (Tracking and Data Relay Satellite System).[1] Inizialmente, provammo molto entusiasmo ed eccitazione al pensiero che, dopo anni di battute d'arresto e tormenti, il nostro strumento stava effettivamente svolgendo il suo compito. Man mano che i dati

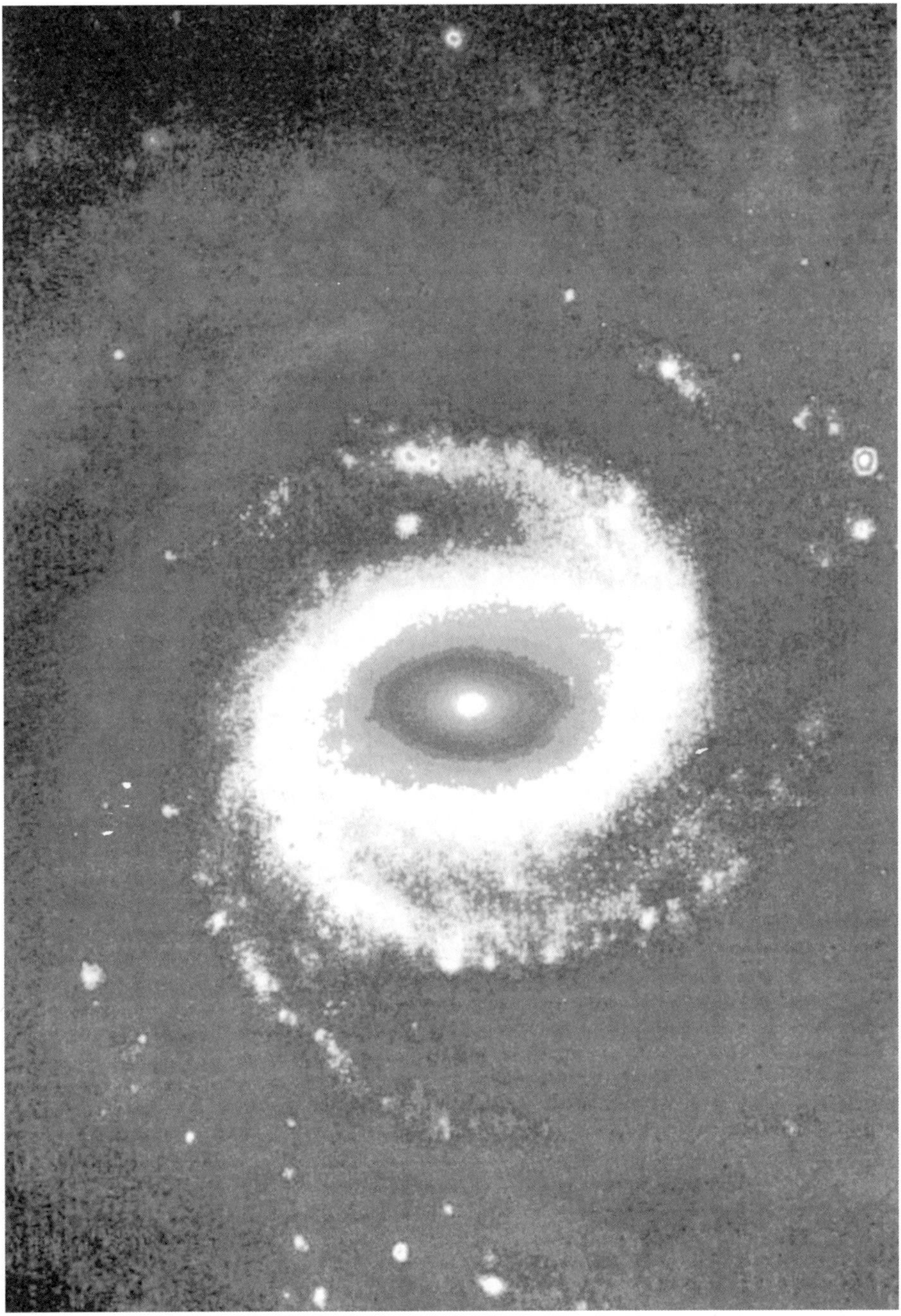

Fotografia di una galassia a spirale, NGC 1232, a una distanza di 65 milioni di anni-luce. La materia visibile è raggruppata nelle stelle e le stelle sono organizzate in enormi sistemi chiamati galassie. Se potessimo vedere la nostra Via Lattea, probabilmente apparirebbe così. CALIFORNIA ASSOCIATION FOR RESEARCH IN ASTRONOMY

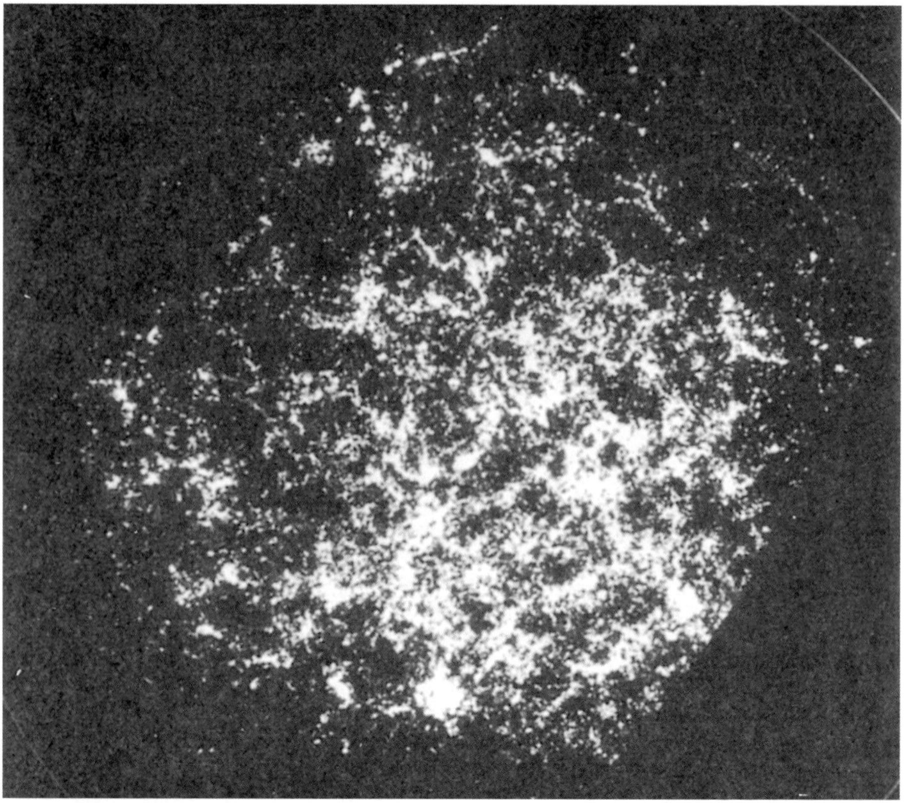

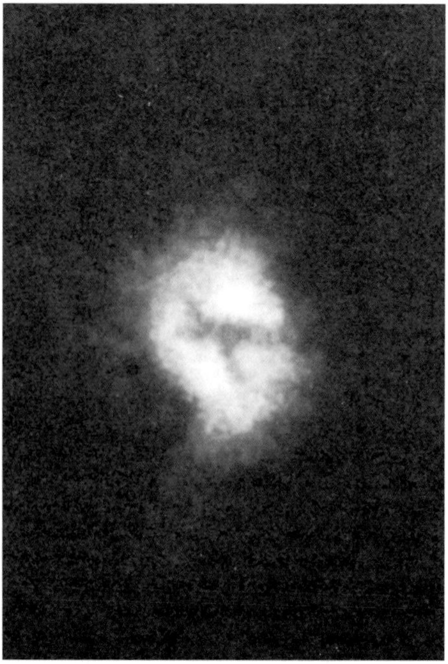

In alto: Un'indagine dell'Osservatorio di Lick su un milione di galassie. Un tracciato dell'ubicazione di un milione di galassie in un emisfero del cielo. Si può notare che le galassie non sono distribuite uniformemente o casualmente, bensì sono organizzate in ammassi e gruppi di superammassi. Vi sono vuoti sferici con galassie sulla superficie e ammassi alle intersezioni delle bolle vuote. La distribuzione ricorda la struttura di una schiuma. La materia è raggruppata in scala dalle stelle alle strutture più grandi mai osservate. EDWARD SHAYA, JAMES PEEBLES E R. BRENT TULLY

A fianco: La struttura a forma di X può rappresentare, all'interno della vicina galassia a spirale M51, un potenziale buco nero, con una massa equivalente a un milione di stelle come il Sole. H. FORD (IHU/SPACE TELESCOPE SCIENCE INSTITUTE), SPETTROGRAFO PER OGGETTI DEBOLI IDT E NASA

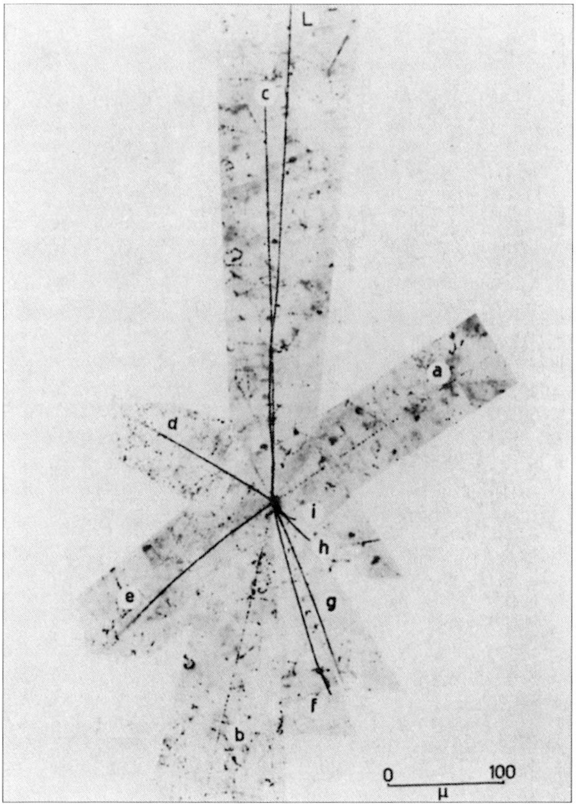

In alto: Posa del cielo notturno che mostra tracciati circolari delle stelle dovuti alla rotazione terrestre. DAVID NUNUT/SKY AND TELESCOPE
A fianco: Le tracce dell'annichilazione dell'antiprotone trovate nel 1955 dal gruppo di Emilio Segre. LAWRENCE BERKELEY LABORATORY

Nella pagina precedente in alto: Edwin Hubble che mostra una fotografia della galassia Andromeda. HUNTINGTON LIBRARY
In basso: Inizio degli anni Trenta: Albert Einstein, le cui teorie della relatività speciale e generale implicavano una cosmologia radicalmente nuova, e Georges-Henri Lemaître, sacerdote e astrofisico belga che aprì la strada alla teoria del Big Bang. BROWN BROTHERS LABORATORY
In questa pagina a fianco: Fred Hoyle, difensore della teoria dello stato stazionario dell'universo.

Luis Alvarez, nel suo ufficio al Lawrence Berkeley Laboratory. Sulla scrivania si possono vedere le fotografie dei suoi eroi e amici: da sinistra a destra, Lord Ernest Rutherford, Walter Alvarez (suo padre) e i fisici Don Gow, Albert Einstein e Enrico Fermi. LAWRENCE BERKELEY LABORATORY

In alto: Edward Lofgren (al centro) circondato dagli scopritori dell'antiprotone: da sinistra a destra, Emilio Segre, Clyde Weigand, Owen Chamberlain e Thomas Ypsilantis. Dietro di loro si vede il bevatrone. LAWRENCE BERKELEY LABORATORY
In basso: George Smoot (a sinistra) e Jim Peebles assieme in un congresso nel 1992. EL ESCORIAL – CONVERSACIONES DE MADRID

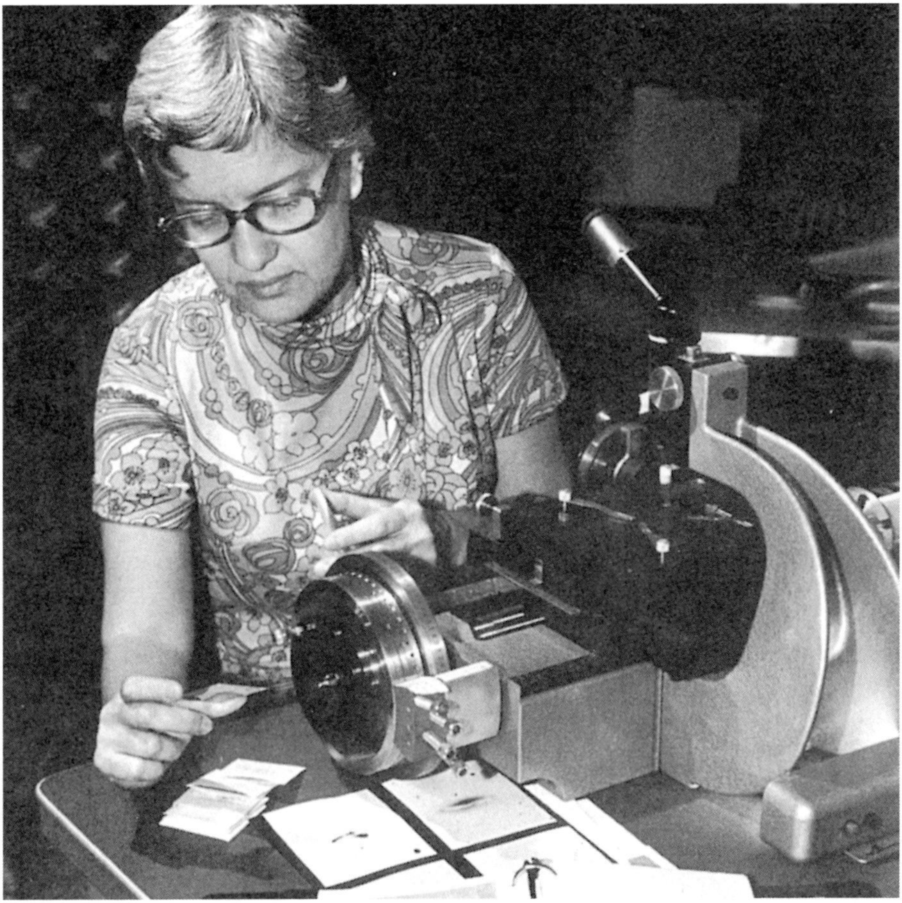

In alto: Vera Rubin, la sua tesi di laurea ipotizzava le velocità peculiari delle galassie.
CARNEGIE ISTITUTE OF WASHINGTON
A fianco: Alan Guth, uno dei primi sostenitori della teoria inflazionistica.
DONNA COVENEY, MIT

In alto: Stephen Hawking (a sinistra) e George Smoot a una conferenza a Berkeley, dicembre 1992. LAWRENCE BERKELEY LABORATORY
In basso: Il gruppo italo-americano del 1991 – Michele Limon, Marco Bersanelli, Andrea Passerini, Giuseppe Bonelli, Giovanni De Amici (in ginocchio), Bill Vinje, Marc Bensadoun, George Smoot, John Gibson (in ginocchio), Steve Levin – al Polo Sud geografico. GIOVANNI DE AMICI

cominciavano ad accumularsi, fornendoci un'immagine in lenta coalescenza del cosmo primordiale, questo periodico ascolto, quasi clandestino, divenne meno coatto.

La sera del giorno del lancio, giungendo al Goddard, mi recai immediatamente nella stanza di controllo degli strumenti. Lì trovai sedute le squadre di addetti ai tre strumenti (DMR, FIRAS e DIRBE) con i tavoli in una disposizione a Y: essi controllavano le operazioni del satellite e preparavano il lavoro per ricevere il flusso dei dati. Pete Jackson e Charlie Backus avevano fatto i grafici della prima mezz'ora di dati provenienti dal radiometro a microonde differenziale. I tracciati mostravano il segnale della Luna, la sorgente di calibrazione di rumore e i dati. Tutti firmammo il primo grafico, facemmo delle copie e le appendemmo alla parete. Al termine del primo giorno di raccolta dei dati, utilizzammo un programma di analisi per produrre una mappa celeste approssimativa, ma riconoscibile, della radiazione di fondo cosmico. Proiettammo la mappa su un grande schermo e nella stanza di controllo degli strumenti vi fu un grande applauso.

La mappa non mostrava nulla che non avessimo già previsto. Non vi erano accenni di quelle pieghe inafferrabili, i semi cosmici che avevamo cercato con tanta costanza. A quel punto la mappa era appena decifrabile; era come cercare i contorni di oggetti in una fitta nebbia. Ci voleva tempo affinché la nebbia si dissipasse, lo sapevamo tutti. Il radiometro differenziale a microonde funzionava come doveva. L'applauso fu contemporaneamente un'espressione di sollievo e il riconoscimento di ciò che avevamo ottenuto.

Le prime settimane furono stimolanti, stancanti e caratterizzate da repentini ma reali timori. Tre giorni dopo il lancio, si ebbero indicazioni che uno dei nostri giroscopi, che serviva a stabilizzare il satellite, non funzionava. Circa alle 2,30 del mattino John Mather e io andammo a casa a riposarci; ero appena andato a letto quando mi giunse la telefonata di Rick Shafer per comunicarmi che il giroscopio era guasto e che era stata convocata una riunione d'emergenza. Anche John Mather fu chiamato a casa alle quattro di mattina.

Guidando verso il Goddard nell'oscurità che precedeva l'alba, pensai: se non va più, non va più. E se non va più, dobbiamo pensare attentamente a cosa fare. Ero preoccupato dal fatto che la perdita del giroscopio avrebbe destabilizzato COBE, facendolo ribaltare forse verso il Sole, il che sarebbe stato catastrofico per tutti gli strumenti. Fortunatamente i sistemi automatici avevano funzionato ed era stato messo in funzione il giroscopio di ricambio.

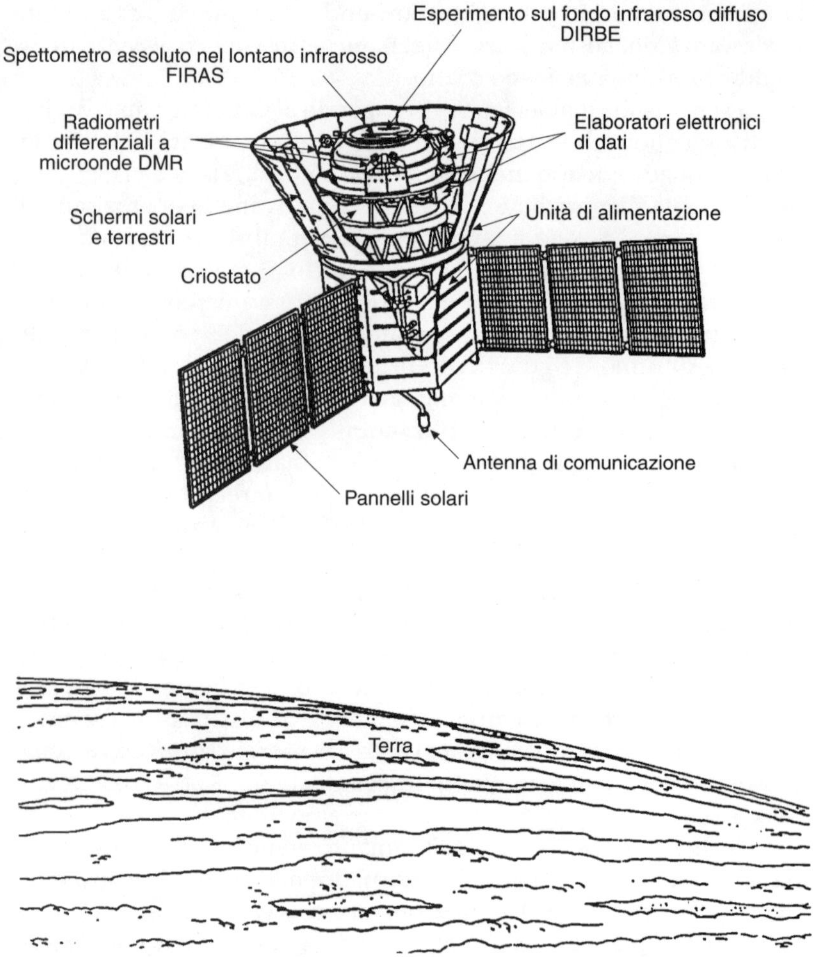

Rappresentazione grafica del satellite COBE in orbita. Sono indicati gli esperimenti DIRBE, DMR e FIRAS. *NASA/GSSC*

L'episodio ebbe un effetto salutare. Avevo a lungo discusso con Rick Shafer sulla quantità di prove e verifiche che avremmo dovuto compiere sulla raccolta dei dati dello strumento FIRAS nelle prime fasi operative. Il compito dello strumento era quello di misurare lo spettro della radiazione di fondo cosmico, cioè misurare l'intensità su una gamma di lunghezze d'onda che andava da un centimetro a un centesimo di centimetro. Se la radiazione di fondo è un prodotto del Big Bang, lo spettro dovrebbe apparire come un arco leggermente asimmetrico, la forma caratteristica della radiazione di un corpo nero. Lo strumento era stato disegnato per effettuare misure della radiazione di fondo paragonandole a una sorgente incorporata di corpo nero; tutto ciò doveva essere accuratamente calibrato. Se la radiazione di fondo aveva realmente lo spettro caratteristico di un corpo nero, avrebbe dato un supporto importante alla teoria del Big Bang. Se fosse apparsa qualsiasi altra forma, la cosmologia del Big Bang sarebbe stata in grande pericolo.

Rick desiderava ora analizzare alcuni dei primi dati e John accettò con entusiasmo. Il giorno successivo Rick lanciò un grido e fece vedere il primo spettrogramma. Mostrò che la differenza fra il corpo nero interno e il cielo era molto limitata, il che ci incoraggiò a credere che il Big Bang fosse veramente la sorgente della radiazione cosmica. Per esserne certi avevamo tuttavia bisogno di altri dati e di una migliore calibrazione. John e Rick cercarono di aggiustare la temperatura interna del calibratore per meglio raccordarla con il fondo cosmico in ingresso e per ottenere altri dati. Durante le prime due settimane, il FIRAS aveva raccolto nove minuti di rilevamenti, osservando il Polo Nord galattico dove è presente poca polvere galattica. La precisione dello strumento era di una parte su mille, il che significava cento volte più preciso di qualsiasi cosa utilizzata in precedenza. Nel corso degli anni erano stati raccolti frammenti dello spettro, a cominciare dalle misure originali di Penzias e Wilson del 1964. I frammenti non erano tuttavia prove complete e questo è quanto quei nove minuti di dati FIRAS offrivano per la prima volta.

Ci eravamo accordati per parlare di COBE in occasione dell'incontro dell'American Astronomical Society ad Arlington in Virginia nel gennaio del 1990, appena due mesi dopo il lancio. Se fossimo stati pronti in tempo, sarebbe stato il luogo perfetto per annunciare i risultati raccolti fino a quella data. John ricorda: «Eravamo completamente esausti. Decidemmo che non avremmo detto nulla sino a che l'articolo non fosse stato spedito all'"Astrophysical Journal"».

Giunse il giorno delle nostre relazioni. John e io ci recammo insieme all'albergo dove si sarebbe tenuta la conferenza stampa e attraversammo la strada per lasciare nella buca delle lettere il manoscritto indirizzato agli uffici editoriali dell'«Astrophysical Journal». Era un momento importante, sia da un punto di vista simbolico che pratico: la consegna dei primi risultati dell'avventura di COBE alla stampa scientifica. Era l'ultimo giorno della conferenza, il sabato, e ci aspettavamo una scarsa affluenza. All'ingresso nella sala vedemmo circa mille persone. Il clima di attesa era palpabile, vi era l'aspettativa di qualcosa di importante. Dave Wilkinson, membro del gruppo di COBE, tratteneva a stento la gioia. Nonostante avessimo tutti giurato di mantenere il segreto, Dave non era stato in grado di trattenersi dal mostrare al suo collega di Princeton, Jim Peebles, un piccolo ritaglio di carta. Jim aveva guardato il grafico sulla carta e condiviso la gioia di Dave.

John salì sul palco. Dopo una breve introduzione, proiettò un grafico teorico della radiazione di corpo nero, mostrando come sarebbe dovuta apparire la radiazione di fondo cosmico se fosse davvero scaturita dal Big Bang. Sulla curva teorica furono sovraimposti sessantasette punti sperimentali, misurati da FIRAS, uniti per produrre il vero spettro della radiazione di fondo. I punti misurati erano perfettamente sovrapposti alla curva teorica, senza alcuna deviazione. Le misure della scienza, in particolare nell'astrofisica, spesso si presentano con grandi «oscillazioni», così che una curva teorica e una curva misurata possono essere simili ma non perfettamente corrispondenti. La curva di FIRAS, invece, corrispondeva perfettamente con quella teorica; i nostri errori erano minimi.

Vi fu un momento di silenzio nell'aria mentre la proiezione illuminava lo schermo. Quindi il pubblico si alzò e scoppiò in un fragoroso applauso.[2] Tali dimostrazioni spontanee di entusiasmo sono rare nell'ambito scientifico, poiché a molti studiosi piace soppesare ciò che vedono e poi esprimere un giudizio, peraltro sempre prudente. In questo caso i dati erano così convincenti che non era necessaria la minima prudenza; poteva essere espresso un giudizio immediato. Ma vi era ben altro, suppongo. Ed ecco eravamo nel 1990, quarantadue anni dalla predizione della radiazione di fondo cosmico, ventisei anni da quando Penzias e Wilson l'avevano vista per la prima volta e, tuttavia, continuavano a esserci dubbi sulla validità della teoria del Big Bang. L'annuncio fatto alla fine del 1987 dal gruppo Berkeley-Nagoya sulle sorprendenti distorsioni dello spettro nella radiazione di fondo cosmico, sebbene opinabile, aveva seminato ulteriori dubbi. Senza dubbio la comunità cosmologica era divenuta ancora più dubbiosa rispetto al Big Bang. Il FIRAS aveva dissipato ogni dubbio. Come lo scoppio di applausi che aveva accolto la presentazione della mappa celeste tracciata il primo giorno nella sala operativa per il controllo della strumentazione di COBE, quasi un anno prima, la reazione ai dati di FIRAS ci diede un enorme sollievo e fu il riconoscimento per il buon lavoro scientifico svolto. Il Big Bang era ancora solidamente sulla scena.

Dopo la relazione di John, presentai la mia sui primi risultati pervenutici dal radiometro differenziale a microonde. Riuscii a mostrare solo cose estremamente preliminari: l'immagine aveva appena cominciato a formarsi, ma ciononostante era la miglior mappa esistente. Fui in grado di affermare che avevamo visto il dipolo, risultato della velocità peculiare della Via Lattea rispetto alla radiazione di fondo. Questo era un dato molto importante perché dimostrava che lo strumento funzionava a dovere. A parte ciò, tuttavia, la radiazione di fondo appariva regolare, un segnale uniforme da tutti i punti dell'universo. Non vi era però indicazione alcuna dell'esistenza delle pieghe, nessun segno dei semi cosmici dai quali si erano formate le galassie nell'universo primordiale. A parte questa delusione, i nostri dati erano coerenti al modello semplice del Big Bang. Altri applausi, anche se non la lunga ovazione provocata dai risultati di FIRAS.

Fu ironico osservare che la sessione era presieduta da Geoffrey Burbidge dell'Università di California a San Diego che era (e rimane) uno dei maggiori detrattori della teoria del Big Bang. Al termine del mio intervento, lo udii bofonchiare in maniera appena comprensibile che noi e il pubblico avevamo inghiottito la storia del Big Bang: «libro, versi e capitoli interi».

Mike Hauser mostrò allora delle belle nuove immagini infrarosse che il DIRBE aveva ottenuto della nostra galassia, la Via Lattea. Era materiale da poster che mostrava in maniera evidente parte del piano galattico a forma di disco e il centro a forma di bulbo.

Sebbene i partecipanti alla conferenza fossero entusiasti dei risultati iniziali di COBE, i mezzi di informazione si concentrarono maggiormente sulla mancata anisotropia, la prova dell'esistenza dei semi cosmici. «Qualsiasi struttura nell'universo primordiale avrà lasciato una traccia che dovremmo essere in grado di vedere ancora oggi» dissi. Ma dovetti ammettere che non vi era alcuna traccia evidente, quindi «rimane ancora la domanda sull'origine delle galassie... È difficile comprendere perché non vediamo qualcosa come le Ande quando facciamo la mappa... se qualcosa ci sfugge, deve esserci qualcosa di fondamentalmente sbagliato nelle nostre teorie.»

John concordò scherzando: «Non abbiamo ancora escluso la nostra esistenza. Ma sono completamente sconcertato su come possa esistere la struttura attuale senza aver lasciato alcuna firma nella radiazione di fondo».

Ancora una volta chiesi ai giornalisti di non essere precipitosi col loro pessimismo. Avremmo continuato ad analizzare i dati man mano che arrivavano. Li assicurai che con l'accumularsi delle informazioni, la sensibilità sarebbe stata maggiore e, quindi, sarebbero apparse le increspature. In realtà, tenevo segretamente le dita incrociate.

Laurie Rokke, che si era unita a noi otto mesi prima del lancio di COBE, era responsabile del gruppo per l'analisi dei dati raccolti dal DMR presso il Goddard. Ogni giorno dovevamo affrontare nuovi problemi, ma riuscimmo a sviluppare un insieme di programmi che funzionava come volevamo. All'inizio dell'impresa erano necessarie quattro ore per analizzare un giorno di dati di DMR, ma presto scendemmo a trentotto minuti, a seconda del calcolatore utilizzato.

Nei primi giorni dopo il lancio eravamo lì giorno e notte. Laurie ricorda: «Eravamo al centro delle operazioni del DMR che era appena una stanza in una roulotte, per osservare i passaggi in tempo reale. Poi tornavamo di corsa nei nostri uffici per terminare la codifica del software. Quindi tornavamo al centro operativo per un altro passaggio in tempo reale. Questo era il nostro lavoro a ogni ora del giorno e della notte». Per i primi mesi garantimmo una copertura di ventiquattro ore su ventiquattro. Una volta che queste operazioni divennero abitudinarie, il compito di controllare i passaggi in tempo reale passò al centro operativo del satellite COBE. Noi ci concentrammo invece su problemi in un'ottica di più lungo termine.

Un giorno, dopo pranzo, organizzai una festicciola nella mia casa nel Maryland. Lì avevamo tutti i calcolatori, i terminali e i modem così che potevamo controllare i passaggi di COBE in tempo reale. In precedenza «non avremmo perso un passaggio in tempo reale per nessuna cosa al mondo» ricorda Laurie. «Adesso, festeggiavamo, poi andavamo di corsa a controllare i dati in tempo reale. Se tutto andava bene, tornavamo alle bevande, ai salatini e alle relazioni sociali.»

Erano passati tredici anni da quando, quella notte, Jon Aymon e io avevamo visto la prova del dipolo sui nostri schermi, prova ottenuta grazie al DMR posto sull'U-2 che dimostrava che la nostra galassia veniva trascinata attraverso lo spazio da un enorme oggetto lontano. Ora vedevamo nuovamente il dipolo dal DMR di COBE. Eravamo tuttavia impazienti di vedere cose nuove: i semi. Ma sapevamo che sarebbe stato estremamente difficile trovarli.

Cercavamo piccole variazioni nelle temperature regolari del fondo, qualcosa inferiore a una parte su centomila; era come cercare di individuare un granello di polvere su un'enorme superficie liscia, come una pista di pattinaggio. E proprio come una pista di pattinaggio, la superficie avrebbe presentato molte irregolarità che non avevano niente a che fare con quelle che cercavamo. Tali irregolarità sono come gli errori sistematici che inquinano i dati del radiometro differenziale a microonde: sporadiche sorgenti di calore, radiazione magnetica, artefatti nell'analisi effettuata con il software e così via. È difficile spiegare quanto fossimo ossessionati dal cercare di eliminare questi errori. Avevo iniziato a fare un elenco di pericoli potenziali che ci avrebbero riportato al 1974. Da allora, avevo continuato ad aggiornare l'elenco, aggiungendo nuovi candidati e studiando i loro effetti. Avevo abituato tutti alla ricerca continua di errori. E poi volevo una doppia verifica da parte di altri.

Una volta superato questo stadio, chiesi a Al Kogut di ricontrollare *nuovamente* tutto. Egli era in qualche modo indipendente, cioè non era coinvolto nel lavoro di anni. Al è uno scienziato eccellente e molto abile con una preparazione molto vasta. Per questo avevamo fiducia in lui. Era un lavoro estenuante, ben lungi dal fascino di una scoperta, ma era indispensabile. Doveva essere fatto se volevamo sperare di ottenere alla fine un segnale cosmologico pulito, un segnale proveniente da un unico luogo, il limite dello spazio e del tempo. Avevamo visto troppe «scoperte» ridotte a poco più che artefatti e non volevamo cadere di nuovo nella stessa trappola. Al paragonava la nostra avventura a quella di un esploratore coloniale britannico nella giungla dell'India tropicale: è certo che nella giungla ci sia una tigre, ma non sa dove. Così l'esploratore spezza i rami con cautela quando ode un ruggito. Allo stesso modo «noi spezzavamo i rami con cautela quando udimmo un ruggito» disse scherzosamente Al.

Circa un anno dopo il lancio udimmo il primo ruggito, appena percettibile. Tutti sapevamo che se avessimo trovato le pieghe cosmiche, queste non sarebbero apparse improvvisamente di notte sulla mappa, già completamente formate. Semmai, la loro immagine sulla mappa sarebbe divenuta man mano più visibile per due motivi: innanzi tutto, la ripetizione del loro segnale eccezionalmente debole le avrebbe messe sempre più in evidenza, come una traccia che diventa gradualmente più scura se si passa ripetutamente, e con un tocco leggero, una matita su un pezzo di carta; in secondo luogo, in quanto avremmo eliminato continuamente dal sistema il rumore che tendeva a oscurare il segnale.

Vi sarebbero state quattro fasi nella scoperta delle pieghe: dapprima, avremmo visto la radiazione stessa di fondo cosmico, apparentemente uniforme in tutte le parti dell'universo (come apparì la prima volta a Penzias e Wilson); in un secondo tempo avremmo osservato il dipolo, una leggera distorsione della radiazione di fondo causata dal moto peculiare della nostra galassia (che abbiamo identificato per mezzo dell'U-2); in un terzo tempo, avremmo trovato il quadrupolo (che i gruppi di Francesco Melchiorri e Dave Wilkinson avevano pensato erroneamente di aver scoperto nel 1981), che corrisponde alla prima distorsione cosmica; infine, avremmo trovato le pieghe vere e proprie, i semi primordiali. Alla fine del 1990, un anno dopo il lancio, avevamo superato le prime due fasi, ma avevamo solamente stabilito limiti più stringenti per le altre due. Ora, all'inizio del 1991, pensavo di poter vedere emergere dai dati la terza fase: l'immagine diventava sempre più nitida.

Nel marzo del 1991 riferii al comitato scientifico quanto avevamo osservato nei dati, ma li avvertii che il rumore e i nostri limiti sui potenziali errori del sistema erano ancora grandi quanto il segnale. In altre parole, quanto pensavamo di vedere poteva essere sbagliato. Nella riunione del mese di giugno non feci altro che ripetere le stesse cose. Ned Wright, che all'epoca lavorava sui dati del FIRAS, analizzò le mappe del DMR e riferì che si vedeva un segnale che assomigliava a un quadrupolo. Il resto del gruppo era assai più prudente; era consapevole di quanto gli strumenti possono essere ingannevoli e del fatto che ottimi dati possono perdere di significato nel giro di una giornata, quindi desideravano continuare ad analizzare altri dati prima di fare qualsiasi dichiarazione. Ero d'accordo.

Mantenemmo la più assoluta segretezza. Non volevamo che trapelasse nulla su quanto avevamo trovato, fino a quando non fossimo stati certi di ciò che avevamo fra le mani.

Continuando nel lavoro, analizzando accanitamente i dati alla ricerca di errori sistematici, sottolineando possibili anisotropie, la tensione aumentò sia all'interno che all'esterno del gruppo. All'interno cominciò una diatriba su quanto reali fossero i nostri risultati e, ancora più difficile da gestire, quando avremmo dovuto renderli pubblici. All'esterno i nostri colleghi si chiedevano cosa stava succedendo. Era trascorso un anno dal lancio e noi, dotati dello strumento più sensibile per rivelare i semi cosmici, non avevamo ancora trovato nulla – al di là del fatto che, fino al gennaio del 1991, non avevamo trovato alcuna prova dei semi e qualsiasi variazione della radiazione di fondo cosmico doveva essere inferiore a diverse parti su centomila. Avevamo sbagliato qualcosa?

I colleghi spesso mi chiesero cosa avevamo trovato; rispondevo che stavamo ancora cercando di capirlo. Una relazione del National Research Council era poi di cattivo auspicio: «Se non verranno trovate variazioni neppure con queste grandi sensibilità, allora l'astronomia teorica extragalattica andrà in crisi. Qualcosa sarà sbagliato: o le nostre teorie sulla formazione delle galassie o la nostra comprensione della radiazione di fondo cosmico».

I mezzi d'informazione diedero ampio spazio alla «crisi» che sembrava aver colpito i teorici del Big Bang. Mentre gli articoli erano abbastanza equilibrati, i titoli presentavano un tono prematuramente funereo: «Il Big Bang: vivo o morto?» chiedeva un titolo dello «Sky and Telescope». Una rivista per studenti distribuita da «USA Today» riportava un articolo intitolato «Addio alla teoria del Big Bang?». Ancora il «Science News» con un servizio: «Stato dell'universo: se non il Big Bang, che cosa?». La rivista «Astronomy» affermò: «Oltre il Big Bang – Nuove osservazioni gettano dubbi sulle teorie convenzionali sulla formazione dell'universo». La rivista «Science» cercò di bilanciare le cose con il titolo «Nonostante gli annunci della sua morte, il Big Bang è vivo», ma convenne che «ciononostante, i cosmologi dovranno ripensare a lungo su quanto credevano di sapere circa quel che accadde in seguito».

I vecchi nemici della teoria del Big Bang colsero l'occasione per lanciare letteralmente alcune bombe a mano. Erano soprattutto accaniti sostenitori della teoria dello stato stazionario, come Jayant Narlikar e Halton Arp. Nel marzo 1991 Narlikar sottolineò che fino ad allora «COBE... non aveva trovato prove di irregolarità nella radiazione [di fondo cosmico]. Queste ultime osservazioni avevano causato grossi problemi ai cosmologi che si occupavano del Big Bang... Evitare un confronto con le osservazioni è raramente indice di una buona teoria».

Come era prevedibile, anche Geoffrey Burbidge si espresse in modo analogo. I punti di vista di Geoff non potevano non essere presi in considerazione in quanto egli è uno scienziato veramente straordinario e nutro per lui una simpatia personale, indipendentemente dalle nostre diverse vedute cosmologiche. In un saggio, pubblicato sul numero del febbraio 1992 del «Scientific American»,[3] sostenne che uno dei problemi principali della teoria del Big Bang era la continua controversia sul valore del ritmo di espansione di Hubble. Questo è il valore che esprime la velocità di espansione del cosmo, che è inversamente proporzionale all'età del cosmo stesso. Gli esperti hanno dibattuto per anni sul suo valore. È importante stabilire il valore esatto, in quanto un cosmo estremamente giovane – per esempio, meno di 10 miliardi di anni – si può difficilmente conciliare con l'età di alcune galassie e ammassi globulari, che si ritiene sia prossima ai 14 miliardi di anni. Ovviamente, l'universo non può essere più giovane dei suoi elementi costitutivi. E, tuttavia, scrisse: «La versione più attendibile del modello del Big Bang indica un universo con un'età fra i sette e i tredici miliardi di anni».

I cosmologi del Big Bang si danno un gran da fare per spiegare le presunte discrepanze e i teorici anti-Big Bang sono stati eliminati con «una sorta di censura» sosteneva Geoff. Egli preferiva una nuova cosmologia dello stato stazionario in cui «la creazione continua ha luogo all'interno di piccoli Big Bang... in un simile modello, le microonde cosmiche sono generate dalle galassie e non sono mai accoppiate ad esse». Geoff parlò anche a lungo dell'incapacità, sino a quel momento, di rivelare l'anisotropia cosmica. Il «fondo cosmico a microonde appare regolare fino ad almeno una parte su 100.000, siamo quindi vicino al punto in cui il Big Bang dovrà essere abbandonato o modificato sostanzialmente».

All'insaputa del mondo esterno, nell'autunno del 1991 la nostra mappa celeste appariva sempre più chiara e le prove dell'esistenza delle pieghe erano sempre più convincenti, sebbene non in maniera definitiva. Avevamo analizzato i nostri dati con l'ausilio di nuovi programmi e ottenuto una mappa pulita. In settembre vi fu un'importante riunione dedicata nuovamente agli errori sistematici e individuammo altri possibili tranelli. Dovevo ammettere che la fiducia stava crescendo e ciò mi preoccupava. Insistetti che dovevamo essere ancora più diligenti e offrire un biglietto aereo gratuito per qualsiasi destinazione a chiunque potesse provare che le pieghe erano un artefatto. Volevo motivare il gruppo affinché si adoperasse alla ricerca di problemi anziché supporre che tutto andava bene. Quando si diventa imprudenti, si tralasciano cose importanti. Nella scienza, se si vuole vedere un effetto, è troppo facile lasciarsi indurre a credere che lo si è visto. Per citare Richard Feynman: «Il primo principio è che non devi farti ingannare e sei la persona più facile da ingannare».

Ned Wright, convinto che avevamo ottenuto un buon segnale, insistette affinché pubblicassimo i nostri risultati e lasciassimo che fosse la comunità cosmologica a valutarli come desiderava. Il 9 ottobre 1991 presentò un «documento preliminare» contenente le sue opinioni a un incontro del gruppo di lavoro scientifico. Ned sosteneva che dovevamo presentare un articolo sui dati alla rivista «Astrophysical Journal». Pensava che il gruppo avrebbe dovuto pubblicare i dati così che i teorici non avrebbero più perso tempo in vicoli ciechi. Dave Wilkinson invitò tutti alla prudenza: non aveva dimenticato il quadrupolo che pensava di aver rivelato alcuni anni prima e che invece era sparito. Ned disse che i dati di COBE erano più attendibili di quelli dei palloni e avremmo dovuto esprimere la nostra fiducia pubblicandoli. COBE, sosteneva, aveva potuto osservare tutto il cielo dall'ambiente stabile dell'orbita, mentre un pallone in un'atmosfera relativamente instabile poteva osservare solo una piccola parte dei cieli. Riteneva che fosse anche importante dare il «calcio d'inizio» alla pubblicazione «poiché spesso occorre tempo prima che le cose vengano pubblicate sull'"Astrophysical Journal"».

Ned e io avemmo alcune discussioni piuttosto accese sull'argomento e più di una volta egli uscì dalla stanza sbattendo la porta ritenendo, sono certo, che io mi ostinassi senza alcun buon motivo.

Alla fine il gruppo bocciò la proposta di Ned; non avremmo pubblicato i dati sull'«Astrophysical Journal», non ancora.[4] Come membro del gruppo di lavoro scientifico Ned era comunque vincolato dalla decisione, per il momento, di non divulgare nulla. Avremmo aspettato fino alla nuova analisi dei dati del primo anno che intendavamo effettuare con una versione lievemente rivista dei nuovi programmi. Avremmo potuto controllare anche alcuni altri errori potenziali. I nuovi programmi presentavano un numero superiore di controlli e anche una maggiore solidità. Sapevamo che era importante valutare i risultati molto attentamente, prima di compiere l'importante passo dell'annuncio al pubblico. Anche un annuncio provvisorio poneva molti rischi potenziali. La posta in gioco era grande; non vedevamo alcun vantaggio nell'annunciare un risultato che avrebbe probabilmente attirato molta attenzione da parte della stampa e poi avrebbe potuto rivelarsi un fiasco e umiliarci tutti. È difficile pensare che anche gli strumenti possono ritorcersi contro chi li utilizza e mordere se non vengono continuamente controllati.

Le voci cominciarono a spargersi nell'ambito della comunità cosmologica ed erano sempre di più i colleghi che cercavano di carpirci notizie su quel che avevamo trovato. A un certo punto Dick Bond venne da me e mi disse: «Ho sentito dire che nei vostri dati risulta un quadrupolo di tredici microkelvin». Gli sorrisi e gli risposi in maniera evasiva. A volte qualcuno cercava di allettarmi chiedendomi: «Ho sentito dire che avete trovato le anisotropie a questo e quel livello...». E io rispondevo: «È un po' grande, non pensi?». Analogamente, al Goddard, Sasha Kashlinsky lavorava in fondo al corridoio dove era anche l'ufficio di Chuck Bennett; Sasha spesso entrava nell'ufficio di Chuck e cercava di tentarlo buttando lì frasi del tipo: «Allora, Chuck, ho sentito dire che hai visto un grande quadrupolo». Oppure: «Ho sentito dire che hai visto qualcosa, ma *nessun* quadrupolo». Chuck non raccoglieva le provocazioni. Di tanto in tanto inviavo messaggi con la posta elettronica ai membri del gruppo per ricordare loro di non fiatare sui risultati fino a quando non fossimo stati più sicuri. Forse le mie preoccupazioni erano giustificate. Non so se il fisico del MIT Alan Lightman avesse sentito delle voci, sta di fatto che nel suo libro *Ancient Light* pubblicato nel 1991 era contenuto un riferimento breve e misterioso a «recentissime osservazioni» da parte di un gruppo scientifico non identificato che «suggerivano la rivelazione di irregolarità [nella radiazione di fondo cosmico] al livello di una parte su 100.000 – che avrebbero provocato un sospiro di sollievo per i teorici – ma queste osservazioni non erano state ancora completamente analizzate». Si dice che, durante la seconda guerra mondiale, anche il grande «segreto» del progetto della bomba atomica fosse argomento di conversazione nei circoli accademici statunitensi. Chissà cosa si diceva quindi del DMR in quegli ultimi mesi del 1991?

Nell'ottobre del 1991 avevamo appeso alla parete della stanza operativa degli strumenti, l'ultima versione della mappa. Non era certo molto accattivante, con quelle tacche rosse e blu sul fondo verde. Una sera ero rimasto solo e mi fermai a osservarla: ecco, è proprio questo. È ciò che cerco da diciotto anni.

Sebbene fossi fra coloro che mostravano prudenza circa la divulgazione pubblica dei risultati, dentro di me ero convinto che avevamo fatto tutto ciò che era possibile con il nostro strumento. Pensai che il gruppo aveva collaborato molto bene, l'analisi era stata scrupolosa e la ricerca di possibili errori sistematici molto meticolosa, al punto che *avevamo trovato* le pieghe, il Sacro Graal della cosmologia moderna.

Ma lo sperimentale che era in me voleva fare un ulteriore controllo, un'altra verifica che avrebbe eliminato una fonte potenziale di distorsione: l'interferenza radio della nostra galassia. Da molti anni mi ero dedicato allo studio della nostra galassia per evidenziare possibili interferenze nelle misure del fondo cosmico. Quindici anni prima, lavorando con un mio studente laureato Chris Witebsky, mentre ero intento alla progettazione del DMR avevo fatto alcuni modelli del segnale galattico. I modelli erano basati sulle mappe radio e altre osservazioni del cielo con qualche interpolazione. Negli anni avevamo aggiornato i modelli, rendendoli i più attuali possibili. Ogni anno, nel misurare lo spettro del fondo cosmico dalla vetta delle montagne, avevamo compiuto esplorazioni della galassia e confrontato i risultati con il nostro modello. In generale i dati ottenuti concordavano con i modelli. Ma non avevamo mai effettuato misure a questo livello, né verificato le mappe del cielo australe, frutto di misure assai meno frequenti.

Avevo analizzato attentamente i modelli e avevo tratto la conclusione che se le mappe d'osservazione utilizzate erano corrette, l'interferenza della galassia poteva essere solo circa il 10% del segnale che vedevamo. Chuck Bennett non era d'accordo; sosteneva che le interferenze galattiche potevano costituire un problema rilevante. Insieme con Gary Hinshaw iniziò a verificare in maniera sistematica e autonoma le nostre valutazioni. Chuck pensava che le interferenze galattiche potevano in qualche modo influenzare la nostra mappa. Replicai che la nostra mappa poteva essere distorta dall'interferenza galattica solo nel caso in cui le mappe del segnale galattico non fossero corrette. Qualche tempo prima, Giovanni De Amici e io, mentre misuravamo la radiazione di fondo cosmico a onde lunghe dall'Osservatorio di White Mountain in California, avevamo effettuato anche misure dell'emissione galattica. I risultati di White Mountain erano conformi con i modelli, ma non potevano escludere in maniera convincente la possibilità di errori nelle mappe galattiche. E se esisteva anche una sola possibilità di un risultato sbagliato, sapevo che non potevo ignorarla, non importa quanto mi costasse ammetterlo.

L'unico modo per affrontare il problema galattico era di effettuare altre rilevazioni in Antartide, dove il mio gruppo aveva già organizzato una base di osservazione. La National Science Foundation aveva già approvato la proposta del mio gruppo di effettuare misure dello spettro a onde lunghe, complementari a quelle del FIRAS. Da un punto di vista astronomico, l'aria fredda e secca del continente, l'assenza di inquinamento, la bassa pressione atmosferica e le enormi distese di spazi pianeggianti – lontano dalle montagne transantartiche – fanno dell'Antartide il luogo migliore dopo lo spazio extra-atmosferico. Lì, in una stazione di osservazione, ad appena due chilometri dal Polo Sud, avremmo potuto raccogliere segnali elettromagnetici provenienti dalla Via Lattea che avrebbero confermato o meno la validità della nostra mappa celeste.

L'infanzia trascorsa in Alaska aveva inculcato in me una profonda antipatia per il freddo, ma non avevo scelta: dovevo andare in Antartide.

XIII
Un luogo terribile per la scienza

> Cercasi uomini per viaggio pericoloso. Salari ridotti, freddo intenso, lunghi mesi di oscurità totale, pericoli costanti, ritorno non garantito. Onore e gloria in caso di successo.
>
> *Annuncio sulla rivista di Ernest Shackleton per la ricerca di esploratori per l'Antartide, 1900 circa.*

A chi lo visita per la prima volta, l'Antartide può apparire come una terra fantastica, intersecata da montagne eteree. Alcuni secoli fa, gli europei facevano congetture sull'esistenza di un continente lussureggiante e abitato in fondo al pianeta Terra, ma gli esploratori dell'Ottocento scoprirono un'altra realtà. In quella terra soffrirono il freddo e la fame, divennero pazzi, si trovarono nel mezzo di terribili bufere e le loro navi furono distrutte dai ghiacci. «Buon Dio!» scrisse l'esploratore Robert Scott nel 1912, subito prima che il continente se lo prendesse. «Questo è un luogo orribile...!»

Nel novembre del 1991, i miei colleghi e io ci avventurammo in quel temibile territorio. Partimmo con una certa riluttanza poiché sapevo qualcosa delle condizioni fisiche che avremmo dovuto affrontare. Freddo intenso, venti fortissimi, altitudini molto elevate, isolamento e la minaccia di incidenti gravi o persino della morte. Al commento disperato di Scott sull'Antartide avrei aggiunto: «Questo è un luogo orribile per la scienza». Sfortunatamente, non avevamo scelta: desideravamo tracciare la cacofonia delle emissioni radio provenienti dalla nostra galassia, la Via Lattea, e l'Antartide era il miglior luogo sulla Terra per farlo.

Il satellite esploratore del fondo cosmico (COBE), lanciato esattamente due anni prima, era passato sull'Antartide ogni cento minuti a un'altitudine di circa cinquecento miglia. Due anni interi di dati di

COBE, analizzati con un'indagine minuziosa presso il Goddard Space Flight Center e a Berkeley, ci avevano portato vicini all'identificazione delle pieghe nella radiazione di fondo, i semi cosmici da cui erano iniziate a crescere le galassie un miliardo di anni dopo il Big Bang. Eppure esisteva una possibilità – piccola, pensai, ma non poteva essere ignorata – che la nostra mappa delle pieghe fosse un artefatto causato dal torrente di radiazione che si riversa costantemente per l'attività cosmica, nella nostra Via Lattea.

Gli astronomi avevano effettuato in precedenza mappe limitate della radiazione galattica, ma troppo sporadiche per le nostre necessità. Dovevamo essere completamente certi della sua descrizione, in modo da poterla paragonare alla nostra mappa celeste e correggere le eventuali distorsioni generate dal segnale galattico. Se volevamo annunciare la scoperta di semi che risalivano all'inizio dei tempi e che, nella storia dell'universo, si sarebbero evoluti nelle attuali strutture celesti, dovevamo essere assolutamente certi di non aver fatto alcun errore. No, non vi era modo di evitare l'Antartide.

L'Antartide, che rappresenta un sesto della superficie terrestre del pianeta – come gli Stati Uniti e il Messico messi insieme –, è un mondo davvero ignoto. Dalle sue profonde e aride vallate, alle vaste pianure ghiacciate, il continente, che un tempo ospitò lussureggianti forme di vita, è oggi scarsamente popolato e quei pochi abitanti sono concentrati alle sue estremità. Le elevate Montagne Transantartiche, che separano l'Antartide orientale da quello occidentale, decrescono sino ad essere coperte da una calotta di ghiaccio di spessore superiore ai 1500 metri. Il peso della calotta è tale che tende a schiacciare la massa continentale sottostante: se si eliminasse quel ghiaccio, il continente emergerebbe di oltre 90 metri; se quel ghiaccio si sciogliesse, il livello del mare sul pianeta salirebbe di circa 54 metri.

Molti storici credono che la prima persona a identificare correttamente il continente antartico sia stato il capitano ed esploratore russo Fabian Gottlieb von Bellingshausen, durante una spedizione via mare nel 1820. Gli utopisti dell'età vittoriana videro nell'Antartide l'ultima terra del pianeta da conquistare e caldeggiarono la sua conquista. Sostenevano che la scienza avrebbe tratto beneficio dal rispondere a domande quali per esempio, l'Antartide era un continente o due? L'oceanografo americano Matthew Fontaine Maury si lamentò poiché «un sesto dell'intera superficie del nostro pianeta...[è] sconosciuto agli abitanti della Terra come l'interno di uno dei satelliti di Giove».

L'età eroica dell'esplorazione dell'Antartide cominciò nel 1902, quando Robert Scott, Edward Wilson ed Ernest Shackleton cercarono per primi di raggiungere il Polo Sud. Giunsero sino a otto gradi (meno di 800 chilometri) dal polo prima che condizioni metereologiche avverse li costringessero a tornare indietro. Nel 1908 Shackleton e altri giunsero a 180 chilometri dal polo. Infine, il 14 dicembre 1911, l'esploratore norvegese Roald Amundsen insieme con quattro compagni raggiunse la meta. Costruirono un campo base e vi lasciarono del cibo per chiunque vi arrivasse dopo di loro. Dopo poco più di un mese, Scott e altri quattro esploratori si fecero strada a fatica sino al polo. Si può immaginare il loro stupore e la loro delusione nel trovare ciò che aveva lasciato Amundsen. L'Antartide era di per sé «sufficientemente terribile» scriveva nel suo diario «senza il bisogno di aver faticato così tanto per non aver neppure la soddisfazione di arrivare primi».

Amundsen aveva vinto perché era meglio preparato e aveva preso decisioni più oculate. L'Antartide non perdona; decisioni non ben ponderate possono portare alla catastrofe. Nel 1912, nel tentativo di raggiungere il polo, Scott erroneamente ricorse ai pony piuttosto che ai cani da slitta. Per questa e altre valutazioni sbagliate, Scott e i suoi compagni pagarono con la vita. Sull'isola di Ross si può ancora vedere una delle capanne di Scott. L'isola si trova a sud della penisola antartica. Dentro alla capanna si sente ancora l'odore del fieno, conservato per ottant'anni come un cadavere in una cella frigorifera.

Ironicamente, la mitologia popolare ricorda Scott più vividamente di Amundsen. «Il competente ma prosaico Roald Amundsen sembra essere menzionato soprattutto in contrasto al tragico Robert Scott» osserva lo studioso dell'Antartide Steven J. Pyne. «Nella letteratura occidentale non esiste alcuna altra storia ugualmente avvincente di vita, umanità e civiltà ridotte a livello minimo.» Ero affascinato dalla storia, ma, allo stesso tempo, la fine di Scott mi tormentava mentre preparavamo la nostra spedizione in Antartide. La nostra avventura in quella terra ghiacciata e ostile, nel novembre del 1991, durante l'estate antartica, quando il sole non tramonta mai, divenne più di una spedizione scientifica. Era anche una prova per ognuno di noi.

In Antartide, in una bella giornata d'estate vi possono essere meno 34 gradi centigradi quindi il vento può provocare il congelamento immediato. Essere cresciuto in Alaska non significava per me sentire nostalgia dei lobi delle orecchie intirizziti o delle punte delle dita congelate. Le basse temperature non mi invigoriscono e non mi diverto a indossare una Speedo o tuffarmi in un lago gelato il primo giorno dell'anno. Quando il termometro precipita, le funzioni del mio corpo cominciano a rallentare; i miei muscoli tendono a scricchiolare; devo lottare contro i raffreddori e la sinusite, divento febbricitante ed esausto e mi sento semplicemente malissimo. Quel che è peggio, al Polo Sud l'altitudine è molto elevata ed è molto secco. Non vi è aria a sufficienza per respirare normalmente. Non vi è ossigeno a sufficienza per guarire le ferite. In definitiva, pensavo che l'Antartide sarebbe stata una sofferenza continua. Quando confidai le mie preoccupazioni ad alcuni miei amici, questi risposero: «Per un mese si può sopportare *qualsiasi cosa*».

Non potevo dimenticare il destino della spedizione di Scott: gli esploratori senza vita, i loro corpi irrigiditi dal freddo con gli occhi spalancati, così vicini al termine del loro viaggio, ad appena diciassette chilometri da un rifugio, dal caldo e dal cibo. Se le loro gambe avessero resistito un po' più a lungo, essi occuperebbero oggi una pagina di storia. Invece morirono coraggiosamente, inutilmente, e così divennero eroi, figure mitiche. La loro spedizione fu il simbolo del Fallimento Insigne. Per la generazione successiva, più cinica, divenne qualcos'altro: il Fallimento Perfetto, così come un'utile metafora letteraria (seconda solo al *Titanic*) del crepuscolo dell'ottimismo vittoriano. Le parole che Scott scrisse sul suo diario in punto di morte mi tormentavano: «Il fallimento di questa spedizione non può essere in nessun modo imputato alla mancanza di programmazione e agli sforzi degli uomini». Non desideravo assolutamente divenire per chiunque la metafora del disastro.

Una volta che la nostra spedizione, la National Science Foundation, ebbe approvata la nostra missione, partecipammo a diversi seminari sulla sicurezza. Gli esperti dell'Antartide ci mostrarono foto orribili su ciò che accade a chi non prende le necessarie precauzioni. Per esempio, un uomo che trascinava una slitta con una corda era così intirizzito da non rendersi conto che la fune interrompeva il flusso sanguigno verso la sua mano, che era attraversata ormai da una linea blu e dalla linea blu giù verso le dita tutto era nero. Le sue dita si erano gonfiate a tal punto che la pelle si era tagliata. Sembravano palloni troppo gonfi.

Per essere ammessi alla base statunitense in Antartide, dovevamo tutti sottostare a un controllo medico completo. Le autorità volevano scongiurare che, durante il soggiorno al polo, vi fosse bisogno di un bypass coronarico d'emergenza o dell'estrazione di un dente del giudizio. Vi erano storie raccappriccianti di persone che si erano ammalate mentre si trovavano presso altre basi nell'Antartide, come quel medico in una stazione sovietica costretto a operarsi della propria appendicite. Tutto il personale militare statunitense viene sottoposto a raggi x a tutta la dentatura in modo che, nel peggiore dei casi, i loro resti possono essere identificati.

Cercai di allontanare le mie paure gettandomi a capofitto nei preparativi del viaggio. Sarei stato a capo della spedizione. Marc Bensadoun, uno studente appena laureato, e Giovanni De Amici si occuparono delle operazioni logistiche. Giovanni era anche responsabile per le misure dell'emissione galattica. Giovanni, uno scalatore italiano pieno di energia, al quale non piacciono il vino e l'aglio, ha un atteggiamento molto pratico. Il responsabile del gruppo italiano di Milano, Giorgio Sironi, non riuscì a partire in quanto alcuni esami medici propedeutici avevano rivelato una potenziale forma di tumore. Era stato sottoposto a un intervento ed era ancora in fase di ricupero. Il nostro gruppo per l'Antartide aveva già lavorato insieme, in passato, presso l'Osservatorio di White Mountain in California e in Italia.

Durante i sei mesi che avevano preceduto il novembre del 1991, gli abitanti della base americana al Polo Sud erano vissuti nel buio totale e per otto mesi erano stati quasi completamente isolati dal mondo. Quell'isolamento era stato interrotto solo una volta, a metà dell'inverno, quando un aereo della marina aveva sorvolato la zona per paracadutare la corrispondenza e altre scorte. Ora il lungo inverno stava terminando e ogni giorno che passava il sole si alzava più alto nel cielo. Quattro giorni prima della mia partenza, John Lynch del Programma Antartide della National Science Foundation mi informò allegramente che il Polo Sud era ufficialmente «aperto» per la stagione. I venti di superficie soffiavano a venticinque nodi e la temperatura era alquanto mite, 73 gradi sotto zero. Oh, mio Dio: *73 gradi Fahrenheit e venticinque nodi*![1] Con violenza ritornarono tutte le mie paure. Il giorno precedente la partenza, in una folle corsa all'acquisto, spesi altri trecento dollari in abbigliamento intimo termico. Avevo acquistato un completo pesante, un completo da spedizione e due completi più leggeri da indossare sulla pelle in caso di condizioni molto rigide. Avevo acquistato anche un'altra maschera per il viso e *overmittens* per la protezione dal vento.

I gruppi di ricerca statunitensi raggiungono l'Antartide passando per la base di Christchurch, in Nuova Zelanda. Lì gli ufficiali ci diedero istruzioni sulla spedizione e su cosa fare nel caso in cui l'aereo avesse fatto un ammaraggio di fortuna nelle acque dell'Antartide. Non scherzavano: condizioni metereologiche imprevedibili e la carenza di strutture per il controllo del traffico aereo rendevano questi voli molto rischiosi. Nel continente d'avorio, le ali di coda degli aerei caduti diverse decine di anni prima emergevano dal ghiaccio come le lapidi di un cimitero. Gli amanti del brivido pagavano migliaia di dollari per un affascinante volo turistico attraverso il polo, mettendo in pericolo le loro vite.

Con i nostri giacconi a vento rossi e i grandi stivali ci incamminammo sulla pista di Christchurch verso il velivolo da trasporto della marina, un C-141, che assomiglia a una balena metallica con le ali. Il bagaglio a mano era costituito da tutto ciò che si può ficcare in una sacca da viaggio. In Nuova Zelanda era piena estate e noi indossavamo tutti i nostri abiti da sopravvivenza, portando un borsone del peso di trenta chilogrammi e stavamo in fila in attesa sulla pista di macadam al catrame. Sudavamo copiosamente. Ci furono dati dei tappi per le orecchie e un pranzo in scatola. All'interno il velivolo era come un 747 ma sventrato – non vi erano sedili comodi, era come uno scheletro di aeroplano. Era spartano, ma col vantaggio che era stato eliminato molto peso inutile. Ci legammo alle pareti con delle robuste cinture rosse. Sopra di noi vi erano delle enormi scatole di legno contenenti soprattutto scorte e materiale pesante da costruzione, come scavatrici, e la nostra attrezzatura scientifica. Il carico era così voluminoso che fummo costretti a stiparci nel poco spazio rimasto. Non vi era posto sufficiente per i piedi e quindi bisognava essere molto cordiali con i vicini affinché acconsentissero di poter allungare le gambe sotto i loro «sedili».

I motori andarono su di giri e cominciammo a muoverci lungo la pista accidentata e, immediatamente, provammo quella sensazione breve di essere senza peso. Eravamo già in volo, verso la base di Mc Murdo in Antartide, sopra una distesa di acque fredde, con onde frangenti. Coloro che si recavano in Antartide per la prima volta erano visibilmente nervosi, mentre i veterani agivano come...beh, giusto, come veterani. L'aereo era così rumoroso che non si poteva parlare con il vicino senza urlare, così utilizzammo i tappi per le orecchie. Durante le otto ore successive avremmo potuto leggere, dormire, guardare fuori dal finestrino, o mangiare il nostro pasto costituito da panini, succhi di frutta e dolci. Tutto qua. Era piuttosto noioso e poiché ero stanco, dormii gran parte del tempo. Occasionalmente guardai fuori dal finestrino e mi chiesi quando avremmo visto gli iceberg.

Un'ora prima dell'atterraggio a McMurdo, provai entusiasmo misto ad apprensione. Non ero il solo. Una donna, militare dell'aeronautica cominciò a indossare altri indumenti. A quindici minuti dall'atterraggio, indossò tre berretti con imbottitura, i sottoguanti e gli *overmittens*. Gli altri passeggeri la osservarono con la coda dell'occhio e si diedero delle gomitate.[2]

L'atterraggio sul ghiaccio è come l'atterraggio sul cemento armato: sobbalzi, scricchiolii e poi, finalmente, sei a terra. L'unica differenza è che i passeggeri si guardano con eccitazione e poi muovono le labbra come per dire «Accidenti, siamo in Antartide». Eravamo atterrati su una zona ghiacciata del mare di Ross. Attraverso la finestra giungeva un candido bagliore. Poi la porta laterale si aprì; l'aria fredda entrò di forza. Trascinando i nostri pesanti borsoni, ci facemmo strada giù per la scaletta, sulla neve che scricchiolava. Attorno a noi vi era un paesaggio insolito. Era quasi tutto praticamente bianco, i ghiacciai erano così immensi da sparire in mezzo alle nubi. Provammo con una certa allegria la sensazione di essere senza fiato; era l'esperienza trascendentale più bella che si può avere sulla Terra. Il Sole era così brillante da provocare un certo disorientamento. Mi sentii confuso e non ben eretto mentre cercavo a tentoni di mettere gli occhiali da sole. In lontananza si poteva intravedere la catena transantartica. Cominciai a scattare delle fotografie. Le mie mani tremavano per il vento freddo. Affinché non si congelassero, i motori del C-141 venivano mantenuti in moto, il che rendeva la zona ancora più ventilata.

Il nostro sgomento sparì quando ci rendemmo conto che la nostra pelle si stava congelando. Vi era una temperatura di circa meno 29 gradi centigradi. In lontananza uomini in uniforme ci gridavano di spostarci dalla pista e di salire sul loro veicolo da trasporto che assomigliava a una enorme scatola arancione su grandi ruote da trattore, un tassì dall'aspetto di caravan. Continuando ad ammirare la scena fantastica attorno a noi, ci incamminammo così verso il veicolo, noto come Delta, e salimmo sulla scaletta di acciaio ripida e scivolosa. Una volta partiti, il retro del C-141 si spalancò come un'enorme conchiglia gigante. I carrelli per sollevamento salirono a bordo, caricarono gli scatoloni e li portarono verso un magazzino.

A una velocità di circa quindici chilometri all'ora, il Delta si diresse verso la nostra meta: la città di McMurdo. McMurdo, la più grande delle tre basi che gli Stati Uniti hanno in Antartide, nacque a metà degli anni Cinquanta. Con una popolazione fluttuante fra le duecentocinquanta persone d'inverno e le milleduecento persone d'estate, McMurdo è un insieme di baracche ed edifici di tutte le forme e dimensioni e fino a poco tempo fa godeva della fama di essere una delle zone meno inquinate del pianeta. Decenni di rifiuti sono stati tuttavia accumulati sul ghiaccio e, recentemente, in seguito alla protesta di organizzazioni come Greenpeace, è stato fatto uno sforzo per ripulire la base. Ciononostante non ha un aspetto ospitale e un funzionario della National Science Foundation l'ha paragonata a una cittadina mineraria. Le strade sono sporche, frequentate da trattori e altri strani veicoli e nei piazzali sono sparsi molti barili e casse da imballaggio. Grazie a Dio saremmo rimasti lì solo tre giorni, preparando il viaggio verso la South Pole Station dove avremmo installato la nostra apparecchiatura, altri 1500 chilometri verso l'interno del continente.[3]

Animali selvatici appaiono quasi solamente nella zona costiera e la base di McMurdo è abbastanza all'interno (collegata al mare da un'insenatura che è quasi costantemente gelata) da apparire priva di qualsiasi forma di vita, eccetto per gli esseri umani che vi soggiornano. In realtà trabocca di forme di vita, ma occorre fare uno sforzo per vederle. Nei giorni che trascorremmo alla base, visitammo questo mondo nascosto. A metà strada fra McMurdo e la stazione Scott si trovava un foro esplorativo scavato nel ghiaccio con un'enorme tubazione corrugata con oblò di osservazione sul fondo. Per raggiungere il foro, dovemmo arrampicarci nel ghiaccio per circa mezz'ora. Mi trovavo vicino a un'enorme spaccatura naturale da cui le foche uscivano per prendere il sole e riscaldarsi. Mi tolsi il giaccone per scendere nella tubazione che era piuttosto stretta; non vi era spazio sufficiente da piegare le ginocchia e scendere i gradini. Mi dovevo così aiutare con le braccia per passare da un anello a quello successivo. Con quel sistema goffo, scesi oltre dodici metri. Una volta sul fondo, attraverso un oblò osservai, sotto lo spessore di ghiaccio, quel mondo acquatico freddo e crepuscolare. Nella singolare luce bluastra che filtrava attraverso la superficie, riuscivo a vedere la vegetazione oceanica che si muoveva dolcemente trascinata dalla corrente; qua e là si vedevano meduse e altre creature simili a gamberetti. Sarebbe stato il nostro ultimo sguardo a un ambiente naturale fino al ritorno dalla Stazione del Polo Sud.

Un aereo C-130 dotato di sci ci portò da McMurdo al Polo Sud, un volo assai più spettacolare e pericoloso di quello che ci aveva portato dalla Nuova Zelanda a McMurdo. In viaggio verso il Polo, si sorvola l'aspra catena transantarica, dove i ghiacciai spessi migliaia di metri si increspano con crepacci mortali. Per gran parte del tempo si sorvola un'enorme distesa bianca dove non esiste nulla: una superficie liscia come quella di una palla da biliardo. Chi visita per la prima volta il Polo Sud – l'estremità della Terra – spesso si entusiasma al punto da voler saltare fuori appena arrivato e non è una buona idea. Il polo si trova a 2700 metri sopra il livello del mare e l'aria è molto rarefatta; le semplici azioni dell'alzarsi in piedi o muoversi rapidamente possono far girare la testa. Un'attività eccessiva può portare allo svenimento da altitudine o l'aria troppo fredda può fare seccare e bruciare la gola.

Fra il frastuono dei motori accesi degli aeroplani, vidi il famoso palo a poche decine di metri di distanza. Assomigliava a un'insegna da barbiere a strisce rosse e bianche con in vetta una sfera d'argento delle dimensioni di una palla da pallacanestro. Intorno sventolavano una serie di bandiere disposte a semicerchio. I visitatori si mettevano in posa per la foto che poi sarebbe stata appesa alla parete del loro soggiorno. Era una bellissima metafora visiva. Il palo non è molto distante dal vero polo geografico, ma risulta difficile segnalarlo in quanto il ghiaccio gli fa continuamente cambiare posizione. Mentre mi trovavo sul posto, girai con la videocamera un filmato della passeggiata dalla base al palo commemorativo. Se mai avessi bisogno di ricordare le condizioni dell'Antartide, dovrei guardare semplicemente il video e ascoltare il mio respiro affannoso e i tentativi difficoltosi di descrivere la scena mentre la neve che mi portava via tutte le energie scricchiolava sotto gli scarponi. Di solito, non sento il bisogno di ricordare.

A circa quattrocento metri si trova la Stazione del Polo Sud, la base statunitense per le ricerche scientifiche. Al centro si trova una grande cupola geodetica color argento, venata da cumuli di neve. All'interno della cupola vi sono edifici più piccoli che comprendono la mensa, l'infermeria, la sauna, la biblioteca, la sala video, una piscina e una piccola palestra. La cupola è parzialmente sepolta dalla neve, quindi, per entrarci occorre scendere lungo una rampa coperta dal ghiaccio. Nell'entrare in questo tunnel e in quelli comunicanti, ci si allontana dalla morsa del vento e ci si sente subito più caldi. Ciononostante all'interno vi è una temperatura di diversi gradi sotto lo zero. Una strana luce bluastra penetra attraverso i pochi pannelli chiari della cupola. Ovunque pendono lunghi ghiaccioli che si cristallizzano dal vapore acqueo generato dal respiro delle persone. Dopo un incontro di orientamento, gli ufficiali della base del polo ci assegnarono le cuccette nel campo estivo che era composto da tende color verde scuro che durante l'estate polare ospitano gran parte del centinaio di residenti.

Una delle prime cose che si imparano è: non lasciare di notte gli stivali sul pavimento, altrimenti al mattino saranno più freddi del ghiaccio. Si impara anche la regola delle «tre casse di birra»: se si stivano tre casse di birra all'interno di una tenda, quella inferiore si congelerà, quella centrale diventerà troppo fredda per essere bevuta e quella superiore avrà una temperatura al punto giusto.

Era giunto il momento di dedicarsi alla scienza.

Il mio buon umore crollò quando raggiungemmo il luogo da cui fare le misure. Non era neppure lontanamente pronto. Le cattive condizioni metereologiche e i malanni capitati ad alcuni addetti alla stazione avevano fatto sì che il lavoro non fosse andato avanti. La tenda dove si sarebbe svolto il lavoro di ricerca era piena di buchi e in parte nascosta da cumuli di neve. Così dovevamo fare pulizia, preparare il luogo e trasportarci le nostre apparecchiature, sballarle e montarle. Ci sarebbero voluti alcuni giorni solo per capire dove erano state immagazzinate. Alcune erano già sul posto, altre erano in una piazzola e altre ancora erano a McMurdo o Dio sa dove.

Il nostro primo giorno di lavoro comportò una totale e vera sofferenza. Il freddo ci rosicchiava la pelle e il vento la sferzava. Cercammo di non toccare il metallo all'esterno con le mani scoperte per evitare bruciature della pelle. (Non potevo dimenticare quella foto di mani congelate e annerite.)

Dovevamo anche cercare di non spendere troppe energie. Il polo è un luogo così orribile che è facile disorientarsi o trovarsi stremati dalla fatica e le persone disorientate o spossate possono compiere errori, a volte fatali. Per fortuna, grazie alle esperienze fatte all'Osservatorio di White Mountain, che si trova a 4200 metri, molti di noi erano abituati a lavorare ad altitudini elevate. Sapevamo quanto fosse importante camminare lentamente e bere molta acqua. A volte si tende a dimenticare ma Madre Natura provvede a ricordarlo rapidamente. Ricevetti una di queste sollecitazioni al termine del primo giorno, mentre stavamo spostando casse di apparecchiature. Avevo lavorato troppo intensamente e troppo a lungo. Il freddo mi faceva colare il naso e nell'aspirare il liquido mi si congelava. Mi accorsi rapidamente di ciò che stava accadendo e cercai aria. Quella ricerca affannosa peggiorò le cose: il sopraggiungere violento di aria fredda nei polmoni mi bruciò la gola. Rimasi quindi immobile, ansimante e terrorizzato. Una volta ritrovata la sensibilità, la gola mi bruciava e mi faceva male. Pensai amaramente al commento rassicurante dei miei amici: «Per un mese si può sopportare *qualsiasi cosa*».

I miei peggiori timori sembravano essere confermati: eravamo in ritardo sul programma. Mancavano parti molto importanti dell'antenna parabolica del nostro radiotelescopio e altre cose. E in cima a tutto questo, mi sentivo fisicamente un rudere. Un uomo di quarantasei anni con problemi a respirare e mangiare e intrappolato in fondo al mondo. Mi preoccupai: potevano le cose andare peggio di così? Non era meglio morire subito e risparmiarmi il resto della sofferenza?

Finalmente arrivarono le parti mancanti del disco e potevamo iniziare la fase di montaggio. Giovanni e io ci assumemmo il compito di montare lo strumento con il quale avremmo ascoltato le emissioni della Via Lattea. Il disco era stato costruito a Berkeley in tutta fretta. Ci eravamo dedicati tutti a quel lavoro: avevamo anche richiamato dal pensionamento il nostro vecchio progettista, Hal Dougherty; avevamo assunto uno studente non laureato, Christian Carter. Hal, Christian, John Yamada, Doug Heine e altri membri del gruppo avevano lavorato giorno e notte. La parte principale del disco era composta da ventiquattro «petali» separati e ventiquattro pannelli di estensione corrispondenti che avevamo chiamato l'alone di Christian. Una volta montato, avrebbe formato un disco del peso di oltre una tonnellata, largo nove metri. Avevamo operato molto in fretta e, seppur sapendo che avrebbe funzionato nel clima mite della California settentrionale, non sapevamo come si sarebbe comportato in Antartide, terra spietata sia con le persone che con le apparecchiature.

All'esterno, con gli occhi pieni di lacrime per il vento freddo, Giovanni e io avevamo montato il piatto, pezzo per pezzo, petalo per petalo. Ognuno dei ventiquattro petali di metallo era collegato a un cuore centrale. Era come comporre un girasole. Era tenuto insieme da un centinaio di piccole viti e dadi che a fatica cercavamo di inserire con le mani nude e intirizzite. Sapevamo che la struttura finale sarebbe stata di difficile manovrabilità anche nelle migliori condizioni, figuriamoci nelle condizioni dell'Antartide! Durante il lavoro, di tanto in tanto dovevamo andare dentro a sgelare le maschere e i guanti. Il nostro respiro si congelava sulle maschere che ci coprivano il viso fino a quando queste non divenivano rigide come un cartone. Gli occhiali si gelavano al punto da non riuscire più a vedere, allora dovevo andare spesso dentro per pulirli. Ci riscaldavamo le mani sul ghiaccio che si scioglieva sulla stufa.

Ma il nostro lavoro non era terminato una volta montato il disco. Avremmo dovuto puntarlo su zone diverse del cielo. A questo proposito, avevo ideato un sistema idraulico che avrebbe posizionato il disco del nostro radiotelescopio ad angoli diversi sopra l'orizzonte. Sfortunatamente, ci accorgemmo immediatamente che il fluido idraulico si congelava alle temperature del Polo Sud. Quindi Giovanni e io improvvisammo: ideammo un sistema utilizzando il cric di un bulldozer e una serie di blocchi di legno che potevano essere inseriti o tolti manualmente per mantenere il disco nella posizione angolare desiderata. Eravamo preoccupati per l'effetto del vento sul disco, così chiedemmo a un conducente di bulldozer di scavarci una fossa a forma di guscio di conchiglia nel ghiaccio. Decidemmo di montare il piatto dentro la buca che l'avrebbe riparato dal vento. Vi costruimmo attorno anche un recinto per smorzare ulteriormente l'effetto vela. La buca era inclinata in modo da essere più profonda dalla parte da cui soffiava il vento. Però non troppo profonda, poiché eravamo venuti al Polo Sud proprio per la sua superficie piatta e non volevamo che il nostro disco fosse confuso dai segnali ricevuti dall'orizzonte.

Decidemmo di fissare il disco congelando i suoi sostegni e i suoi cardini nel terreno. Per fare ciò, cominciammo con il seppellire del legno nel ghiaccio. Quindi facemmo sciogliere del ghiaccio sulla stufa in un contenitore da due litri e mezzo. Poi lo portammo fuori e lo versammo sul ghiaccio per formare dei «blocchi tipo cemento», una solida base per il nostro piatto. Poi spostammo il fulcro dal suo contenitore dentro alla buca e lo incernierammo sui pezzi di legno inseriti nei blocchi di ghiaccio.

Finalmente eravamo pronti per collaudare il sistema di inclinazione. Lì incontrammo un problema molto grosso. Quando Hal aveva fatto le cerniere con le lastre di alluminio a Berkeley, non aveva previsto che avremmo dovuto spostarle dal contenitore. Un angolo di una cerniera rimase impigliato in uno dei supporti del piatto e la cerniera non si apriva. A quel punto, l'inclinazione del piatto parve un problema irrisolubile: il mio sistema idraulico originale era fuori uso e il nuovo sistema era bloccato. Giovanni volle smontare tutto l'aggeggio e portarlo dentro per modificarlo. Non si può, dissi: così facendo non riusciremo mai a finire in tempo per raccogliere i dati. Non potevamo permetterci ulteriori ritardi e vicissitudini. Il tempo a disposizione in Antartide era limitato; dovevamo far funzionare il disco nel poco tempo che era rimasto perché sarei impazzito al pensiero di aver sopportato tutti i disagi e non aver ottenuto nulla. Il semplice pensiero di dover ritornare in quel luogo dimenticato da Dio... Così afferrai un seghetto a mano e andai fuori.

Il vento ululava e la temperatura era 40 gradi sotto zero. Ero determinato a risolvere il problema tagliando dai dieci ai quindici centimetri della cerniera in modo che si sarebbe liberata dal supporto e avremmo potuto mettere in funzione il sistema. Mi sentivo come un astronauta lunare che cercava di aggiustare un congegno non funzionante con il vecchio sistema americano: martellandolo con una chiave inglese.

Così mi trovavo lì a segare ansimando e maledicendo quel dannato radiotelescopio e l'Antartide. Non mi resi conto che respiravo troppo affannosamente, ingoiando grandi boccate di aria polare. L'aria fredda si infilava giù nei polmoni, bruciandomi la gola. Era così freddo che mi si intirizzirono i piedi e la testa, mentre il resto del corpo, coperto da numerosi strati di abbigliamento, cominciò a sudare. Era la ricetta perfetta per un collasso circolatorio. E così fu. Nei due giorni che seguirono ebbi la febbre e fui di poco aiuto, eccetto che per il lavaggio delle stoviglie e altre mansioni simili.

Infine dopo due settimane di sofferenza fisica, cattivo umore e di problemi da risolvere, eravamo pronti all'ascolto della Via Lattea, una galassia tipica a spirale, di dimensioni medie contenente 100 miliardi o più di stelle. La Terra orbita attorno a una stella in un angolo remoto della galassia il cui disco fa un arco attraverso il cielo notturno come una miriade di lucciole e, al centro, in qualche modo oscurato da nubi di polvere, guarda l'Arciere in direzione della costellazione del Sagittario. Da quel disco, e in particolare dal suo centro, giunge un rumore radio generato dal calore prodotto da nubi di polvere che si condensano in sistemi planetari, mentre le nebulose collassano in macchine a energia di fusione chiamate stelle, e mentre le stelle di neutroni ruotano impazzite e succhiano materia dalle stelle compagne e mentre eventi cataclismici di natura sconosciuta (un buco nero gigantesco? l'annichilazione dell'antimateria?) avvengono all'interno del nucleo galattico, dove le stelle si addensano al punto di non far mai venire la notte.

Esiste un'altra sorgente di rumore galattico: la radiazione di sincrotrone emessa da elettroni ad alta energia che si «agitano» quando vengono colpiti da campi magnetici galattici spuri. La radiazione galattica da sincrotrone era ciò che ci preoccupava maggiormente. Era così intensa che la ricerca delle pieghe cosmiche da parte di COBE era paragonabile al cercare di udire una conversazione appena sussurrata nel mezzo di una festa molto animata. Avevamo valutato che il rumore galattico poteva causare circa il 10% del segnale nei dati del radiometro differenziale a microonde di COBE. Un dieci per cento potrebbe apparire poco problematico. Ma temevamo potesse divenire un problema in quanto le mappe tracciate da terra dell'emissione di sincrotrone erano state ottenute mettendo insieme le diverse osservazioni fatte da radiotelescopi differenti. Poiché esse non concordavano perfettamente, erano stati fatti degli aggiustamenti per farle coincidere. E quindi dovevamo estrapolare la mappa risultante combinata alle nostre frequenze del DMR; facendo questo, i nostri dati potevano venire contaminati da errori significativi. Il vero errore poteva essere di molto superiore al 10%, forse abbastanza grande da costituire ciò che noi ritenevamo fossero le pieghe. Una volta individuata, analizzata e catalogata ogni fonte di interferenza galattica, potevamo «sottrarla» dai dati di COBE e, speravamo, di trovare così quei semi cosmici a lungo cercati.

Il contrasto fra i nobili obiettivi scientifici che ci eravamo posti e i mezzi utilizzati per inseguirli era enorme, per non dire ridicolo. Le osservazioni astronomiche di questa portata devono essere fatte con apparecchiature di alta tecnologia, azionate da motori potenti, con un computer che orchestri l'osservazione automatica del cosmo. E noi eravamo lì a osservare il cielo muovendo il gigantesco disco con l'aiuto di funi, blocchi di legno, il cric di un bulldozer e i notevoli sforzi fisici di due pazzi che a volte ridevano e a volte si insultavano. Benvenuti nella scienza dell'Antartide.

La prima volta che azionammo il nostro sistema, provammo un brivido. Allentai le funi e Giovanni cominciò a girare la manovella. Il piatto iniziò a inclinarsi sino all'angolo corretto di osservazione. Non appena raggiunse i 15 gradi, posizionai il blocco di legno corrispondente. Poi fissammo il disco in posizione e corremmo all'interno della tenda della strumentazione per controllare sul video del calcolatore il segnale che aumentava e diminuiva al ruotare della Terra, facendo un'analisi di parti diverse del «cielo» radio. Funzionava! Ci abbracciammo, complimentandoci per il successo.

Dopo alcune ore di raccolta di dati a quell'angolo di osservazione, volevamo vedere se potevamo utilizzare angoli minori. Così andammo fuori ad azionare le funi e la manovella. Inclinammo il piatto fino a 20 gradi. Nessun problema. Ancora altri dati. Poi fino a 30 gradi, dove avrebbe esplorato attraverso una enorme e intensa sorgente radio sul piano galattico. Ero senza parole. Stavamo facendo radioastronomia dal Polo Sud! Pensai allegramente mentre allentavo le funi. Giovanni era felice quanto me e cominciò a girare la manovella. Improvvisamente il disco cominciò a vacillare. Stavo reggendo due delle funi e il piatto si spostò in avanti, trascinandomi verso la buca. «Cosa succede?» gridò Giovanni. Il disco da una tonnellata cadde su un lato con uno scricchiolio pauroso. Ero sbigottito e mi affannai per vedere se Giovanni era rimasto schiacciato sotto l'enorme peso del disco. Giovanni non si vedeva. Per fortuna era caduto nella buca accanto al piatto. «Cosa è successo?» chiese ansimando, senza fiato a quell'elevata altitudine. «È stato il vento a capovolgerlo?»

Mi sentii confuso. «No» risposi. «Stavo tenendo le funi e allentandole gradatamente in caso di una raffica, quando ha cominciato a inclinarsi da una parte.» Non eravamo stati prudenti, ci eravamo distratti e qualcuno avrebbe potuto rimanere gravemente ferito o anche peggio. Era stato un utile avvertimento dei pericoli che correvamo.

Avevamo inclinato il disco oltre il suo centro di equilibrio, così era intervenuta la gravità e il disco era caduto. Giovanni e io ci avvicinammo al disco, esaminammo i petali e i supporti, ma non trovammo alcun segno evidente di danni gravi. Eravamo fortunati. Date le difficoltà e il tempo necessario per procurarsi parti di ricambio al Polo Sud, sarebbe stato umiliante portare il nostro esperimento a una fine prematura per aver ignorato le semplici leggi della fisica.

Iniziammo la raccolta regolare dei dati galattici e mi sentivo piuttosto ottimista. Avevo affrontato le paure più terribili ed ero sopravvissuto e l'apparecchiatura funzionava. Potevo avere fondate speranze.

Una mattina ero seduto nella tenda della strumentazione, osservando i dati che affioravano sullo schermo. «Oh, mio Dio» sbottai «ci sono gli alieni.» Tutti coloro che erano nella tenda si girarono e mi guardarono come se fosse vero. Anch'io quasi ci credevo. Lì sullo schermo, in mezzo a un segnale abbastanza regolare, apparve un enorme picco. Saliva e scendeva rapidamente sullo schermo ed è proprio il segnale tipico di una sorgente puntiforme che passa sopra di noi – una sorgente puntiforme come, per esempio, un disco volante. «Che cosa sarà mai?» chiesi con una certa retorica.

«Non ne ho idea» disse Giovanni.

«Neppure io» replicai.

Il segnale appariva molte volte al giorno sullo schermo del calcolatore, rimaneva per un breve lasso di tempo e poi spariva. Il segnale non era chiaramente naturale come un'aurora, per esempio; per essere un'aurora era troppo puro da un punto di vista spettrale, con un segnale in frequenza quasi monocromatico. Non credo agli UFO, ma dopo tutto ciò che avevo visto nelle settimane precedenti, pensai vi fosse in atto una cospirazione per evitare che potessimo raccogliere dati. Scherzai con Steve: «Ti abbiamo sequestrato dal tuo progetto SETI [Search for Extraterrestrial Intelligence][4] per analizzare il fondo cosmico e galattico e ora quei dannati alieni non ci permettono di raccogliere i dati.» Pensammo a un certo numero di sistemi alternativi per spiegare quei segnali erranti, tutti meno sensazionali degli ET.[5] Forse le nostre apparecchiature non funzionavano bene e si verificavano delle fluttuazioni periodiche di guadagno. Forse il nostro disco rilevava dei segnali spuri provenienti da esperimenti di altri gruppi che si trovavano al Polo Sud. Forse le fluttuazioni erano dovute all'utilizzo del nostro generatore elettrico. Quest'ultima possibilità ci interessava particolarmente in quanto dividevamo un generatore con il gruppo di Princeton guidato da Jeff Peterson ed essi ogni tanto accendevano un'enorme pompa da vuoto.

Dopo alcuni giorni fummo in grado di stabilire che i segnali tendevano a ricorrere ogni circa cento minuti, il che ci faceva supporre che potevano provenire da un satellite al suo passaggio sopra di noi. Ma vi era più di un tipo di segnale che ci confondeva: se era un satellite perché non aveva un periodo di cento minuti costante? Puntai il disco in direzioni diverse cercando di identificare la fonte. Non ebbi alcuna fortuna. Per un certo periodo di tempo quei segnali ci fecero impazzire. Pensai che quell'interferenza avrebbe danneggiato le nostre osservazioni. I segnali ripetuti invalidavano molti dei dati raccolti.

Nel giro di due o tre giorni individuammo il possibile imputato: non un satellite, bensì tre. Sebbene non fummo mai in grado di provare questa spiegazione, ritenni che era la più plausibile. Una prova che esisteva più di un satellite era che gli alieni non apparivano sempre allo stesso tempo del giorno e, a volte, non apparivano affatto. Se si trattava davvero di satelliti in orbite separate, questo avrebbe spiegato l'apparente imprevedibilità dei segnali. Inoltre, trasmettevano in una banda proibita dagli accordi internazionali.

Comunque, il danno era fatto: il nostro disco operava su cinque bande di frequenza, ma grazie agli alieni ottenemmo dati buoni solo su due di esse. Con questo inconveniente continuammo a raccogliere dati per altre due settimane, per un totale di tre settimane complessive. Eravamo quindi in grado di fare un controllo preliminare della nostra mappa galattica confrontandola con quella esistente, messa insieme a pezzi e, a un primo esame, c'era un buon accordo. Al ritorno a Berkeley, avremmo fatto una comparazione più dettagliata.

Il lungo lavoro di mappatura galattica che Giovanni e io avevamo fatto rappresentava un controllo cruciale della validità dei dati di COBE, ciò che consideravamo le pieghe cosmiche. Fare una mappa della galassia rappresenta di per sé un buon progetto e non vi erano problemi a mantenere segrete le nostre intenzioni immediate. Non volevamo che le notizie sulla possibile scoperta delle pieghe venissero divulgate prima del tempo. Si rivelò un compito non facile, poiché ero in contatto continuo con Berkeley e con il Goddard attraverso la posta elettronica.

Al Polo Sud, la posta elettronica è pubblica, non privata. Chiunque avrebbe potuto leggere i miei messaggi diretti negli Stati Uniti o viceversa e un ricercatore astuto, come Jeff Peterson di Princeton, avrebbe potuto mettere insieme due più due nel caso si fosse trovato di fronte a un messaggio esplicito fra me e i membri della squadra. Dovevo quindi scegliere le parole con circospezione. A Greenbelt, Al Kogut era ugualmente prudente nell'inviarmi messaggi. Mi inviava delle relazioni del tipo: «Abbiamo in funzione questo e quel programma, Phil Keegstra ha lavorato sui modelli X, Y e Z e gli effetti magnetici non sono importanti», comunicati estremamente succinti e certamente nulla del tipo: «Ehi, oggi l'anisotropia è più o meno 2!».

Verso la metà di dicembre, un radioamatore mi mise in contatto con la mia famiglia negli Stati Uniti. Avevo dimenticato la differenza di tempo che c'era e li avevo svegliati alle due del mattino. Servì loro un po' di tempo per comprendere che la fragile voce dall'altro capo del telefono proveniva dall'Antartide e che era la voce di loro figlio. La mamma mi chiese: «Fa freddo laggiù?». Le dissi di sì. Il babbo scherzò: «Non hai abbastanza buon senso da startene lontano da lì? Ti avevo portato in Alaska per vedere di che tipo di posto si trattava!». Gli dissi che il nostro lavoro procedeva bene e presto sarei dovuto tornare per una revisione di COBE. Il babbo più tardi disse alla mamma che aveva notato qualcosa nella mia voce. «C'è qualcosa che lo eccita molto» le disse. «Non ci ha detto tutto.»

Lavorare al Polo Sud presenta delle condizioni irreali, soprattutto quando ci si trova all'esterno e da soli. Il posto dove eravamo, a due chilometri dal polo, è pianeggiante, luminosissimo e isolato. Occorre guardare molto attentamente per trovare la stazione in lontananza. Può essere come un sogno surreale, voi e il vostro strumento da soli in quella distesa bianca. Non vi sono distrazioni esterne per cui ci si può concentrare esattamente su ciò che si sta facendo. Occorre prestare molta attenzione. Era come un'esperienza di digiuno durante un ritiro spirituale o trovarsi in una botte di privazioni sensoriali ma con uno spigolo vivo. Con i diversi esperimenti in corso, ognuno provava proprio questa sensazione. Michele Limon, congelato sino alla punta del naso, entrò nella tenda sbattendo le mani assieme per liberarsi dal freddo e riscaldarsi. A chi gli chiese come stava, Michele rispose: «Qui mi sento così vivo e mi piace nonostante la sofferenza». Ed era vero: quella realtà comportava qualcosa di puro e di eccitante.

A metà dicembre Steve Levin e io facemmo i bagagli e ci preparammo per rientrare negli Stati Uniti. Dovevo tornare per quello che speravo sarebbe stato un incontro definitivo sugli errori sistematici nei dati del radiometro differenziale di COBE e, naturalmente, per compiere un'analisi più dettagliata dei dati delle mappe galattiche raccolte nell'ultimo mese. Alle 4,30 del mattino del 15 dicembre l'aereo lasciò il ghiaccio polare. Ero felice di partire. Giungemmo a McMurdo e lo stesso pomeriggio dovevamo imbarcarci per la Nuova Zelanda su un aereo da trasporto C-141. A McMurdo Steve si fece una doccia e schiacciò un pisolino mentre io visitai il rappresentante della National Science Foundation e riempii i documenti riguardanti la spedizione. Ovunque vi sono moduli da riempire. Nel lasciare McMurdo ci accorgemmo che la piattaforma di ghiaccio cominciava a rompersi qua e là. Gli abitanti di McMurdo si rallegravano poiché significava che presto sarebbe giunta una nave con i nuovi rifornimenti per la città. All'arrivo della nave, sarei già stato negli Stati Uniti, intento a lavorare su altre cose e ne sarei stato felice. Mi ritrovai così a sorridere quando Steve Levin dichiarò: «Il giorno più bello in Antartide è quello dell'arrivo. Il secondo giorno più bello è quello della partenza».

XIV

Verso la questione suprema

Salii sul palco subito dopo le 8 del mattino per il primo intervento della giornata, era il 23 aprile 1992. Si trattava del congresso annuale dell'American Physical Society[1] presso il Ramada-Renaissance Hotel, a Washington D.C. Indossavo un completo formale; ero di fronte a un pubblico numeroso e pieno di aspettative. Avevamo fatto sapere che il gruppo di COBE avrebbe dato un importante annuncio, il che aveva alimentato molta attesa fra coloro che erano seduti in sala. Solo poche persone sapevano di che cosa avremmo parlato, anche se molti potevano immaginarlo. Era stato mantenuto uno stretto riserbo. Molto presto avremmo potuto far sapere per la prima volta dei nostri risultati, i frutti, faticosamente conseguiti in diciotto anni di ricerca. Provando un misto di sollievo e di tensione, scompigliai i miei appunti.

Nei pochi istanti di ansia che trascorsero fra quelle azioni preparatorie di routine, che in qualche modo servivano a calmare i nervi, e l'inizio del mio discorso, considerai fra me e me che, quasi quindici anni prima avevo fatto la prima importante dichiarazione della mia carriera di cosmologo: il rivelamento del dipolo nella radiazione di fondo cosmico. Quella scoperta, fatta facendo volare un radiometro differenziale a microonde a bordo di un aereo spia U-2, aveva svelato che la nostra galassia si muove con una velocità peculiare di seicento chilometri al secondo ed è soggetta all'attrazione gravitazionale di una concentrazione massiccia e lontana di galassie. Si scoprì anche che l'universo era cosparso di un numero di strutture maggiore di quanto potessimo immaginare, con le galassie che costituiscono componenti di grandi conglomerati invece che essere distribuite uniformemente nello spazio. I nostri esperimenti con gli U-2 avevano anche rivelato che la radiazione di fondo cosmico è straordinariamente regolare: apparentemente un bagliore omogeneo residuo del Big Bang.

I quindici anni che erano trascorsi dagli esperimenti con gli U-2 erano serviti a rinforzare queste duplici conclusioni e fatto sì che la cosmologia presentasse il seguente enigma. Se le strutture massicce dell'universo attuale si sono formate in seguito a un collasso gravitazionale nei 15 miliardi di anni successivi al Big Bang, la prova della struttura primordiale deve essere visibile nella radiazione di fondo cosmico che ci dà un'immagine dell'universo così come era all'età di trecentomila anni. Il nostro strumento posizionato sull'aereo spia era sensibile alle differenze nella radiazione di fondo superiori a una parte su mille e, tuttavia, non aveva rilevato alcun segno di strutture in formazione. All'inizio del 1992 l'ormai nota incapacità di rivelare pieghe nella radiazione di fondo era divenuto un problema molto imbarazzante per i cosmologi e, soprattutto, per i teorici del Big Bang. Il DMR posto a bordo del satellite esploratore del fondo cosmico (COBE) aveva migliorato di ben dieci volte la sensibilità di rivelazione, giungendo molto vicino ai limiti tecnici. Se non fossimo riusciti a trovare le pieghe con questo strumento, la scienza si sarebbe trovata ad affrontare grossi problemi.

Ero tornato dall'Antartide solo quattro mesi prima del congresso dell'American Physical Society, soddisfatto di aver vinto la sfida delle proibitive condizioni del Polo. I dati dell'emissione galattica che Giovanni De Amici e io avevamo raccolto confermavano la validità delle mappe galattiche che avevamo usato. Potevamo continuare con fiducia il nostro lavoro.

Restavano solo gli ultimi ostacoli per raggiungere l'obbiettivo della nostra missione: alcuni erano di ordine tecnico, altri di ordine psicologico. Sentivamo di aver trovato quelle pieghe a lungo cercate e, tuttavia, eravamo coscienti di poter essere le vittime di una bizzarria della natura o della strumentazione. La nostra mappa della radiazione di fondo cosmico indicava delle fluttuazioni con alcune regioni più calde e altre più fredde della media. Non eravamo però ancora certi se lo schema era quello delle pieghe cosmiche o di un qualsiasi altro artefatto, dovuto a radiazioni provenienti dalla galassia o dallo strumento, molto simile alle pieghe. Sentivo che nel gruppo cresceva sempre di più la convinzione che il modello che ne scaturiva era proprio di origine cosmica e così si rafforzò anche la mia fiducia. La fiducia può essere molto pericolosa, può infatti minare la determinazione a proseguire nella ricerca degli errori nei dati. Dovevamo continuare con le nostre verifiche.

Al mio ritorno dall'Antartide a metà dicembre, mi recai immediatamente al Goddard, fermandomi solo brevemente a Berkeley per cambiare il guardaroba. Era in programma un incontro a fine mese per esaminare gli errori sistematici, un ultimo controllo collettivo dei dati e dei metodi di analisi, alla ricerca di qualcosa che poteva averci mandato fuori strada, anche in quest'ultima fase. Al Kogut aveva seguito la ricerca quotidiana degli errori sistematici e aveva fatto un ottimo lavoro di controllo. Al aveva ripetuto autonomamente parte del mio lavoro e aveva seguito nuove strade avvalendosi dei suoi giudizi, non influenzati dai nostri. Dopo un po' di tempo anche le sue nuove opinioni non erano più nuove e Al pensava di avere scoperto ogni possibile errore sistematico. Fu allora che cominciammo a discutere. Egli diceva cose del tipo: «Guarda, i limiti degli errori sistematici sono questo e quello. Abbiamo fatto tutte queste verifiche ad ampio spettro. Li abbiamo riesaminati almeno cinque volte e non riesco a immaginare nulla che ci possa essere sfuggito e aver causato un segnale». E io controbattevo avvertendo: «Al, stai diventando presuntuoso. Come fai a sapere che non c'è nulla che può essere sfuggito ai nostri controlli?».

Invece qualcosa era sfuggito; Al lo scoprì subito prima della riunione di dicembre. Lo strumento conservava una memoria parziale della misura precedente e la riportava in parte in quella successiva. Era come fotocopiare un pezzo di carta sul quale l'inchiostro era ancora bagnato; parte dell'inchiostro sarebbe rimasto sul vetro e sarebbe rimasto impresso nella copia successiva. Nel nostro caso, il risultato era una serie di piccole correlazioni fra una misura e quella successiva. Di conseguenza, produceva zone dove non c'era nulla, creando l'illusione di regioni discrete sulla mappa, ampie pochi gradi, che apparivano come pieghe. La scoperta di questo effetto fu un utile avvertimento a prestare la massima attenzione.

Il primo giorno del convegno comprendeva una presentazione ai responsabili della NASA, per ragguagliarli sugli sviluppi del progetto COBE. Erano due anni che il gruppo lavorava a mappare cielo. Era stato un periodo duro, il tipo di esperienza che, in assenza di risultati spettacolari, fa crollare rapidamente il morale e l'entusiasmo. Ogni membro del gruppo aveva eseguito in maniera superlativa ciò che gli era stato chiesto. Avevamo osservato tutti i criteri necessari per il successo del DMR, in termini di livelli di qualità, raccolta e analisi dei dati. Avevo deciso che avrei annunciato solennemente che tutti i criteri noti come specifiche di Primo Livello nel linguaggio della NASA erano stati rispettati; mi presentai con un impeccabile smoking. Dichiarai che ero molto orgoglioso del lavoro appassionato del gruppo intero e che, formalmente, il progetto non aveva precedenti. (Non annunciammo ai funzionari della NASA ciò che avevamo visto sulle mappe: avrebbero dovuto attendere il termine della nostra revisione degli errori sistematici due giorni dopo.) Lo smoking fece colpo.

Il mio abbigliamento quel giorno significava che il progetto aveva superato un punto importante: sino ad allora, avevamo operato con la premessa che qualsiasi fluttuazione nella radiazione di fondo cosmico era un artefatto potenziale di qualche tipo e andava considerato con cautela. Ora era giunto il momento di dedicare tutte le risorse per studiare le caratteristiche strutturali delle fluttuazioni, un'immagine dell'universo a trecentomila anni dalla sua formazione.

Quindici anni prima, nel 1977, avevamo fatto un'esperienza simile con le misure della radiazione di fondo cosmico ottenute dal DMR posto sull'U-2. Era rimasto un bagliore uniforme, non vi erano fluttuazioni nel fondo, né pieghe nel tempo. Ma i dati di COBE erano diversi, ora ne eravamo certi. La nuova mappa indicava un modello di variazione nella radiazione di fondo, non vi era alcun dubbio. Il problema che cercavamo di risolvere era il seguente: se le pieghe sono reali, in quante classi di grandezza si dividono e quanto è numerosa ogni classe? La dimostrazione della realtà delle pieghe ci avrebbe portato più vicino alla realtà della creazione generata dal Big Bang; la determinazione delle loro dimensioni e del loro numero ci avrebbe dato un'idea di come aveva avuto luogo la creazione.

Laurie Rokke continuò a controllare le operazioni di elaborazione dei dati presso il Centro di Analisi dei dati di COBE. Chuck Bennett, fra le altre cose, continuò a controllare le operazioni di volo. Al proseguì con la documentazione dei nostri studi sugli errori sistematici. Di ritorno a Berkeley, elaborai altri programmi per l'analisi dei dati. Due nuovi dottorandi, Luis Tenorio e Charley Lineweaver, collaborarono con me ogni giorno per sviluppare questi programmi e, tuttavia, mantenemmo i nostri lavori separati in modo da poter controllare l'un l'altro. Dapprima Luis e io osservammo attentamente il dipolo per essere certi che ogni parte dei dati era corretta. Vedere il dipolo emergere dai segnali ogni volta che applicavamo i programmi di analisi, rappresentava la continua conferma che ci trovavamo sulla strada giusta. Se il dipolo di un giorno non era come quello del giorno precedente, sapevamo che vi era qualcosa di sbagliato o nella raccolta della radiazione da parte del DMR o nell'analisi. Ogni giorno il dipolo emergeva con la medesima forma e le medesime dimensioni. Giorno dopo giorno era identico; e così pure settimana dopo settimana. L'unica variazione che osservammo fu quella causata dal moto della Terra nella sua orbita attorno al Sole a conferma di quanto aveva intuito Galileo.

Poi venne la prova di ciò che da un anno avevamo sotto gli occhi: nella mappa era presente un vero quadrupolo. La forma dell'emissione galattica è prevalentemente quadrupolare e questo rese estremamente importanti le mappe dell'emissione galattica. Se la nostra mappa galattica fosse stata in qualche modo sbagliata, il risultato avrebbe oscurato il quadrupolo. Il lavoro svolto da Giovanni e da me in Antartide ci aveva tranquillizzato in proposito. Tutto andava bene. Chuck Bennett, Giovanni De Amici e Gary Hinshaw lavorarono intensamente controllando e inserendo i dati del DMR e le mappe galattiche esterne per valutare la contaminazione galattica. Il segnale del quadrupolo è incredibilmente debole, meno di sei parti su un milione, il che significa molto prossimo al rumore o all'interferenza galattica. Ma è reale. Se si immagina la mappa come un ovale, adagiato sul piano orizzontale, il segnale del dipolo appare con una colorazione rossa e blu ai poli opposti dell'ovale. Il segnale del quadrupolo comprende la colorazione rossa e blu nella parte superiore e inferiore dell'ovale con quattro deviazioni dal fondo medio.

Eravamo fiduciosi che il quadrupolo fosse veramente un segnale cosmico reale, un primo accenno di struttura presente nel tessuto dell'universo trecentomila anni dopo il Big Bang. La vera sfida era come esplorare il resto della struttura, qualora fosse veramente presente.

Seguendo il principio della verifica e della controverifica il più autonomamente possibile, avevo sviluppato due programmi per analizzare la distribuzione del numero delle pieghe rispetto alla loro dimensione angolare nel cielo. Questo è noto come spettro di potenza. Il dottorando senior, Luis Tenorio, si occupò poi dello sviluppo, delle verifiche e del funzionamento di uno dei programmi, l'analisi delle armoniche sferiche. Il nuovo dottorando, Charley Lineweaver, si unì a me per il secondo programma il cui scopo era cercare una correlazione nella temperatura delle diverse parti del cielo. Confrontato con l'analisi delle armoniche sferiche del cielo, questo metodo era meno noto a molti astrofisici ed era un sistema per verificare nuovamente i risultati. Io avevo una certa versione del programma e Charlie una versione modificata, così che potevamo ulteriormente controllarci a vicenda.

Lavoravo il più rapidamente possibile. Passavo metà della giornata a controllare il lavoro che altri svolgevano a Berkeley e al Goddard. Per il resto del tempo, spesso fino a notte fonda, mi concentravo per determinare lo spettro di potenza insieme con Luis e Charley. Luis e io, guardando alle armoniche sferiche di ordine superiore al dipolo e al quadrupolo, incontrammo dei problemi. Fummo costretti a operare tagli notevoli per assicurarci che non vi fosse alcuna contaminazione galattica; ciò ci impedì di vedere l'intero campione delle armoniche sferiche nel cielo. Fummo costretti a effetture delle estrapolazioni attraverso la regione del piano galattico. Era difficile riempire la regione vuota con tante armoniche sferiche. Era chiaro che il metodo della correlazione sarebbe stato il più sicuro. Ben presto i programmi miei e di Charley andavano avanti di pari passo per cui eravamo in grado di fare le analisi e paragonare i risultati nell'arco di un paio di giorni l'uno dall'altro. Alla fine di gennaio e all'inizio di febbraio i risultati cominciavano a prendere forma, ma ancora non dicevano molto. Provai con diverse impostazioni, tracciando dati su ogni tipo di formato che mi veniva in mente, compreso dall'alto in basso e in senso inverso, giusto per provare una nuova prospettiva e sperare in un successo. Quindi pensai: perché non togliamo il quadrupolo – la cosa che avevamo cercato in tutti quegli anni – per vedere se la natura aveva messo lì qualcos'altro! Ritenevo che quello poteva essere un modo per determinare se la nostra mappa era semplicemente il risultato di rumori, una cacofonia di radiazione spuria proveniente da tante sorgenti o conteneva un vero segnale di pieghe, con più dettagli di quello del quadrupolo. Lavorando fino a notte fonda, modificai rapidamente il mio programma per verificare quell'idea. Quella sera di febbraio utilizzai il nuovo programma e compresi di essere vicino a qualcosa di molto importante.

La ricerca delle pieghe era stato uno sforzo notevole che ci aveva impegnato per oltre quindici anni; gli ultimi due anni di ricerca inesorabile degli errori sistematici precludevano un'esperienza entusiasmante. Era come scavare in una città sepolta, cominciando a scoprire i primi indizi di strutture interessanti dopo aver rimosso il primo livello di sedimenti. Con la rimozione degli altri livelli, comincia a prendere forma la città, seppur molto lentamente. Solo una volta rimossi gli ultimi strati, si può vedere la configurazione di tutti gli edifici. Quella sera ebbi la sensazione che stavamo rimuovendo gli ultimi strati che costituivano un ostacolo nella nostra ricerca delle pieghe.

Avevo fatto molte simulazioni di come le pieghe sarebbero dovute apparire in caso di validità della teoria inflazionaria del Big Bang.

Ci sarebbero state pieghe di tutte le dimensioni, da grandi a piccole, ma con la stessa zona media di cielo occupata da ogni classe di dimensione e la stessa variazione media in ampiezza, nota come invarianza di scala. La teoria dell'inflazione prevedeva una tale distribuzione in dimensione, cioè i prodotti delle fluttuazioni quantiche al momento della creazione. Questo tipo di distribuzione in dimensione delle pieghe avrebbe portato alla formazione di strutture di grandezze diverse come vediamo nell'attuale universo.

Utilizzai il nuovo programma per queste simulazioni e anche per i nostri dati. I risultati delle simulazioni erano chiari. E quando li confrontai con i risultati della sottrazione del quadrupolo dalla mappa della radiazione di fondo, era evidente che corrispondevano all'invarianza di scala prevista dalla teoria inflazionistica. Il confronto era molto bello in termini di arte moderna esoterica. Ero felice? Sì. Certamente ero entusiasta. Ma, in realtà, non sorpreso. A quel punto la mia mente era così immersa nei dati che la risposta era ovvia, anche se non consapevole. La mia reazione immediata era quella di urlare, era così bello. La mia mente era occupata da un caleidoscopio di idee che costituivano uno schema perfetto. Il Big Bang era corretto; la teoria inflazionaria funzionava; lo schema delle pieghe era pressoché corretto nell'ipotesi di formazione di strutture per mezzo della materia oscura fredda; e la distribuzione in dimensione avrebbe portato alle grandi strutture dell'universo attuale, in collasso gravitazionale da 15 miliardi di anni.

Lo schema delle pieghe che vidi sulla mappa era primordiale, lo sentivo. Alcune delle strutture rappresentate dalle pieghe erano così grandi da poter essere state generate solo all'inizio dell'universo, non dopo. Stavo osservando le pieghe primordiali nel tempo, l'impronta della creazione, i semi dell'universo moderno.

La mia gioia era straordinaria, ma *non* urlai. Anche se pensavo tutto fosse giusto, dovevo essere certo di non essere ingannato da qualche artificio tecnico. Perché, mi chiesi, dovevo rimuovere il quadrupolo per vedere le pieghe? Volevo che Charley controllasse ciò che avevo fatto utilizzando il suo sistema. Cercando di mantenere un contegno, parlai con voce neutra facendo capire che Charley poteva modificare il suo programma per rimuovere il quadrupolo dalla mappa, semplicemente per vedere cosa otteneva. Quindi mi incamminai dal Lawrence Berkeley Laboratory verso casa, guardando (senza vederle) le luci dall'altra parte della baia di San Francisco. La mia mente era altrove, la gioia del trionfo mitigata dalla preoccupazione. La festa poteva iniziare solo dopo aver controllato i miei risultati.

Verso la fine del giorno seguente, entrai nella stanza di Charley e con indifferenza gli chiesi come era andata la prova. Non l'aveva ancora fatta, disse. Pensava di modificare il programma, forse avrebbe ottenuto un risultato migliore se avessimo avuto informazioni sui punti dei dati prossimi alla separazione zero. Celando la mia frustrazione, riconobbi che si trattava di un'idea interessante, ciononostante gli suggerii nuovamente di sottrarre il quadrupolo. «Fa entrambe le cose contemporaneamente» gli dissi.

Passò un altro giorno e Charley era sempre distratto dall'idea di migliorare il programma. Non aveva ancora sottratto il quadrupolo dalla mappa. Non potevo più aspettare. Verso mezzanotte, attraversando il corridoio entrai nella stanza dove stava lavorando e dissi: «Non andare a casa fino a quando non avrai fatto passare le mappe attraverso il tuo programma e sottratto la media, il dipolo *e il quadrupolo*». Feci capire che la cosa era estremamente urgente, ma non spiegai perché, e poi andai a casa. Tre ore dopo, completata l'esecuzione, Charley fece scivolare alcuni grafici sotto la porta del mio ufficio.

Il mattino successivo arrivai in ufficio molto presto poiché avevo un appuntamento telefonico con il gruppo del Goddard per parlare degli sviluppi del quadrupolo. Nell'entrare nella stanza quasi calpestai i grafici che Charley aveva messo sotto l'uscio. Raccogliendoli, vidi una piccola nota: «Ecco i grafici che mi hai chiesto. Eureka?». Aveva trovato esattamente ciò che avevo visto io. Quando Charley giunse al lavoro quella mattina tardi ripetemmo attentamente tutto ciò che ognuno di noi aveva fatto e provammo alcune altre combinazioni di dati. Poi inviai un messaggio a Ned Wright e al gruppo del DMR di Greenbelt chiedendo loro di provare con la stessa impostazione.

Nel giro di alcuni giorni avevamo trovato tutti lo stesso risultato. Il mio morale salì alle stelle, ma vi era ancora molto da fare. Appianai i dettagli, eseguii un controllo finale e preparai i manoscritti per la pubblicazione dei risultati sull'«Astrophysical Journal». Ci volle tutto il resto del mese di febbraio, marzo e metà di aprile. Gradualmente cominciammo a comprendere perché il segnale del quadrupolo era così debole, quasi un punto evanescente. La nostra galassia aveva un proprio quadrupolo opposto, in direzione del segnale cosmico. Era come se esistesse una cospirazione cosmica per minimizzare il segnale, mettendo così alla prova la nostra ingenuità e pazienza durante la sua ricerca. Malgrado le avversità, avevamo comunque trionfato e ci eravamo assicurati il Sacro Graal della cosmologia. Era la ricompensa per tanti anni di lavoro prestato da tante persone: il gruppo di COBE composto dai numerosi responsabili, ingegneri, tecnici e operai; il Comitato Scientifico; e i vari gruppi del DMR, innanzitutto i progettisti dello strumento, seguiti dalle persone che avevano elaborato e analizzato i dati. Dopo tutto era stato un enorme lavoro di *équipe* in cui una miriade di cose aveva funzionato al momento giusto.

Due settimane prima dell'incontro dell'American Physical Society durante il quale decidemmo di presentare sei lavori con i risultati in dettaglio, vi fu una riunione del gruppo scientifico presso l'abitazione di Nancy Bogges nei sobborghi di Washington D.C. La situazione era piuttosto ottimistica, ma non tutti erano d'accordo. Phil Lubin, che era stato mio studente all'epoca dell'U-2, aveva raccolto dati nello stesso luogo in cui eravamo stati noi in Antartide, alla ricerca delle pieghe ad angoli più piccoli. Phil era convinto di non aver visto alcun segnale, lasciando così supporre che ciò che aveva visto il DMR poteva essere sbagliato. Anche Stephan Meyer del MIT e Ed Cheng del Goddard suggerirono di essere prudenti, ma non come Phil. Avevano lanciato un radiometro su un pallone nell'autunno del 1989, quasi contemporaneamente al lancio di COBE. L'analisi dei dati gli stava procurando molti problemi e in questo mi sentivo dalla loro parte, tuttavia stavano giungendo alla conclusione che non vi erano né quadrupoli, né schemi di pieghe da vedere.

Naturalmente avrei preferito sentir dire che entrambi i gruppi confermavano i nostri risultati ed ero in qualche modo turbato per quella doppia sfida. Era soprattutto fastidioso sapere che entrambi i gruppi pensavano di presentare i loro dati durante il congresso di Washington durante il quale i loro interventi erano programmati dopo la presentazione del DMR. Ci sarebbe stata una controversia immediata, con il gruppo di COBE che avrebbe sostenuto la scoperta delle pieghe, seguita subito dopo da due negazioni? Speravo di no. Sapevo che non avrei avuto l'opportunità di vedere i loro dati prima del convegno e quindi non potevo sapere esattamente quanto sarebbero state convincenti le loro argomentazioni. Ma questa volta sapevo che le nostre affermazioni erano ben giustificate. Discutemmo a lungo e qualcuno sostenne che forse avremmo dovuto attendere prima di fare l'annuncio. Pensai che eravamo stati fin troppo prudenti e avevamo preso tutte le precauzioni possibili per assicurare che il segnale che avevamo era di origine cosmica. «Noi proseguiamo, ho fiducia nei nostri risultati» dichiarai infine. «Sono pronto a giocarmi la reputazione.»

La notte precedente al convegno della Physical Society, Al, Giovanni e io rimanemmo in piedi fino a tardi per fare fotocopie dei lavori da distribuire durante il congresso. Poi Giovanni e io andammo a casa mia per terminare di preparare i nostri interventi. Approntammo dei tabelloni che sarebbero serviti da guida durante il mio intervento e che i membri del gruppo avrebbero a turno mostrato al momento opportuno. Ogni tabellone indicava una parte dei risultati ed era classificato come L=0, L=1, L=2 e così via sino a L=20. Ogni L rappresentava un'immagine di regioni calde e regioni fredde separate da un angolo di 180°/L. In effetti, ogni tabellone rappresentava un'analisi sempre più dettagliata delle pieghe. Avevo programmato di chiamare ognuno a turno per mostrare il tabellone durante il mio intervento, descrivendo dapprima il fondo (L=0), poi il dipolo (L=1), quindi il quadrupolo (L=2) e così via. Era un modo per coinvolgere nella presentazione tutti i membri della squadra.

Alle cinque del mattino successivo impacchettammo le scatole con carte e tabelloni e quindi partimmo per il centro di Washington. Arrivammo nella sala alle sette e trenta; era ancora chiusa e non si vedeva anima viva. Alle otto di mattina brulicava di gente; vi era anche una televisione di Pittsburgh, la WQED. C'era sentore che qualcosa stava per accadere. Sei di noi, del gruppo di COBE, dovevano parlare: io ero il primo oratore, seguito da Gary Hinshaw, Chuck Bennett, Ned Wright, Al Kogut e Giovanni De Amici. C'era molto da organizzare prima dell'inizio e non ero consapevole dell'eccitazione che regnava nell'edificio. Distribuii i tabelloni assicurandomi di conoscere la posizione di tutti i membri della squadra e rimasi in attesa di essere chiamato sul palco. Avevo a disposizione dodici minuti.

«Buon giorno» cominciai. «Ho molte cose da dire e poco tempo a disposizione, per cui andrò direttamente al punto.»

Avevo deciso di fare l'annuncio per gradi, poiché era logico così e avrebbe dato più enfasi alla cosa. Dapprima ricordai al pubblico i risultati di COBE di due anni prima, secondo i quali la radiazione di fondo cosmico corrispondeva alle caratteristiche della radiazione di corpo nero e quindi dava credito alla teoria del Big Bang. Mostrai il tabellone L=0 che indicava lo spettro del corpo nero e poi lo passai a John Mather. Poi dissi che il radiometro differenziale a microonde aveva misurato esattamente il dipolo che avevamo scoperto e annunciato proprio quindici anni prima. Feci vedere quindi un altro tabellone, chiamato L=1, che indicava il dipolo: questo aveva dimostrato che lo strumento funzionava correttamente. Quindi lo passai a John Aymon. Poi, dopo una brevissima pausa per provocare un po' di attesa, mostrai un altro tabellone, L=2, e dissi: «Abbiamo il quadrupolo». Il senso di sollievo nell'auditorio era palpabile poiché tutti comprendevano l'importanza di quel che stavo dicendo. Passai il tabellone a Chuck Bennett lasciando capire che nel suo discorso avrebbe parlato ulteriormente del quadrupolo.

Anche coloro fra il pubblico che avevano supposto che il nostro importante annuncio sarebbe stato la scoperta del quadrupolo, non si apettavano che sarebbe andato anche oltre. Feci vedere simultaneamente i tabelloni L=3, L=4 e L=5 chiamando altri membri del gruppo per sostenerli e alla fine li mostrai tutti sino all'L=20. Fu chiaramente un colpo per molte persone in quanto rivelava che non solo avevamo trovato il quadrupolo, che era un evento di grande rilievo, ma che avevamo anche trovato uno spettro di pieghe di tutte le dimensioni.

Per me quel momento segnava il culmine di diciotto anni di ricerca e per la cosmologia un'importante pietra miliare nel lungo viaggio per la comprensione della natura dell'universo.

Più semplicemente, la scoperta delle pieghe salvava la teoria del Big Bang in un momento in cui esistevano sempre più detrattori che l'attaccavano. Il risultato indicava che la gravità poteva aver dato forma all'attuale universo dalle minuscole fluttuazioni quantiche che avevano avuto luogo nella prima frazione di un secondo successiva alla creazione. Quando, in seguito, Stephen Hawking commentò che la nostra scoperta «era la più importante del secolo, forse di tutti i tempi» forse esagerò, ma era sicuramente molto importante. Prima della scoperta, la nostra comprensione sull'origine e sulla storia dell'universo si basava su quattro osservazioni principali: la prima era l'oscurità del cielo notturno; la seconda, la composizione degli elementi, con prevalenza di idrogeno ed elio sugli elementi più pesanti; la terza, l'espansione dell'universo; la quarta, l'esistenza della radiazione di fondo cosmico, il bagliore residuo di una creazione violenta.

La scoperta delle pieghe presenti nel tessuto del tempo, trecentomila anni dopo la creazione, diventa il quinto pilastro di questo edificio intellettuale e ci dà la possibilità di comprendere come possono essersi formate strutture di tutte le dimensioni, dalle galassie ai superammassi, man mano che l'universo si evolveva durante gli ultimi 15 miliardi di anni.

L'evoluzione dell'universo è in realtà il cambiamento nella distribuzione della materia nel tempo, passando da un'omogeneità virtuale nell'universo primordiale all'attuale universo grumoso, con la materia che si condensa in galassie, ammassi, superammassi e strutture anche più grandi. Possiamo vedere l'evoluzione come una serie di transizioni di fase, in cui la materia passa da uno stato all'altro sotto l'influenza di una diminuzione di temperatura (o energia). Tutti conosciamo il processo per cui il vapore raffreddandosi si condensa: è una transizione di fase da uno stato gassoso a uno stato liquido. Se la temperatura si riduce ulteriormente e l'acqua alla fine si congela, la transizione di fase è il passaggio dallo stato liquido a quello solido. Nello stesso modo, dal primo istante del Big Bang, la materia è passata attraverso una serie di transizioni di fase.

A dieci milionesimi di un trilionesimo di un trilionesimo di un trilionesimo (10^{-42}) di un secondo dopo il Big Bang – il momento più lontano di cui possiamo parlare e pur tuttavia con un attimo di scetticismo – tutto l'universo che possiamo osservare oggi era una piccolissima frazione rispetto alla dimensione di un protone. Spazio e tempo erano appena iniziati. (Ricordate che l'universo non si è espanso nello spazio attuale in seguito al Big Bang; è la sua espansione che ha creato man mano lo spazio-tempo). Allora la temperatura era di un centinaio di milioni di trilioni di trilioni di trilioni (10^{32}) di gradi e le tre forze della natura – elettromagnetismo e forze nucleari deboli e forti – erano fuse in una sola forza. La materia non si differenziava dall'energia e non esistevano le particelle.

In dieci miliardesimi di un trilionesimo di un trilionesimo di un secondo (10^{-34} secondi) l'inflazione aveva espanso l'universo (a un ritmo accelerato) un milionesimo di un trilionesimo di un trilionesimo di volte (10^{30} volte) e la temperatura era scesa a un miliardo di un miliardo di un miliardo di gradi (10^{27}). La forza nucleare forte si era separata e la materia era stata sottoposta alla sua prima fase di transizione prendendo la forma di quark (i blocchi costitutivi di protoni e neutroni), elettroni e altre particelle fondamentali.

La fase di transizione successiva ha avuto luogo a dieci millesimi di secondo, quando i quark hanno cominciato a unirsi per formare protoni e neutroni (antiprotoni e antineutroni). Poi sono iniziate le annichilazioni delle particelle di materia e antimateria, lasciando alla fine un modesto residuo di materia. Da quel momento tutte le forze della natura erano separate.

Dopo circa un minuto la temperatura era scesa sufficientemente da consentire a protoni e neutroni di rimanere uniti nel momento

Storia termica dell'universo

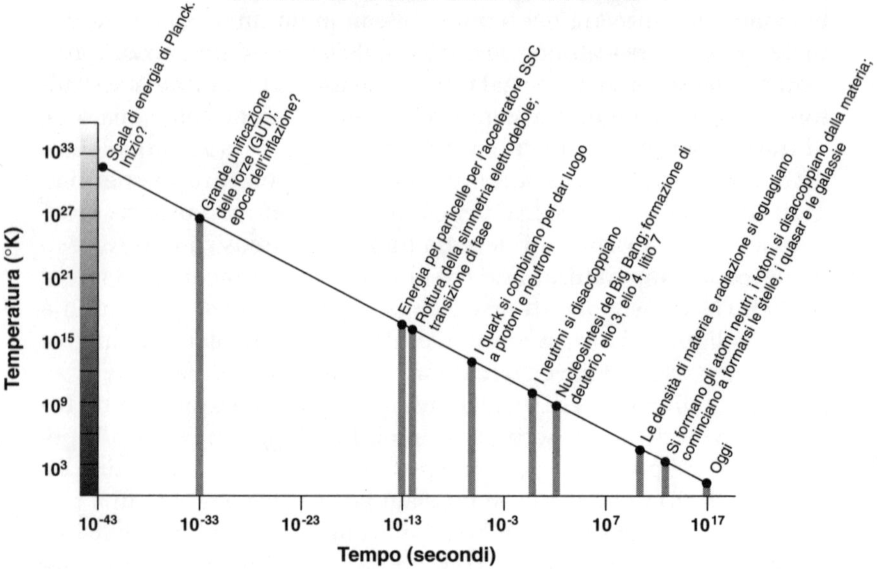

della collisione, formando nuclei di idrogeno e di elio che poi compongono le stelle. Questo miscuglio di materia e radiazione, che inizialmente presentava la stessa densità dell'acqua, continuò a espandersi e raffreddarsi per altri trecentomila anni, ma conteneva troppa energia per permettere agli elettroni di rimanere legati ai nuclei di idrogeno e di elio al fine di formare gli atomi. I fotoni energetici avevano poi una serie di interazioni frenetiche con le particelle del miscuglio. Fra una interazione e l'altra, i fotoni potevano viaggiare solo per distanze molto brevi. L'universo era essenzialmente opaco.

Quando la temperatura scese a circa 3000 gradi, dopo trecentomila anni, ebbe luogo un'altra ulteriore transizione di fase. I fotoni non avevano più energia sufficiente da spostare gli elettroni dai nuclei di idrogeno e di elio, così si formarono gli atomi di idrogeno e di elio e rimasero uniti. Essi non interagivano più con gli elettroni ed erano liberi di fuggire e spostarsi per lunghi tragitti. Con questa separazione di materia e radiazione, l'universo divenne trasparente e la radiazione fluì in tutte le direzioni, per attraversare il tempo sotto forma di radiazione di fondo cosmico che vediamo ancora oggi. La radiazione liberata in quell'istante ci fornisce un'immagine della distribuzione della materia nell'universo a trecentomila anni di età. Se tutta la materia fosse stata distribuita in maniera uniforme, il tessuto dello spazio sarebbe stato regolare e l'interazione dei fotoni con le particelle sarebbe stata omogenea, producendo così una radiazione di fondo cosmico uguale ovunque. La nostra scoperta delle pieghe rivela tuttavia che la materia non era distribuita uniformemente, ovvero esistevano già delle strutture che hanno formato così i semi dai quali si è venuto a creare poi l'universo attuale.

Queste regioni dell'universo con una concentrazione di materia superiore esercitavano una maggiore attrazione gravitazionale e, quindi, curvavano lo spazio in modo positivo; zone meno dense avevano un'attrazione gravitazionale inferiore e davano luogo a uno spazio meno curvo. Quando la radiazione e la materia si separarono trecentomila anni dopo il Big Bang, il flusso improvviso di fotoni del fondo cosmico lasciò le tracce di queste distorsioni di spazio, mostrando le pieghe che vediamo sulle nostre mappe: la radiazione proveniente da zone più dense appare più fredda del fondo medio; quella da zone meno dense, più calda.

La materia dell'universo, come abbiamo visto in precedenza, è di due tipi – materia oscura e materia visibile – e il loro ruolo nella formazione gravitazionale delle strutture è diverso. La materia oscura, che per sua natura non è influenzata dalla radiazione, ma soggetta alla gravità, avrebbe iniziato a formare strutture assai prima della materia visibile che viene colpita dal flusso energetico dei fotoni. Plasmata dai contorni dello spazio che ha avuto inizio come fluttuazioni di quanti nell'universo inflazionario, la materia oscura potrebbe avere iniziato ad aggregarsi, sotto l'influenza della gravità, fin da diecimila anni dopo il Big Bang. A trecentomila anni, la separazione di materia e radiazione ha fatto sì che la materia visibile potesse essere attratta dalle strutture formate dalla materia oscura. Con l'aggregarsi della materia visibile, si formano anche stelle e galassie. Un'immagine molto bella è quella delle ragnatele, spesso invisibili con la luce normale, che diventano incredibilmente visibili quando la rugiada che si deposita sui loro fili durante la notte è illuminata al mattino dalla luce del Sole. Quella rete molto fine di galassie che vediamo nel cielo notturno è la rugiada che brilla sulla ragnatela cosmica, cioè la materia visibile traccia il profilo delle strutture della materia oscura invisibile, a cui viene attirata dall'attrazione gravitazionale.

A causa dei limiti del radiometro differenziale a microonde a bordo di COBE, la risoluzione delle nostre mappe è relativamente modesta. Gli oggetti più piccoli che vediamo come pieghe sono in realtà enormi e formano strutture grandi quanto o più grandi del Great Wall,[2] un'enorme distesa di galassie che spaziano attraverso centinaia di milioni di anni-luce. Quando riusciremo a ottenere una maggiore risoluzione, dovremmo essere in grado di distinguere strutture delle dimensioni delle galassie. Comunque, nonostante i limiti attuali, il messaggio dei nostri risultati era chiaro, messaggio che quel giorno di aprile produsse grande sollievo fra i cosmologi. Fred Hoyle una volta sostenne che la teoria del Big Bang non poteva reggere poiché non teneva in considerazione il principio della formazione delle galassie. I risultati di COBE dimostrarono che si sbagliava. L'esistenza delle pieghe nel tempo, così come le vediamo, ci dicono che la teoria del Big Bang, che incorpora l'effetto della gravità, può spiegare non solo la formazione delle galassie ma anche l'aggregazione, nell'arco di 15 miliardi di anni, di strutture massicce che sappiamo essere presenti nell'attuale universo. Era il trionfo della teoria e delle osservazioni.

Non riuscivamo a prevedere la portata della reazione che il nostro annuncio avrebbe provocato, sia immediatamente che nelle settimane successive. Sapevo che sarebbe stata un'importante occasione per i cosmologi. Quando Gary Hinshaw mi passò accanto, recandosi verso il palco per parlare dopo di me, bisbigliò: «Come faccio a parlare, adesso, dopo *quello* che hai detto!». Poco più tardi l'astrofisica Sun Rhie si alzò per fare il suo discorso sui difetti topologici e iniziò dicendo: «Dopo l'annuncio di COBE, non so neppure se sia il caso di parlare». Così come la nostra scoperta supportava l'accrescimento gravitazionale dalle fluttuazioni primordiali e dall'inflazione, nello stesso tempo indeboliva le teorie avversarie, in particolare la teoria dei difetti topologici. Questa teoria prevedeva uno schema molto diverso nelle dimensioni e nel numero delle pieghe rispetto a quello da noi osservato e, quindi, venne alterata. David Spergel, coautore insieme con Neil Turok della versione «textures» della teoria dei difetti topologici, dopo la sessione dichiarò: «Siamo finiti». Paul Steinhardt, un eminente teorico dell'inflazione, disse: «Sono felice di essere stato qui in questo giorno di portata storica...Vorrei aver portato i miei studenti».

Era naturalmente gratificante, in particolare quando potei infine vedere le presentazioni dei gruppi del MIT e del Polo Sud. Sebbene Lyman Page avesse presentato i dati del MIT come dati contraddittori rispetto ai risultati di COBE, dal suo ultimo lucido risultava che non era così. Affermavano che non vi era traccia di pieghe, ma per me era chiaro che la curva di correlazione era in accordo con i dati di COBE.[3] Provai un senso di sollievo e compresi che non vi sarebbe stata alcuna controversia con il gruppo del MIT. E quando Tod Gaier annunciò i risultati del Polo Sud con la supervisione di Phil Lubin, parve proprio che non fossero in sintonia con i nostri, ma vi erano molte spiegazioni possibili per le discrepanze. Almeno per quel giorno potevamo tornare a casa del tutto tranquilli.

Avevo poco tempo per mangiare un panino, pensare alla conferenza stampa programmata per mezzogiorno e cercare il lucido che avevamo fatto per spiegare i risultati alla stampa. Giunse all'ultimo momento.

Quindi ci incamminammo verso la sala dove si sarebbe tenuta la conferenza stampa. Vi era una folla enorme; in fondo alla sala erano allineati gli operatori televisivi con una serie di lampade che mi facevano sbattere le palpebre. Quando Ned Wright, Chuck Bennett, Al Kogut e io salimmo sul palco, cominciai a rendermi conto dell'immenso interesse pubblico per i nostri nuovi risultati. Mi stavo ancora preparando per esprimere ora, sia alla stampa che alla televisione, il significato dei nostri risultati con parole e metafore che potessero essere facilmente comprensibili.

Ero il primo a parlare e cercai di presentare gli eventi più rilevanti e il significato di ciò che avevamo fatto: «Abbiamo osservato le strutture più vecchie e più grandi mai viste nell'universo giovane» cominciai. «Si trattava dei semi primordiali di strutture attuali come le galassie, gli ammassi di galassie e così via. Non solo questo, ma rappresentavano enormi increspature nel tessuto dello spazio-tempo lasciate dal periodo della creazione.»

Furono poste molte domande, ma erano soprattutto centrate su due problemi: quanto erano grandi le strutture? e quale era il significato dei nostri risultati?

Risposi che la definizione di superlativo non dava il senso reale di queste strutture che si estendevano per zone così vaste da far apparire piccola la «Grande Muraglia», che è di per se stessa estesa centinaia di milioni di anni-luce. Alcune erano così grandi che la luce non le aveva ancora attraversate dalla nascita dell'universo. Erano così fondamentali? Offrii molti paragoni, ma quello riportato dalla maggior parte dei giornalisti fu: «Se sei religioso è come vedere Dio». Il Big Bang è un'icona culturale, una spiegazione scientifica della creazione. Dei quaranta minuti di interviste con i giornalisti dei quotidiani e della televisione, con ripetute richieste di interpretare in modo diverso il significato di COBE per farsi comprendere dai non addetti ai lavori, quella frase fu la più citata e ricordata.

Fisica, metafisica e filosofia confluiscono nella cosmologia; quando si tratta di affrontare la domanda fondamentale del significato dell'esistenza, i confini fra una e l'altra diventano inevitabilmente confusi. Einstein, che credeva in una spiegazione razionale dell'universo, disse: «Vorrei sapere come ha fatto Dio a creare il mondo. Vorrei conoscere i suoi pensieri». Parlava in senso metaforico, a testimoniare la profondità della sua ricerca. La mia frase divenuta famosa era improntata dalla stessa matrice.

Sia che avessero un significato metaforico, sia che non l'avessero, i miei commenti e quelli degli altri membri del gruppo di COBE e di altri cosmologi apparvero sui giornali di tutto il mondo, a conferma del grande interesse del pubblico per la comprensione dell'origine dell'universo e del posto che noi occupiamo in esso. Ned Wright parlò dopo di me, spiegando in maniera più dettagliata cosa significassero i nostri risultati in termini di teorie della formazione delle strutture e del bisogno della materia oscura. Chuck Bennett fece una breve dichiarazione sui risultati e la loro interpretazione, e rispose alle domande. Infine Al Kogut analizzò il lavoro svolto per elaborare attentamente i dati e garantire di aver eliminato tutti gli effetti strumentali. Al spiegò poi le grandi difficoltà che l'esperimento comportava. Terminato il suo intervento, fummo pronti per le domande più generali del pubblico presente. La conferenza stampa continuò a lungo, per almeno un paio d'ore, quindi il pubblico si divise in piccoli capannelli di giornalisti che ci intervistavano, insieme con membri del gruppo e studiosi come Alan Guth e Paul Steinhardt, autori della teoria dell'inflazione.

Quindi, Philip Schewe e gli altri addetti stampa dell'American Physical Society ci portarono di corsa nell'ufficio vicino alla sala stampa in modo che potessimo rispondere alle telefonate e alle interviste dei giornalisti che non erano presenti. Eravamo in sei a rispondere alle domande dei giornalisti di radio, televisione, quotidiani e riviste, e questo lavoro proseguì tutto il pomeriggio sino a sera inoltrata senza interruzione. Ricordo solo che verso le 17 o le 18, al termine di un'intervista, mi diressi nella stanza rumorosa di Philip Schewe e chiesi: «Avete spesso conferenze stampa così incalzanti?». Philip rispose: «L'unica altra volta in cui ho visto una cosa del genere è stata in occasione dell'annuncio della fusione fredda». Improvvisamente, per un istante, nella stanza cadde il silenzio. Sembrava che ognuno stesse pensando: e se fosse tutto sbagliato? e se abbiamo commesso un errore? Dopo un attimo i telefoni ripresero a squillare e ricominciarono le telefonate.

Diversi membri del gruppo di COBE e altri cosmologi per numerosi giorni apparvero alla televisione, parteciparono a programmi radiofonici e furono presenti sui giornali. La pubblicità e un enorme interesse della gente fornirono l'occasione unica per parlare di scienza con un pubblico molto vasto ed esaltare la forza del lavoro umano nella ricerca dei misteri della natura. Mi resi così conto della grande sete che la gente ha di metafore sulla creazione, anche nei casi in cui la scienza stessa mette a dura prova le capacità intellettuali.

L'idea che, man mano che ci si avvicina al momento della creazione, i costituenti e le leggi dell'universo diventano sempre più semplici rappresentava per me una convinzione estremamente efficace, di quelle che incoraggiano la nostra fiducia nella possibilità di comprendere, un giorno, l'essenza della creazione. Una valida analogia è la vita stessa o, più semplicemente, il singolo essere umano. Ognuno di noi è un'entità molto complessa, composta da tanti tessuti diversi e capace di innumerevoli comportamenti e pensieri. Torniamo indietro nella vita di una persona, uomo o donna, oltre il momento della nascita, all'istante della fecondazione di un singolo ovulo da parte di un singolo spermatozoo. L'individuo diviene sempre più semplice, e alla fine è ridotto alle informazioni contenute nel codice del DNA espresso da una serie di cromosomi. Lo sviluppo che trasforma gradualmente un codice di DNA in un individuo maturo è come un dispiegamento, una complicazione, in quanto l'informazione contenuta nel DNA viene tradotta e si manifesta nelle diverse fasi della vita umana. Così è pure per l'universo. Possiamo vedere quanto sia complesso oggi l'universo, e noi siamo parte di quella complessità.

La cosmologia – attraverso l'incontro dell'astrofisica e della fisica delle particelle – ci indica che questa complessità scaturisce da una profonda semplicità, con la materia che si trasforma attraverso una serie di transizioni di fase. Viaggiando indietro nel tempo, attraverso queste transizioni di fase, troviamo una sempre maggiore semplicità e simmetria, con la fusione delle forze fondamentali della natura e la trasformazione delle particelle in componenti sempre più fondamentali. Andando ancora più indietro si raggiunge un punto in cui l'universo era quasi infinitamente piccolo, una infinitamente densa concentrazione di energia, un frammento dello spazio-tempo primordiale. Questa crescente semplicità e simmetria dell'universo, man mano che ci avviciniamo al momento della creazione, infondono in me la speranza che l'universo potrà essere compreso utilizzando le forze della ragione e della filosofia. Allora l'universo diventerà comprensibile, come aveva agognato Einstein.

Andando ancora più indietro, al di là del momento della creazione, cosa succederà? Cosa c'era prima del Big Bang? Cosa c'era prima dell'inizio dei tempi? L'ultima domanda rappresenta quindi una sfida alla nostra fiducia nel potere della scienza di trovare spiegazioni sulla natura. L'esistenza di una singolarità – in questo caso lo stato unico da cui è emerso l'universo – rappresenta un'eresia per la scienza, poiché supera ogni possibile spiegazione. Non vi è alcuna risposta al *perché* esista un tale stato. È qui, dunque, che si interrompono le spiegazioni scientifiche e interviene l'elemento divino, l'artefice di quella singolarità, di quella semplicità iniziale? L'astrofisico Robert Jastrow, nel suo libro *God and the Astronomers*, descrisse una simile prospettiva come l'incubo dello scienziato: «Egli ha scalato le montagne dell'ignoranza; sta per raggiungere la vetta più alta; e nel momento in cui supera l'ultimo sperone roccioso viene salutato da un gruppo di teologi che siedono lì da secoli».

I cosmologi hanno cercato a lungo di evitare questo brutto sogno ricorrendo a spiegazioni dell'universo che evitassero la necessità di un inizio. Non dimenticate che Einstein si rifiutò di credere nelle implicazioni delle sue equazioni – ovvero che l'universo si espande e deve quindi aver avuto un inizio – e per questo motivo inventò la costante cosmologica. E solo una volta, viste le osservazioni di Hubble dell'universo in espansione, riuscì a credere alle sue equazioni. Per molti sostenitori della teoria dello stato stazionario, uno degli elementi di maggior attrazione era il fatto che l'universo non ha né un inizio né una fine e non era quindi necessaria una spiegazione di ciò che esisteva prima del tempo. Era noto come il principio cosmologico perfetto.

Dieci anni fa Stephen Hawking e Jim Hartle cercarono di risolvere il problema in maniera diversa, tentando di negare l'esistenza della singolarità. Sottoponendo a critica la teoria della gravità quantica, convennero che il tempo è finito, ma privo di inizio. Questa affermazione non è così strana come può sembrare, se si pensa alla superficie di una sfera. La superficie è finita, ma non esiste né un inizio né una fine, ci si può scorrere il dito sopra continuamente, forse ritornando allo stesso punto di partenza. Pensate all'universo come una sfera di spazio-tempo. Viaggiate attorno alla superficie e potete ritrovarvi nello stesso punto sia in termini di spazio che di tempo. Questo naturalmente richiede un viaggio nel tempo, violando il principio di Mach. Ma il mondo della meccanica quantistica, con il suo principio di indeterminazione, è un luogo alieno in cui possono accadere cose dell'altro mondo. È un luogo così lontano che può anche essere al di là della comprensione umana, bambini come noi appartengono al mondo della meccanica classica di Newton.

Semplicemente non sappiamo se vi è stato un inizio dell'universo e, quindi, l'origine dello spazio-tempo rimane nella «terra incognita». Non esiste domanda più fondamentale o più magica, sia in termini scientifici che teologici. La mia convinzione – o meglio la mia fede – è che la scienza continuerà a muoversi sempre più verso il momento della creazione, facilitata dalla sempre maggiore semplicità che troviamo man mano che ci avviciniamo. Alcuni fisici sostengono che la materia è riducibile a oggetti puntiformi con determinate proprietà intrinseche. Altri affermano che le particelle fondamentali sono in verità stringhe straordinariamente piccole che vibrano per produrre le loro proprietà. In entrambi i casi, con l'ausilio di concetti come quello di inflazione, è possibile immaginare la creazione dell'universo quasi dal nulla: non esattamente dal nulla, ma in pratica sì. Quasi una creazione *ex nihilo*, ma non proprio. Ciò costituirebbe un grande successo intellettuale, lasciando tuttavia la percezione del limite delle ricerche scientifiche, che terminano con una descrizione della singolarità, ma non con la sua spiegazione.

Per un ingegnere, nulla e quasi nulla possono sembrare due concetti abbastanza vicini. Per uno scienziato, e soprattutto per un filosofo, tale differenza, seppur minima, significa tutto. Ci possiamo trovare di fronte al brutto sogno di Jastrow con la domanda finale: perché? Le domande sui «perché» non sono tipiche della ricerca scientifica e rimarranno sempre nell'ambito della filosofia e della teologia, che possono offrire conforto, se non spiegazioni fattuali.

E se l'universo che vediamo fosse l'unico possibile, il prodotto di uno stato iniziale singolare forgiato da leggi singolari della natura? Risulta chiaro che la più piccola variazione nel valore di una serie di proprietà fondamentali dell'universo non avrebbe portato ad alcun universo, o avrebbe portato almeno a un universo molto diverso. Per esempio, se la forza nucleare forte fosse stata leggermente più debole, l'universo sarebbe stato composto di solo idrogeno; se fosse stata leggermente più forte, tutto l'idrogeno si sarebbe trasformato in elio. Una piccola variazione nell'eccesso di protoni rispetto agli antiprotoni – da un miliardo e uno a un solo miliardo – potrebbe aver prodotto un universo privo di materia barionica o una totalità cataclismica di essa. Se il ritmo di espansione dell'universo un secondo dopo il Big Bang fosse stato più piccolo di una parte su centomila miliardi, l'universo sarebbe collassato già molto tempo fa. Un'espansione più rapida di una parte su un milione avrebbe escluso la formazione di stelle e pianeti.

L'elenco delle coincidenze cosmiche necessarie per la nostra esistenza in questo universo è talmente lungo che Stephen Hawking ha dichiarato che «le probabilità contro un universo quale il nostro scaturito da qualcosa come il Big Bang sono enormi». Il fisico di Princeton Freeman Dyson andò oltre e disse: «Più esamino l'universo e i dettagli della sua architettura, più trovo prove che l'universo deve aver saputo in qualche modo che stavamo arrivando». Questa concatenazione di coincidenze necessarie per la nostra presenza in questo universo è stata definita principio antropico. Di fatto, è una semplice dichiarazione di un'ovvietà: se le cose fossero andate diversamente, noi non esisteremmo. Può essere che esistano molti universi diversi e, forse, molti esistono in parallelo con il nostro. La teoria inflazionaria può essere interpretata in tal modo, con il nostro universo che sboccia da un tessuto più ampio di spazio-tempo, come una fragola in un campo pieno di fragole. Tendo comunque a pensare che poiché le cose divengono più semplici con l'approssimarsi al momento della creazione, doveva esistere solo un numero limitato di possibilità; in realtà, una sola possibilità, con ogni cosa così perfetta da non poter esistere altrimenti.

In questo caso, che possiamo dire della domanda fondamentale? Che Dio non aveva scelta su come sarebbe stato l'universo e, quindi, non era necessario che esistesse? O che Dio era molto intelligente e lo ha fatto proprio nel modo giusto? Comunque sia, la scienza continua a chiedersi: perché queste condizioni e non altre? O forse la comprensibilità dell'universo in questi termini è una spiegazione sufficiente. La verità e il tesoro dell'universo sono costituiti dalla sua stessa esistenza e la nostra ricerca della verità e del tesoro saranno eterne, come eterno è l'universo.

La nostra scoperta delle pieghe nel tempo fa parte di questa ricerca eterna e segna un passo importante verso questa età dell'oro della cosmologia. Improvvisamente i pezzi di un mistero più grande cominciano a unirsi: l'inflazione appare più forte e la materia oscura più reale. La nostra fede nel Big Bang si rinvigorisce: al cielo oscuro della notte, alla composizione degli elementi, alla prova di un universo in espansione e al bagliore residuo della creazione si aggiunge qualcosa che può aver permesso la formazione delle strutture dell'universo attuale. La creatività dell'universo è la sua forza più potente che, nel tempo, forma la materia e le strutture delle stelle e delle galassie e, infine, noi stessi. Le pieghe, che da una situazione di omogeneità formano le strutture, sono il nucleo di questa creatività.

La ricerca continuerà con il doppio obbiettivo di scoprire la materia oscura e comprendere l'origine dello spazio-tempo. Nessuno sa da dove giungeranno le risposte, ma se la storia recente ci deve servire da guida, sarà importante il lavoro sinergico della scienza osservativa e della fisica delle particelle. Si stanno progettando altri satelliti e il supercollisore superconduttore (SSC), una delle più grandi imprese scientifiche di tutti i tempi, è attualmente in costruzione in Texas. Senza dubbio è molto costoso – forse sino a dieci miliardi di dollari – ma la storia di questa scienza è stata guidata dallo sviluppo della strumentazione. Potrebbe non esservi altro modo per capire i primi istanti della creazione se non ricreando dei tipi di Big Bang all'interno di un'enorme macchina quale il supercollisore con una circonferenza di circa ottantasei chilometri. Come individui dobbiamo chiederci se valga la pena di proseguire in questa ricerca verso la domanda ultima. Più conosciamo la storia dell'universo e più comprendiamo noi stessi e le domande che ci poniamo.

Nel 1977 Steven Weinberg pubblicò *I primi tre minuti,* uno dei più famosi libri di cosmologia mai scritti e, giustamente, ancora ristampato. Il libro era basato su un corso sulla gravitazione e la cosmologia che Weinberg tenne al MIT, mentre anch'io ero lì come dottorando. Le sue lezioni influenzarono la mia decisione di intraprendere la ricerca cosmologica. Verso la fine del libro, Weinberg riflette sulle domande che anche noi ci poniamo, in particolare sulla convinzione che, in qualche modo, gli esseri umani non sono un semplice incidente cosmico, il risultato occasionale di una serie di processi fisici in un universo che ci fa sentire insignificanti su ogni scala possibile. Esprime quindi in questo modo la sua opinione sulla materia: «È difficile rendersi conto che [questa bella Terra] è solo una piccola parte di un universo terribilmente ostile. È ancora più difficile rendersi conto che l'attuale universo si è evoluto da una condizione iniziale indicibilmente ignota e si trova di fronte a una futura estinzione con condizioni intollerabili di freddo o di caldo senza limite. Più l'universo appare comprensibile, più sembra contemporaneamente privo di significato».

Non sono d'accordo con il mio vecchio maestro. Per me l'universo è tutt'altro che privo di significato. Sembra che quanto più apprendiamo tanto più ci rendiamo conto di come il tutto si incastri ed esista un'unità di base nel mare di materia, stelle e galassie che ci circondano. Analogamente, nello studio dell'universo nel suo insieme, ci rendiamo conto che il «microcosmo» e il «macrocosmo» sono sempre più la stessa cosa. Unificandoli, apprendiamo che la natura non è così com'è in quanto conseguenza casuale di una serie di eventi privi di significato; anzi, è proprio il contrario. L'universo appare sempre più così com'è in quanto *deve* essere in questo modo; la sua evoluzione era scritta fin dall'inizio, nel suo DNA cosmico, se così volete chiamarlo. Nell'evoluzione dell'universo esiste un ordine preciso, che va dalla semplicità e simmetria verso una maggiore complessità e differenziazione di strutture. Con il passare del tempo, componenti semplici si uniscono in blocchi più sofisticati che generano un ambiente più ricco e diverso. Avvenimenti fortuiti e casuali sono infatti una parte fondamentale dello sviluppo di tutta la ricchezza dell'universo. In quel senso (anche se non nel senso della fisica dei quanti), Einstein ebbe l'idea giusta: Dio non gioca a dadi con l'universo. Sebbene i singoli eventi abbiano avuto luogo in maniera fortuita, esiste un'inevitabilità globale che riguarda lo sviluppo di complessi sistemi sofisticati. Lo sviluppo di esseri capaci di porre delle domande e di comprendere l'universo sembra piuttosto naturale. Sarei piuttosto sorpreso se una tale intelligenza non fosse stata presente in molti luoghi del nostro grande universo.

Viaggiando per il mondo mi piace visitare i grandi musei d'arte, ammirare le sculture classiche e i dipinti raccolti nel corso dei secoli da appassionati collezionisti. Cosmologi e artisti hanno molto in comune: tutti cercano la bellezza, gli uni nel cielo e gli altri sulla tela o nella pietra. Quando un cosmologo intuisce il modo in cui le leggi e i principi del cosmo si combinano, si intrecciano, mostrano una simmetria che le antiche mitologie riservavano alle loro divinità – in pratica, il modo in cui leggi e principi implicano che l'universo *deve* essere in espansione, *deve* essere piatto, *deve* essere tutto ciò che è –, allora ha la percezione della bellezza pura e assoluta.

Il concetto religioso di creazione deriva dalla sensazione di stupore di fronte all'esistenza dell'universo e al posto che ci è riservato. Il concetto scientifico di creazione va invece al di là di quella sensazione di stupore: alla riverente ammirazione di fronte alla semplicità ultima e alla forza della creatività della natura fisica, e alla sua bellezza in tutti i suoi aspetti.

Appendice

Collaboratori del progetto COBE

Eve Abrams
Robert Abresch
Rosa E. Acevedo
Kenton Ackerman
Norman Ackerman
Mario H. Acuna
Charles Adams
Kenton Adams
Susan E. Adams
William Adams
Mary Adkins
Darlene Ahalt
Eliezer Aharonovich
Angela Ahearn
Anisa Ahmad
James E. Akers
Cheryl Albert
Charles Alecknavage
Robert Aleman
Steve Alexander
Bruce Allen
Douglas Allen
Calvin Allison
Mary Aloupis
Thomas Amacher
David Amason
Wendy Ames
Julie Anderson
Matthew Anderson
Michael Anderson
Antony Andoll
Leonard C. Andreozzi
Earl Angulo
William Anonsen
Carol Archambeault
Mark Arend
Nersen M. Armani
Robert M. Armstrong
Richard A. Arnold
Petar Arsenovic
Jorge A. Aviles
Lois Aylor
Paul Aylor
Jon Aymon
Sabinus Azoro
Karin Babst
Neal D. Bachtell
Charles Backus
Hortense Backus
Yoon Bae
Leon Bailey
Susan Bailey
Audrey J. Baker
Donald Baker
Barry Baltozer
Peter M. Baltzell
Anthony Banday
Melvin Banks
Dale F. Bankus
Quinton Barker
Joseph Barksdale
Jeffrey Barnes
William Barnes
Richard D. Barney
Joseph Baros
Andrew G. Barr
William Barrett
Harold S. Barsch
D. E. Bartels
Michael Barthelmy
Shivanand Basappa
Lisa Basiley
Gayle Bates
John G. Bauernshmidt
Mark A. Baugh
Robert Baumann
Carl Bayne
Phillis Bayne
David Bazell
Earl Beard
Norman R. Beard
Renate Beaver
John M. Beckham
Richard D. Beckman
Howard Becraft
Reuven Bekhokhma
Anthony J. Bello
Porifirio Beltran
Sheela Belur
Jeannette Benavides
Robert Bender
Bud Bengston
Matt Bengston
Charles L. Bennett
Jerome Bennett
John Bennett
Joseph Bentley
Darlene Bently
Ronald L. Bento

Erik C. Berger
Franz Berlin
Graham Berriman
Colman W. Beulah
Naren Bewtra
John Bichell
Arlene R. Bigel
Sandra Biggs
Jeffrery Blackwell
Diane Blair
Wilfrido Blance
Roycee A. Bland
Thomas Blaser
Michael Blizzard
Nathan Block
Garcia Blount
Diane Bobak
John Boeckel
Edward Boggess
Nancy W. Boggess
Jerry T. Bonnell
Carol Boquist
Francesco Bordi
Patricia L. Bordi
Richard Bost
Rene A. Boucarut
Richard Bouchard
David Bouler
Robert Bounds
Sthephen Bove
John Bowden
Donald Bower
Gordon Bowers
Gregory Bowers
William T. Bowers
Priscilla Bowes
Jeffrey Bowser
Robert F. Boyle
Barbara Bradtmueller
Christine Brandford
Regis Brekosky
Keith Brenza
Polly Bresnahn
Carrie Brezinski
Vincent J. Briani
Mildred Brice
Ronald D. Brickerd
Donald E. Briel
Thomas C. Briggs
Lawrence Bromery
Marvin Brooks
James J. Brophy
Cecilia Brown
Heater Brown
Kimberly Brown
Leonard Brown
Luther Brown
Mark A. Brown
Stacey L. Broyles
Nathan Bruce
Calvin Bryant
James Buckeridge
David Buckholtz
Spike Bukowski
James Bullock
Frances Bunevitch
Christopher Bunyea
Harold Burdick
Shawn Burdick
William M. Burgess
Carol Burke
Raymond Burkhardt
Lynette Burley
Peter Burr
Valorie Burr
Douglas Burrit
Helen Burrit
Joseph I. Burt
Scott Burtis
Gretchen Burton
Frank Bush
John Busse
Thomas Butash
James Byrd
Jerome Byrd
Wallace D. Cacho
Robert W. Cade
James Caldwell
Jody Caldwell
William Campbell
Malcolm Cannon
Vince Canali
Ciro Cancro
George W. Cantrell
Dawn Canty
Darlene Capone
Clinton Carle
Hawk Carnahan
Armen Caroglanian
Nancy Carosso
Daniel Carrigan
Donald Carson
Karen Carter
Denise Cartwright
Enrico Caruso
Paul Caruso
Ronald Cary
Christopher A. Cascia
William Case
Michael Cassidy
Stephen H. Castles
Joseph Cauley
Carline J. Cazeau
Jose R. Cerrato
Robert Chalmers
William Chambers
Carolyn Chandler
Florence Chandler
Po Lam Chang
Susan Chang
Chim Lao
Hwai-Soon Chen
Edward S. Cheng
Wendy Cheng
Sarada Chintala
John Chitwood
Sang Choi
Jerry Christian
Kyle G. Christoff
Paul T. Christoff, Jr.
Harry Chrysohidis
Quoc Chung
Se Chung
Juan Cifuentes
Larry Cairmont
David Clark
John Clarke
Carroll Clatterburk
Kennet Claytor
Steve Clemenson
James Cleveland
Lawrence Cline
Wanda Clingerman
Joel Cohen
Robert Coladonato
Alexander M. Coleman
Maude Coleman

Melanie Coleman
Roy Coleman
Davld Collier
Ernest Collins
Joseph Colony
Jack Commerford
Kevin Connel
Michael W. Connor
Richard A. Conte
Eric Cook
Lawrence Cook, Jr.
Jan Cooksey
Carollyn Cooley
Gerald Cooper
Nabil Copty
Julie Corry
Kenneth C. Cory
Donald Cosner
David Cottingham
Jim Cottrell
Jack Coulson
Grady Cox
Stephen R. Cox
Carole A. Cramer
Eric Cramer
Allen J. Crane
Melvin Crompton
Donald F. Crosby
Leigh Croteau
John Crow
Patrick Cudmore
Donald D. Culin
David W. Culver
Carlos Cumberbatch
Robert Cummings
Herbert Cunningham
Ada Curtis
Angela Curtis
Cynthia Curtis
Omar S. Custodio
William Daffer
Terry Daley
Lisa Dallas
Christopher Daly
Richard Dame
Charles Dan
Anthony Danks
Nicholas D'Apice
David Dargo
Henry H. Darin
Donald D. Davis
Glen Davis
Lloyd D. Davis
Mitchell Davis
Giovanni De Amici
Robert De Fazio
Wallace DeGrange
Donald Deibler
Casey Dekramer
Thomas Delaney
Ronald C. Delbrook
Robert Denhardt
Marion DePriest
Larry W. Derouin
Rebecca J. Derro
Ashok Desai
Michael Devett
Edward Devine
Jennell Dewit
John Di Bartolo
James Dieter
Donald Diggs
Deborah A. Dionisio
Michael Dipirro
Elaine C. Dixon
Ronald L. Dixon
James Dodd
Leon Donde
Martin J. Donohoe
Robert Dorn
Hal Dougherty
Andreas Doulaveris
Ernest Doutrich
Dewey Dove
Gully Dowdy
Mauricce Dowdy
William Doyden
Theodore Drabczyk
Robert Drollinger
Donna Drummond
Michael Drury
Joseph Ducosin
Cedric Duffield
Thomas Dugan
Betty Dumas
Larry Dumonchelle
Clyde E. Duncan
Anthony Dunston
Jeff Durachta
Dale Durbin
Eliahu Dwek
James Dye
Edward Dyer
Derrick A. Early
George E. Eastman
James Edelmann
Jerome Edwards
William Eichhorn
R. Einertson
Waine Eklund
Dean Elliott
Mathew Elliott
Daniel Ely
Joseph Emmons
Roger Emralino
Robert D. Endres
Charles England
Gene Eplee
Robert Eplee
Mark E. Erickson
Thamos Erickson
Irven Errea
Steven Etchison
Karen Evans
John Ewing
Randee Exler
Carin Facchina
Donald Fadler
Roger E. Farley
Frank H. Fash
Matthew J. Fatig
Francis Federline
Richard Fedorchak
Paul Feinberg
Irene Ferber
Michael Femino
Casimir A. Ferenc
Nelson J. Ferragut
Paula Ferring
Donald Field
Orlando Figueroa
Debra L. Filson
Kelvin Finneyfrock
Nova D. Fisher
Michael W. Fitzmaurice
Dale Fixen
William H. Flaherty

Mark Flanegan
Lisa Flemming
Catherine D. Fleshman
Yury Flom
Jose Florez
Manuel Florez
Robert Flynn
Everett Fogle
Walter Folz
James Fonner
David Ford
Mary Ford
James Fournier
Billy G. Fox
Rudolph L. Foxwell
Anthony D. Fragomeni
Marcia Frances
Richard A. Franchek
Gene Francis
Joan Frank
Bryan Frank
Gregory Frazier
Richard Freburger
Martin E. Frederick
Immanuel Freedman
Richard Freeman
Thomas French
Henry Freudenreich
Robert Frey
Patricia R. Friedberg
Scott Friedman
Joan L. Friedman
Glen Fuller
Edwin H. Fung
Ronald R. Gagne
Joel Gales
Gur Gallent
John Galloway
Kevin Galuk
Frederik W. Gams
Kenneth Gardner
Christopher J. Garner
James Gary
Raul Garza-Robles
James Gatlin
Michael Gauss
Joseph Gauvreau
Gary Gavigan
Richard Gavo
John B. Geagan
Wayne Geer
Timothy C. Gehringer
Guy Germana
Earl C. Gernert
Frederick C. Gessner
Nardinder Ghuman
Judith Gibbon
John Gibson
Carl Gieger
Phil Gill
Jeannette Gilleland
David Gilman
Carey Gire
Richard H. Gladfelter
Edward L. Glenn
Jenny M. Glenn
Kevin R. Glenn
Elva Glover
Gene Gochar
Meng Goh
James A. Golden
Carlos Gomez-Rosa
Nilo Gonzales
Lawrence L. Good
Walter Goodale
Cassandra Nix Goodall
Sebert Goodall
Wayne Goodman
William Goodyear
Diana Gordon
Kris Gorski
William Gotthardt
Ira Graffman
Randall Graham
Angela C. Grant
David Gray
Richard Gray
Alexander Green
Charles Green
Walter L. Green
Barry N. Greenberg
Thomas Greenhorn
Linda Greenslade
Ronald C. Greer
Wayne Greer
Jerry M. Greyerbiehl
George Griffin
Robert Grisby
Celine Groden
Daniel Grogan
Frederick C. Gross
Michael R. Gross
Thomas Grubb
Kurt Grubler
Samuel Gulkis
Jeffey S. Gum
Ved K. Gupta
Nancy Gusack
Paul Guy
John Habert, Jr.
Thomas R. Hackerwelder
Robert Hackley
Carl Haehner
Kathleen K. Hagan
Joseph Hage-Dagher
Sheila Haghighat
John Hagopian
Paul Haight
William B. Haile
Thomas P. Hait
Milton Halem
Gardeania Hamilton
Joseph Hammerbacker
Jeffrey J. Hampton
Ronald Hand
Paul Haney
Hagop Hannanian
Richard V. Hanold
William Happel
Thomas Harbach
Richard Harner
Abigail D. Harper
Steven Harper
Cheryl Harrington
Benjamin Harris
Charles A. Harris
Gary Harris
Horace Harris
Russel E. Harrisson
Jon Harzer
Lois Haskins
Peter Hatfalvi
Michael G. Hauser
James Heaney
David Heckle
Robert D. Heidenreich

Jeffrey Hein
Doug Heine
Brian N. Helland
Hamid Hemmati
Edward Hemminger
Gerald Hempfling
John Henegar
Paul Henley, Sr.
John Henninger
David Hepler
Roberto P. Hernandez
Leon Herreid
Michael J. Hersh
Donald Hershfeld
Jules Hershfield
Tomas Heslin
Dale Hetrick
Patricia Hettenhouser
Tilak Hewagama
Kevin A. Hicks
Stanley C. Hilinski
James Hill
Mark L. Hill
Paul D. Hill
Roland Hill
Thomas Hill
Lawrence M. Hilliard
R. Kenneth Hinkle
Noel Hinners
Gari Hinshaw
George Hinshelwood
Triem Hoang
Mary Hoban
Richard Hockensmith
Janet V. Hodges
Henry Hoffman
Richard Hoffman
William Hoggard
Howard Holbrook
Neil Holby
George Holland
Sue Holland
Waine Holland
Richard Hollennhorst
Cecilia Hollis
Michael Hollis
John Holloman
David Hon
Michael A. Honaker
John Hopkins
Richard Hopkins
Lynn Hoppell
Lee Horning
Charles E. Houchins
Joseph K. Howard
Elmer T. Howell
Qihui Huang
Alton Hubbard
Thomas Huber
David Huff
Allen D. Huffman
Richard Hughes
Wayne Hughes
Peter Hui
Edward Hulbert
Carolyn Humphrey
Patrick W. Humphrey
Ronald Hunkeler
Cleophus T. Hunt
Darlene Hunt
Russel Hurlbert
Jamil Hussain
Mark Hymowitz
Dominick Iascone
Joseph Iffring
Mary Igal
William Iliff
Grace Incoom
Jeffrey L. Ingream
Elaine Inskeep
Sandra Irish
Richard Isaacman
Harold Isenberg
Murry Itkin
Patrick Izzo
Bud Jackson
Mattie Jackson
Patricia M. Jackson
Peter Jackson
Robert Jackson
Willard E. Jackson, Jr.
William Jackson
Daniel Jacobs
Atul Jai
Calvin L. James
John C. James III
Joseph James
Paul James
Rita Jankowski
Michael Janssen
William Jarrel
Elizabeth M. Jay
Jane Jellison
Diane Jenkins
Erik Jenkins
Linda Jenkins
Kirk Jennings
Kenneth Jensen
Joel Jermakian
Jay Jett
Barbara Johnson
Bernard Johnson
Carlton Johnson
Clarence Johnson
Helen Johnson
Leslie Johnson
Marva Johnson
Michael Johnson
Tamra T. Johnson
Thomas Johnson
William Jolly, Jr.
Anthony Jones
Carol Jones
David Jones
Frank Jones
Isaiah Jones
Maggie E. Jones
Morris Jones
Richard M. Jones, Jr.
Shirley Jones
Willie Jones
Shawpin Jong
Carolyn Judd
Edward Kaita
Ford Kalil
Susan Kaltenbaugh
George Kambouris
Allan L. Kane
Lisa Kane
K.S. Kannon
Linda Drexler Kanzler
Keith Kappes
Bernard F. Karmilowicz
Gabriel Karpati
Charles Katz
Lonny R. Kauder
Marvin Kaufman

Joseph Keating
Ronald Kedzierski
Philip Keegstra
Michael W. Keller
John Kelly
Linda Kelly
William Kelly
Thomas Kelsaal
Myron Kemerer
Steven Kempler
Cherry A. Kenney
Richard Kennon
Peter Kenny
James Kerley
Deborah D. Kershner
Donald Kirkpatrick
Robert Kirkpatrick
Emil R. Kirwan
Francis J. Kisner
James Kistler
Jan Kjellberg
Bernard J. Klein
Herman Kleiner
Daniel A. Klinglesmith
Douglas E. Knight
Lyle Knight
Dawn Knode
John M. Koeing
Alan Kogut
Leonid Kokourine
Diane Kolos
Andrew Korb
Carl Kotecki
Robert Kozon
Betty Kramer
William Krause
Ronald Krellen
Michael Kridle
James Krise
George Kronmiller
Donald Krueger
Timothy O. Krueger
Peter Kryszak
Michael Kulpak
Carol Kulwich
Vijaya Kumar
Robert Kummerer
Charles Kung
Michael Kurtz
Luis R. Kurzmiller
Jonathon Kutler
Huang Kwei
Alton Lacks
Carol J. Lacombe
Brook Lakew
John Lallande
Allan C. Lane
Paul Lang
Jamess Lanks
Annette LAJoie
Rhea Langlois
Douglass J. Lankenau
James G. Lanks
James Largent
Gerald Larner
Jeannette Larsen
Kimberley Lascola
Warren C. Lathe, Jr.
Connie Lau
Robert E. Lauglhlin
Kenneth W. Laverly
C. Laverty
Santo Lavorata
Frank Lawrence
John Lawrence
Robert L. Leavel
Deborah Lebair
Robert S. Labair, Jr.
Javier Lecha
Maria Lecha
Elwinn Lee
Grace Lee
Norman Lee
Roger Lee
Oleina Lee-Simpson
Henning Leidecker
Joel Leifer
Roland F. Leland
Darrel D. Lemon
Margie D. Lenson
Michael Lenz
Theodore Leoutsakos
Ralph Leshun
Stephen O. Leslie
Jim M. Lester
Brian Lev
Steven Levin
Allen J. Levine
Douglas B. Levinton
Edward P. Lewis
William Lewis
Robert Light
Michele Limon
Michael Lin
Celeste Lindsay
Raymond Lindsay
Jerome Lindsey
John Lindsey
Charles Lineweaver
Loren Linstrom
Moussa Lishaa
Casey Lisse
Donald E. Lloyd
Patrik K. Lo
Charles David Lockhart
Karen Loewenstein
Barry R. Lohr
Catherine A. Long
Lois Long
Gerald Longanecker
Manuel P. Lopez
Blake Lorenz
John Lorenz
David L. Love
Brian Lowe
Barbara Lowery
Paul Loyd
Philip M. Lubin
Ray A. Lundquist
Lorraine Lust
Ronald A. Luzier
Michael Lynch
Snehavadan Macwan
Sean Madine
Lourence E. Madison
Timothy J. Madison
Edward Magette
Thomas Magner
Jeffer M. Mahmot
Robert Maichle
David Maitland
John A. Majane
Angela E. Majstorovic
Andrew Makar
James A. Mallin
Williams A. Mamakos
George Mangum

Kevin Mangum
John Mangus
Amil Mann
Mark Mann
Roland R. Manning
Dominic Manzer
Daniel Marinelli
Paul Marionni
Jane Marquart
Thomas H. Marsh
Anthony Marshall
Dale Marshall
Earl Martin
Frank Martin
Pilar Martin
Robert Martin
Gregory Martins
John Maruschak
John Marvin
Clair L. Maschauer
Shirley Masiee
James Mason
Derck Massa
John C. Mather
Eric Mathis
Philip Matthews
Andrew Mattie
Carmen Mattiello
Kelly Mattis
Roger Mattson
Henry Maurer
Mary S. Maxwell
L. Eliezer May
Houston Mayhall
Riley Mayhall
Frank Mayo
James O. Mayor
Gene McAlicher
Marsha McBride
Dennis McCarthy
Patrick McCaslin
Marty McClure
Sidney McClure
Matthw McCoy
Duane K. McDermon
Buck McDonald
Darrell McDonald
Mickey McDonald
Renee McDonald
Wesley McDonald
William R. McDonald
Daniel C. McHugh
Walter McKenny
Christopher McLeod
John McMahon
Joyce Mc Murtrey
Vernon B. McNeil
John McWilliams
George Meadows
Robert D. Meadlock
David Medwedeff
Cindy A. Meisner
John Mejane
Nicolas V. Mejia
Fred C. Manage, Jr.
John Mengel
Robert Menrad
Maureen Menton
Sandra L. Mercil
Darrel Merrill
James Metz
Harold Meyer
Stephan S. Meyer
Joseph Miko
Laura Milam
Malcom B. Milam
Andrew Miller
Anthony Miller
Barry Miller
Curtis Miller
Grece Miller
Henry Miller
Kelly A. Miller
Mark Miller
Paul Miller
William Miller
James Milligan
James Mills
Marilyn Mills
Richard C. Mills
Thomas Mills
Paul Milwicz
Linda Miner
James Ming
Peter Minott
William Mish
Darryl Mitchell
Joel Mitchell
Kenneth Mitchell
Reginald S. Mitchell
Mila Mitra
Faye Mitschang
Herbert J. Mittleman
William Mocarsky
Gary Moffat
David Mok
Stephen Monk
Clarence R. Moon, Jr.
Patrick Moody
Keith Moore
John Mooring
Armando Morrell
Barbara Moroz
Carolyn Morris
Richard Morris
Samuel H. Moseley, Jr.
Carol L. Mosier
Mahmoud M. Motame-damian
Doug H. Mount
Charles Moutoux
Faye Movahhed
Paul Mowatt
Ronald C. Moxley
Earl Moyer
Donald C. Muganda
Joseph Muller
Ronald M. Muller
James Mullins
Jeggery Mullins
Michael Mumma
James Munford
Joseph A. Munoz
Alan Murdock
Thomas L. Murdock
Kenneth Murphy
Paul Murray
William Myers
David Nace
Edward Nace
Jolyn Nace
Roy Nakatsuka
Cookie Namkung
Richard Nash
Elaine Nelson
Normann Ness
Hellen Neuman

Douglass Newlon
Philip Newman
Son Ngo
Tu Nguyen
Lawrence Nichols
Harry Nikirk
David Niver
Peter Noerdlinger
Louis M. Norman
Linda Norsworthy
Marci Norton
Ramon T. Novo
Presad Nune
Joseph O'Connor
Nils Odegard
Sten Odenwald
Ted Ogelbsy
John H. Olesen
Leonard Olson
Terence P. O'Neil
Matthew A. Opeka
David Orbock
Richard L. Ore
Becky M. Ortega
Edmond Oser
West Over
Linda Owens-Ryschke-witsch
Larry Pack
John Packard
Frank Paczkowski
Stephen J. Paddack
Nancy Painter
David Palace
Mark Palini
Aliza Panitz
Bradford H. Parker
Mark Parker
Brenda Parkinson
Jeta C. Parraway
Lillian Parraway
Ziba Parsa
John Parson
Herb Pascalar
Suryakant M. Patel
Lilian Patrick
Robert W. Patschke
Fredrick Patt
George J. Pattison
Nancy Patton
Steven Patton
John Paulkivich
Dan A. Payne
Jack Peddicord
Jeffrey Pedelty
David Perretin
Freddi L. Perry
William Perry
George Peters
Robert L. Peterson
Steven Peterson
Yvonne Peterson
David C. Pfenning
Dung Pham
Minh Phan
James E. Phenix
John Phillips
Robert Phillips
George Pieper
Brian Pierman
Fred Pirnia
Ryszard L. Pisarki
Samuel Placanica
Barbara Plante
Juergen P. Pleines
Walter Plesniak
John Pocius
James Poland
Darrel J. Poloway
Karen Pope
Bradley J. Poston
Donald N. Potter
Angela Powell
Bernard Powell
Carl Powell
Gwendoly Powell
Charles Powers
Edward I. Powers
Michael K. Powers
Urmila Prasad
Quain S. Prather
Lawrence A. Pratt
Henry Price
Robert Price
Philip C. Prichard
Theresa Proctor
Harper Pryor
David Puckett
John Pyle
Chadwick T. Quach
Edward R. Quinn, Jr.
Harvey Rabinowitz
William Rabog
Marie Rabyor
Atul Rae
Paul Ragan
Rebecca Ragusa
H. K. Ramapriyan
Rajendra G. Ramlagan
Ramijt Ramrattan
Abraham Ramsey
William Rappel
Roger Ratliff
Lowell Rau
Anne Raugh
Gayle Rawley
Shirley Read
Ronald C. Rector
Kevin Redman
Yvonne Denise Reed
William J. Regan
Jim K. Reidy
Leshun Relph
Albert Renner
Bruce W. Rentch
Kirk Rhee
Catherine Richards
Donald Richardson
George Richardson
Carl Riffe
Carl Riley
Nancy Rinker
Wyatt Rinker
Katharyn Rivas
Michael Roberto
Dwing Roberts
Joan Roberts
Deloris Robinson
George Robinson
James Robinson
Jerry Robinson
Jon W. Robinson
Vernon Robinson
Willie G. Robinson, Jr.
Jill Rock
Edward Rodriguez

Guillermo E. Rodriguez
Otilia I. Rodriguez-Alvarez
Thomas Roegner
James S. Rogers
Lonnie Joe Roger
Laurie Rokke
Kent G. Roller
Richard R. Rolnicki
Arlett Romano
Juan Roman-Velasquez
Anthony Rondeau
Giulio Rosanova
Lawrence Rosen
Jacob Rosenberg
Robert Rosenberry
Charles Ross
Peter Rossoni
Anthony Rota
Charles Roten
Betty Rowdon
Shelley Rowton
Mary Roice
Laddawan Ruamsuwan
Gregory A. Ruck
Janet K. Ruff
Arthur P. Ruitberg
George Rumney
Richard Runyon
Shirley Rupp
Thomas Russel
P. Russo
Richard C.Rutkowski
Timoty Rykowski
Michael Ryschkewitsch
John A. Riskewich
Jack Saba
Debora B. Sabatino
William Sadler
S.R.K Vidya Sagar
Joseph W. St. John
Andrew G Samchuck
Henry Sampler
Robert Sanchez
Edward Sanford
Robert Sanford
Stephanie M. Sanidas
Jairo Santana
Jay Santry
Brett P. Sapper
Carol Sappinton
Mark Saulino
Dwayne A Saunders
Rudolfo Scarpati
Clell Scearce
Charles Scharmann
John J Schaus
George C. Sheffey
John Scheifele
William Schiflett
Richard Schmadebeck
Gregory Schmidt
Josef A. Schmidt
Sherry Schmitz
Michael Schools
Kennet B. Schou
Michael Schroedl
Evelyn Schronce
Diane Schuster
David Schwartz
D. P. Schwartz
Ronald Schweiger
John Scialdone
Courtney Scott
Jill Scott
Richard H. Scott
Sidner J. Scott
Kay Scoville
Stanford Scribner
Lawrence Sears
Diane Sebok
Lou Segar
Ritchie Seigel
Paul Seiler
Roman I. Semkiw
Steven Senk
Ignatius N. Serafino
Aristides T. Serlemitsos
Debra Servin-Leete
Steven Servin-Leete
Eugene V. Shackelford
Sharon Shackelford
Richard A. Shafer
Edward Shaffer
Kamlesh Shash
Michael C. Shai
Rakeev K. Sharma
John Shawahan
Oren Sheinman
Charles Sheppard
Alan Sherman
T.R. Shevlin
William Shields
David Shrewsberry
Fredrick Shuman
Charles Shyr
Chrystopher J. Silva
Allan Silver
Robert Simenauer
Mornam F. Simms
Carl G. Simon
Stephen Simonds
Alda Simpson
Douglas Sims
Michael Singer
Kawal P. Singh
Ramesh Sinha
John Arthur Skard
Joseph T. Skladany
Edward Skolka
Rosalie Skrabak
Shereese Sloan-Smith
Marjori A. Small
Earnestine Smart
Jan Smid
Charlene Smith
Frank Smith
Fredrick M. Smith
George Smith
Lee Smith
Margaret Smith
William Smith
George F. Smoot
Edward Smygocki
Carl Salomon
Harry Salomon
Kiung-Hye Song
William Spiesman
Kathryn Spinola
Michael C. Spinolo
George R. Springham
Walter Squillari
William Stabnow
Carolyn H. Sthal-Boss
Kenneth Stark

Richard A. Stavley
Joseph Stecher
Sally Stemwedel
Joseph Stephenson
Robert Steudel
Peggy Stevens
David Stevens-Rayburn
Alphonso Stewart
John Stewart
Kenneth P. Stewart II
George Stitt
Joseph Stivaletti
Neal D. Stoffer
Jonathan Stokes
Edward J. Stoner, Jr.
George Stoner
Kathryn Stoner-Jhabvala
Cedley Storey
Allan Strojny
Priscilla Struthers
Mary Jean Studer
Philip Studer
Douglas D. Stump
John Sudey
Bobby A. Sullivan
David J. Sullivan
Edward Sullivan
Thomas Sullivan
Janet Sushon
Steven G. Suterlin
Betsy Sutton
John Sutton
Robert Sutton
Thomas L. Swales
Maximilian Swantko
John Sween
Robert Swope
Carl Sylvis
Kasimer J. Szczech
Wiktor Szczyrba
Darnell Tabb
Davin Tailor
John J. Tarpley
Cynthia Tart
Christopher M. Tasevoli
Charlene Taylor
Luis Tenorio
William Tereniak
Krishna Tewari
Janet Tharps
Khon Thia
Charles Thomas
William Thompson
John Thompson
Richard Tighe
Smith E. Tiller
Gary Toller
John Tominovich
Hollice Tommer
Raymond W. Topolski
Marco Toral
Hank Torrance
E. Torres
Sergio Torres
Eduardo Torres-Martinez
Gregory Toth
John Towsend
Harrison W. Toy
Paul Trahan
Alice Trenholme
Robert Trescott
Jack Triolo
Wen-Hu Tsai
Jim L. Tucker
Angela Tung
Kevin Turpie
Joseph Turtil
Timothy Tyle
Nigel Tzeng
Joanne Uber
Ralph Uline
Bernard Uphsur
A. Robert Urbach
Danny J. Utley
Sandra Vanderweit
Don A. Van Gudny
John T. Van Sant
Michael Van Steenberg
Jack Van Zant
Barbara Vargo
George E. Varndell
Frank Varosi
Edwin Vaughan
Gilbert Velasco
Thomas J. Venator
Ravi Venkataraman
Ralph Vidnovic
Jancilon Vegas
Michael Viens
Milton Vineyard
Michael Vinton
David W. Voight
Daniel Volonakis
Eugene Volpe
Stephen M. Volz
Robert G. Voorhees
Clarence Wade
Carl Walch
James Wall
Nancy Walpole
Mark Walter
Kenneth Walters
David Wampler
Harte Wang
Dalroy Ward
Douglas Ward
John Ward
Rodney Ward
Shari Warner
Timothy Warner
David K. Wasson
Donald Watson
Sharon Watson
Robert C. Weaver
John Webb
Richard R. Weber
Brooke Webster
Timothy Wechsler
Janet Weiland
Ronald C. Weimer
Howard Weiss
Rainer Weiss
Robert Welbourne
Dott Wells
Jerry A. Wells
Robert F. Wendler
Albert West
Donald West
Steven M. West
Mark Westerman
David Wheeler
Benjamine White
Carrie J. White
Charles J. White

Debra White
Richard White
Rickey L. White
Steven White
Raymond Whitley
Edward Wienike
Sandra Wigton
David T. Wilkinson
Bernadette Williams
Billy B. Williams
Domenica Williams
Herman Williams
Michael Williams
Seth Williams
Steven Williams
Clayton Wilson
Denise Wilson
Edward Wilson
John Wilson
Lisa Wilson
Meridith Wilson
Reid Wilson
Richard Wilson
Thomas L. Wilson
Robert T. Wimsatt
Julia Winkler
Allan N. Winters
Howard Witcher
Christopher Witesbky
Berl Witting
Carl Wittman
John Wolfe
Robert Wolfe
John Wolfgang
Gary Wolford
Jack Wolsh
James Wood
Roger Wood
Rose Wood
Steven Wood
Christopher Woodhouse
Natalie Woodson
William Woodyear
Lois Workman
Everett Worley
Louis Worrel
Barbara Wrathall
Edward L. Wright
Leroy Wright
Robert Wright
R. Andrzey Wrotniak
David Wyckoff
David Wynne
Michael Yacmetz
John Yagelowich
John H. Yamada
Jack Yambor
Jaya Yodh
David V. Yoest
Song Yom
Suk J. Yoon
Anthony Young
Earle Young
Kenneth Young
Kimberly Young
Peter Young
Stephania B. Young
Wesley Young
Jhon L. Zhaniser
John Zaniewski
Jane Zellison
Gerald R. Zgonc
David J. Zillig
Jerry Zimmerman
Lynne Zink

Società

AeroJet General
Applied Research Corporation
AT&T Information Services
Ball Aerospace System Division
Bendix Field Engineering Corporation
Berkshire Technologies
City Wide Security Services, Inc.
Computer Based Systems, Inc.
Computer Sciences Corporation
Electromagnetic Sciences, Inc.
Electronic Associates, Inc.
Engineering & Economic Research
Fairchild Space Company
Ford Aerospace Division
General Electric Corporation
General Sciences Corporation
Hughes Aircraft Company
Hughes STX Systems Corporation
Information Development & Applications, Inc.
International Business Machines
J. H. Lawrence Corporation
McDonnell Douglas, Inc.
NSI Technical Services Corporation
NYMA, Inc.
OAO Corporation
RMS Technologies, Inc.
Science Application Research
Science Systems Applications, Inc.
Stanford Telecommunications
Swales & Associated, Inc.
UNISYS
Universities Space Research Association

Note

Prefazione

[1] Dall'inglese: *Millimeter Anisotropy Experiment* [*N.d.T.*].

II *Il cielo notturno*

[1] Il principio di Galileo dei corpi in caduta fu dimostrato in assenza d'aria durante uno dei voli dell'Apollo verso la Luna. Un astronauta fece cadere una piuma e un oggetto più pesante davanti agli occhi di un vasto pubblico televisivo ed essi raggiunsero il suolo lunare esattamente nello stesso istante.

[2] Nel 1992, trecentocinquanta anni dopo, il Vaticano presentò le scuse ufficiali per il trattamento riservato dalla Chiesa allo scienziato fiorentino. Attualmente la Chiesa si rivolge ad astronomi e ad altri scienziati per attingere informazioni sul mondo fisico. Allo stato attuale è difficile immaginare che le associazioni scientifiche possano fare altrettanto rivolgendosi a teologi o ad altri per ricevere consigli sul mondo spirituale. Esperti legali e, a volte, comitati etici operano quali consulenti nell'ambito di organismi e comitati scientifici. Man mano che la scienza progredisce e scopre il suo ambito d'azione, troveremo probabilmente sempre maggiori interazioni di questo genere.

[3] Nel 1705 l'astronomo inglese Edmund Halley osservò che dal 1531, 1607 e 1682 le comete mantenevano approssimativamente la stessa orbita. Studiò in particolare il comportamento di una cometa e, utilizzando il nuovo metodo proposto dal suo amico Isaac Newton, predisse il suo ritorno nel 1758. E come previsto quella cometa riapparve sedici anni dopo la sua morte e ora porta il suo nome.

III *L'universo in espansione*

[1] Due metri e mezzo [*N.d.T.*].

[2] Circa 300 milioni di chilometri [*N.d.T.*].

[3] Questo valore è stato poi modificato in 2 milioni di anni-luce. Questo significa luce che ha lasciato la galassia di Andromeda 2 milioni di anni fa, circa allo stesso tempo in cui la specie *Homo*, alla quale appartengono gli esseri umani, cominciò a svilupparsi in Africa.

4 La collina di Marte [*N.d.T.*].

5 Lo spostamento di lunghezza d'onda è determinato misurando gli spostamenti di righe scure e sottili dello spettro. Queste righe di «assorbimento» sono chiamate «righe Fraunhofer», dal nome dello scienziato tedesco Joseph von Fraunhofer (1787-1826). Esse sono provocate da gas di raffreddamento intermedi (come l'atmosfera stellare) che assorbono determinate frequenze della luce. Il fisico olandese Pieter Zeeman (1865-1943) analizzò le righe di «emissione», cioè linee sottili e «luminose» prodotte dal medesimo gas, ma caldo. Gli scienziati dell'Ottocento si resero conto che elementi diversi producono una disposizione di righe diversa, fenomeno spiegato in seguito dalla fisica dei quanti.

6 Perché Andromeda era così distruttrice nel suo moto verso di noi? Come oggi sappiamo, essa fa parte del «Gruppo Locale» di galassie che comprende la nostra casa, la Via Lattea. Il Gruppo Locale comprende alcune dozzine di galassie di dimensioni medie che sono unite dalla gravità reciproca e, quindi, non vengono disperse dall'espansione cosmica. A un certo punto Andromeda e la Via Lattea potrebbero entrare in collisione; gli astronomi hanno assistito a molti altri esempi di collisioni simili nello spazio. Fortunatamente, le stelle sono sparse in tutta la galassia e distanti fra loro, per cui una galassia può passare attraverso un'altra con minimi danni, come una nube che passa attraverso un'altra nube.

7 Società Astronomica Americana [*N.d.T.*].

8 Il numero atomico di un elemento è legato al numero di protoni che esso contiene; l'idrogeno è l'elemento più leggero poiché ha un solo protone. L'elio ha due protoni, il litio tre e così via.

IV *Il conflitto cosmologico*

1 L'idea di generare qualcosa dal nulla non era nuova: Robert Millikan aveva affermato che i raggi cosmici non erano altro che fotoni generati dalla creazione continua di materia nello spazio, creazione che, egli sosteneva, dimostrava che «Dio è ancora al lavoro». E nel suo libro *Astronomy and Cosmogony*, l'astrofisico James Jeans asseriva che «i centri delle nebulose hanno la stessa natura di "singoli punti" attraverso i quali la materia viene riversa nell'universo da qualche altra dimensione spaziale, completamente estranea, in modo tale che agli abitanti del nostro universo essi appaiono come punti in cui la materia viene continuamente creata». Ironicamente, rispondendo alla consueta domanda «Cosa c'era prima del Big Bang?», Edward Tryon e altri teorici negli ultimi tempi hanno utilizzato la teoria dei quanti per dimostrare che il nostro cosmo si è formato letteralmente dal nulla.

2 Cinque gradi Kelvin, o 5 K, è la temperatura in gradi centigradi sopra lo zero assoluto. Le unità prendono il nome da Lord Kelvin, pioniere nella ricerca sul calore. Lo zero assoluto è la temperatura di un oggetto quando tutto il suo calore disponibile viene rimosso. Corrisponde a circa -273 gradi centigradi o 460 gradi Fahrenheit (-460°F) sotto il punto di congelamento dell'acqua.

3 Lemaître sosteneva fermamente che la sua teoria non aveva niente a che fare con la religione. In realtà, si adirò quando, nel 1951, papa Pio XII fece riferimento al Big Bang come evidenza della creazione divina.

4 Così chiamato da Max Planck, che nel 1900 aprì la strada alla teoria dei

quanti che spiega la curva (spettro) dell'intensità in funzione della frequenza per la radiazione di corpo nero. La teoria dei quanti fu una delle più grandi rivoluzioni nella storia della scienza e il risultato diretto della ricerca sulla radiazione di corpo nero. Prima di svilupparla, Planck e altri fisici erano preoccupati per un altro enigma della fisica noto come la «catastrofe ultravioletta»; questa era, in un certo modo, una versione «sulla terra» del paradosso di Olbers. I fisici dell'Ottocento avevano dedotto che poiché un corpo nero assorbe ed emette perfettamente tutte le frequenze, gran parte delle sue radiazioni dovrebbero essere emesse a frequenze elevate, cioè nell'ultravioletto e oltre; ecco perché il numero di stati disponibili ad alte frequenze è maggiore di quello a basse frequenze. Quindi, perché i corpi neri non emettono più radiazioni ad alta frequenza di quanto fanno effettivamente? Dopo essere stato per anni alle prese con questa domanda, Planck decise che solo una risposta radicale sarebbe stata soddisfacente, una risposta che sfidasse, in definitiva, il «buonsenso». In un discorso, nel 1900, affermò che l'energia non viene emessa in maniera continua, infinitamente divisibile ma, piuttosto, in pacchetti chiamati quanti. L'emissione di quanti di luce ad alta frequenza può aver luogo solo in concomitanza di immissioni di alta energia. Quindi, un corpo nero tende a emettere una quantità assai maggiore di quanti a bassa frequenza e, perciò, a bassa energia che non di quanti ad alta frequenza e, perciò, ad alta energia. Questa idea era rivoluzionaria alla pari delle teorie della relatività di Einstein, in quanto dimostrava che, in ultima analisi, materia ed energia erano discontinue piuttosto che continue.

V *Alla ricerca di antimondi*

[1] Il fisico Edward Teller è noto per essere il padre della bomba a idrogeno americana.

[2] L'antimacassar sono coperture atte a proteggere schienali e braccioli di poltrone e divani. L'anti-antimateria è materia.

[3] Nel 1956 la Commissione per l'Energia Atomica (AEC) aveva avuto il compito di sviluppare l'energia atomica. In seguito tale responsabilità è passata alla Nuclear Regulatory Commission e al Department of Energy.

[4] Più tardi è arrivata l'automazione. Attualmente il procedimento è controllato da apparecchiature computerizzate.

[5] Alcuni visitatori rimangono sorpresi, poiché scambiano l'LBL per il Lawrence Livermore National Laboratory, struttura per la ricerca e lo sviluppo di armi nucleari situato a est di San Francisco. L'unica cosa in comune ai due laboratori è il nome Lawrence dal fondatore dell'LBL, Ernest O. Lawrence, antesignano dell'acceleratore di particelle e della fisica nucleare.

[6] Esperimento di Fisica delle Particelle ad Alta Quota. [*N.d.T.*].

[7] La causalità fa sì che debba esistere un'antiparticella per ogni particella elementare. La causalità è alla base del principio che afferma che la causa precede l'effetto. Quanto appena detto non è affatto ovvio se si considera l'esistenza di coppie speculari di particelle e antiparticelle, come postulato dalla teoria della relatività speciale secondo la quale diversi osservatori in movimento potrebbero vedere le cose in ordine inverso. In senso stretto, le antiparticelle che si muovono indietro nel tempo si comportano come le particelle che si muovono in avanti nel tempo e, analogamente, le particelle che si muovono indietro nel tempo so-

no equivalenti alle antiparticelle che si muovono in avanti nel tempo. Questo scambio è una simmetria speculare di spazio-tempo.

[8] Tutt'altra cosa rispetto al supercollisore-superconduttore, noto come SSC, che dovrebbe diventare il più grande acceleratore della storia. Una volta terminato, secondo le previsioni all'inizio del nuovo millennio, coprirà molte miglia quadrate della prateria texana. Il suo scopo è quello di fare entrare in collisione protoni e antiprotoni, creando condizioni di energia molto elevata che simuleranno per un breve lasso di tempo la temperatura e la densità del Big Bang a un milionesimo di un milionesimo di secondo (10^{-12} sec.). Questo servirà a verificare le teorie che sostengono che nei primi momenti dell'universo le forze note erano parte di una singola «superforza». L'SSC costituirà un'importante pietra miliare per il genere umano e rappresenterà un punto intermedio fra l'universo attuale e i primissimi istanti con le energie più elevate possibili. L'SSC ci consentirà di osservare cosa succede quando due forze, l'elettromagnetismo e la forza nucleare debole si uniscono in una forza più semplice e più simmetrica. Questo rappresenterà il raggiungimento di un nuovo stato di materia che è qualitativamente diverso da tutti quelli osservati precedentemente e senza dubbio comprenderemo l'origine dell'universo.

[9] Il clamore suscitato nel 1989 per la «fusione fredda» fu un ulteriore esempio di individuazione di un simile effetto.

[10] Alfvén non è d'accordo. Ritiene che le energie delle particelle misurate con gli esperimenti di pallone siano troppo basse per poter individuare antimateria sufficientemente energetica da penetrare lo strato Leidenfrost.

[11] *Grand Unified Theories* [*N.d.T.*].

VI *Spie nel cielo*

[1] Il libro di Steven Weinberg del 1972, *Gravitation and Cosmology*, spinse anche molti giovani teorici delle particelle ad avvicinarsi alla cosmologia.

[2] 30 centimetri al secondo. [*N.d.T.*].

[3] A volte anche il termine «nuovo» non era sufficiente. Quando la mia amica, Constantina Economou, visitò il mio laboratorio e vide il cartello, chiese divertita: «Non hai mai sentito parlare dell'esperimento di Michelson e Morley? L'abbiamo studiato in una lezione di filosofia».

[4] DMR, dall'inglese: *Differential Microwave Receiver* [*N.d.T.*].

[5] Dall'inglese: *Dark Lady* [*N.d.T.*].

[6] Non aveva serbatoi per il carburante. Il carburante era immagazzinato nelle ali; si trattava del primo apparecchio ad ali-umide. Il carburante appesantiva le ali; a terra esse tendevano a piegarsi e per questo venivano sostenute da ruote speciali che si staccavano durante il decollo.

[7] ICBM, dall'inglese: *Inter-Continental Ballistic Missiles* [*N.d.T.*].

[8] 33 GHz è una frequenza di 33 miliardi di cicli al secondo e corrisponde a una lunghezza d'onda di 0,91 centimetri, circa un terzo di pollice.

[9] 4 luglio 1776: giorno dell'indipendenza degli Stati Uniti [*N.d.T.*].

VII *Un universo differente*

[1] Di fatto, l'orbita terrestre è leggermente ellittica.

[2] Il lavoro degli scienziati inglesi che nel 1991 avevano individuato un pianeta ruotante attorno a una pulsar distante risultò non attendibile, in quanto non avevano tenuto conto del moto della Terra attorno al Sole. Avevano individuato, in realtà, lo stesso pianeta Terra.

[3] Parecchi anni dopo, la Rubin incontrò un astronomo che aveva fatto parte del comitato dell'AAS preposto alla scelta degli oratori per il congresso del 1950. Costui spiegò che il comitato era stato impegnato in «una discussione molto seria» sull'opportunità o meno di farla intervenire durante il convegno.

[4] Il superammasso più grande attualmente noto è almeno svariate decine di volte maggiore per dimensione.

VIII *Nel cuore dell'oscurità*

[1] Gli astronomi ora pensano che gli aloni galattici siano fino a trenta volte il diametro di ogni galassia visibile. Se questi aloni fossero visibili a occhio nudo, il nostro cielo apparirebbe ancora più spettacolare di come ci appare; dalla terra siamo riusciti a vedere oltre mille galassie con aloni più grandi di quello della luna piena.

[2] Questo valore non è preciso poiché non conosciamo esattamente la velocità di espansione di Hubble.

[3] «I sette samurai » sono: David Burstein, Roger Davies, Alan Dressler, Sandra Faber, Donald Lynden-Bell, R.J. Terlevich e Gary Wegner.

[4] Dall'inglese: *Massive Compact Halo Objects* [*N.d.T.*].

[5] Su scala atomica, è utile esprimere la massa in eV, un'unità di energia. Ciò riflette l'affermazione di Einstein secondo cui massa e energia sono equivalenti.

[6] La stessa cosa avviene in un diamante screpolato: certe parti della struttura cristallina non sono perfettamente allineate. Alcune crepe sono fratture da sforzo.

[7] Dall'inglese: *Weak Interactive Massive Particles* [*N.d.T.*].

IX *L'universo inflazionario*

[1] Dall'inglese: *Grand Unified Theories* [*N.d.T.*].

[2] I numeri del «Physical Review» dell'anno 1968 coprono circa un metro e venti di scaffale. Se lo spazio occupato in lunghezza dai numeri della rivista continuasse a raddoppiare ogni sei anni, dopo 186 anni, o nel 2154, le copertine sembrerebbero allontanarsi alla velocità della luce. Cioè, mettendo insieme tutti i numeri di quell'anno, essi raggiungerebbero un anno-luce. Di fatto, nel 1970 il «Physical Review» fu diviso in quattro sezioni separate, A, B, C e D. Continuò a crescere, ma non allo stesso ritmo. Nacquero anche altre riviste. L'ultima volta che controllai, il numero degli articoli scientifici seguiva ancora una curva di crescita esponenziale. Immagino che, negli ultimi tempi, date le ristrettezze economiche, vi sia stato un certo rallentamento.

[3] Gli scienziati che lavorano con l'acceleratore di particelle hanno spesso costruito magneti quadrupoli, ovvero, con quattro poli magnetici - nord, sud,

nord, sud - in una configurazione simmetrica. (*Mono* è il prefisso greco per «uno».)

4 La rottura della simmetria porta a difetti topologici. La rottura della simmetria per i GUT ad un tempo di 10^{-34} secondi implica che i difetti più semplici sono costituiti dai monopoli magnetici. Gli stessi argomenti di causalità utilizzati per la sincronizzazione e l'uniformità valgono anche per la formazione dei difetti. In 10^{-34} secondi la luce può percorrere solamente circa 10^{-24} centimetri, in modo tale che dovrebbe esistere un solo difetto per ogni zona di quelle dimensioni. Quella piccola regione si è da allora espansa sino ai circa tre metri attuali. Di conseguenza, in una stanza di dimensioni medie, dovremmo prevedere la presenza di un solo monopolo magnetico.

5 La Fondazione Carlsberg era uno dei principali sponsor del simposio e dimostrava da anni il proprio interesse per la scienza. La fabbrica di birra aveva installato una tubazione per il rifornimento diretto con la casa di Niels Bohr in modo che egli traesse sempre ispirazione da quel rubinetto.

X *La promessa dello spazio*

1 Dall'inglese: *High Energy Astrophisical Observatories* [*N.d.T.*].
2 Dall'inglese: *Infrared Astronomical Satellite* [*N.d.T.*].
3 Esploratore del Fondo Cosmico [*N.d.T.*].
4 Dall'inglese: *Differential Microwave Radiometer* [*N.d.T.*].
5 Dall'inglese: *Far Infrared Absolute Spectrophotometer* [*N.d.T.*].
6 Dall'inglese: *Diffuse Infrared Background Experiment* [*N.d.T.*].
7 Dall'inglese: *Superconducting SuperCollider* [*N.d.T.*].
8 Noci texane [*N.d.T.*].
9 Base nazionale per il lancio di palloni scientifici degli Stati Uniti [*N.d.T.*].
10 Navicella solitaria del MIT di Berkeley [*N.d.T.*].
11 Fondazione Americana per le scienze [*N.d.T.*].

XI COBE: *il seguito*

1 Per gli interessati il punto di Lagrange più noto è L5. Negli anni Settanta il fisico particellare di Princeton, Gerard O'Neill, sostenne che L5 sarebbe stato un ottimo luogo per la costruzione di grandi colonie spaziali.

2 Dall'inglese: *Space Transportation System* [*N.d.T.*].

XII *Il primo sguardo alle pieghe*

1 Sistema per satelliti di inseguimento e trasmissione dati [*N.d.T.*].

2 Ricordo che tutti si alzarono in piedi per applaudire Slipher anche se nessuno comprendeva il significato dei suoi dati.

3 «Le scienze» è la versione italiana della rivista americana [*N.d.T.*].

4 Analogamente ad Al Kogut, Ned giocò un ruolo fondamentale nel convincere il Comitato Scientifico che i risultati erano corretti e, quindi, dovevano essere pubblicati. Ned sviluppò anche numerosi algoritmi e realizzò delle simulazioni per controllare in maniera indipendente i risultati del DMR.

XIII *Un luogo terribile per la scienza*

1 58 gradi centigradi [*N.d.T.*].

2 Feci il volo con Steve Levin, che aveva collaborato al progetto come studente, e ora lavora al JPL sulla Ricerca di Intelligenze Extraterrestri (SETI). Noi arrivammo subito in Antartide mentre il resto della squadra, Giovanni, Marc Bensadoun, Michele Limon e Marco Bersanelli, ebbe una curiosa esperienza. Il loro volo fu cancellato più volte e così si ritrovarono sulla pista dell'aeroporto di Christchurch, nel caldo clima estivo, con il loro abbigliamento artico. Dopo varie delusioni, finalmente partirono per il sud, per dover invertire la rotta a metà strada. Al momento dell'inversione di rotta Marco dormiva e si svegliò subito prima dell'atterraggio. Indossò rapidamente tutto il suo equipaggiamento di sopravvivenza antartica e guardò fuori dalla finestra. «Non immaginavo che l'Antartide fosse così verde» disse, prima di notare che nessun altro si era vestito. L'Antartide è tutto fuorché verde.

3 Stazione del Polo Sud [*N.d.T.*].

4 Ricerche di Intelligenze Extraterrestri [*N.d.T.*].

5 Extraterrestri [*N.d.T.*].

XIV *Verso la questione suprema*

1 Società Americana di Fisica [*N.d.T.*].

2 La Grande Muraglia [*N.d.T.*].

3 Nel dicembre 1992 un membro del gruppo del MIT, Stephan Meyer, durante il congresso del Texas-Pascos svoltosi a Berkeley, annunciò che l'esperimento da loro effettuato con i palloni aveva confermato essenzialmente i risultati del DMR di COBE.

Bibliografia

Letture di approfondimento

Barrow, John e Silk, Joseph, *La mano sinistra della creazione*, trad. it. Mondadori, Milano, 1985.
Cornell, James, *Bubbles, Voids and Bumps in Time: The New Cosmology*, Cambridge University Press, New York 1989.
Davies, Paul, *I misteri del cosmo*, trad. it. Milano, Mondadori 1988.
–, *La nuova fisica*, trad. it. Bollati Boringhieri, Torino 1992.
–, *Coming of Age in the Milky Way*, William Morrow, New York 1988.
Ferris, Timothy, *The Red Limit*, William Morrow, New York 1977.
Gamow, George, *The Creation of the Universe*, Viking, New York 1957.
–, *Mr. Tompkins in Paperback*, Cambridge University Press, New York 1965.
Gribbin, John, *In Search of the Edge of Time*, London 1992.
–, *The Omega Point: The Search for the Missing Mass and the Ultimate Fate of the Universe*, Bantam, New York 1988.
Guth, Alan e Steinhardt, Paul, *The Inflationary Universe*, in «Scientific American», gennaio 1990, pp. 116-128.
Harrison, Edward, *Darkness at Night: A Riddle of the Universe*, Cambridge University Press, New York 1987.
Hawking, Stephen, *A Brief History of Time*, Bantam, New York 1988.
Krauss, Lawrence M., *The Fifth Essence: The Search for Dark Matter in the Universe*, Basic Books, New York 1989.
Layzer, David, *Cosmogenesis: The Growth of Order in the Universe*, Oxford University Press, New York 1990.
Lederman, Leon e Schramm, David, *Dai quark al cosmo*, trad. it. Zanichelli, Bologna 1991.
Lightman, Alan P., *Ancient Light: our Changing View of the Universe*, Harvard University Press, Cambridge, Mass., 1991.
Longair, Malcolm, *The Origins of our Universe*, Cambridge University Press, New York 1991.
Overbye, Dennis, *Cuori solitari del cosmo*, trad. it. Rizzoli, Milano 1992.
Parker, Barry, *Invisible Matter and the Fate of the Universe*, Plenum Press, New York 1989.
Reeves, Hubert, *Atoms of Silence*, MIT Press, Cambridge, Mass., 1981.

–, *Ora di inebriarsi. L'universo ha un senso?*, Lubrina (Oikos) 1991.
–, *Patience dans l'azure: L'évolution cosmique*, Paris 1981.
Riordan, Michael e Schramm, David, *The Shadows of Creation: Dark Matter and the Structure of the Universe*, W.H. Freeman & Co., New York 1991.
Schilling, Govert, *De Salon van God: Spuertocht naar de Architectuur van de Kosmos*, Wereldibibliotheek, Amsterdam 1993.
Silk, Joseph, *The Big Bang*, W.H. Freeman & Co., New York 1989.
Trefil, James, *The Dark Side of the Universe*, Doubleday, New York 1989.
–, *The Moment of Creation: Big Bang Physics from Before the First Millisecond to the Present Universe*, Macmillan, New York 1984.
Weinberg, Steven, *I primi tre minuti*, trad. it. Mondadori, Milano 1986.

Altre opere di cosmologia:

Alfvén, Hannes, *Worlds-Antiworlds*, W.H. Freeman, San Francisco 1966.
Arp, Halton C., *La contesa sulle distanze cosmiche e le quasar*, trad. it. Jaca Book, Milano 1989.
Lemaître, Georges, *The Primeval Atom*, Van Nostrand, New York 1950.
Learner, Eric, *The Big Bang Never Happened: A Startling Refutation of the Dominant Theory of the Origin of the Universe*, New York 1991.

Ringraziamenti

I terribili misteri dell'universo affascinano tutti noi. Questo testo cerca di far percepire ai lettori quel senso di meraviglia e di entusiasmo che caratterizza il lavoro dei ricercatori. Riconosce anche il debito nei confronti di tutti coloro che attraverso il contributo fiscale rendeno possibili le nostre ricerche-Vorrei ringraziare le agenzie americane – la NASA, il Dipartimento per l'Energia e la Fondazione Nazionale per le Scienze – che sostengono questo lavoro in molteplici modi, ma in particolare attraverso le loro basi e i laboratori come il Lawrence Berkeley Laboratory, lo Space Sciences Laboratory, il National Scientific Baloon Facility e la South Pole Station, il NASA Ames, il Goddard e altri centri spaziali e i numerosi osservatori e istituti scientifici. Il personale di questi centri è di elevatissimo livello professionale e tenacemente impegnato. Lavorare con loro è stato un enorme piacere e un grande privilegio. Vorrei ringraziare in particolar modo i responsabili dell'LBL Physics Division – Bob Birge, Dave Jackson, Pier Oddone e Bob Cahn – e i direttori dello Space Sciences Laboratory – Kinsey Anderson, Buford Price e Chris McKee – per il loro sostegno e per averci messo a disposizione ambienti e strutture di ricerca creativi, produttivi ed entusiasmanti.

Queste strutture e questo appoggio sarebbero stati tuttavia inutili in assenza di un sistema educativo di grandi tradizioni. Ricordo, a questo proposito, con somma gratitudine tutti i miei insegnanti, da quelli della scuola dell'obbligo a quelli universitari. Ad ogni livello mi è stata data l'opportunità e lo stimolo ad apprendere e studiare il lavoro delle generazioni che ci hanno preceduto. I miei insegnanti mi hanno trasfuso il rispetto per il sapere e per i libri (ancora non riesco a credere di essere io stesso un autore) e la gioia e la curiosità di imparare. Una volta giunto all'università, il compito dei miei professori è stato relativamente semplice: incanalare verso di me l'enorme mole di nozioni e pensieri degli scienziati che ci hanno preceduto e incoraggiarmi a sviluppare i miei settori di interesse e di attività. Ringrazio i docenti del MIT: Victor Weisskopf, Philip Morrison, Steven Weinberg e molti altri. Vorrei anche esprimere una particolare riconoscenza al mio assistente di laurea, David H. Frisch, che mi ha trascinato verso la fisica sperimentale e mi ha educato in quelle cose che non si possono trovare sui libri di testo, e a Luis W. Alvarez che ha proseguito quel lavoro a Berkeley e mi ha incoraggiato ad andare oltre. L'elevato standard delle università di questo paese e la loro opera continua di aggiornamento e approfondimento rappresentano il nostro patrimonio più grande.

Naturalmente, tutto ha inizio fra le pareti domestiche e devo ringraziare la mia famiglia e gli amici per l'incoraggiamento e l'appoggio continuo. In particolare vorrei sottolineare il ruolo di mia madre, che sia come persona sia come insegnante di materie scientifiche mi è stata di grande esempio e stimolo. Ha instillato in me l'amore e il rispetto per la cultura e il sapere. Mio padre ha invece svolto un ruolo basilare attraverso le sue esperienze di esploratore e pioniere nell'epoca del passaggio dalle vecchie tradizioni alle nuove ricerche scientifiche. I miei amici, in particolare Julian e Connie, hanno sempre accettato con comprensione e serenità le lunghe ore da me dedicate al lavoro e le mie assenze in nome della scienza e dell'arte.

La ricerca cosmologica e scientifica è normalmente un'attività su larga scala che coinvolge molte persone diverse. Tutti noi ci sentiamo debitori verso coloro che si dedicano a questa grande impresa e la loro opera in qualche modo ci arricchisce. Ho avuto il piacere di lavorare con molti di loro – compresi famosi scienziati noti al pubblico e ricercatori meno famosi. Ho anche operato al fianco di tecnici e ingegneri, i cui nomi sono certamente meno noti, ma il cui lavoro è sicuramente di vitale importanza. A Berkeley ho assaporato la gioia e i vantaggi di avere accanto persone di tale calibro: Jon Aymon, Hal Dougherty, John Gibson, Doug Heine, Robbie Smits e John Yamada. Ho lavorato anche assieme a eminenti colleghi, studenti e giovani laureati, specializzati e moltissimi esperti.

Il progetto COBE ha coinvolto colleghi e personale specializzato su grandissima scala. In appendice troverete un elenco di oltre mille persone che hanno partecipato attivamente al progetto. Un particolare ringraziamento al comitato scientifico di COBE, composto da Chuck Bennett, Nancy Boggess, Ed Cheng, Eli Dwek, Sam Gulkis, Mike Hauser, Mike Janssen, Tom Kelsall, Phil Lubin, Jon Mather, Steve Meyer, Harvey Moseley, Tom Murdock, Rick Shafer, Bob Silverberg, Rainer Weiss, Dave Wilkinson e Ned Wright e ai vari membri del team DMR, la cui composizione, nel corso degli anni, è cambiata col variare delle fasi sperimentali. Più di quaranta persone hanno contribuito in misura sostanziale al DMR e meritano una menzione speciale. Ciò vale comunque per tutti coloro che consentirono al DMR (così come al FIRAS e al DIRBE) di raggiungere i suoi scopi.

Infine vorrei ringraziare tutti coloro che sono stati coinvolti nella realizzazione di questo libro: tra di essi Keay Davidson, Roger Lewin, William Morrow personalmente; gli editor Maria Guarnaschelli, Chas Edwards, Arlene Goldberg, Kurt Aldag e il settore produzione, così come altri editori e il nostro agente, John Brockman. Christopher Slye ha preso i miei rozzi disegni per trasformarli nelle splendide illustrazioni che abbelliscono questo libro. Vorrei anche ringraziare tutti coloro che hanno letto e fornito suggerimenti sulle varie sezioni del libro. Soprattutto, un grazie ai lettori, che spero avranno apprezzato l'opera e ne avranno tratto insegnamenti utili. Essi rappresentano il pubblico informato e di coloro che sostengono la scienza e la cultura.

Indice analitico

Volumi pubblicati
nella nuova collezione Saggi

Diligenza e voluttà
Ludovica Ripa di Meana interroga Gianfranco Contini

P. Kourilsky, *Gli artigiani della vita*

J. Dieudonné, *L'arte dei numeri*
Matematica e matematici oggi

A. Storr, *Solitudine*
Ritorno a se stessi

L. Margulis – D. Sagan, *Microcosmo*
Dagli organismi primordiali all'uomo

R. Jastrow, *Incontro con una stella*
Il presente e il futuro delle esplorazioni spaziali

K. Lorenz, *Io sono qui, tu dove sei?*

E. Bencivenga, *Giochiamo con la filosofia*

E. Pagels, *Adamo, Eva e il serpente*
Alle origini della morale sessuale cristiana

D. Johanson – J. Shreeve, *I figli di Lucy*
La scoperta di un nuovo antenato dell'umanità

W. Pasini, *Intimità*
Al di là dell'amore e del sesso

G. Greer, *Viaggio intorno al padre*

V. D. Hanson, *L'arte occidentale della guerra*
Descrizione di una battaglia nella Grecia classica

H. Laborit, *La vita anteriore*

R. Nozick, *La vita pensata*

S. Vegetti Finzi, *Il bambino della notte*
Divenire donna, divenire madre

L. M. Krauss, *Il cuore oscuro dell'universo*
Alla ricerca della «quinta essenza»

M. Piattelli Palmarini, *La voglia di studiare*
Che cos'è e come farsela venire

P. Singer, *Liberazione animale*
Il libro che ha fatto nascere un movimento mondiale

D. N. Stern, *Diario di un bambino*
Da un mese a quattro anni, il mondo visto da un bambino

N. Wolf, *Il mito della bellezza*

I. P. Couliano, *I viaggi dell'anima*
Sogni, visioni, estasi

E. Fromm, *L'arte di amare*

A. D'Orrico, *Cambiare vita*
Si vive più di una volta sola

D. Kagan, *Pericle di Atene e la nascita della democrazia*

F. Wuketits, *Konrad Lorenz*
La vita e l'opera di un grande scienziato

W. Pasini, *La qualità dei sentimenti*

S. Rushdie, *Patrie immaginarie*

E. Bencivenga, *La filosofia in trentadue favole*

T. Garton Ash, *Le rovine dell'Impero*
Europa centrale 1980-1990

C. Fischler, *L'onnivoro*
Il piacere di mangiare nella storia e nella scienza

F. Diaz, *La stagione arida*
Riflessioni sulla vita civile d'Italia dal dopoguerra a oggi

L. Sciascia, *Fuoco all'anima*
Conversazioni con Domenico Porzio

L. Margulis - D. Sagan, *La danza misteriosa*
Perché siamo animali sessuali

G. Greer, *La seconda metà della vita*
Come cambiano le donne negli anni della maturità

J. Mehler – E. Dupoux, *Appena nato*
Che cosa vede, sente, capisce un bambino sin dai primi giorni di vita

E. Fromm, *Fuga dalla libertà*

E. Fromm, *L'amore per la vita*

R. Bly, *Per diventare uomini*
Come un bambino spaventato si può trasformare in un uomo completo e maturo

S. Baur, *L'uomo che credeva di essere un dinosauro*
e altre storie da una clinica psichiatrica

I. Asimov, *L'universo invisibile*
Storia dell'infinitamente piccolo dai filosofi greci ai quark

D. Bisutti, *La poesia salva la vita*
Capire noi stessi e il mondo attraverso le parole

R. Dawkins, *Il gene egoista*
La parte immortale di ogni essere vivente

S. Veronesi, *Occhio per occhio*
La pena di morte in quattro storie

S. Vegetti Finzi, *Il romanzo della famiglia*
Passioni e ragioni del vivere insieme

J. Willi, *Che cosa tiene insieme le coppie*

F. Di Trocchio, *Le bugie della scienza*
Perché e come gli scienziati imbrogliano

M. Lindauer, *Messaggio senza parole*
Come comunicano gli animali

D. Grossman, *Un popolo invisibile*
I palestinesi d'Israele

M. Piattelli Palmarini, *L'illusione di sapere*
Che cosa si nasconde dietro i nostri errori

P. Davies, *La mente di Dio*

W. Pasini, *Volersi bene, volersi male*

E. Fromm, *Avere o essere?*

S. Weinberg, *Il sogno dell'unità dell'universo*

L. e F. Cavalli-Sforza, *Chi siamo*
La storia della diversità umana

A. Torno, *Pro e contro Dio*
Tre millenni di ragione e di fede

K. Lorenz, *La scienza naturale dell'uomo*

G. Abraham, *Le età della vita*

S. Zecchi, *Sillabario del nuovo millennio*

C. M. Martini, *La preghiera di chi non crede*

H. Laborit, *Lo spirito del solaio*

C. García Márquez, *Taccuino di cinque anni (1980-1984)*

T. Garton Ash, *In nome dell'Europa*

E. Fromm, *Anima e società*

S. Argentieri – P. Carrano, *L'uomo nero*
Piccolo catalogo delle paure infantili

D. Francescato, *Figli sereni di amori smarriti*
Ragazzi e adulti nelle nuove famiglie aperte

G. Dacquino, *Che cos'è l'amore*
L'affetto e la sessualità nel rapporto di coppia

D. Danna, *Amiche, compagne, amanti*
Storia dell'amore tra donne

Questo volume è stato impresso
nel mese di giugno dell'anno 1994
presso la Arnoldo Mondadori S.p.A.
Stabilimento di Verona

Stampato in Italia – Printed in Italy